UTB **8365**

Eine Arbeitsgemeinschaft der Verlage

Böhlau Verlag · Wien · Köln · Weimar
Verlag Barbara Budrich · Opladen · Farmington Hills
facultas.wuv · Wien
Wilhelm Fink · München
A. Francke Verlag · Tübingen und Basel
Haupt Verlag · Bern · Stuttgart · Wien
Julius Klinkhardt Verlagsbuchhandlung · Bad Heilbrunn
Mohr Siebeck · Tübingen
Orell Füssli Verlag · Zürich
Ernst Reinhardt Verlag · München · Basel
Ferdinand Schöningh · Paderborn · München · Wien · Zürich
Eugen Ulmer Verlag · Stuttgart
UVK Verlagsgesellschaft · Konstanz, mit UVK/Lucius · München
Vandenhoeck & Ruprecht · Göttingen · Oakville
vdf Hochschulverlag AG an der ETH Zürich

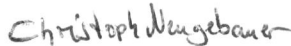

Reihenherausgeber:
Christian Jaschinski

Bernd Lieber

Personalführung

...*leicht verständlich*

2., überarbeitete Auflage

UVK Verlagsgesellschaft mbH · Konstanz
mit UVK/Lucius · München

Zum Autor:

Dr. Bernd Lieber war bis zu seiner Pensionierung 2011 Professor für Personalführung an der Hochschule Coburg.

Bibliographische Information der Deutschen Nationalbibliothek

Die Deutsche Nationalbibliothek verzeichnet diese Publikation in der Deutschen National-bibliographie; detaillierte bibliographische Daten sind im Internet über <http://dnb.ddb.de> abrufbar.

ISBN 978-3-8252-8365-0

Einbandgestaltung: Atelier Reichert, Stuttgart
Satz und Layout: Claudia Rupp, Stuttgart
Druck und Bindung: fgb · freiburger graphische betriebe, Freiburg

UVK Verlagsgesellschaft mbH
Schützenstr. 24 · 78462 Konstanz
Tel. 07531-9053-21 · Fax 07531-9053-98
www.uvk.de

Vorwort des Herausgebers

Liebe Leserin, lieber Leser,

Wirtschaftswissenschaft ist spannend, komplex und vom betrieblichen Umfeld bis hin zu globalen Wechselwirkungen relevant. Es ist daher wichtig, sich in Studium, Weiterbildung oder für die tägliche Arbeit in wirtschaftswissenschaftliche Themenbereiche einzuarbeiten, die Kenntnisse darüber zu vertiefen oder aufzufrischen. Mit dem vorliegenden Band halten Sie ein effizientes Tool in den Händen, das Sie dabei unterstützen will.

In den Büchern der Reihe „... leicht verständlich" haben wir für Sie wichtige Themen modern und attraktiv so aufbereitet, dass Ihnen das Lesen, Lernen und Merken möglichst leicht fällt: viele Übersichten und Grafiken, zahlreiche prägnante Beispiele und reichlich Aufgaben und Fallstudien mit nachvollziehbaren Lösungen. Mit Hilfe des Glossars und dem ausführlichen Stichwortverzeichnis am Ende des Buches haben Sie schnellen Zugriff auf alle themenrelevanten Fachbegriffe.

Über Feedback – Anregungen, Verbesserungshinweise, Lob oder Tadel – freue ich mich unter jaschinski@uvk-lucius.de.

Christian Jaschinski
Herausgeber

Inhaltsverzeichnis

Abbildungsverzeichnis

1 Ziele der Personalführung und der Prozess der Mitarbeitermotivation

Überblick

```
Führung und
Unternehmenserfolg
        │
        ▼
Erläuterung              ── Personal- oder Mitarbeiterführung
grundlegender Begriffe
                         ── Führungskräfte
        │
        ▼
                         ── Pflicht- und Goodwillbeiträge

                         ── Leistung / Leistungsverhalten

Wichtige Ziele           ── Reduktion unerwünschter
der Personalführung          Verhaltensweisen

                         ── Arbeitsbezogene Einstellungen

                         ── Unternehmenskultur
        │
        ▼
                         ── Motive, Anreize und Motivation

Prozess der              ── Handlungen und
Mitarbeitermotivation        Handlungsergebnisse

                         ── Deutungen und
                             Einstellungsänderungen
```

Abb. 1.1 Übersicht über das Kapitel

1.1 Führung und Unternehmenserfolg

Die Leistungskraft und der Leistungswille der Mitarbeiter werden in hohem Maße von der Güte der Führung der Mitarbeiter durch ihre Führungskraft bestimmt. Oftmals ist der Unterschied zwischen Demotivation, Durcheinander einerseits und engagiertem, koordinierten Zusammenarbeiten andererseits in der Güte der Personalführung begründet.

Personalführung ist ein Prozess der Beeinflussung von Mitarbeitern, damit diese wiederum durch ihr Verhalten beitragen, die Unternehmensziele zu erreichen.

Abb. 1.2 Zusammenhang von Führungskraft, Mitarbeiter und Unternehmenserfolg

Der Erfolg der Führungskraft in ihrer Führungsaufgabe drückt sich darin aus, wie es ihr gelingt, das Verhalten ihrer Mitarbeiter im Hinblick auf die Erreichung der Unternehmensziele bzw. der Ziele des Bereichs oder der Abteilung – für die die Führungskraft verantwortlich ist – zu beeinflussen.

In der Regel wird der Unternehmenserfolg am Erreichen der Unternehmensziele gemessen.

Unternehmensziele – Beispiele	
Monetäre Ziele	**Nicht-monetäre Ziele**
Steigerung • des Gewinns und gewinnähnlicher Größen, wie EBIT • des Umsatzes • des Deckungsbeitrags • des Cash Flows • der Rentabilität • des Aktienkurses und Sicherstellung ausreichender Liquidität	• Überleben des Unternehmens • Unabhängigkeit • erhöhte Innovations-, Lern- und Anpassungsfähigkeit • positives Image • Wahrnehmung sozialer Verantwortung für Gesellschaft, Mitarbeiter und Umwelt • Beitrag, den das Unternehmen durch seine Dienste oder Produkte für die Gesellschaft leistet • verstärkte Kunden- und Dienstleistungsorientierung • Verbesserung der Effektivität aller Geschäftsprozesse

Abb. 1.3 Beispiele für Unternehmensziele

Der Einfluss der Führung durch den Vorgesetzten auf das Verhalten der Mitarbeiter, z.B. auf ihre Leistungen und Zufriedenheit, wird auch ergänzt oder gemindert durch andere mitarbeiterbeeinflussende Faktoren.

Mit diesem Sachverhalt beschäftigt sich die Theorie der Substitute von Führung: Sachliche und soziale Einrichtungen, wie organisatorische Abläufe, Zeiterfassungsgeräte, Rituale, Unternehmenskultur regulieren und beeinflussen das Verhalten der Mitarbeiter und werden als Führungssubstitute (Yukl 2010, S.176–180) bezeichnet, weil sie geeignet sind, Führung zumindest in einem gewissen Umfang zu „ersetzen".

> *Beispiel: Wenn durch zentrale, sachliche und „rationale" Verfahren und Einrichtungen, wie z.B. durch Zeiterfassungsgeräte die Anwesenheit, Handlungen gelenkt, überwacht oder sogar „erzwungen" werden, besteht kein oder nur geringer Bedarf, dieses Verhalten durch die Führungskraft zu überwachen und sicher zustellen.*

Wichtig ist, dass diese Führungssubstitute akzeptiert sind, damit sie diese Wirkung erfüllen können.

Manche Autoren gehen sogar so weit, dass sie sagen, Führung dient dazu, die Lücken bei der Steuerung des Mitarbeiterverhaltens (Lückentheorie oder noch drastischer Lückenbüßertheorie der Führung) zu schließen, die nicht durch die anderen Instrumente der Verhaltenssteuerung geschlossen werden können (Neuberger 2002, S. 444).

> *Beispiele: Langjährige Erfahrungen und hervorragendes fachliches Können der Mitarbeiter können die Notwendigkeit der Unterstützung durch eine Führungskraft bei der Arbeit wesentlich verringern. Das Gleiche gilt für Aufgaben, bei denen die Arbeitsweise in hohem Maße strukturiert ist. Beispiele dafür sind Fließbandarbeit oder Sachbearbeitung am Bildschirm mit Benutzerführung ohne große Handlungsspielräume.*

Die Theorien der Substitute von Führung und die Lückenbüßertheorie der Führung zeigen, dass Führung keineswegs die einzige verhaltensbeeinflussende Variable im Unternehmen darstellt und dass es eine Reihe von Variablen, wie Entlohnungs- oder Beförderungssysteme, gibt, die Führung, verstanden als Interaktionsprozess, erleichtern oder erschweren können. Damit verbunden ist auch die Frage der Begründung oder Rechtfertigung von Führung, d.h., ob Führung zwingend notwendig oder nur eine von mehreren Möglichkeiten der Steuerung von Unternehmen oder allgemeiner Organisationen ist. Diese Frage wird kontrovers beantwortet (Leutzinger/Luterbacher 2000, S. 14f.). Obwohl der Autor dieses Buches kein größeres Unternehmen kennt, das ohne Führung auskommt, sollte die Begründung und Rechtfertigung von Führung grundsätzlich immer kritisch betrachtet werden.

Die Personalführung ist nur einer von vielen unternehmensinternen und unternehmensexternen Einflussfaktoren auf die Erreichung der Unternehmensziele, den Unternehmenserfolg. Andere Faktoren können z.B. die finanzielle Ausstattung oder die Produktionskosten des Unternehmens, grundlegende Aktivitäten und Steuerungen im Hinblick z.B. auf die Unternehmenspolitik, die Absatz- oder Kapitalmärkte oder die gesamtwirtschaftliche Lage sein.

Aufgrund der vielfältigen Einflüsse auf den Unternehmenserfolg und auch aufgrund der wechselseitigen Beeinflussung dieser Einflüsse dürfte der Einfluss einer Variablen, hier der Führung, auf den Unternehmenserfolg kaum eindeutig feststellbar sein.

Auf dem Hintergrund dieser Schwierigkeiten ist die folgende Tendenzaussage zu bewerten:

> *„Es gibt eine Reihe von empirischen Studien, die belegen, dass die Personalführung zu den wichtigsten unternehmensinternen Erfolgsfaktoren eines Unternehmens gehört.“*

Goleman und seine Kollegen (Goleman u. a. 2003) beispielsweise haben eine Untersuchung an fast 4000 Führungskräften durchgeführt. Fragestellungen dieser Studie waren:

- Auswirkungen des Führungsverhaltens auf den Führungserfolg sowohl im Hinblick auf die quantitative als auch die qualitative Leistung und auf die Identifikation mit dem Unternehmen sowie

- Auswirkungen des Führungsverhaltens auf das finanzwirtschaftliche Ergebnis des Unternehmens, wie Umsatzrendite, Ertragsentwicklung und Rentabilität.

Es zeigte sich, dass der Führungsstil Auswirkungen auf die oben genannten Variablen des Führungserfolges hat. Darüber hinaus wirken diese Variablen des Führungserfolgs auch direkt auf finanzwirtschaftliche Ergebnisse des Unternehmens. Aufgrund ihrer Studie kommen Goleman und seine Kollegen zu dem Ergebnis, dass das finanzwirtschaftliche Ergebnis mindestens zu einem Drittel vom Führungsstil beeinflusst wird.

Zu einem ähnlichen Ergebnis kamen Buckingham und Coffman (2005) vom Forschungsinstitut Gallup. In einer Zusammenfassung mehrerer Studien kamen sie zum Ergebnis, dass für nachhaltigen wirtschaftlichen Erfolg eine gute Personalführung unerlässlich ist. Sie konnten feststellen, dass in Betrieben, in denen die Mitarbeiter gut geführt werden, die Kundenzufriedenheit, die Rentabilität und die Produktivität wesentlich höher und die Mitarbeiterfluktuation wesentlich niedriger sind als in Betrieben, bei denen die Mitarbeiter nicht gut geführt werden.

1.2   Erläuterung grundlegender Begriffe

Im Folgenden werden die Begriffe „Personal- oder Mitarbeiterführung" und „Führungskraft" erläutert.

1.2.1 Personal- oder Mitarbeiterführung

Anstelle des Begriffes Personalführung findet man in der Literatur auch den Begriff „Mitarbeiterführung". Hier werden die beiden Begriffe synonym verwendet.

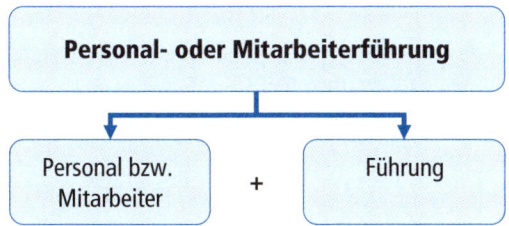

Abb. 1.4 Bestandteile des Begriffs Personal- oder Mitarbeiterführung

Begriffsbestimmung: Personal- oder Mitarbeiterführung

Personal- oder Mitarbeiterführung ist der Interaktionsprozess in einem Unternehmen, bei dem eine Führungskraft das Handeln, Denken und Fühlen der Mitarbeiter in ihrem Verantwortungsbereich (Arbeitsgruppe, Abteilung usw.) im Hinblick auf die gemeinsame Erreichung von Unternehmenszielen bzw. die für den Verantwortungsbereich mit Unternehmenszielen zusammenhängenden bereichsspezifischen Ziele zu beeinflussen und zu steuern versucht.

Die Begriffe „Personal- oder Mitarbeiterführung" setzen sich aus den Begriffen „Personal" bzw. „Mitarbeiter" einerseits und „Führung" andererseits zusammen.

Personal bzw. Mitarbeiter

Als Personal oder Mitarbeiter werden die im Unternehmen beschäftigten Personen bezeichnet, die aufgrund einer vertraglichen Regelung dem Direktionsrecht des Unternehmens unterliegen. Der Begriff „Personal" ist zwar sehr verbreitet, sprachlich aber nicht sehr glücklich gewählt: „Man hat Personal." oder „Man hat mit seinem Personal seine liebe Müh und Not." Durch diesen Sprachgebrauch wird das Personal wie ein Gegenstand bezeichnet. Es wird zum Objekt. Anders sind die Assoziationen beim Begriff „Mitarbeiter". Hier kommt eher eine aktive und kooperative Orientierung zum Vorschein.

Führung

Der Begriff „Führung" wird in zwei Zusammenhängen verwendet:

- Für den Prozess der Steuerung oder Beeinflussung von Mitarbeitern durch ihre Führungskraft oder
- als Begriff für die Gesamtheit der Führungskräfte.

Im Folgenden wird der Begriff Führung nur für den Prozess der Steuerung und Beeinflussung verwendet.

Führung stellt einen Interaktionsprozess zur gemeinsamen Erreichung der Ziele dar. Führungskraft und Mitarbeiter beeinflussen sich gegenseitig. Man kann deshalb Führung auch als Gestaltung von Beziehung zwischen Führungskraft und Mitarbeitern beschreiben. Deshalb ist nicht nur die Führungskraft verantwortlich für die Güte der Führung, auch der Mitarbeiter ist mit verantwortlich, wie die Beziehungen zwischen Führungskraft und Mitarbeiter gestaltet sind. Mit dieser Festlegung des Begriffes „Führung" auf Interaktionsprozesse werden Beeinflussungsmechanismen über Organisation, Informationssysteme oder Anreizsysteme, wie Entlohnungs- oder Beförderungssysteme, als Aspekte des Führungsbegriffes ausgeschlossen. Diese Aspekte werden in der Literatur gelegentlich als strukturelle Führung bezeichnet.

Führung ergibt sich nicht aus der Addition einzelner in sich abgeschlossener Handlungen, sondern es handelt sich um einen Prozess. Ein wichtiger Aspekt des Prozessgedankens ist, dass die Wirkung des Führungsverhaltens von heute dadurch mit beeinflusst wird, wie die Führungskraft in der Vergangenheit geführt hat, und das heutige Führungsverhalten hat wiederum Auswirkungen auf den Erfolg der Führung in der Zukunft. Die Entwicklung ist nie abgeschlossen oder beendet, wenn ein bestimmtes Ziel oder Ereignis erreicht ist. Führung muss immer wieder neu erbracht werden. So wie Schweigen auch eine Form der Kommunikation ist (Watzlawick u. a. 2000), so kann eine Führungskraft nicht „Nicht-Führen". Auch das „Nicht-Führen" ist eine Art von Führung.

Die Einflussnahme erfolgt offen und nicht versteckt. Es handelt sich nicht um Manipulation. Bei Manipulation geht es darum, den anderen durch Täuschung im Hinblick auf eigene, egoistische Ziele zu beeinflussen, indem diese Einflussnahme und ihre Zielsetzung in versteckter Form erfolgen, sodass der andere sich dessen nicht bewusst ist. Daraus darf allerdings nicht gefolgert werden, dass Führungskräfte nicht manipulieren. Es gibt sowohl Führungskräfte als auch Mitarbeiter und andere Personen, die manipulieren. Es handelt bei diesen Verhaltensweisen jedoch nicht um Führung im Sinn der obigen Definition.

Auch wenn es der Führungskraft nicht gelingt, die Mitarbeiter zielorientiert zu beeinflussen oder zu steuern, dann wird auch dieser Versuch der Führungskraft als Personalführung verstanden.

Es geht bei der Mitarbeiterführung nicht nur um das sichtbare, messbare Leistungshandeln, sondern auch um die Beeinflussung des Denkens, z. B. welchen Sinn sieht der Mitarbeiter in seiner Arbeit, und des Fühlens, z. B. welche Gefühle hat der Mitarbeiter zu seiner Arbeit oder zum Unternehmen.

Bei der Einflussnahme muss es sich um eine Beeinflussung im Hinblick auf die Unternehmensziele handeln. Dies ist nicht der Fall, wenn die Führungskraft die Mitarbeiter im Hinblick auf die Erreichung seiner privaten Ziele beeinflusst, in dem er sie z. B. für private Arbeiten „einspannt".

Dieser Führungsbegriff stellt den Prozess der Steuerung und Beeinflussung von Mitarbeitern durch ihre Führungskraft in den Mittelpunkt. Es soll deshalb im Folgenden auf den Begriff der Führungskraft eingegangen werden.

1.2.2 Führungskraft

Als „Führungskraft oder Führungsperson" werden hier Personen bezeichnet, die aufgrund der Entscheidung des Unternehmens das Recht haben (legitime oder formale Führer), den Mitarbeitern in ihrem Verantwortungsbereich Weisungen zu geben.

Auf die obige Begriffsbestimmung bezogen bedeutet dies auch, dass hier unter Führung nur Einflussnahmen durch diesen Personenkreis verstanden werden. In Arbeitsgruppen gibt es in der Regel neben der legitimen Führungskraft (formaler Führer) Personen, die in der Gruppe erheblichen Einfluss haben (informale Führer). Auch haben oft Assistenten oder Sekretärinnen erheblichen Einfluss auf das Verhalten anderer Mitarbeiter. Diese Formen der Beeinflussung ohne Weisungsbefugnis werden auch als „laterales Führen" bezeichnet und kommt häufig vor bei Projekten, bei denen die Projektleiter keine formale Weisungsbefugnis gegenüber den anderen Mitgliedern des Projektteams haben. Wenn diese Mitarbeiter ihnen nicht formal unterstellt sind, dann handelt es sich nach dieser Definition nicht um Führung.

In vielen Unternehmen gibt es Mitarbeiter, die keine Personalverantwortung haben und die trotzdem einen erheblichen Einfluss auf den Unternehmenserfolg haben, in dem sie z. B. unternehmerische Entscheidungen vorbereiten oder ihre Umsetzung kontrollieren

1. Führungsebene
(Unternehmensleitung)

2. Führungsebene
Bereichsleiter oder
Hauptabteilungsleiter

3. Führungsebene
Abteilungsleiter

4. Führungsebene
Gruppenleiter, Leiter von Fertigungsbereichen

5. Führungsebene
Vorarbeiter

Abb. 1.5 Häufig verwendete Bezeichnungen für Führungskräfte in Abhängigkeit von der Führungsebene

(Lieber 1995, S. 25 ff.). Dies hat auch der Gesetzgeber bei der Bestimmung des Kreises der Leitenden Angestellten nach § 5 Abs. 3 des Betriebsverfassungsgesetzes berücksichtigt: Nicht nur Vorgesetzte mit Personalverantwortung können Leitende Angestellte sein, sondern auch Mitarbeiter ohne Personalverantwortung, wie besonders qualifizierte Spezialisten, Fachkräfte oder sogenannte Stabskräfte, sofern sie auf Grund ihrer Funktion – und sei es nur beratend – wesentlichen Einfluss auf das Unternehmens- oder Betriebsgeschehen nehmen können. Dabei handelt es sich bei den Leitenden Angestellten ohne Personalverantwortung nach der obigen Begriffsbestimmung nicht um Führungskräfte, da ihre Einflussnahme aufgrund von Expertenwissen erfolgt und nicht aufgrund ihrer formalen Führungsverantwortung.

Andererseits gilt nach dieser Begriffsbestimmung jeder als Führungskraft, der Weisungsbefugnis gegenüber anderen Mitarbeitern hat, auch wenn er nach dem Betriebsverfassungsgesetz nicht als Leitender Angestellter anzusehen ist.

Anstelle des Begriffs Führungskraft werden auch die Begriffe Vorgesetzter, Chef, Boss, Manager oder in der Schweiz für die Gesamtheit der Führungskräfte auch der Begriff „Kader" verwendet.

1.3   Wichtige Ziele der Personalführung

Es werden im Folgenden wichtige Ziele der Personalführung dargestellt. Im Anschluss an die Einzeldarstellung der ausgewählten Ziele wird versucht, in Form eines integrierten Prozessmodells der Motivation Zusammenhänge zwischen den einzelnen Zielen der Personalführung aufzuzeigen und Hinweise für mögliche Ansatzpunkte zur Beeinflussung des Mitarbeiterverhaltens durch die Führungskraft und das Unternehmen zu geben. Auf Motivation als einem generellen, wichtigen Ziel der Personalführung wird deshalb erst bei der Darstellung des Modells der Mitarbeitermotivation eingegangen.

1.3.1 Pflicht- und Goodwillbeiträge (Organizational Citizenship Behaviour oder Extra-Rollenverhalten)

In den Zeiten eines stabilen, wirtschaftlichen Umfelds und einer überwiegend industriellen Fertigung war insbesondere die Quantität und in der Regel auch die Qualität der Leistung relativ leicht messbar und diese stellten auch häufig die zentralen Kriterien für Führungserfolg dar. Angesichts der Entwicklung der Rahmenfaktoren der Wirtschaft werden jedoch Leistungsbeiträge der Mitarbeiter, wie Kundenorientierung, zunehmend bedeutsamer. Mit der gedanklichen Unterscheidung der Leistungsbeiträge der Mitarbeiter in Pflicht- und in Goodwillbeiträge soll dies verdeutlicht und ihre Bedeutung für die Personalführung aufgezeigt werden (Richter 1999, S. 8 – 28).

Beispiele für Leistungsbeiträge der Mitarbeiter	
Pflichtbeiträge (Taskperformance oder Rollenverhalten)	**Goodwillbeiträge** (Organizational Citizenship Behaviour (OCB), Extrarollenverhalten, Contextual Behaviour
• Bearbeitung von Schadensakten in der Schadensabteilung einer Versicherung • Herstellung von Teilen in der Produktion • Durchführung von Lehrveranstaltungen	• Hilfsbereitschaft, Rücksichtnahme, Kundenorientierung • Eigeninitiative, proaktives Handeln, sich selbst weiterbilden und entwickeln • Flexibilität, Einbringen von Verbesserungsvorschlägen • Gewissenhaftigkeit, an die Regeln halten • Unternehmensressourcen schützen • positives Unternehmensbild verbreiten • Vermeidung unerwünschter Verhaltensweisen, wie unberechtigte Fehlzeiten • Unternehmerisches Mitarbeiterverhalten („Intrapreneure")

Abb. 1.6 Pflicht- und Goodwillbeiträge von Mitarbeitern

Pflichtbeiträge

Pflichtbeiträge sind diejenigen Leistungsbeiträge, die der Mitarbeiter aufgrund des Arbeitsvertrages schuldet und deren Erfüllung bzw. Nichterfüllung mit einem vernünftigen Aufwand kontrolliert werden kann. Dies bedeutet, dass nicht alle arbeitsvertraglichen Pflichten Pflichtbeiträge sind, sondern nur diejenigen, die grundsätzlich bzw. mit einem vernünftigen Aufwand kontrolliert werden. Manche arbeitsvertraglichen Pflichten sind somit nach dieser Unterscheidung Goodwillbeiträge!

Diese Pflichtbeiträge werden auch als Taskperformance oder Rollenverhalten bezeichnet.

Goodwillbeiträge

Über ihre eigentlichen bzw. kontrollierbaren Aufgaben (Pflichtbeiträge) hinaus können Mitarbeiter auf viele Weisen und häufig eher indirekt zur Erreichung der Unternehmensziele beitragen (Goodwillbeiträge):

> *Beispiel: Sie unterstützen Kollegen, sie helfen Kunden, haben gute Ideen und Verbesserungsvorschläge, gehen motiviert und gut gelaunt an ihre Arbeit. Es kann sich dabei auch um die Vermeidung und Unterlassung von unberechtigten Fehlzeiten, Vergeudung von Arbeitszeit, Diebstahl von Gütern oder Störungen des Betriebsfriedens handeln. Goodwillbeiträge können sich aber auch auf aktives Handeln beziehen, wie die Bereitschaft zum sparsamen Verbrauch von Betriebsmitteln, Schonung und Pflege der Einrichtungen, Kooperation und Hilfsbereitschaft, Weitergabe von Informationen, Pünktlichkeit und Loyalität.*

Goodwillbeiträge sind Leistungsbeiträge, die der Mitarbeiter freiwillig erbringen oder aber auch ohne Gefahr der Bestrafung zurückhalten kann, weil sie kein Bestandteil der arbeitsvertraglich geschuldeten Leistungspflicht sind oder weil ihre Zurückhaltung ihm nicht als Pflichtverletzung nachgewiesen oder vorgeworfen werden kann.

Es sind dies Leistungsbeiträge der Mitarbeiter, die über ihre unmittelbaren Pflichtbeiträge hinaus in einem weiteren Begriffsverständnis von Leistung zu beachten sind. Sie werden auch als Extra-Rollenverhalten (Matiaske/Weller 2003), als Organizational-Citizenship Behaviour (OCB) oder als Contextual Performance bezeichnet.

Eine besonders weitreichende Form des Extra-Rollenverhaltens ist das unternehmerische Verhalten der Mitarbeiter. Mitarbeiter erfüllen nicht mehr eher passiv ihre Aufgaben, sondern agieren wie ein Unternehmer im Unternehmen („Intrapreneure"). Unternehmerisches Mitarbeiterverhalten drückt sich darin aus, dass die Mitarbeiter selbstständig Erfolgschancen in ihrem Arbeitsbereich wahrnehmen, auf eigene Verantwortung tätig werden und Initiative ergreifen, um Chancen für das Unternehmen zu nutzen (Nerdinger 2003, S. 13).

Goodwillbeiträge wirken überwiegend positiv auf den Bereichs- und Unternehmenserfolg, insbesondere das Ausmaß der Kundenbeschwerden, die Kundenzufriedenheit und die Produktivität. In zunehmendem Maße ist es deshalb Aufgabe der Personalführung, die Bereitschaft der Mitarbeiter sowohl im Hinblick auf die Pflicht- als auch auf die Goodwillbeiträge zu fördern.

Um dies zu erreichen, muss die Führungskraft neben der Motivation zu guter Leistung auch die Arbeitszufriedenheit und die positive Einstellung zum Unternehmen fördern, da dies zentrale Einflussfaktoren auf die Bereitschaft von Mitarbeitern zum Erbringen von Goodwillbeiträgen sind.

1.3.2 Leistungsverhalten und Leistung

Als Leistungsverhalten werden alle Aktivitäten eines Mitarbeiters bei der Erfüllung seiner Arbeitsaufgabe bezeichnet. Dieses Leistungsverhalten führt zu bestimmten Ergebnissen der Leistung oder auch der Effektivität des Mitarbeiters.

Die Leistung des Mitarbeiters kann sich in quantitativer oder auch in qualitativer Hinsicht ausdrücken, die Quantität der Leistungen z.B. in Produktionsstückzahlen, Absatzmengen, Umsatz, Deckungsbeiträge, Wertschöpfung

1.3.3 Vermeidung und Reduktion unerwünschter und abweichender Verhaltensweisen

Als abweichendes Verhalten bezeichnet man Verhaltensweisen, bei denen absichtlich gegen Normen und Regeln der Gemeinschaft oder des Unternehmens verstoßen wird und die negative Auswirkungen für die Gemeinschaft oder das Unternehmen haben.

Unerwünschte Verhaltensweisen sind demgegenüber Verhaltensweisen, die zwar zulässig sind, die aber negative Konsequenzen für den Erfolg des Unternehmens haben, z.B. wenn gute Mitarbeiter kündigen.

Abweichendes und unerwünschtes Verhalten kann man anhand von zwei Dimensionen strukturieren (Greenberg/Baron 2003, S. 422 ff.):

- Wie bedeutsam oder wichtig dieses Verhalten im Hinblick auf das Arbeiten im Unternehmen ist und

- für wen dieses Verhalten in erster Linie unerwünscht ist, wer das Ziel dieses unerwünschten, abweichenden Verhaltens ist.

Die Gründe für diese Verhaltensweisen können in der Person oder auch z. T. in den Gegebenheiten, dem Umgang mit den Mitarbeitern und der Art und Weise, wie sie geführt werden, liegen. Zur Vermeidung oder Reduktion der schwerwiegenden abweichenden Verhaltensweisen können Unternehmen eine Reihe von Verfahren etablieren. Ein Einfluss auf aggressives Verhalten am Arbeitsplatz kann z. B. durch klare disziplinarische Regeln und durch Schulungen von Führungskräften in der Wahrnehmung und Reduktion aggressiven Verhaltens erfolgen.

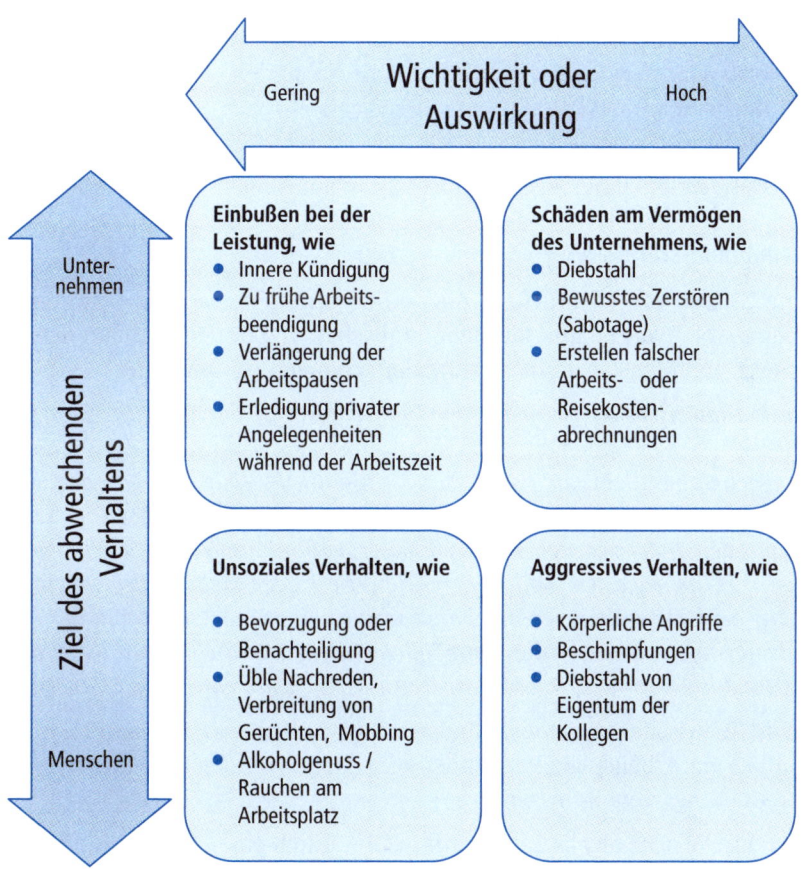

Abb. 1.7 Dimensionen und Beispiele für abweichendes bzw. unerwünschtes Verhalten in Unternehmen

1.3.3.1 Innere Kündigung

Während in vielen Unternehmen die Kündigungen durch die Mitarbeiter beachtet und daraufhin untersucht werden, ob die Kündigungen von Mitarbeitern als ein Indiz für Probleme im Unternehmen oder der Abteilung gewertet werden können, wird das Phänomen der inneren Kündigung häufig nicht genügend beachtet.

Bei der inneren Kündigung verbleibt der Mitarbeiter im Unternehmen, er verringert jedoch sein Engagement, seine Leistungsbereitschaft, soweit es geht.

Die innere Kündigung ist sowohl für den Mitarbeiter als auch für das Unternehmen ein Problem. Das Unternehmen hat einen Mitarbeiter, der sein Potenzial nicht voll ausschöpft, und der Mitarbeiter verbringt einen wesentlichen Teil seines Lebens unzufrieden an seinem Arbeitsplatz.

1.3.3.2 Fehlzeiten und Absentismus

- Fehlzeiten sind die Zeiten, in denen der Mitarbeiter wegen Krankheit, Unfall, Kur, Mutterschaft und aus persönlichen Gründen, deren Ursachen im privaten Bereich oder in der Unzufriedenheit mit der Arbeit zu finden sind, nicht seiner Arbeitspflicht nachkommt.

- Absentismus ist die Abwesenheit von der Arbeit aus persönlichen oder motivationalen Gründen, die umgangssprachlich als „blaumachen" bezeichnet wird.

1.3.3.3 Mobbing und Bossing

Wenn eine Gruppe von Mitarbeitern über einen Kollegen „herfällt", dann spricht man von Mobbing. Das Wort kommt aus dem Englischen und bezieht sich auf den Mob, eine große Gruppe von Menschen, die zusammengekommen ist, um andere anzugreifen.

Beispiel: Frau Kiercher ist neue Abteilungsleiterin in der Näherei einer Polster- möbelfabrik. Schon in den ersten Wochen nimmt sie wahr, dass die Mitarbeiterin Klein regelmäßig allein das Essen zu sich nimmt. Es fällt ihr auch auf, dass sie sich bei den Abteilungsbesprechungen nicht an der Diskussion beteiligt und auch kaum mit den anderen redet. Wenn sie nach Aufforderung dann doch etwas sagt, werden Ihre Beiträge von den anderen ignoriert oder lächerlich gemacht. Eines Morgens geht Frau Kiercher am Pausenraum vorbei und hört, wie die anderen Mitarbeiterinnen sich über die „unmögliche" Bekleidung von Frau Klein amüsieren. Kurz darauf verlässt die Mitarbeiterin Klein fast weinend den Pausenraum.

Mobbing ist inzwischen zu einem Modewort geworden, das für nahezu jeden Beziehungskonflikt am Arbeitsplatz verwendet wird. Damit werden aber die besonderen Aspekte des Mobbings verwischt, wie:

- der psychische oder physische Angriff erfolgt durch eine Gruppe von Personen,
- das Opfer wird ignoriert, bloßgestellt oder verspottet,
- es wird systematisch von den Arbeitskollegen ausgegrenzt,

- es wird versucht, die Persönlichkeit und seine Privatsphäre zu verletzen, z.B. dadurch, dass Gerüchte in Umlauf gebracht werden.

Wenn Mobbing vom Vorgesetzten, vom Boss initiiert oder wohlwollend geduldet wird, dann wird dies gelegentlich als „Bossing" bezeichnet.

1.3.4 Arbeitsbezogene Einstellungen: Arbeitszufriedenheit, Job Involvement, Identifikation und Commitment

Beispiel: Menschen empfinden selten völlig neutral in Bezug auf andere Personen, Tiere, Musikstücke, Ereignisse, Sachen, Ideen, Weltanschauungen, Briefmarken und Verhaltensweisen. Sie mögen oder verabscheuen diese Objekte, haben angenehme oder unangenehme Gefühle gegenüber diesen Objekten, wollen sie pflegen, unterstützen, sammeln, besitzen, vermeiden oder loswerden. Sie beschäftigen sich mit diesen Objekten, z.B. Briefmarken, und wissen über sie Bescheid oder wollen von ihnen nichts wissen.

Diese positiven oder negativen Verhaltensreaktionen gegenüber Objekten gleich welcher Art werden als Einstellungen bezeichnet.

Da das Arbeitsleben eine besondere Bedeutung für die arbeitenden Menschen hat, entwickeln sie auch in Bezug auf die Objekte des Arbeitslebens besondere Einstellungen, so genannte arbeitsbezogene Einstellungen (Greenberg/Baron 2003, S. 147 ff.). Dies sind insbesondere die Einstellung zur Arbeit, die Arbeitszufriedenheit, zum Unternehmen, als Commitment oder als Identifikation mit dem Unternehmen bezeichnet, sowie die Identifikation mit dem Beruf und der Arbeit (Job Involvement).

Diese arbeitsbezogenen Einstellungen haben Einfluss auf die Zufriedenheit mit dem Leben insgesamt und auf Arbeitsleistung, Fehlzeiten oder Fluktuationsbereitschaft und damit auch auf finanzwirtschaftliche Ziele von Unternehmen, wie z.B. Gewinn.

1.3.4.1 Arbeitszufriedenheit

Menschen entwickeln Gefühle, Überzeugungen und Handlungsabsichten bezüglich der Arbeit, die sie ausführen, und ihrem Arbeitsplatz: Sie mögen ihre Arbeit oder auch nicht, sie kommen gern zur Arbeit oder auch nicht, sie schätzen ihre Arbeit und z.B. ihre Entlohnung als angemessen ein oder auch nicht (Neuberger 1974). Diese Einstellung zur Arbeit wird als Arbeitszufriedenheit bezeichnet.

Arbeitszufriedenheit wirkt sich günstig auf das körperliche und psychische Wohlbefinden der Mitarbeiter aus. Damit hat die Forderung, Arbeitszufriedenheit anzustreben als ein grundsätzlicher Anspruch des arbeitenden Menschen ihre eigenständige Rechtfertigung. Arbeitszufriedenheit kann sich aber auch unter Umständen positiv auf die Anwesenheit am Arbeitsplatz und die Bereitschaft im Unternehmen zu verbleiben sowie auf die allgemeine Lebenszufriedenheit, auswirken (Judge/Church 2000).

Einflussfaktoren auf die Arbeitszufriedenheit:
Die Zwei-Faktoren-Theorie von Herzberg

Die bekannteste Theorie zur Erklärung der Ursachen von Arbeitszufriedenheit bzw. Unzufriedenheit stammt von Herzberg (Herzberg 1974). Bei seinen Untersuchungen der Arbeitszufriedenheit ergab sich, dass Arbeitszufriedenheit nur im Zusammenhang mit Faktoren wie Leistung, Anerkennung oder Arbeitsinhalt erreicht wurde, die Herzberg als Motivatoren bezeichnet.

Die Arbeitsunzufriedenheit andererseits wird durch Faktoren bestimmt, wie Unternehmenspolitik oder die (äußeren) Arbeitsbedingungen. Da diese Faktoren keine Arbeitszufriedenheit bewirken können, sondern bestenfalls Arbeitsunzufriedenheit verhindern können, nennt Herzberg sie Hygienefaktoren. Wegen dieser Unterscheidung der zwei Faktoren wird die Theorie auch als „Zwei-Faktoren-Theorie der Arbeitszufriedenheit" bezeichnet.

Aufgrund dieser Untersuchungsergebnisse ersetzt Herzberg die eindimensionale Betrachtung von Arbeitszufriedenheit durch zwei Dimensionen, die Zufriedenheitsdimension und die Unzufriedenheitsdimension. Die Hygienefaktoren beeinflussen nur die

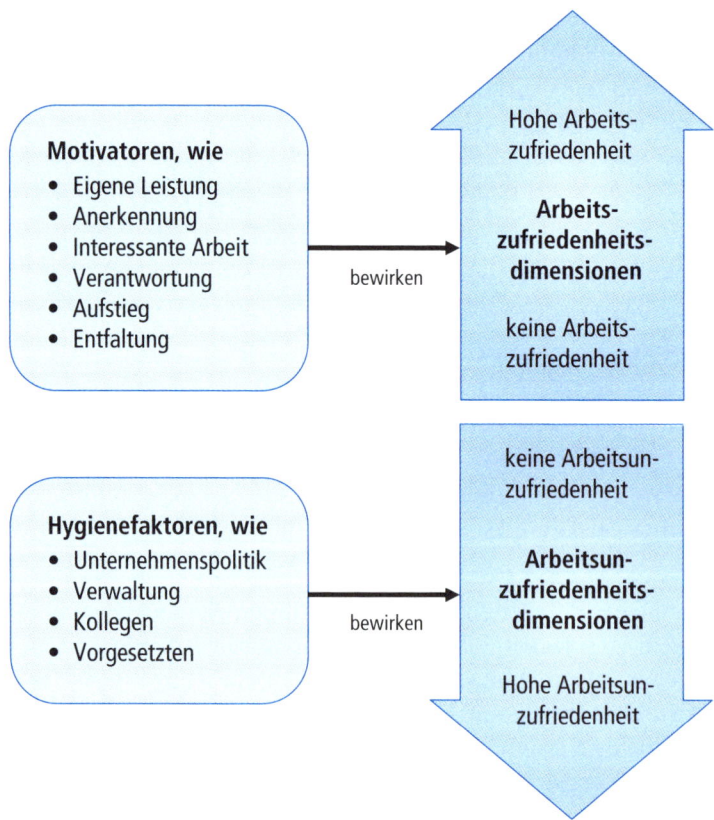

Abb. 1.8 Die Zwei-Faktoren-Theorie von Herzberg

Unzufriedenheitsdimension, und zwar von nicht unzufrieden bis sehr unzufrieden. Die Motivatoren wirken nur auf der Zufriedenheitsdimension von der Ausprägung nicht zufrieden bis zu sehr zufrieden.

Deshalb wird die Theorie von Herzberg vielfach auch als eine Motivationstheorie angesehen. Da sie sich aber auf die Erklärung und Deutung von Arbeitszufriedenheit bzw. -unzufriedenheit als zu erklärender Variablen bezieht, wird sie hier als eine Theorie zur Arbeitszufriedenheit dargestellt.

Herzberg benutzt die spezielle Methode der kritischen Ereignisse bei der Entwicklung seiner Theorie, indem er die Mitarbeiter nach Situationen extremer Arbeitszufriedenheit bzw. -unzufriedenheit befragte und ihre Antworten im Hinblick auf die von den Befragten genannten Faktoren auswertete. Die Ergebnisse der Studie von Herzberg wurden im Wesentlichen nur bestätigt, wenn die gleiche Methode der kritischen Ereignisse verwendet wurde, nicht jedoch bei anderen Forschungsmethoden (Judge/Church 2000, S. 168).

Auswirkungen der Arbeitszufriedenheit auf Leistung, Fehlzeiten und Fluktuation

Für die Beurteilung der Beziehung zwischen den Verhaltensweisen Leistung, Abwesenheit vom Arbeitsplatz und zwischenbetrieblichem Arbeitsplatzwechsel einerseits und der Arbeitszufriedenheit andererseits ist zu berücksichtigen, dass jede dieser Verhaltensweisen durch eine Vielzahl von Faktoren bestimmt wird, unter denen die Arbeitszufriedenheit nur einer unter vielen ist (Martin 2003a). So sinken in Zeiten hoher Arbeitslosigkeit die Fehlzeiten und auch die Fluktuation in hohem Maße, obwohl es keine Anzeichen für eine erhöhte Arbeitszufriedenheit gibt.

Insgesamt ergeben empirische Studien zur Beziehung von Arbeitszufriedenheit einerseits und Fehlzeiten und Fluktuation andererseits, dass hohe Arbeitszufriedenheit zu niedrigeren Fehlzeiten und geringerer Fluktuation führt (Greenberg/Baron 2003, S. 156 ff.). Zwischen Zufriedenheit und Fehlzeiten besteht bei der Zusammenfassung mehrer empirischer Untersuchungen eine schwach negative Beziehung: Je zufriedener Mitarbeiter sind, desto seltener bleiben sie der Arbeit fern. Dass diese Beziehung nicht enger ist, hängt auch mit dem Einwirken anderer Faktoren ab. Wenn die Befürchtung besteht, aufgrund häufigen Fernbleibens von der Arbeit seinen Arbeitsplatz zu verlieren, dann wird mancher Mitarbeiter zur Arbeit kommen, obwohl er mit seiner Arbeit sehr unzufrieden ist.

Schwach positiv ausgeprägt ist der Zusammenhang zwischen Leistung und Arbeitszufriedenheit bei der Analyse des Zusammenhangs zwischen individueller Leistung und Arbeitszufriedenheit (Judge/Church 2000, S. 174 f.). Wenn man allerdings die Arbeitszufriedenheit von Unternehmen oder Unternehmensbereichen insgesamt mit der Produktivität der Unternehmen bzw. Unternehmensbereiche insgesamt vergleicht, dann stellt man fest, dass Unternehmen oder Unternehmensbereiche, bei denen die Mitarbeiter insgesamt zufriedener sind, effektiver sind als Unternehmen oder Unternehmensbereiche, bei denen die Mitarbeiter insgesamt nicht zufrieden sind (Robbins 2003, S. 104).

1.3.4.2 Job Involvement

Der Begriff Job Involvement erfasst, inwieweit sich eine Person mit ihrer Arbeit identifiziert und welche Bedeutung ihre Arbeit und ihre Leistungen bei der Arbeit für das Selbstwertgefühl der Person haben (Robbins 2003, S. 94).

Mitarbeiter mit hohem Job Involvement fühlen sich sehr stark mit ihrer Arbeit verbunden. Die Arbeit ist wesentlicher Bestandteil ihres Selbstwertgefühls. Sie sind deshalb bei ihrer Arbeit sehr engagiert, haben geringere Fehlzeiten und Kündigungsraten als Mitarbeiter mit niedrigem Job Involvement. Hohes Job Involvement muss nicht einhergehen mit einer hohen Bindung an das Unternehmen.

1.3.4.3 Identifikation und Commitment mit dem Unternehmen

Als Identifikation mit dem Unternehmen bezeichnet man die Bereitschaft, sich als Teil des Unternehmens zu fühlen und dessen Ziele als eigene Ziele zu übernehmen. Commitment dagegen bezieht sich auf das Gefühl, mit dem Unternehmen verbunden zu sein. Obwohl Identifikation und Commitment sich auf ähnliche Einstellungen beziehen, gibt es jedoch wichtige Unterschiede. Während bei der Identifikation mit dem Unternehmen die Zugehörigkeit zum Unternehmen als Teil des eigenen Selbstbildes verstanden wird, ist bei Commitment eine eher „berechnende" Verbundenheit gegeben. Bei hohem Commitment mit dem Unternehmen fühlen sich die Mitarbeiter dem Unternehmen verbunden, weil das Unternehmen ihnen im Austausch für ihre Leistungen Gehalt, interessante Arbeit oder Ähnliches gibt und weil sie die Ziele und Werte des Unternehmens als mit ihren eigenen vereinbar fühlen.

Die Identifikation und das Commitment mit einem Unternehmen werden gefördert, wenn durch die Zugehörigkeit zum Unternehmen Motive des Mitarbeiters befriedigt erden. Wenn sich Mitarbeiter als Teil des Unternehmens (Identifikation) oder emotional eng an ihr Unternehmen gebunden fühlen (Commitment), dann besteht eine große Chance, dass sie bereit sind, Goodwillbeiträge und unternehmerisches Verhalten zu erbringen (Greenberg/Baron 2003, S. 160 ff.).

Zwar gibt es unterschiedliche empirische Befunde, es scheint aber, dass Commitment tendenziell einen größeren und positiven Einfluss auf die Leistungsbereitschaft, auf eine geringe Fluktuationsneigung und auf geringere Abwesenheit der Mitarbeiter hat als die Arbeitszufriedenheit.

1.3.5 Unternehmenskultur

Leistung und Einstellung der Mitarbeiter, insbesondere die Identifikation mit dem Unternehmen oder die Tendenz zu innerer Kündigung, werden in hohem Maße von der Unternehmenskultur bestimmt (Schein 1985).

Als Unternehmenskultur bezeichnet man spezifische Denkmuster, Wertvorstellungen, Einstellungen und Verhaltensweisen, die den Mitarbeitern eines Unternehmens gemeinsam sind, d.h. von ihnen geteilt werden.

Von besonderer Bedeutung für die Kultur eines Unternehmens sind die gemeinsamen Wertvorstellungen im Unternehmen.

Werte sind grundlegende Überzeugungen und Zielvorstellungen, die als erstrebenswert oder als zu vermeidend, als gut oder schlecht, als richtig oder falsch, als wichtig oder unwichtig angesehen werden (Robbins 2003, S. 85–93).

Beispiele für Wertaussagen sind:

- *„Ein Vorgesetzter sollte Distanz zu seinen Mitarbeitern halten!"*
- *„Kleine Konflikte in einem Unternehmen sind gut, weil sie alle wach halten!"*
- *„Erst die Arbeit, dann das Vergnügen!"*

Ebenfalls sehr wichtig für die Unternehmenskultur sind Denkmuster oder auch Basisannahmen, wie

- ob man die Umwelt als eher bedrohlich oder als Herausforderung ansieht,
- ob die Natur des Menschen eher kritisch oder positiv eingeschätzt wird,
- ob man einfach mal bestimmte neue Vorgehensweisen versucht oder ob man möglichst Fehler vermeiden soll.

Oft sind den Menschen im Unternehmen diese Prägungen durch die gemeinsamen Wertvorstellungen und Denkmuster nicht bewusst. Für neue Mitarbeiter aber können sie oft sehr irritierend sein.

Stark ausgeprägte Unternehmenskulturen haben eine Reihe von positiven und negativen Effekten (Kotter/Heskett 1993). Da die Mitarbeiter ähnliche oder gleiche Wertvorstellungen und Überzeugungen haben, können sie leichter miteinander kommunizieren, Entscheidungen werden schneller getroffen und umgesetzt. Aufgrund der gleichen Wertvorstellungen ist auch ein geringer Kontrollaufwand erforderlich. Die Mitarbeiter fühlen sich in der Regel auch mit dem Unternehmen enger verbunden (Identifikation bzw. Commitment). Stark ausgeprägte Unternehmenskulturen können allerdings auch sehr hinderlich bei der Anpassung an sich verändernde Umwelten sein.

Die Beeinflussung der Unternehmenskultur kann einerseits ein Ziel der Personalführung sein, sie kann aber andererseits den Rahmen darstellen, in dem die Führung durch die einzelnen Führungskräfte erfolgt. Sie kann für eine erfolgreiche Führung förderlich und hinderlich sein.

1.3.6 Führungserfolg

Der Erfolg von Führung wird in Praxis und Forschung in erster Linie anhand der Ziele der Führung bewertet. Dies sind häufig folgende Kriterien:

- **Quantität und Qualität der Leistung des Bereiches der Führungskraft,** z.B. gemessen anhand von Produktionsmengen, Absatzzahlen, Reklamationen, Bewertungen z.B. in Internetportalen oder durch entsprechende Personen oder Gremien, z.B. Guide Michelin für die Güte der Küche und damit die Qualität des Küchenleiters und seiner Arbeitsgruppe.

- Sozio-emotionale und personalwirtschaftliche Kriterien, z. B. operationalisiert anhand der Mitarbeiterbindung, Fluktuation, Absentismus, Zusammengehörigkeitsgefühl der Arbeitsgruppe oder auch Beurteilung der Führungskraft durch ihre Mitarbeiter im Rahmen von z. B. Vorgesetztenbeurteilungen.

Weil quantitative Ziele sich in der Regel leichter messen lassen, werden häufig quantitative Ziele allein oder überwiegend zur Bewertung der Leistung herangezogen. Dies kann allerdings zu fehlerhaften Einschätzungen der Leistung führen (Nerdinger 2003, S. 6 f.).

> *Beispiel:* So können die Verkaufszahlen eines Verkaufsleiters im Vergleich zu seinen Kollegen deutlich besser sein, weil in seinem Bezirk eine gute Kundenstruktur ist oder weil die Verkäufer der Konkurrenzunternehmen nicht so gut sind oder weil sein Vorgänger eine sehr gute Beziehung zu seinen Verkäufern und den Kunden aufgebaut hat, von der er nun profitiert.

Je bedeutsamer solche Einflussfaktoren und je unterschiedlicher sie für die einzelnen Mitarbeiter und Führungskräfte sind, umso weniger kann aus quantitativen Größen objektiv auf den Einfluss der Führungskraft oder des Mitarbeiters für das Leistungsergebnis geschlossen werden.

Da ihre quantitative Erfassung nur schwer möglich ist, werden häufig viele wichtige Aspekte der Leistung überhaupt nicht erfasst. Es handelt sich dabei vielfach um die oben beschriebenen Goodwillbeiträge. Gerade diesen Beiträgen kommt aber zunehmend eine immer größere Bedeutung für den Unternehmenserfolg zu.

Deshalb sollten neben den quantitativen Leistungskriterien auch qualitative Leistungskriterien und insbesondere das Leistungsverhalten berücksichtigt werden. Denn dies ist das Verhalten, das der Mitarbeiter bzw. die Führungskraft selbst kontrollieren und steuern kann und das bei richtiger Ausübung langfristig auch das richtige Leistungsergebnis sicherstellen sollte.

Die Beurteilung von Führungskräften durch ihre Vorgesetzten erfolgt jedoch nicht immer nach den oben genannten Kriterien des Führungserfolges. Luthans u. a. (von Rosenstil 2009, S. 5) haben festgestellt, dass häufig Führungskräfte Karriere machen, die mehr Zeit in die Beziehungspflege zu ihren Vorgesetzten aufwenden als in die zu erledigende Aufgaben und in die Förderung ihrer Mitarbeiter.

Bei empirischen Untersuchungen, in denen Ursachen für den Führungserfolg gesucht werden, werden auch die oben genannten Kriterien für Führungserfolg benutzt. Bei der Benutzung der Beurteilung der Führungskraft durch ihren Vorgesetzten muss allerdings auf dem Hintergrund der oben genannten Untersuchungen von Luthans u. a. (von Rosenstil 2009, S. 5) beachtet werden, dass damit vielleicht eher die Fähigkeit zur Beziehungspflege und zum Eindruckmachen („Impression Management") gemessen wird als die Güte der Führung verstanden als Beitrag der Führungskraft zur Beeinflussung ihrer Mitarbeiter zur Erreichung von Unternehmens- oder Bereichszielen.

Die Bestimmung des Führungserfolges in empirischen Untersuchungen ist schwierig, wenn es so viele unterschiedliche Kriterien für den Führungserfolg gibt (Yukl 2010, S. 28). Manche Forscher versuchen das Problem dadurch zu lösen, dass sie die verschiedenen Kriterien zu einem zusammengesetzten Kriterium zusammenfügen. Dann hat man jedoch das Problem, welches Gewicht man den einzelnen Kriterien im Rahmen des kombinierten Kriteriums gibt. Ein weiteres Problem kombinierter Kriterien kann sich ergeben, wenn Kriterien untereinander widersprüchlich sind, wenn z. B. die Steigerung des einen Kriteriums, wie Steigerung der Produktionsmenge, auf Kosten eines anderen Kriteriums, z. B. Produktqualität oder Arbeitszufriedenheit der Mitarbeiter, erreicht wird.

1.4 Der Prozess der Mitarbeitermotivation

Als Ziele der Personalführung wurden wichtige Variablen menschlichen Verhaltens erläutert. Da diese Variablen eng zusammenhängen, sollen sie im Folgenden in ein Prozessmodell der Mitarbeitermotivation integriert werden, um damit Zusammenhänge und Wechselbeziehungen aufzuzeigen. Als ein Modell stellt es die vermuteten Beziehungen zwischen diesen Variablen nur sehr vereinfachend dar.

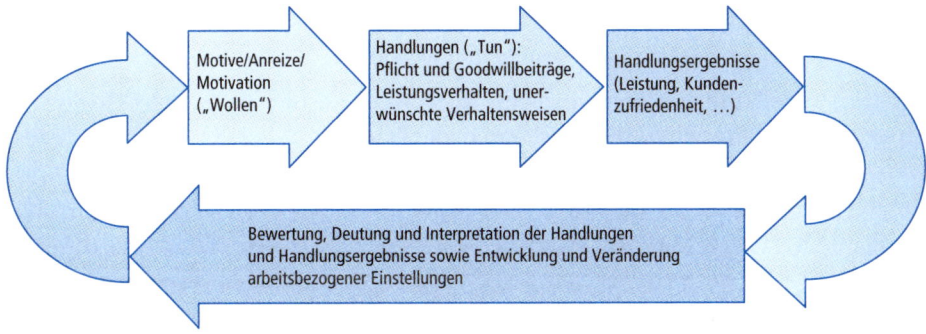

Abb. 1.9 Prozessmodell der Mitarbeitermotivation

1.4.1 Motive

Wenn ein bestimmtes Verhalten nicht als automatisches Reagieren oder völlig durch die äußeren Umstände bedingt erscheint, dann fragt man nach den „inneren" Bedingungen für dieses Verhalten.

Beispiele für Verhaltensphänomene, zu deren Deutung häufig Motive als Erklärungen herangezogen werden:

- *In gleichen Situationen verhalten sich Personen unterschiedlich.*

- *In verschiedenen Situationen verhält sich die gleiche Person nicht unterschiedlich, sondern gleich.*

- *Das Verhalten erscheint als völlig unangemessen für die Situation.*

- *Auch gegen erhebliche Widerstände wird versucht, ein bestimmtes Verhalten durchzusetzen.*

In all diesen Beispielen scheint das Verhalten nicht durch die Situation bestimmt. Wenn es sich in diesen Fällen auch nicht um ein automatisches Reagieren handelt, dann scheint das Verhalten durch Kräfte in der Person bestimmt zu sein, durch ihre Motive.

Motive sind allgemeine, generelle Beweggründe für das Verhalten, die in der Psyche der Person vorhanden sind. Es handelt sich um grundlegende Dispositionen (Verhaltensbereitschaften), sich in einer bestimmten Art und Weise zu verhalten. Falls die Begriffe Bedürfnis und Motiv nicht synonym verwendet werden, dann stellen Bedürfnisse physiologische Ungleichgewichte wie Hunger oder Durst dar, die, sofern sie nicht befriedigt sind, einen Drang zum Handeln ausüben.

Da es sehr viele Motive geben kann, werden in den verschiedenen Inhaltstheorien die Vielzahl möglicher Motive in überschaubare Klassen oder Kategorien von Motiven zusammengefasst. Inhaltstheorien der Motivation sind Theorien, die angeben, welche Motive Menschen haben. Für die Erklärung des Verhaltens in Wirtschaftsorganisationen und in Unternehmen werden häufig die Inhaltstheorien von Maslow und McClelland verwendet.

1.4.1.1 Theorie der Bedürfnishierarchie von Maslow

Die Theorie der Bedürfnishierarchie von Maslow dürfte die populärste Theorie über Motivation in der Betriebswirtschaftslehre darstellen.

Darstellung der Theorie

Nach dem Ansatz von Maslow (Maslow 1970) ist das Verhalten des Menschen weitgehend dadurch bestimmt, dass er bestimmte Bedürfnisse zu befriedigen versucht.

Es gibt nach Maslow einige wenige Grundbedürfnisse, die weitgehend das Verhalten der Menschen bestimmen und diese Grundbedürfnisse sind für alle Menschen gleich. Er unterscheidet 5 Kategorien von Grundbedürfnissen:

1. Physiologische Bedürfnisse: z. B. Hunger, Durst. Viele Bedürfnisse, wie auch Hunger oder Durst, sind zyklisch. Sie werden in bestimmten Abständen nach ihrer Befriedigung wieder wirksam, d. h., sie drängen wieder nach Befriedigung.

2. Sicherheitsbedürfnisse: Sicherheit vor Klimaeinflüssen durch Kleidung und Haus, vor Bedrohung durch andere Menschen, Sicherheit des Arbeitsplatzes und Einkommens. Das Bedürfnis nach Sicherheit drückt sich im Arbeitsleben auch darin aus, wenn Mitarbeiter Kontinuität und Stabilität bei ihrer Arbeit wollen.

3. Zugehörigkeitsbedürfnis: z. B. Liebe, Zuneigungen, Zugehörigkeit zu einer Gruppe.

4. Bedürfnis nach Anerkennung und Ansehen: Selbstachtung, Achtung und hohe Einschätzung vonseiten anderer Personen, hohes Prestige. Der Mitarbeiter will als eine besondere Person angesehen werden.

5. Bedürfnis nach Selbstverwirklichung: z. B. Streben danach, all das zu werden, was man kann; fortschreitende Verwirklichung der Möglichkeiten, Fähigkeiten, Erfüllung einer Mission.

Die Bedürfnisse, die weitgehend unbefriedigt sind, erzeugen eine Spannung im Individuum, die das Individuum abzubauen sucht, indem es bestimmte Verhaltensweisen auszuführen versucht, von denen es erwartet, dass dadurch diese Spannungen verschwinden oder geringer werden. Trinken oder Essen sind Beispiele für derartige Verhaltensweisen, die Spannungen aufgrund von Hunger oder Durst abbauen können. Wenn ein Bedürfnis befriedigt ist, verschwindet die Spannung im Individuum. Das Bedürfnis verliert seine motivierende Kraft. Das Verhalten der Person wird dann von anderen, noch nicht befriedigten Bedürfnissen bestimmt.

In der Bedürfnispyramide von Maslow ist die hierarchische Ordnung der Bedürfnisse wiedergegeben.

Diese Bedürfnisklassen sind hierarchisch geordnet und stehen in einer dynamischen Beziehung zueinander. Höhere Bedürfnisse werden erst dann verhaltensbestimmend, wenn die jeweils niedrigeren Bedürfnisse befriedigt sind. Es müssen zuerst physiolo-

Bedürfnis
nach
Selbst-
verwirklichung,
Autonomie

Bedürfnis nach Anerkennung
und Wertschätzung durch andere

Bedürfnis nach Zugehörigkeit,
soziale Bedürfnisse

Sicherheitsbedürfnisse,
wie Schutz vor Wetterunbilden oder Feinden

Physiologische Bedürfnisse,
wie Befriedigung von Hunger und Durst

Abb. 1.10 Bedürfnispyramide nach Maslow

gische Bedürfnisse erfüllt sein, dann erst wird das Bedürfnis nach Sicherheit verhaltenswirksam und so fort. Wenn ein Bedürfnis erfüllt ist, verliert es seine Wirksamkeit so lange, bis in Bezug auf dieses Bedürfnis ein großer Mangel empfunden wird. Erst dann wird dieses Bedürfnis wieder verhaltensrelevant.

> *Beispiel: Nach dem Essen verliert das physiologische Bedürfnis seine Bedeutung, nachfolgende Bedürfnisse bestimmen das Handeln, bis wieder der Hunger so stark wird, dass alles Handeln vom Streben nach Essen bestimmt wird.*

Beurteilung der Theorie

Die Motivationstheorie von Maslow ist der Versuch einer humanistischen Motivationskonzeption mit der Aufnahme des Bedürfnisses nach Selbstverwirklichung als höchstem Motiv. Seine Theorie trug dazu bei, dass Motive wie Selbstverwirklichung und Entfaltung des Menschen in der betriebswirtschaftlichen Literatur stärker berücksichtigt wurden. Gegen seine Theorie als eine universelle Theorie der Motive des arbeitenden Menschen lassen sich jedoch auch eine Vielzahl von Einwänden nennen (Weinert 2004, S. 191 – 193):

- Seine Aussagen über die Grundbedürfnisse, insbesondere die individualistische Ausrichtung des Selbstverwirklichungsbegriffs, sind möglicherweise in hohem Maße kulturspezifisch. Sie ist geprägt von der individualistischen Kultur der USA und es ist zweifelhaft, ob sie auch für andere Kulturen eine geeignete Beschreibung darstellt.

- Seine Bedürfnisklassen sind nicht überschneidungsfrei formuliert.

- Aufgrund ihrer vagen Formulierung besteht bei empirischen Überprüfungen der Motivationstheorie von Maslow das Problem, ob und inwieweit es gelingt, die Aussagen der Theorie adäquat zu untersuchen bzw. zu messen. Die Ergebnisse empirischer Untersuchungen zur Motivationstheorie konnten diese beiden zentralen Annahmen „*Einteilung der Bedürfnisse in 5 Grundbedürfnisse*" und „*hierarchisch-dynamische Ordnung dieser Grundbedürfnisse*" nicht bestätigen.

1.4.1.2 Wichtige Motive nach McClelland und anderen Forschern

Die Erforschung wichtiger Motive basiert vor allem auf den Arbeiten von McClelland und seinen Kollegen (Weiner 1976).

Das Leistungsmotiv

Umgangssprachlich versteht man unter einem leistungsmotivierten Mitarbeiter eine Person, die bereit ist, viel zu arbeiten und hohe Leistungen zu erbringen. Dies kann aber aus vielerlei Motiven erfolgen, wie z.B. um Anerkennung zu erhalten. Die Forschungen zum Leistungsmotiv führten zu einer anderen Interpretation des Begriffes Leistungsmotiv im Vergleich zum umgangssprachlichen Verständnis.

Leistungs- oder genauer erfolgsmotiviert sind – basierend auf den durch McClelland angeregten Forschungen – Personen, die auf Erfolg hoffen, die Herausforderungen lieben, weil sie daran ihre Leistungsfähigkeit beweisen können (Erfolgsmotivierte).

Das Machtmotiv

Das Machtmotiv bezieht sich auf den Wunsch, Einfluss zu haben, das Verhalten anderer zu bestimmen und zu steuern.

Personen mit hoher Ausprägung des Machtmotivs neigen dazu, „in Verantwortung zu stehen" und sind vor allem daran interessiert, Einfluss über andere zu erlangen.

Es kann durchaus sein, dass diese Menschen auch hohe Leistungen erbringen. Dies kann aber darin begründet sein, dass sie in hohen Leistungen ein Mittel, ein Instrument sehen, um Macht ausüben zu können und nicht, weil sie leistungsmotiviert sind.

Das Motiv nach Zugehörigkeit

Das Motiv nach Zugehörigkeit beschreibt den Wunsch, beliebt zu sein und von anderen akzeptiert zu werden.

Personen mit hoher Ausprägung des Zugehörigkeitsmotivs streben nach Freundschaften, bevorzugen eher Kooperation als Wettbewerb und wünschen sich Beziehungen mit einem hohen Grad gegenseitigen Verständnisses.

Wissensbegierde

Menschen haben den Drang über ihre Umwelt Bescheid zu wissen, ihre Umwelt zu erforschen und auszuprobieren, wie sie funktioniert.

Dies kann man z.B. sehr deutlich bei Kleinkindern feststellen.

Kontingenz: Kompetenz, Kontrolle, Selbstständigkeit

Kontingenzmotiv: Menschen haben das Bedürfnis, Einfluss auf die Welt nehmen zu können, ihre Umwelt und auch ihr eigenes Verhalten steuern oder kontrollieren zu können, kurz: Kompetenz zu haben.

Beispiel: Man hat Kleinkindern einen besonderen Schnuller gegeben. Wenn die Babys daran nuckelten, wurde per Funksteuerung ein Gegenstand bewegt oder ein Geräusch erzeugt. Die Kleinkinder beschäftigten sich stundenlang mit dem Schnuller. Wenn die Bewegung oder das Geräusch durch einen Zufallsgenerator erzeugt wurde, dann hat dies die Babys nicht interessiert. Ein ähnliches Phänomen kann man auch später feststellen, wenn Kinder nicht mehr gefüttert werden wollen, sondern selbst essen wollen.

Wenn Menschen diese Selbstständigkeit nicht mehr ausüben können, dann fühlen sie sich ausgeliefert und hilflos.

Beispiel: Dies erfährt man, wenn man aufgrund einer Krankheit oder Operation früher einfache Tätigkeiten nicht mehr ausführen kann und Hilfe benötigt, wie z.B. Strümpfe anziehen.

1.4.1.3 Gemeinsamkeiten von Motiven

Die Bedeutung, die Stärke von Motiven schwankt im Zeitablauf (Mitchell / Thompson / George-Falvy 2000, S. 216 f.). Ganz typisch ist dies beim Wechsel von Abwechslung und Ruhe oder Stabilität. Irgendwann nach einer bestimmten Zeit von Ruhe braucht man wieder Aktion und Abwechslung und umgekehrt. Dies wird dann besonders deutlich, wenn man Langeweile hat. Man kann sogar soweit gehen und von einem allgemeinen Motiv nach Beschäftigung und Abwechslung sprechen.

Die Motivausprägungen sind von Person zu Person unterschiedlich. Manche sind besonders stark motiviert durch Macht, andere durch das Zusammensein mit Freunden.

Wenn man jemanden motivieren will, muss man dessen Motive ansprechen. Dazu muss man wissen, welche Motive jemand hat und wie stark diese momentan wirken. Im betrieblichen Alltag ist die Durchführung von Tests zur Bestimmung der Motive von Mitarbeitern in der Regel nicht möglich. Die Führungskraft kann dann nur versuchen, durch Beobachten der Person oder durch Gespräche mit der Person deren Motive zu erschließen. Dies sind natürlich nicht so gute (valide) Verfahren wie der Thematische Apperzeptionstest (TAT), der häufig zur Bestimmung der Stärke von Motiven benutzt wird. Beim TAT werden den Versuchspersonen Bilder vorgelegt und die Versuchspersonen sollen beschreiben, was die Personen auf dem Bild denken oder fühlen. Diese Beschreibungen werden dann im Hinblick auf darin enthaltene Motive ausgewertet und als Indikator für die Motive der Versuchspersonen gewertet. Aber andererseits hat die Führungskraft auch die Chance zu vielen Beobachtungen und zu vielen Gesprächen. Besonders hilfreich können die Beachtung der Körpersprache (nonverbale Kommunikation) und der gezielte Einsatz von sprachlichen Mitteln, wie die Fragetechnik, sein, um Informationen über mögliche Motive zu erhalten.

1.4.2 Anreize

Das Verhalten von Menschen wird von Kräften im Menschen, z.B. den Motiven, aber auch durch die Situation bestimmt (Heckhausen 1980). Wenn eine Führungskraft einen Mitarbeiter motivieren will, dann muss sie wissen oder – hoffentlich richtig – erahnen, welche Motive ihren Mitarbeiter beeinflussen.

> *Beispiel: Angenommen, für einen Mitarbeiter ist Anerkennung als eine besonders leistungsfähige Arbeitskraft von hohem Wert. Die Führungskraft kann dann diesem Mitarbeiter verdeutlichen, dass bestimmte, außerordentliche Leistungen dazu führen, dass er gelobt wird und im Unternehmen ein hohes Ansehen genießt. In diesem Fall kann die Führungskraft diesen Mitarbeiter motivieren, wenn sie ihm z.B. anbietet, dass er bei hohen Leistungen zum Klub der 100 besten Verkäufer gehören kann, wovon der Mitarbeiter schon immer träumte.*

Dies ist dann ein Anreiz. Bestimmte Bedingungen der Situation wirken auf die Motive ein und können dadurch bestimmte Verhaltensabsichten auslösen.

Diese spezifischen, Motiv auslösenden Bedingungen der Situation bezeichnet man als Anreize (Heckhausen 1980).

> **Beispiel:** *Mit einer sehr bildhaften Vorstellung kann man sich Anreize als einen Schlüssel vorstellen, der geeignet ist, das Türschloss zu den Motiven zu öffnen.*

Ein Anreiz wirkt dann motivierend, wenn er aus der Sicht des Mitarbeiters ein Instrument darstellt, um Motive zu befriedigen. Wie sehr ein Anreiz motiviert, hängt somit davon ab, welche Motive durch ihn aus der Sicht des Betroffenen befriedigt werden können und wie gut der Anreiz geeignet ist, diese Motive zu befriedigen, oder in anderen Worten, wie gut ist er als Instrument geeignet, bestimmte Motive zu befriedigen. Deshalb nennt man diese Eignung Instrumentalität (Vroom 1964). Die Anreizwirkung kann mit folgender Formel veranschaulicht werden:

> Anreizwirkung = Instrumentalität des Anreizes zur Befriedigung von Motiven x Motivstärke

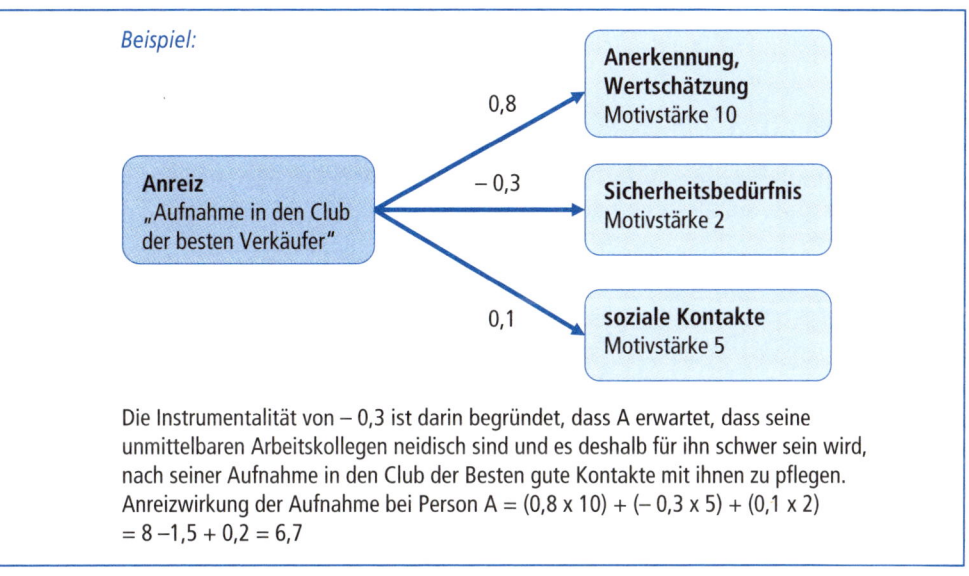

Beispiel:

Anreiz „Aufnahme in den Club der besten Verkäufer"

0,8 → Anerkennung, Wertschätzung Motivstärke 10

− 0,3 → Sicherheitsbedürfnis Motivstärke 2

0,1 → soziale Kontakte Motivstärke 5

Die Instrumentalität von − 0,3 ist darin begründet, dass A erwartet, dass seine unmittelbaren Arbeitskollegen neidisch sind und es deshalb für ihn schwer sein wird, nach seiner Aufnahme in den Club der Besten gute Kontakte mit ihnen zu pflegen. Anreizwirkung der Aufnahme bei Person A = (0,8 x 10) + (− 0,3 x 5) + (0,1 x 2) = 8 −1,5 + 0,2 = 6,7

Abb. 1.11 Anreizwirkung anhand eines Beispiels

Wichtige Anreize zum Anregen der Motivation in Unternehmen sind z.B.:

- **Die Art oder der Inhalt der Arbeit,** z.B. der Wunsch nach einer sinnvollen Tätigkeit: Stellen Sie sich vor, sie müssen eine Tätigkeit ausführen, die ihnen als solche keinen Spaß macht und die auch keinen Sinn ergibt, wie z.B. jeden Morgen einen Graben aufgraben und nachmittags wieder zuzuwerfen.

- **Aufstieg und Karriere, einflussreiche Stellungen**
  Damit können viele Motive angesprochen werden, wie Macht, Anerkennung, Selbstverwirklichung, großer Handlungsspielraum, Prestige, Status.

Häufig genutzte Anreize im Unternehmen sind:

- **Entlohnung**
  Geld selbst ist kein Motiv. Aber mit Geld kann man viele Motive befriedigen. Deshalb wird Geld auch als „sekundäres" Motiv bezeichnet.

- **Sozialleistungen und sichere Arbeitsplätze**
  Damit kann dem Sicherheitsbedürfnis Rechnung getragen werden.

- **Anerkennung durch Vorgesetzte und Kollegen**

- **Statussymbole,** sichtbare Zeichen der Bedeutung und des Stellenwertes im Unternehmen (z.B. Dienstwagen, Größe und Ausstattung des Büros u.Ä.).

- Die Form der Motivbefriedigung, die aus der Tätigkeit heraus kommt, nennt man **intrinsische** Motivation,

- während die Motivation, die durch Andere erfolgt, wie Entlohnung, Aufstieg, sicherer Arbeitsplatz, als **extrinsische** Motivation bezeichnet wird.

Dies führt zur nächsten Frage: „Was ist erforderlich, dass Mitarbeiter Handlungen erfolgreich ausführen können und die gewünschten Leistungen erreichen?"

1.4.3 Motivation

Voraussetzung dafür, dass Mitarbeiter die von der Führung gewünschten Handlungen erbringen ist, dass sie dies überhaupt tun wollen, also dazu motiviert sind.

1.4.3.1 Grundlagen

Wenn Motive aktiviert sind, wenn eine Absicht, ein Drang entstanden ist, sich in einer bestimmten Art und Weise zu verhalten, um Motive zu befriedigen, dann spricht man von **Motivation** (Weiner 1976). Motivation bedeutet somit: Eine Person **will** etwas erreichen, sie hat den Wunsch, bestimmte Tätigkeiten auszuführen (Handlungstendenz) um bestimmte Ziele zu erreichen. Der Begriff „Wollen" kann als anschaulicher Ausdruck für Motivation verwendet werden.

Mithilfe des Konzepts der Motivation versucht man, Antwort auf folgende drei Fragen zu finden:

- **Warum** will eine Person etwas tun? Warum will die Person eine bestimmte Verhaltensweise ausführen? → Fragen der Richtung des Verhaltens oder der Auswahl von Verhaltensweisen.

  Beispiel: So steht ein Student häufig vor der Entscheidung, ob er eine Lehrveranstaltung besucht oder nicht besucht.

- **Wie stark** ist der Drang, die Kraft die Verhaltensweise auszuüben oder wie stark ist die Bereitschaft, Widerstände zu überwinden, um die Verhaltensabsicht ausführen zu können? → Fragen der Stärke oder Intensität des Verhaltens.

- **Fragen des Andauerns des Verhaltens:** Wie lange wird eine bestimmte Handlung ausgeführt, welche Ausdauer lässt sich bei der Ausführung des Verhaltens feststellen?

Abb.1.12 Die drei Grundfragen der Motivation

Je größer die Motivation in Bezug auf ein bestimmtes Verhalten ist, um so eher wird dieses Verhalten ausgewählt, gegenüber anderen Verhaltensweisen bevorzugt, um so größer ist die Bereitschaft, sich bei diesem Verhalten anzustrengen und Kraft und Energie aufzuwenden und um so länger ist die Person bereit, diese Verhaltensweise auszuführen und Ausdauer bei dieser Verhaltensweise aufzubringen (Mitchell/Thompson/George-Falvy 2000, S. 217).

Wenn eine Führungskraft ihre Mitarbeiter motivieren und zu besonderen Leistungen führen will, dann ist es für sie sehr wichtig, über die Prozesse der Motivation, der Handlungsausführung und der Bewertung von Erfolg und Misserfolg von Handlungen sowie deren Auswirkungen auf die zukünftige Motivation Bescheid zu wissen, um gezielt eingreifen, steuern oder auch führen zu können.

Das Wissen um diese Zusammenhänge ist darüber hinaus auch für die Führungskraft im Hinblick auf ihr eigenes Verhalten wichtig. Denn auch sie muss sich motivieren, Handlungen erfolgreich durchzuführen und auch mit ihren eigenen Erfolgen oder Misserfolgen konstruktiv umzugehen.

1.4.3.2 Die Erwartungswerttheorie als eine Prozesstheorie der Motivation

Prozesstheorien dienen dazu zu beschreiben oder zu erklären, wie diese Motive angeregt werden und Verhaltensabsichten entstehen oder anders ausgedrückt, wie der Prozess der Motivation abläuft.

Einer der wichtigsten Ansätze zur Beschreibung und Analyse von Motivationsprozessen ist die Erwartungswerttheorie, die manchmal auch als Valenz-Instrumentalitäts-Erwartungs-Theorie oder VIE-Theorie bezeichnet wird (Vroom 1964).

Diese Theorie soll anhand eines Beispiels erläutert werden.

Beispiel: Der Verkäufer Meier soll ein großes Unternehmen als neuen Kunden gewinnen. Aufgrund des großen Einkaufsvolumens dieses Unternehmens versuchen auch die Verkäufer der Konkurrenzunternehmen, dieses Unternehmen als Kunden zu bekommen. Meier müsste sich deshalb sehr anstrengen, um diesen Kunden zu gewinnen. Ob er dies versucht, hängt von seinen Motiven ab. Wenn Meier z.B.

ein hohes Bedürfnis nach Anerkennung (Motivstärke [V]) hat und er die Gewin-
nung des Kunden als ein sehr geeignetes Mittel ansieht, von seinem Vorgesetzten
oder Kollegen als besonders guter Verkäufer angesehen zu werden (Instrumenta-
lität [I] der Handlung bzw. des Handlungszieles zur Befriedigung von Motiven),
dann hätte er ein großes Interesse daran, sich bei seinen Verkauftätigkeiten
besonders anzustrengen. Er wird sich aber nur dann besonders anstrengen, wenn
er das Gefühl, die persönliche Überzeugung hat, dass er eine reelle Chance hat,
aufgrund seiner Verkaufsanstrengungen dieses Unternehmen als Kunden gewin-
nen zu können. Anders ausgedrückt, wenn Meier überhaupt keine Chance sieht
(Erfolgswahrscheinlichkeit [E]), durch seine Verkaufsanstrengungen den Kunden
gewinnen zu können, dann wird er sich nicht oder nur sehr wenig anstrengen.
Dies zeigt, dass allein die Möglichkeit z. B. durch hohe Leistungen belohnt zu
werden, nicht ausreicht, den Mitarbeiter zu motivieren. Es ist weiterhin erforder-
lich, dass der Mitarbeiter von seiner Erfolgschance überzeugt ist, dass er seinen
Erfolg nicht für völlig unmöglich hält und dass er glaubt, dass der dazu erforder-
liche Aufwand und die Anstrengung, um diese Belohnung zu erhalten, in einem
vernünftigen Verhältnis zur Entlohnung stehen.

Die Motivation einer Person, eine bestimmte Handlung ausführen zu wollen, hängt
demnach davon ab, inwieweit die Handlung oder das Handlungsziel als geeignet erscheint, die Motive der Person zu befriedigen (Anreizwirkung oder Wert = V × I) und
wie wahrscheinlich aus ihrer Sicht der Erfolg der Handlung ist (Erfolgswahrscheinlichkeit [E]).

Beispiel: Meier wird nicht motiviert sein, wenn er der Überzeugung ist, dass er
keine Chance hat, das Unternehmen als neuen Kunden zu gewinnen, wenn er in
der Gewinnung des neuen Kunden kein Mittel sieht, Anerkennung zu erhalten
oder wenn es für ihn keine Bedeutung hat, von anderen Personen anerkannt zu
werden, wenn die Stärke des Motivs Anerkennung bei ihm gleich Null ist.

Dies bedeutet, wenn eine der Komponenten gleich Null ist, dann ist auch die Motivation
gleich Null, selbst wenn die andere Komponente sehr hoch ausgeprägt ist. Andererseits
ist die Motivation umso größer, je größer die Komponenten sind, sofern keine gleich
Null ist. All diese Komponenten, Anreizwirkung und Erfolgswahrscheinlichkeit, hängen
wie die Glieder einer Kette zusammen. Ein mathematisches Modell zur Verdeutlichung
dieser Zusammenhänge ist die Multiplikation.

Motivation zur Durchführung einer Handlung („Wollen“) ist eine Funktion von Anreizwirkung der Handlung bzw. der Handlungskonsequenzen (Wert) × Erfolgswahrscheinlichkeit der Handlung (Erwartung).

Beispiel: Angenommen das Motiv „Anerkennung“ hat für Meier auf einer Skala
von 0 bis +10 den Wert von 8 (Motivstärke). Die Instrumentalität soll auf einer
Skala von −1 bis +1 gemessen werden. Bei +1 ist die Handlung bzw. die Hand-
lungskonsequenz absolut geeignet, das Motiv zu befriedigen, während −1 be-
deuten würde, dass die Handlung oder ihre Handlungskonsequenz mit absoluter

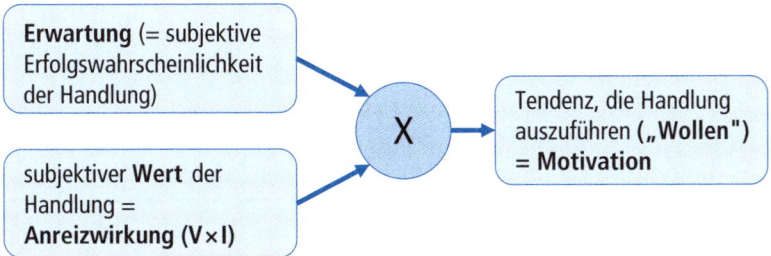

Abb. 1.13 Erwartungswerttheorie der Motivation

Sicherheit verhindert, dass das Motiv befriedigt wird. In dem Beispiel wird davon ausgegangen, dass aus der Sicht von Meier die Gewinnung des Kunden eine Instrumentalität von 0,5 im Hinblick auf die Befriedigung des Motivs nach Anerkennung hat. Weiterhin wird angenommen, dass er seine Erfolgschance als 50 % einschätzt. Da es sich bei der Erfolgswahrscheinlichkeit um eine Wahrscheinlichkeit handelt, geht die Skala von 0 (absolut unwahrscheinlich) bis +1 (trifft mit Sicherheit ein). Der Wert oder die Anreizwirkung (V × I) ist dann 8 × 0,5 = 4. Die daraus resultierende Motivation für die Handlung „Gewinnung dieses Kunden" wäre dann Wert × Erwartung (Erfolgswahrscheinlichkeit) = 4 × 0,5 = 2.

Der Verkäufer Meier ist aber auch begeisterter Golfspieler. Wenn er diesen Kunden gewinnen will, dann muss er viel Freizeit opfern, kann nicht für das nächste Golfturnier seines Vereins trainieren und läuft Gefahr, seinen Titel als Klubmeister zu verlieren. Seine Chancen, den Titel verteidigen zu können, schätzt er – wenn er gut trainiert hat – als sehr gut ein (0,8). Wenn er den Titel verteidigt, dann führt das zu sehr hoher Anerkennung im Verein und in der Öffentlichkeit (Instrumentalität +1). Seine Motivation zu trainieren wäre dann 8 × 1 × 0,8 = 6,4. Er würde bevorzugt die Handlung durchführen, für die er mehr motiviert ist: Er würde trainieren und sich in dem Zeitraum bis zum Turnier nicht besonders anstrengen, das Unternehmen als neuen Kunden zu gewinnen.

1.4.4 Handlungen und Handlungsergebnisse

Jemanden führen zu wollen, bedeutet auch, dass man versucht, ihn zu einem bestimmten Verhalten, wie z.B. hoher Leistung oder kundenorientiertem Verhalten, zu bewegen oder zu motivieren. So bedeutsam Motivation zum Erbringen einer bestimmten Handlung ist, es reicht nicht aus, dass man etwas will, man muss es auch realisieren (Lieber 1995, S. 78 – 85). Dabei kommen weitere Einflussgrößen zum Tragen.

Beispiel: Der Verkäufer Meier hat sehr hart und intensiv trainiert. Während des Klubturniers hat er aber das Pech, das eine heftige Windböe seinen Golfball in den Wald verweht und er deshalb das Turnier nicht gewinnt. Auch sein Freund Müller hat sich intensiv auf das Turnier vorbereitet. Er hat zwar kein Pech mit dem Wind, da er aber erst vor Kurzem mit dem Golfspielen begonnen hat, fehlt ihm natürlich das Können, um das Turnier zu gewinnen.

Ob das Ziel erreicht wird, ob wir die erforderliche Leistung erbringen, hängt von weiteren Faktoren ab, wie z. B. ob die Situation günstig oder ungünstig ist. Ein weiterer Faktor ist das Können, die Qualifikation.

> Handlungsergebnisse (Leistung oder andere Handlungsergebnisse)
> = Motivation („Wollen") × Günstigkeit der Situation × Können

Zu einer guten Führungsarbeit gehört somit auch, dafür zu sorgen, dass die Arbeitssituation der Mitarbeiter möglichst optimal ist und dass sie das erforderliche Können haben.

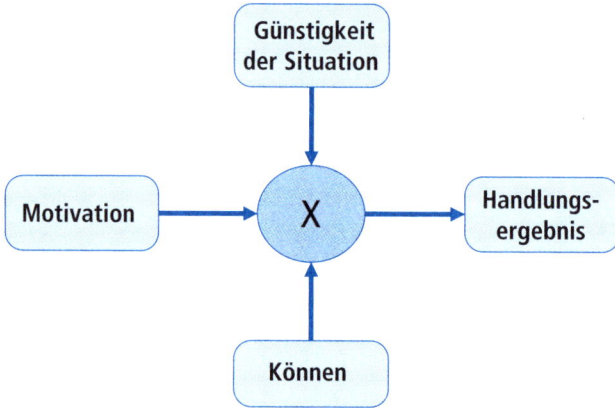

Abb. 1.14 Bestimmungsfaktoren des Handlungsergebnisses, z. B. einer Leistung

1.4.5 Bewertung, Deutung und Interpretation der Handlungen und Handlungsergebnisse

Die Ausführung der Handlung führt zu Handlungsergebnissen, die vom Individuum in einem Deutungs- und Bewertungsprozess verarbeitet werden. Es werden insbesondere die Handlungsergebnisse, wie sie sich nach Handlungsausführung aus der Sicht des Individuums darstellen, mit den erwarteten Handlungsergebnissen verglichen und versucht, die Resultate des Vergleichsprozesses zu interpretieren (Weiner 1976). Je nach dem Ausgang des Vergleichsprozesses wird das Individuum Gefühle der Zufriedenheit oder Unzufriedenheit empfinden. Bei diesen Deutungsprozessen spielt auch das Selbstbild der Person eine wichtige Rolle: Inwieweit lassen sich die gemachten Erfahrungen mit dem Bild vereinbaren, das die Person von sich hat oder haben möchte?

Die hier im Folgenden ausschnittweise dargestellten Bewertungs-, Deutungs- und Interpretationsprozesse der Ergebnisse des Handelns haben Auswirkungen auf die weitere Motivation der Mitarbeiter im Hinblick auf die von der Führung gewünschten Handlungen. So wirkt das Ergebnis dieser Deutungsprozesse als Erfahrung aus früheren Situationen zurück auf die Bildung künftiger Erwartungen und Wertschätzung von

Handlungskonsequenzen und somit auf die Motivation im Hinblick auf bestimmte Handlungen. Diese Deutungsprozesse können bildlich als eine Art von Weichenstellung verstanden werden.

Sie sind deshalb von entscheidender Bedeutung für das Verständnis und für die Beeinflussung menschlichen Verhaltens.

1.4.5.1 Umgang mit widersprüchlichen Wahrnehmungen (Theorie der kognitiven Dissonanz)

Bei der Analyse von derartigen Deutungsprozessen hat man festgestellt, dass Menschen ungern widersprüchliche Wahrnehmungen haben (Festinger 1957), wie z.B. dass man sich als besonders leistungsfähig einschätzt und jetzt vom Vorgesetzten mitgeteilt bekommt, dass man nur unterdurchschnittliche Leistungen erbringt. Zum Abbau von derartigen widersprüchlichen Wahrnehmungen (Reduktion von kognitiven Dissonanzen) gibt es eine Reihe von Mechanismen. So kann es sein,

- dass Informationen vermieden werden, die die Widersprüche erhöhen, oder
- es werden nur Informationen aufgenommen, die die Widersprüche reduzieren.

Beispiel: Der Mitarbeiter, der unzufrieden mit der Beurteilung seiner Leistung durch den Vorgesetzten ist, fragt Kollegen, von denen er eine positive Einschätzung erwartet, wie sie seine Leistung einschätzen.

Eine andere Form, den Widerspruch zu verringern, ist die Umdefinition der Situation.

Beispiel: Der Vorgesetzte war nicht neutral bei seiner Leistungseinschätzung, sondern aufgrund einer kürzlichen Auseinandersetzung mit dem Mitarbeiter befangen.

Ob und inwieweit Mitarbeiter Anstrengungen unternehmen, um widersprüchliche Erfahrungen abzubauen, hängt u.a. davon ab, wie wichtig diese widersprüchlichen Wahrnehmungen für sie und damit vor allem für ihr Selbstbild sind.

Beispiel: Der schlecht beurteilte Mitarbeiter sieht sich vor allem als ein Mensch, der in seiner Freizeit glänzt, und die Arbeit ist für ihn nur ein Mittel um genügend Geld für die Freizeit zu haben. Im Übrigen betrachtet er seinen Vorgesetzten als einen Bürokraten und hält nicht viel von ihm und seiner Meinung. Wenn die Beurteilung des Vorgesetzten keine Auswirkungen auf die Entlohnung hat, dann kann er gut damit leben, dass der Vorgesetzte ihn nicht als besonders leistungsfähig ansieht.

1.4.5.2 Die gedankliche und gefühlsmäßige Verarbeitung von Erfolg und Misserfolg

Es gehört zur allgemeinen Lebenserfahrung, dass bestimmte Handlungen nicht wie intendiert oder beabsichtigt erfolgreich abgeschlossen werden, dass Ziele nicht immer erreicht werden. Dann kommt es auch darauf an, wie man mit dem Misserfolg umgeht: *„Lässt man sich entmutigen oder verstärkt man seine Anstrengungen?"* Auch wenn man erfolgreich ist, bewertet man bewusst oder unbewusst seinen Erfolg: *„Hatte man*

Glück oder lag es an den eigenen Anstrengungen und Fähigkeiten? Hat man das erhalten, was man sich aufgrund der Handlung und der damit verbundenen Anstrengungen erwartet hatte?"

Je nachdem, wie diese Fragen beantwortet werden, wird man mehr oder weniger motiviert an die nächsten Aufgaben herangehen. Dieser Deutungs- und Bewertungsprozess im Hinblick auf die wahrgenommenen Gründe für Erfolg und Misserfolg (Kausalattribuierung von Erfolg und Misserfolg) wird wesentlich von Deutungsmustern gesteuert, die beim Erwachsenen in der Regel stabil ausgebildet sind.

Nach einer Situation, in der man Erfolg oder Misserfolg hatte, z.B. Prüfung oder Verkaufsgespräch, wird gedanklich und gelegentlich auch im Gespräch mit anderen analysiert, warum man Erfolg oder Misserfolg hatte (Nerdinger 2003, S. 74 ff.).

Konsequenzen der Zuschreibung (Attribution) von Misserfolg auf die weitere Motivation

Beispiel: Führt ein Mitarbeiter einen Misserfolg, z.B. bei einem Verkaufsgespräch, auf seine zu geringen Fähigkeiten oder auf die zu schwere Aufgabenstellung, z.B. zu hoher Preis der eigenen Produkte, schwieriger Kunde, zurück, dann wird er in der nächsten vergleichbaren Situation die Wahrscheinlichkeit einer erfolgreichen Handlungsausführung, eines erfolgreichen Verkaufsgesprächs, gering einschätzen und damit wird er auch nicht besonders motiviert sein, sich besonders anzustrengen. Dies wiederum kann dazu führen, dass aufgrund mangelnder Anstrengung der Handlungserfolg ausbleibt. Dies ist aus der Sicht des Mitarbeiters eine Bestätigung seiner Ansicht, dass er nicht die dazu erforderlichen Fähigkeiten hat. Andererseits kann die Deutung eines missglückten Verkaufsgesprächs durch mangelnde Anstrengung oder mangelnden Einsatz bei der Vorbereitung und Durchführung des Gesprächs zu einer erhöhten Anstrengung beim nächsten Verkaufsgespräch führen.

Glaubt der Mitarbeiter, sein Misserfolg sei Pech gewesen, dann sollte sich seine Wahrscheinlichkeitsschätzung des Erfolgs beim nächsten Verkaufsgespräch nicht reduzieren; erfahrungsgemäß wird aber dennoch Misserfolg tendenziell seine Stimmung verschlechtern und somit indirekt auch seine Motivation verringern.

Konsequenzen der Zuschreibung (Attribution) von Erfolg auf die weitere Motivation

Beispiel: Schreibt der Mitarbeiter seinen Erfolg seinen besonderen Fähigkeiten oder seinem besonderen Einsatz oder der leichten Aufgabenstellung zu, dann wird er bei den nächsten Verkaufsgesprächen von einer hohen Wahrscheinlichkeit des Erfolgs ausgehen und deshalb motiviert das nächste Verkaufsgespräch vorbereiten und durchführen. Falls der Mitarbeiter seinen Erfolg auf Glück zurückführt, dann sollte auch dies nicht die Wahrscheinlichkeit des Erfolgs beim nächsten Verkaufsgespräch ändern, es wird allerdings seine Stimmung und damit indirekt auch seine Motivation erhöhen.

Generell neigen Menschen dazu, Erfolge sich selbst (Anstrengung oder Fähigkeiten) und Misserfolge der Aufgabenschwierigkeit oder dem Zufall (Pech) zuzuschreiben. Damit wird zwar das Selbstwertgefühl bei Erfolg gestärkt und bei Misserfolg nicht zu sehr beeinträchtigt, da der Misserfolg ja nicht durch die Person, sondern durch Umstände, die außerhalb der Person liegen, bedingt sind. Die Gefahr dieser Denkweise liegt darin, dass damit kein Grund besteht, bei Misserfolg das eigene Verhalten zu ändern.

Es gibt allerdings Personen, die andere Denkmuster haben (Weiner 1976). Die folgende Beschreibung bezieht sich auf extreme Ausprägungen. Die meisten Menschen haben mittlere Ausprägungen im Hinblick auf Erfolgsorientierung bzw. Angst vor Misserfolg.

Erfolgsorientierte Personen haben ein Erklärungsmuster von Erfolg und Misserfolg, das als stärkend für das eigene Selbstbewusstsein, als selbstwertdienlich bezeichnet werden kann. Erfolge führen sie auf sich selbst zurück (internale Zuschreibung oder Attribution), sei es die eigene Anstrengung oder die Begabung. Misserfolg deuten sie entweder mit Pech oder eigenen mangelnden Anstrengungen, d.h. mit variablen Faktoren. Dies bedeutet, dass sich diese Faktoren ändern können. Man strengt sich beim nächsten Mal mehr an oder hat statt Pech Glück, wobei erfolgsorientierte Personen eher an die Bedeutung der eigenen Anstrengung glauben. Durch dieses Deutungsmuster sind sie bereit und positiv gestimmt, auch nach einem Misserfolg es noch einmal zu versuchen, wobei sie innerlich davon ausgehen, dass sie Erfolg haben, wenn sie sich genügend anstrengen.

Demgegenüber haben misserfolgsängstliche Personen ein Zuschreibungsmuster von Erfolg und Misserfolg, das ihr Selbstwertgefühl mindert. Erfolge helfen ihnen nicht bei der Entwicklung ihres Selbstwertgefühls, da sie diese Erfolge auf die externalen Faktoren wie Glück oder Leichtigkeit der Aufgabe zurückführen. Misserfolg hingegen erklären sie sich mit der eigenen mangelnden Begabung oder der Schwierigkeit der Aufgabe. Bei einer derartigen Deutung bestehen eigentlich keine Aussichten, bei einem weiteren Versuch Erfolg zu haben. Sie werden deshalb kein weiteres Mal versuchen, die Aufgaben zu bewältigen oder wenn sie es aufgrund äußerer Einflüsse noch mal versuchen müssen, gehen sie bereits mit einer pessimistischen Grundhaltung an diese Aufgabe. Bereits diese Grundhaltung führt jedoch dazu, dass Erfolge eher unwahrscheinlich sind.

Vorgesetzte können durch Kommunikation und durch unterstützendes Verhalten ihren Mitarbeitern helfen, Erfolg motivierende Zuschreibungen vorzunehmen (Nerdinger 2003, S. 79ff.). Insbesondere im Bereich des Leistungssports üben sich Sportler im so genannten positiven oder auch erfolgsorientierten Denken (mentale Stärke), und sie werden dabei von ihren Trainern oder Psychologen unterstützt. Führungskräfte müssen jedoch auch darauf achten, dass sie bei der Deutung des Erfolgs oder Misserfolgs ihrer Mitarbeiter selbst diese Erklärungs- und Deutungsmuster nutzen und unter Umständen bewusst oder unbewusst die Deutungsmuster ihrer Mitarbeiter beeinflussen.

Für Führungskräfte sind diese Zusammenhänge insbesondere bei Gesprächen mit ihren Mitarbeitern wichtig, bei denen es darum geht, den Mitarbeitern Rückmeldung zu geben, wie sie deren Leistung sehen.

1.4.5.3 Die wahrgenommene Gerechtigkeit bei der Verteilung von Belohnungen: Austausch- oder Gerechtigkeitstheorien (Equity-Theorien)

Vielfach unbewusst, manchmal allerdings sehr intensiv und bewusst erlebt und bewertet der Mitarbeiter seine Arbeitssituation. Er prüft und vergleicht, ob das Verhältnis dessen, was er als Input oder als Beiträge in die Arbeit einbringt, in einem angemessenen Verhältnis zu dem steht, was er als Anreize oder Output aus der Arbeit erhält oder anders ausgedrückt, ob die Anreize, die er bei der Arbeit erhält, seine Beiträge (Input) rechtfertigen (Greenberg/Baron 2003, S. 201 ff.). Es ist für seine Motivation von entscheidender Bedeutung, ob er dieses Verhältnis als gerecht wahrnimmt. Deshalb zählen diese Theorien auch zu den Prozesstheorien der Motivation.

Was eine gerechte Verteilung ist, lässt sich jedoch nicht objektiv bestimmen. Deshalb vergleicht der Mitarbeiter sein Output-Input-Verhältnis mit dem anderer Personen oder mit dem Verhältnis, das er bei anderen Tätigkeiten oder Unternehmen wahrgenommen hat. Es handelt sich dabei nicht um objektive Bewertungen, sondern um subjektive Bewertungen, wie sie von der Person A vorgenommen werden, d.h., eine andere Person kann zu davon völlig abweichenden Einschätzungen gelangen.

Das Verhältnis von Outputs oder Outcomes oder auch Ertrag zu Inputs oder Aufwand wird modellmäßig als eine Division oder als ein Bruch dargestellt. Beim Vergleich des Output-Input-Verhältnisses von A mit dem einer anderen Person oder Personengruppe oder aber früheren Tätigkeiten von A kann es somit zu einem gleichen (=) oder ungleichen, ungerechten Verhältnis kommen, d.h., A fühlt sich gegenüber B oder seinen früheren Tätigkeiten benachteiligt (<) oder bevorzugt (>).

Ungleichheiten bei diesen Vergleichsprozessen erzeugen innere Spannungen bei den betroffenen Personen, die diese Personen zu vermeiden oder zu vermindern versuchen. Es entstehen somit Handlungstendenzen oder anders ausgedrückt, die Motivation, sich in einer bestimmten Art und Weise zu verhalten. Diese Spannungszustände sind in der Regel intensiver und länger andauernd, je größer die wahrgenommene Ungleichheit ist und insbesondere, wenn jemand sich benachteiligt fühlt. Es scheint allerdings Menschen zu geben, die bereit sind, ein gewisses Maß an Benachteiligung zu akzeptieren („duldsame Menschen").

Wenn eine Person sich benachteiligt fühlt, stehen ihr nach den Tauschtheorien grundsätzlich folgende Strategien zur Verfügung (Weiner 2004, S. 213):

- Verringerung des eigenen Inputs, z.B. durch weniger Arbeitseinsatz oder innere Kündigung oder Verkürzung der Arbeitszeit durch längere Pausen oder zu spät kommen oder möglichst frühes Beenden der Arbeit. Zur Reduktion bieten sich vor allem die Inputs an, die als Goodwillbeiträge klassifiziert sind.

- Erhöhung des Outputs: z.B. durch Drängen auf eine erhöhte Entlohnung oder bessere Arbeitsbedingungen. Das Gefühl der Ungleichbehandlung kann so weit gehen, dass Mitarbeiter das Unternehmen bestehlen und somit ihren Output erhöhen.

Verhältnis von Input zu Output der Person A, wie es von A wahrgenommen wird

Verhältnis von Input zu Output einer Vergleichsperson B, oder einer Situation, die A vorher erlebt hatte, wie sie von A wahrgenommen wird.

Outputs für A, wie Entlohnung, Status aufgrund der Position, Karriere, interessante Arbeit, Anerkennung, Lob, Arbeitsbedingungen (Arbeitszeit, Urlaub usw.) **subjektiv wahrgenommen von A**

Outputs für B oder in einer früheren Situation von A, wie Entlohnung, Status aufgrund der Position, Karriere, interessante Arbeit, Anerkennung, Lob, Arbeitsbedingungen (Arbeitszeit, Urlaub usw.) **subjektiv wahrgenommen von A**

Inputs von A, wie Arbeitseinsatz, Motivation, Leistungen, Erfahrungen, Ausbildung **subjektiv wahrgenommen von A**

Inputs von B oder A in einer früheren Situation, wie Arbeitseinsatz, Motivation, Leistungen, Erfahrungen, Ausbildung **subjektiv wahrgenommen von A**

Abb. 1.15 Vergleichsprozess nach den Austausch- oder Gerechtigkeitstheorien

- Beeinflussung der als bevorzugt wahrgenommenen Vergleichsperson, indem sie aufgefordert wird, z.B. mehr zu leisten oder auf angenehme Arbeitsbedingungen zugunsten der sich benachteiligt fühlenden Person zu verzichten.

- Änderungen der subjektiven Bewertungen: Die Person kann die Selbstwahrnehmung ändern, indem sie die gedankliche, subjektive Bewertung im Nachgang des Vergleiches verändert, indem sie ihren Input geringer einschätzt *(„Bei genauer Betrachtung muss ich mir eingestehen, dass meine Leistung doch nicht ganz so hervorragend ist, wie ich dachte.")* oder dass sie ihren Output erhöht *(„Zwar ist mein Gehalt niedriger, dafür habe ich aber mehr Freiraum bei der Arbeit und meiner Arbeitszeit.")*. Beides führt dazu, dass sich das Verhältnis von Output zu Input erhöht und damit die Spannung reduziert wird.

- **Wahl anderer Vergleichspersonen oder Vergleichsgruppen:** Anstelle eines Studienkollegen in einem anderen Unternehmen wird ein Kollege im gleichen Unternehmen als Vergleichsperson gewählt (*„Ich verdiene zwar nicht so viel wie mein ehemaliger Studienkollege Hans bei der Firma X, dafür aber wesentlich mehr als mein Kollege Meier hier in unserer Firma."*).

- **Verlassen der Tauschsituation:** Der Mitarbeiter kündigt oder er versucht innerhalb des Unternehmens in eine andere Abteilung zu kommen. Auch die innere Kündigung kann man bereits als ein gedankliches Verlassen der Tauschsituation ansehen.

In umgekehrter Weise erfolgt die Verringerung von wahrgenommener Ungleichheit bei dem Gefühl der Bevorzugung. Dabei werden aber öfter Erklärungen gefunden, dass es dafür akzeptable Gründe geben muss (Änderung der subjektiven Bewertungen).

Tendenziell werden die Aussagen der Gleichheitstheorie durch empirische Forschungen bestätigt, wenngleich in den Forschungen insbesondere Aspekte der Entlohnung im Vordergrund standen und nicht für das Führungsverhalten so wichtige Aspekte wie Lob und Anerkennung oder Eingehen auf Bedürfnisse des Mitarbeiters.

Während früher vor allem die Frage der Verteilungsgerechtigkeit (*„Wer bekommt was?"*) untersucht wurde, werden in den letzten Jahren vor allem Fragen der Verfahrensgerechtigkeit untersucht (Greenberg/Baron 2003, S. 204 ff. oder Nerdinger 2003, S. 84 ff.).

Bei der Verfahrensgerechtigkeit geht es darum, ob das Verfahren, das zur Verteilung von Belohnungen führt, als gerecht empfunden wird. Dies ist insbesondere dann der Fall,

- wenn die Verfahrensregeln konsistent angewendet werden

- wenn die Entscheidungen vorurteilsfrei gefällt werden

- wenn die Entscheidungen in einer für die Betroffenen nachvollziehbaren Art und Weise getroffen werden (Transparenz) und

- wenn die Möglichkeit besteht, dass Fehler korrigiert werden können.

Während die wahrgenommene Verteilungsgerechtigkeit einen großen Einfluss auf die Zufriedenheit hat, beeinflusst die Verfahrensgerechtigkeit in hohem Maße die Verbundenheit mit dem Unternehmen (Commitment). Selbst wenn Mitarbeiter nicht zufrieden sind mit dem was sie erhalten haben (Verteilungsgerechtigkeit), bewerten sie ihre Führungskräfte und das Unternehmen positiv, wenn sie das Verfahren, das zur Verteilung geführt hat, als gerecht empfinden.

Ebenfalls ist die Art und Weise, wie dem Mitarbeiter Belohnungen oder auch Nicht-Belohnungen mitgeteilt werden (Mitteilungsgerechtigkeit oder „Interactional Justice"), wichtig für die Gefühle und die Motivation des Mitarbeiters. Insbesondere bei der Information über negative Konsequenzen für Mitarbeiter ist es wichtig, dass diese emotional sensitiv erfolgen, dass die sozialen und individuellen Bedürfnisse des Mitarbeiters mit Respekt und Wohlwollen berücksichtigt werden. Die Führungskraft sollte auch versuchen, dem Mitarbeiter möglichst glaubwürdig zu vermitteln, dass man sich um Objektivität und Fairness bemüht hat, indem man alle Informationen berücksichtigt und möglichst gerecht entschieden hat.

Sowohl die Verteilungs- als auch die Verfahrens- und die Mitteilungsgerechtigkeit be-einflussen maßgeblich die Bereitschaft der Mitarbeiter, Goodwillbeiträge (Organizational Citizenship Behavior) zu erbringen (Greenberg / Lind 2000).

1.4.5.4 Verarbeitungs- und Deutungsprozesse in Bezug auf die Arbeitszufriedenheit

Auch in Bezug auf die Arbeitszufriedenheit kann man derartige Bewertungsprozesse annehmen (Bruggemann / Groskurth / Ulich 1975).

Die Arbeitszufriedenheit wird in der Regel mit Fragebogen erfasst. Für nahezu alle Untersuchungen ergab sich ein Anteil von über 70 % der Mitarbeiter, die als nicht unzufrieden oder anders ausgedrückt als zufrieden mit ihrer Arbeit einzuordnen waren. Dieser Befund entsprach nicht den Erwartungen der Forscher, die vor allem auch bei den von ihnen als schlecht eingestuften Arbeitsbedingungen mit niedrigeren Zufriedenheitswerten rechneten. Die hohen Zufriedenheitsäußerungen wurden folgendermaßen zu erklären versucht:

- Selbst wenn Anonymität zugesichert wird, befürchten manche Mitarbeiter, dass dennoch festgestellt werden kann, wie sie die einzelnen Fragen beantwortet haben. Bei negativen Äußerungen haben sie die Angst, dass diese Antwort von den Vorgesetzten oder der Unternehmensführung als Kritik an deren Verhalten wahrgenommen wird und dass Vorgesetzte und Unternehmensführung darauf negativ reagieren. Um dies zu vermeiden, geben sie höhere Zufriedenheitswerte an, als sie tatsächlich empfinden.

- Das Eingeständnis der Unzufriedenheit mit der eigenen Arbeit kann leicht als Erfolglosigkeit, als Versagen interpretiert werden, weil der Unzufriedene nicht in der Lage ist, eine als unzufrieden erlebte Situation zu ändern. Um dem Eingeständnis eigener Unfähigkeit zu entgehen, verzerrt der Unzufriedene die Wahrnehmung und Bewertung seiner Arbeitssituation.

- Eine weitere Erklärung für diesen Befund weist darauf hin, dass die Forscher Arbeitszufriedenheit als die Abweichung von einem Ideal- oder dem bestmöglichen Zustand verstanden haben, während die Arbeitnehmer als Vergleichsmaßstab die Arbeitsbedingungen benutzten, die Personen haben, die ihnen in Alter, Bildung, Herkunft usw. ähneln.

- Es finden sich aber noch andere Gründe: Menschen passen sich an die jeweils verrichtete Tätigkeit an. Gewöhnlich stellen Mitarbeiter gewisse Ansprüche an eine Arbeit:
  – sie soll interessant und herausfordernd sein,
  – ein sicheres Einkommen garantieren,
  – Entwicklungschancen bieten und anderes mehr.

Die Gesamtheit dieser Ansprüche wird als Anspruchsniveau bezeichnet. Das Anspruchsniveau verändert sich mit den Erfahrungen, die im Unternehmen gemacht werden. Daher können hinter der Antwort, *„Ich bin zufrieden mit meiner Arbeit"* unterschiedliche Prozesse stehen. So kann die Zufriedenheitsäußerung häufig ein sich Abfinden mit Situationen darstellen, die man selbst nicht ändern kann, und ist deshalb stark resignativ geprägt. Eine beispielhafte Formulierung für einen derartigen Deutungsprozess wäre: *„Ja, ich bin zufrieden. Man muss zufrieden sein mit dem, was man hat!"*

Die Art und Weise wie Mitarbeiter sich mit ihrer Arbeit zufrieden oder unzufrieden fühlen, hat Auswirkungen auf ihr weiteres Verhalten. Sie kann z.B. dazu führen, dass sie sich in eine innere Kündigung zurückziehen oder sie kann dazu führen, dass die Mitarbeiter sich konstruktiv mit den Bedingungen ihrer Arbeit auseinandersetzen und versuchen, diese in ihrem Sinne positiv zu verändern (Bruggemann/Groskurth/Ulich, 1974).

Ähnliche Prozesse finden auch in Bezug auf andere arbeitsbezogene Einstellungen und Verhaltensweisen, wie z.B. Identifikation mit dem Unternehmen, statt.

1.5   Zusammenfassung

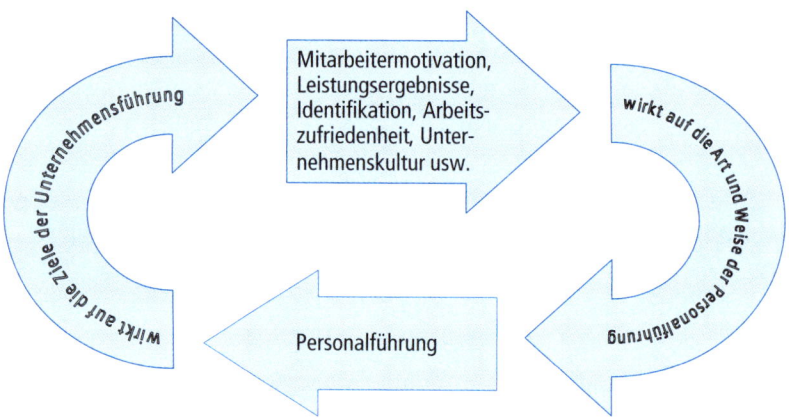

Durch das Modell wird die Wechselbeziehung deutlich: Einerseits sind Motivation, hohe Leistung, und eine fördernde Unternehmenskultur Ziele der Personalführung, andererseits sind diese Variablen auch wieder Voraussetzung und Einflussfaktoren auf die Personalführung.

Abb. 1.16 Zusammenfassung des Kapitels

1.6 Aufgaben

1.6.1 Wiederholungs- und Diskussionsfragen

1. Erläutern Sie, warum bei der Begriffsbestimmung von „Führung" auf den Prozessaspekt Wert gelegt wird.

2. Inwieweit unterscheiden sich Manipulation und Führung?

3. In Lebensversicherungsunternehmen hat der „Lebensversicherungsmathematiker" eine wichtige Funktion für den Unternehmenserfolg. Von seiner Kalkulation, die er im Regelfall allein macht, hängt es ab, ob man gute Tarife anbieten kann und ob die Beiträge, die Zahlungen von den Kunden ausreichen, um die Lebensversicherungen auszuzahlen. Prüfen Sie, ob es sich bei dem so beschriebenen „Lebensversicherungsmathematiker", dem unmittelbar keine Mitarbeiter unterstellt sind, um eine Führungskraft im Sinne der Definition in diesem Buch handelt.

4. Im Einzelfall kann es durchaus strittig sein, ob bestimmte Leistungsbeiträge Pflicht- oder Goodwillbeiträge sind. Diskutieren Sie, ob es sich bei den folgenden Beispielen um Pflicht- oder um Goodwillbeiträge handelt:

- Früh- und rechtzeitige Einladung zu Besprechungen durch den direkten Vorgesetzten
- Weitergabe einer Störungsmeldung aus einem Bereich, der nicht in den Verantwortungsbereich des Mitarbeiters fällt
- Gewissenhafte und motivierte Übernahme der Vertretung eines Kollegen, der auf einer Schulung ist.

1.6.2 Fallstudie*

Karl Fischer, 56 Jahre alter Gruppenleiter der betrieblichen Altersversorgung der Firma Autoplaste, einem Zulieferunternehmen der Automobilindustrie, erfüllt sehr korrekt seine Arbeitsaufgaben. Anweisungen und Aufträge seines Vorgesetzten Müller, Leiter der Personalabteilung von Autoplaste, führt er ohne Einwände zu äußern aus. Fischer ist seit einem Jahr Gruppenleiter der betrieblichen Altersversorgung. Fast 20 Jahre lang war er als Referent für Steuern direkt dem Vorstand Rechnungswesen und Finanzen unterstellt. In dieser Funktion hatte er sich all die Jahre sehr engagiert gezeigt, immer wieder neue Ideen zur Optimierung der betrieblichen Steuerpolitik entwickelt und erfolgreich umgesetzt. Dabei hatte er auch immer wieder Vorstellungen seines Vorgesetzten diplomatisch korrigiert, wenn dies aus sachlichen Gründen sinnvoll war. Bei seiner Arbeit schaute er auch nicht auf die Uhr und wenn es nötig war, arbeitete er auch das ganze Wochenende. Er war auch immer bereit, sehr kooperativ und hilfsbereit mit den Kollegen aus anderen Bereichen des Unternehmens zusammenzuarbeiten und ihnen zu helfen. Fischer legte viel Wert auf eine gepflegte Erscheinung und gutes Benehmen. Neben seinem fachlichen Interesse an Steuerfragen bedeutete es ihm sehr viel, dass er in

---

* Es handelt sich um einen fiktiven Fall

der Position des Steuerreferenten des Vorstandes im Unternehmen ein hohes Ansehen hatte, denn die Anerkennung und Wertschätzung durch andere Personen ist ein zentrales Anliegen von Fischer. Es war deshalb immer sein Wunsch, dass sein Aufgabengebiet entsprechend seiner Bedeutung zu einer Abteilung aufgewertet wird und er dann auch endlich die ihm gebührende Stellung als Abteilungsleiter und Prokurist erhält.

Als ihn dann am Vormittag von Heiligabend sein damaliger direkter Vorgesetzter, der Finanzvorstand von Ellershausen, zu sich ins Vorstandsbüro rief, war Fischer fest davon überzeugt, dass er ihm nun mitteilt, dass Fischer aufgrund seines langjährigen außerordentlichen Einsatzes, seiner Erfolge und seiner Erfahrung zum Abteilungsleiter und Prokuristen der neuen Abteilung „Steuern" ernannt wird.

Umso härter traf es ihn, als Herr von Ellershausen, dem er so viele Jahre treu und konstruktiv gedient hatte, ihm kurz und knapp mitteilte, dass er zum Gruppenleiter der betrieblichen Altersversorgung ernannt und in die Personalabteilung versetzt werden soll. Natürlich würden seine Bezüge um 5 % erhöht und er würde eine angemessene Zeit zur Einarbeitung erhalten. Darüber hinaus könne er auch die dazu erforderlichen Schulungen in Absprache mit dem Personalleiter besuchen. Diese Versetzung sei notwendig, da aufgrund der permanent steigenden Anforderung und zunehmenden Komplexität der betrieblichen Steuerpolitik für die Leitung der neuen Abteilung „Steuern" eine akademisch ausgebildete Führungskraft benötigt werde. Deshalb habe man dafür Herrn Dipl.-Kfm. Norbert Nordermann eingestellt, der in den zwei Jahren nach seinem Studium bei einem anderen Industrieunternehmen hervorragende Leistungen gezeigt hat.

Von Ellershausen bat Fischer um Verständnis für diese Entscheidung, dankte ihm für die geleisteten Dienste und wünschte ihm alles Gute in seiner neuen, für das Unternehmen wichtigen Funktion.

Glücklicherweise hatte Fischer Urlaub bis zum 6. Januar, sodass es ihm gelang, diesen Schock einigermaßen zu Hause zu bewältigen. Er war nicht nur von der Entscheidung, sondern auch von der Art und Weise betroffen, wie man ihm diese Entscheidung mitgeteilt hatte. Obwohl seit dieser Entscheidung fast ein Jahr vergangen ist, kommt es immer wieder vor, dass Fischer gegenüber Kollegen, zu denen er ein gutes Verhältnis hat, sagt, dass es sich nicht lohnt, sich für Autoplaste aufzureiben: „Im Zweifelsfall zählt nicht langjährige Erfahrung, Loyalität zum Unternehmen und zum Vorgesetzten sowie anerkannt gute Arbeit, sondern ein akademischer Titel. Wenn ich jünger wäre, dann würde ich mir woanders eine Stelle suchen."

Fragen und Aufgaben:

1. Welches oder welche Motive scheinen bei Fischer besonders wichtig zu sein?

2. Erläutern Sie anhand der Erwartungswerttheorie die Motivation von Fischer, Abteilungsleiter für betriebliche Steuern zu werden.

3. Wie verarbeitet Fischer diese Enttäuschung und was sind die Konsequenzen dieser Verarbeitung? Analysieren Sie diese bitte mithilfe des Modells der Kausalattribuierung von Erfolg und Misserfolg.

4. Fühlt sich Fischer im Vergleich mit Nordermann gerecht behandelt? Erläutern Sie bitte Ihre Entscheidung.

5. Welche Auswirkungen auf das Erbringen von Leistungsbeiträgen hat die Entscheidung des Vorstands bei Fischer hervorgerufen? War dies vorhersehbar?

1.7 Vertiefende Literaturhinweise

Martin, Albert (Hrsg.) (2003): Organizational Behaviour – Verhalten in Organisationen. Stuttgart

Nerdinger, Friedemann W. (2003): Motivation von Mitarbeitern. Göttingen – Bern – Toronto – Seattle

Greenberg, J./Baron, R. A. (2003): Behavior in Organizations. 8. Aufl. Upper Saddle River, New Jersey

Robbins, S. P. (2003): Organisation der Unternehmung (Titel der Orginalausgabe: Organizational Behavior: Concepts, Controversies, Application, 9th Edition 2003) 9. Aufl. München

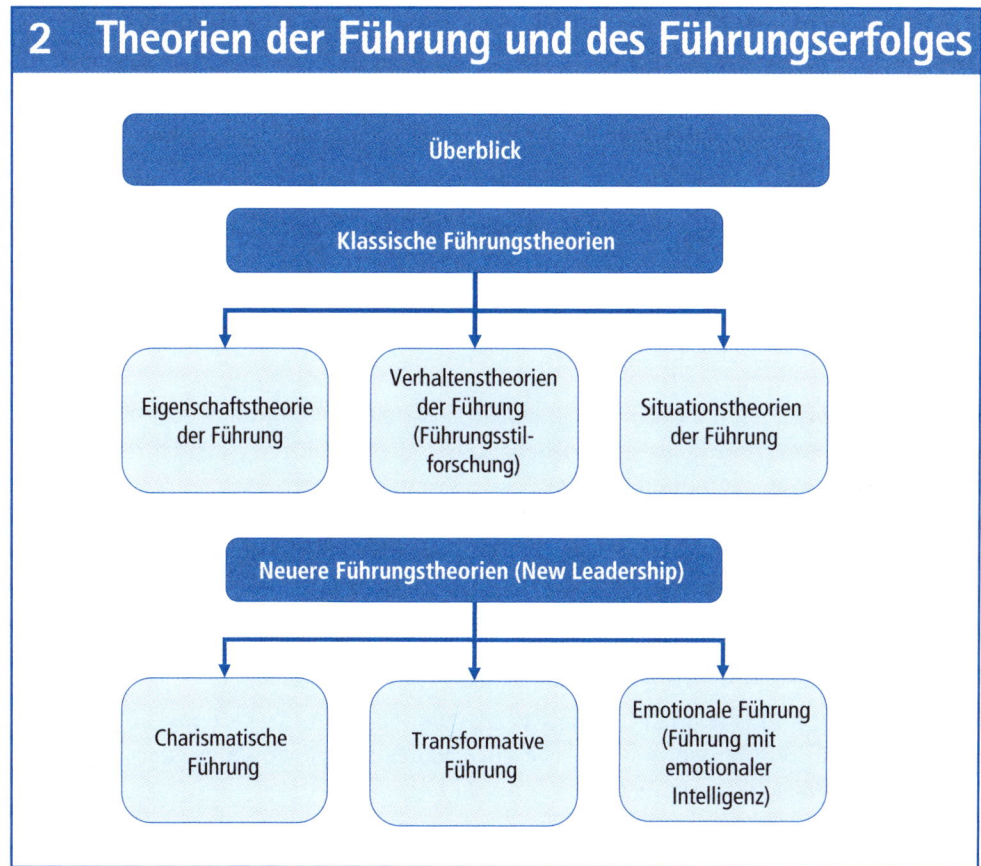

Abb. 2.1 Übersicht über das Kapitel

2.1 Überblick

Zur Erklärung von Führung und Führungserfolg sowie der Gestaltung von Führung wurde eine Vielzahl von Ansätzen und Theorien entwickelt. Als eine Auswahl dieser Ansätze werden in diesem Kapitel Theorien dargestellt, die für die Entwicklung der Führungsforschung besonders bedeutsam waren und die Führung in einem weiten Anwendungsbereich behandeln.

Einige Führungstheorien, die insbesondere für spezifische Führungssituationen bedeutsam sind, werden in den entsprechenden Kapiteln behandelt:

- Attributionstheorie der Führung in Kapitel 4 im Zusammenhang mit der Beurteilung der Mitarbeiterleistung
- Leader-Member-Exchange (LMX) – Theorie in Kapitel 6 bei den Hinweisen zur Gestaltung der Führung von Gruppen
- Authentische Führung (Authentic Leadership) in Kapitel 7 im Zusammenhang mit ethischer Führung

2.1.1 Vergleich der klassischen Führungstheorien mit den neueren Führungstheorien

Als klassische Theorien der Führung werden hier die Theorien bezeichnet, die bis gegen Ende des 20. Jahrhunderts die Untersuchungen zur Führung dominierten:

- die Eigenschaftstheorie der Führung

- die Verhaltenstheorie der Führung (Führungsstilforschung) und die

- Kontingenz- oder Situationstheorien der Führung.

Unter dem Begriff „New Leadership" werden Theorien der Führung zusammengefasst, bei denen in stärkerem Maße als bei den „klassischen" Führungstheorien emotionale Aspekte beachtet werden (Robbins 2001, S. 385).

Es sind dies vor allem:

- Charismatische Führung

- Transformative Führung

- Führung auf Basis des Konzeptes der emotionalen Intelligenz.

Neu an den Führungstheorien des New Leadership ist nicht, dass sie auf völlig neuen Ideen beruhen. Beispielsweise wurde die Theorie der charismatischen Führung bereits um 1900 von Max Weber entwickelt.

Neu an den neueren Führungstheorien ist, dass sie den vielfältigen Veränderungsprozessen, die in den letzten Jahren an die Unternehmen und die Führungskräfte außerordentliche Anforderungen gestellt haben, besondere Beachtung gegeben haben. Mithilfe dieser Theorien versucht man zu erklären, wie es manchen Führungskräften gelang, dramatische Veränderungsprozesse in ihren Unternehmen oder in ihrem Verantwortungsbereich insbesondere auch durch die Berücksichtigung emotionaler Prozesse zu initiieren und erfolgreich zu vollenden.

Im Gegensatz zu den neueren Theorien der Führung beschäftigen sich die klassischen Theorien der Führung mit der alltäglichen Führung: dem gegenseitigen Geben und Nehmen des Mitarbeiters mit der Führungskraft. Es sind dies die immer wieder stattfindenden Transaktionen zwischen Führungskraft und Mitarbeiter, bei denen die Führungskraft versucht, den Mitarbeiter über dessen Motive durch das Setzen passender Anreize zu motivieren (Robbins 2001, 387 f.). Diese Art von Führung über den wechselseitigen Austausch von Transaktionen wird deshalb von einigen Autoren auch als transaktionale Führung bezeichnet (Yukl 2010, S. 277 f.). Bei charismatischer und transformativer oder visionärer Führung dagegen werden Mitarbeiter inspiriert, besondere Beiträge zu leisten, für die sie nicht sofort oder in einem kurzen Zeitraum entsprechende Gegenleistungen erhalten, sondern erst in Zukunft, indem sie zum Gelingen einer besonderen Leistung oder Vision ihres Unternehmens beitragen.

Führungspersonen, deren Führungsverhalten als transformativ, charismatisch oder emotional intelligent eingeschätzt wird, praktizieren natürlich daneben auch transaktionale Führung.

2.1.2 Formen und Probleme der empirischen Überprüfung von Führungstheorien

Mithilfe empirischer Überprüfungen versucht man festzustellen, ob Aussagen der Theorien gültig sind, ob sie auf die Realität zutreffen (Bass 2008, Neuberger 2002, Yukl 2010).

Die empirischen Überprüfungen fanden in vielfältigen und sehr unterschiedlichen Formen statt, es waren jedoch überwiegend Befragungen.

Eine typische Vorgehensweise dabei war es, Mitarbeiter zum Führungsverhalten ihrer Führungskraft zu befragen und dann den Führungserfolg zu erheben. Der Führungserfolg wurde auch häufig

- durch Befragung der Mitarbeiter,
- durch Befragung der Vorgesetzten der Führungskraft,
- durch Auswertung von Beurteilungen der Leistung der Führungskräfte, z.B. durch ihre Vorgesetzten, oder
- durch die Erhebung von Leistungsdaten, Fehlzeiten, Fluktuationen oder Arbeitszufriedenheit der Mitarbeiter der Führungskraft

erhoben.

Bei dieser Vorgehensweise lassen sich jedoch bedeutsame Probleme feststellen, von denen einige im Folgenden skizziert werden (Yukl 2010, S. 498 ff.):

- Die Einschätzungen der Mitarbeiter über das Führungsverhalten und den Führungserfolg ihrer Führungskraft können sich sehr unterscheiden, weil die Mitarbeiter unterschiedliche Vorstellungen über richtiges oder falsches Führungsverhalten haben. Es kann auch sein, dass die Mitarbeiter sich darin unterscheiden, ob sie Erfolge ihres Bereiches dem Führungsverhalten oder anderen Faktoren, wie z.B. dem Produktprogramm des Unternehmens, zuschreiben.

- Es ist nicht sicher, ob der Führungserfolg durch das von den Mitarbeitern wahrgenommene und eingeschätzte Führungsverhalten bewirkt wird. Man kann bei dieser Vorgehensweise nur feststellen, ob ein statistischer Zusammenhang – z.B. in Form einer hohen Korrelation – besteht oder nicht. Dies ist aber keine Feststellung einer direkten Ursache – Wirkung – Beziehung zwischen Führungsverhalten und Führungserfolg.

- Kriterien für den Führungserfolg, wie Produktionsmengen, Fehlzeiten, Fluktuation oder Arbeitszufriedenheit der Mitarbeiter hängen neben dem Führungsverhalten von vielen anderen Faktoren ab, z.B. der Konjunktur oder der Unternehmenskultur, sodass der Einfluss der Führung auf diese Kriterien häufig nicht eindeutig abgegrenzt werden kann.

- Experimente wären eine Forschungsmethode, mit der man versuchen könnte, den Einfluss einzelner Faktoren auf den Führungserfolg im Sinne einer Ursache-Wirkung-Beziehung und nicht nur z. B. in Form einer Korrelation zu festzustellen. Wenn man dies in der Praxis, z. B. in Unternehmen, in Form von sogenannten Feldexperimenten macht, dann kann man nur sehr bedingt die Einflussfaktoren kontrollieren. Deshalb wurden viele Überprüfungen unter den besser kontrollierbaren Bedingungen in künstlichen Situationen als Laborexperimente durchgeführt. Diese Experimente dauern oft nur sehr kurz, z. B. einige Stunden, und werden häufig mit Studenten als Versuchspersonen durchgeführt. Es bleibt aber dann offen, inwieweit die Ergebnisse derartiger Experimente sich auf die Unternehmenspraxis und den sich eher langfristig entwickelnden Beziehungen zwischen Führungskräften und ihren Mitarbeitern übertragen lassen.

- Wie bereits in Kapitel 1.3 beschrieben, gibt es kein einheitliches Kriterium für Führungserfolg, sondern es bestehen sehr unterschiedliche Vorstellungen, was man als Führungserfolg verstehen sollte. Bei manchen Untersuchungen wurde nur die quantitative Leistung der Arbeitsgruppe als Führungserfolg gemessen, bei anderen auch Zufriedenheit, Fehlzeiten und Fluktuation der Mitarbeiter und auch qualitative Kriterien der Arbeitsleistung. Diese Unterschiede erschweren die Bewertung und den Vergleich empirischer Überprüfungen von Führungstheorien.

- Beim Führungsverhalten handelt es sich um einen dynamischen Prozess der Interaktion zwischen Führungspersonen und ihren Mitarbeitern, der sich nur schwierig durch einzelne Momentaufnahmen in Form von z. B. Befragungen adäquat erfassen lässt.

Aufgrund dieser vielfältigen Probleme kann man aus der empirischen Überprüfung von Führungstheorien nicht ohne weitere Abwägungen, z. B. ob eine empirische Überprüfung angemessen ist, eine Führungstheorie als bestätigt oder widerlegt einstufen.

2.2   Eigenschaftstheorie der Führung

Die Eigenschaftstheorie der Führung ist der älteste Ansatz zur Erklärung von Führungserfolg.

2.2.1 Darstellung

Die Eigenschaftstheorie der Führung ist weit verbreitet und setzt bei weitverbreiteten Vorstellungen an, wie z. B. „Caesar besiegte die Gallier" oder „Iacocca rettete Chrysler". Sie wird deshalb auch als „Great Man Theory" bezeichnet.

Nach der Eigenschaftstheorie der Führung ist der Führungserfolg abhängig von Persönlichkeitseigenschaften der Führungskraft. Situative Aspekte, wie Arbeitssituation oder Mitarbeitermerkmale, haben keinen Einfluss auf den Führungserfolg.

Führungskräfte haben gemäß der Eigenschaftstheorie der Führung bestimmte Eigenschaften, die sie von anderen unterscheiden und die ihren Führungserfolg sicherstellen. Es handelt sich dabei um stabile Persönlichkeitseigenschaften, die sich über die Jahre nicht wesentlich ändern und die den Führungserfolg auch zu anderen Zeiten und auch bei anderen Gruppen und Situationen ermöglichen.

Es wurde versucht, durch empirische Forschung diese Führungseigenschaften zu bestimmen. Dabei konnte man eine Vielzahl von Eigenschaften feststellen, die Führungspersonen in besonders hohem Maße aufweisen (Northouse 2004, S. 16 ff.):

Eigenschaften, die Führungskräfte in besonders hohem Maße aufweisen
- Selbstvertrauen (hoher Locus of self control), Selbstwirksamkeit
- Entschlossenheit, Durchsetzungsvermögen und Durchsetzungswille
- Intelligenz
- Integrität und Vertrauenswürdigkeit
- Aufgeschlossenheit gegenüber Anderen, Interesse an guten sozialen Beziehungen
- Körpergröße und Gesundheit

Abb. 2.2 Wichtige Eigenschaften von Führungskräften

Selbstvertrauen (hoher locus of internal control) und Selbstwirksamkeit

Hohes Selbstvertrauen (hoher Locus of Self Control) ist eine besonders wichtige Eigenschaft, die hilfreich für das Erlangen von Führungspositionen ist. In ihr drückt sich das Gefühl von Personen aus, dass ihre Fähigkeiten und Fertigkeiten sie in die Lage versetzen, alle oder fast alle Probleme bewältigen zu können. Selbstvertrauen verleiht den Führungskräften das Gefühl, dass ihr Versuch, andere zu beeinflussen, angemessen und richtig ist.

Ein auffälliger Unterschied von Menschen besteht darin, ob sie überwiegend sich selbst für ihr Schicksal verantwortlich fühlen oder ob sie andere und die Umstände für ihr Schicksal verantwortlich machen.

- Personen, die glauben, dass das, was sie erreichen und was sie erleben, im Wesentlichen von ihren Handlungen abhängt, werden als internal zuschreibende Personen bezeichnet (hoher locus of internal control).

- Andererseits sind Personen, die glauben, dass das, was mit ihnen geschieht, von Kräften außerhalb ihres Einflussbereichs bestimmt wird, external zuschreibende Personen.

Die meisten Personen befinden sich zwischen diesen Extrempositionen. Das Selbstvertrauen kann sich durchaus ändern. Wenn Personen erleben, dass gute Leistungen anerkannt und belohnt werden, dann entwickeln auch Personen, die eher external zuschreiben, eine Tendenz, Erfolge internal zu zuschreiben. Diesen Sachverhalt sollten Führungskräfte bei der Ausübung von Führung berücksichtigen. Er ist auch bedeutsam im Hinblick auf die Entwicklung von Führungskompetenz.

Hohe Selbstwirksamkeit (Self-Efficacy) zeigt sich darin aus, dass Personen mit dem der Persönlichkeitseigenschaft hoher Selbstwirksamkeit davon überzeugt sind, dass sie grundsätzlich in der Lage sind, vielfältige und unterschiedliche Aufgaben zu bewältigen und nicht nur bestimmte Aufgaben, die sie gelernt haben. Es handelt sich um eine ähnliche Eigenschaft wie Selbstvertrauen.

2.2.2 Bewertung

Die Eigenschaftstheorie der Führung beschäftigt sich ausschließlich mit der Führungskraft und der Frage: „Welche Eigenschaften haben Führungskräfte?" Aspekte der Situation oder der Mitarbeiter werden nicht behandelt. Nach der Eigenschaftstheorie kommt es bei strenger Auslegung nur darauf an, die Führungskraft mit den richtigen Eigenschaften zu haben, dann ist Führungserfolg sichergestellt. Bei der Eigenschaftstheorie der Führung wird als Konsequenz dieses Ansatzes die richtige Auswahl von Führungskräften betont, da viele der Führungseigenschaften entweder angeboren oder nur sehr schwer veränderbar sind. Deshalb sind gute, valide Auswahlverfahren von entscheidender Bedeutung, damit die richtigen Führungskräfte ausgewählt werden.

Die Eigenschaftstheorie entspricht den gängigen Vorstellungen über Führung und ist deshalb für viele verführerisch, da es nur auf den „richtigen" Führer ankommt, dem man dann nachfolgen kann. Verantwortung für das eigene Denken und Handeln wird an den Führer abgegeben. Mithilfe der Eigenschaftstheorie kann man auch begründen, warum es Machtunterschiede und Hierarchien gibt.

Zur Eigenschaftstheorie gibt es viele empirischen Studien. Die Ergebnisse sind allerdings nicht sehr klar (Northouse 2004, S. 22 ff.). Es wurde eine Vielzahl von Eigenschaften entdeckt, die Führungskräfte in besonderem Ausmaß aufweisen, aber auch andere Personen, die nicht Führungskräfte sind. Insoweit ist die oben aufgeführte Liste möglicherweise irreführend, da sie in sehr hohem Maße die Vielzahl der gefundenen Führungseigenschaften auf eine überschaubare Gruppe zusammenfasst.

Ein weiteres Problem ist, dass nur festgestellt werden kann, dass Führungskräfte bestimmte Eigenschaften vergleichsweise häufig aufweisen. Daraus kann aber nicht unbedingt gefolgert werden, dass sie Führungskräfte geworden sind, weil sie diese Eigenschaften haben. Es könnte auch sein, dass sich diese Eigenschaften aufgrund der Position herausgebildet haben, indem z.B. eine Führungskraft merkt, dass ihre Mitarbeiter und ihre Vorgesetzten von ihr erwarten, dass sie Durchsetzungsvermögen zeigt.

Bei genauer Betrachtung können die Ergebnisse durchaus sehr widersprüchlich sein. So hat man bei 15 Untersuchungen bei der Intelligenz eine durchschnittliche Korrelation mit dem Führungserfolg von 0,26 festgestellt, die Einzelergebnisse schwanken allerdings zwischen 0,9 und –0,14. Bei derartigen Schwankungsbreiten kann man Intelligenz ohne weitere Informationen nicht zur Erklärung von Führungserfolg heranziehen.

So hat man beobachten können, dass sich die Intelligenz der Führungskraft nicht zu sehr von der seiner Mitarbeiter unterscheiden sollte, da dies nicht positiv für den Führungserfolg ist (Northouse 2004, S.19). Bei einer derartigen Erklärung werden aber die Mitarbeiter miteinbezogen und damit die Grundidee der Eigenschaftstheorie, es komme nur auf die Eigenschaften der Führungskraft an, verlassen.

Diese Ergebnisse bedeuten auch nicht, dass alle Führungspersonen diese Eigenschaften aufweisen oder dass diese Eigenschaften Voraussetzung für Erfolg und Garantie für Erfolg in jeder Führungssituation darstellen.

Bei der Eigenschaftstheorie der Führung werden keine detaillierten Zusammenhänge zwischen spezifischen Eigenschaften und der Leistung und Zufriedenheit ihrer Arbeitsgruppe untersucht. So wird nicht angegeben, ob Führungskräfte mit hoher Intelligenz und Integrität und niedrigem Durchsetzungswillen eine bessere Auswirkung auf die Leistung und Zufriedenheit ihrer Mitarbeiter haben als Führungskräfte, die einen hohen Durchsetzungswillen, ein hohes Selbstvertrauen aber eine niedrige Intelligenz und Integrität aufweisen.

2.3 Verhaltenstheorien der Führung (Führungsstilforschung)

Nachdem es sich gezeigt hatte, dass die Eigenschaftstheorie der Führung nicht ausreichend geeignet ist, den Erfolg von Führung zu erklären, richtete sich das Forschungsinteresse auf das Verhalten der Führungskräfte, auf ihren Führungsstil und die Konsequenzen des Führungsverhaltens.

2.3.1 Darstellung

Die Verhaltenstheorien der Führung basieren auf der Annahme, dass der Führungserfolg vom Führungsstil, vom Führungsverhalten der Führung abhängt (Northouse 2004, S. 65 ff.).

Situative Bedingungen, wie Arbeitssituation oder Merkmale der Mitarbeiter werden nicht berücksichtigt.

Das Führungsverhalten oder der Führungsstil unterscheidet sich einerseits darin, inwieweit Mitarbeiterinteressen oder die Aufgabe vorrangig von der Führungskraft berücksichtigt werden und andererseits, inwieweit die Führungskraft die Mitarbeiter in die Entscheidungsfindung miteinbezieht (Partizipativer oder autoritärer Führungsstil).

Mitarbeiterorientierter Führungsstil

Als mitarbeiterorientierten Führungsstil bezeichnet man ein Verhalten, bei dem die Führungskraft die Mitarbeiter als Menschen wahrnimmt und akzeptiert, ihnen hilft, auf ihre persönlichen Belange Rücksicht nimmt, freundlich ist, sich Zeit für die Mitarbeiter nimmt und ihnen bei Problemen aufmerksam zuhört.

Vorgesetzte mit diesem Führungsstil setzen sich dafür ein, dass sich die Mitarbeiter wohlfühlen, dass es in der Arbeitsgruppe harmonisch zugeht und dass zwischen der Führungskraft und den Mitarbeitern sowie unter den Mitarbeitern ein enges Zusammengehörigkeitsgefühl besteht.

Aufgaben- oder leistungsorientierter Führungsstil

Führungskräfte mit aufgaben- oder leistungsorientiertem Führungsstil sind primär daran interessiert, dass die Arbeit erfolgreich und effizient erledigt wird.

Sie engagieren sich für die effiziente Organisation der Arbeit ihrer Mitarbeiter, halten Mitarbeiter an, sich an die Arbeitsregelungen und Verfahrensvorschriften zu halten, setzen Arbeitsziele und legen Wert auf eine klare Trennung der Rollen von Führungskräften und Mitarbeitern.

Bei diesem Führungsstil betont der Vorgesetzte das Erreichen hoher Leistungen und das Setzen hoher Leistungsstandards. Er wird deshalb auch als leistungseinfordernder Führungsstil bezeichnet.

Diese hohen Leistungsstandards gelten auch für den Vorgesetzten. Diese Führungskräfte sind erpicht, Aufgaben immer schneller und besser zu erledigen und verlangen dies auch von ihren Mitarbeitern.

> *Beispiel: Typische Aussagen für diesen Führungsstil sind: „Wer rastet, der rostet! Wer sich nicht verbessert, fällt zurück!" Müdigkeit, Gefühle und Probleme der Mitarbeiter spielen keine Rolle, die Arbeit geht vor.*

Aufgrund von mehreren Untersuchungen ist man zu dem Ergebnis gekommen, dass es möglich ist, sowohl mitarbeiterorientiert als auch aufgabenorientiert zu führen, d.h., dass es sich um zwei voneinander unterschiedene Dimensionen handelt (Northouse 2004, S. 68).

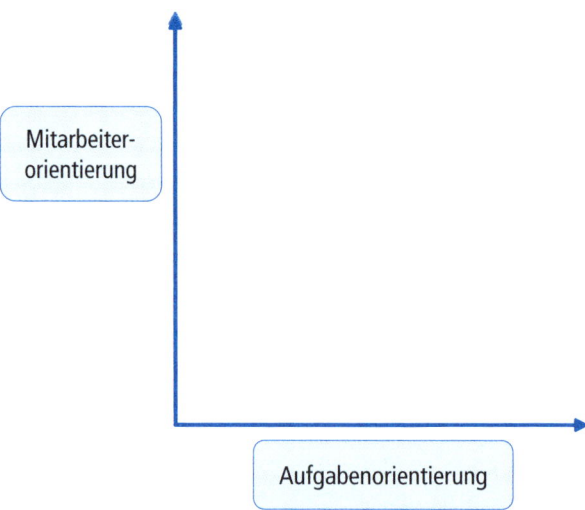

Abb. 2.3 Zweidimensionale Betrachtungsweise von Mitarbeiter- und Aufgabenorientierung

Die Untersuchungen ergaben keine klaren Ergebnisse (Northouse 2004, S. 67 f.). Vielfach sind die Resultate der Forschungen widersprüchlich. Tendenziell scheint ein mitarbeiterorientierter Führungsstil die Arbeitszufriedenheit und die Bindung an das Unternehmen zu fördern. Aber auch, wenn sowohl sehr aufgabenorientiert als auch zugleich sehr mitarbeiterorientiert geführt wird, ist nicht immer Führungserfolg bzw. ein größerer Erfolg gegeben, als wenn nur mitarbeiter- oder aufgabenorientiert geführt wird.

Autokratischer (autoritärer) oder partizipativer Führungsstil

Das Ausmaß, in dem die Mitarbeiter in die Entscheidungsfindung miteinbezogen werden, ist eine weitere Dimension des Führungsverhaltens (Greenberg/Baron 2003, S. 474 ff.).

Beim autoritären oder autokratischen Führungsstil gibt der Vorgesetzte, der Chef, vor was zu tun ist. Sein wichtigstes Führungsmittel sind Anweisungen. Es ist ganz typisch für ihn, dass er verlangt, dass seine Anweisungen sofort befolgt werden.

> *Beispiel: Eine für diesen Führungsstil charakteristische Aussage ist: „Tun Sie sofort, was ich Ihnen sage!"*

Der partizipative Führungsstil ist das Gegenteil des autoritären Führungsstils.

Beim partizipativer Führungsstil werden die Mitarbeiter in die Entscheidungsfindung miteinbezogen, sie können mitbestimmen.

> *Beispiel: Typisch für diesen Führungsstil sind offene Fragen, wie: „Was halten Sie davon? Was schlagen Sie vor?"*

Zwischen dem rein autoritären und dem ausgeprägt partizipativen Führungsstil gibt es zahlreiche Zwischenformen, wie Information der Mitarbeiter, Beratung mit den Mitarbeitern oder gemeinsame Entscheidung. Manchmal wird der partizipative Führungsstil auch als demokratischer Führungsstil bezeichnet.

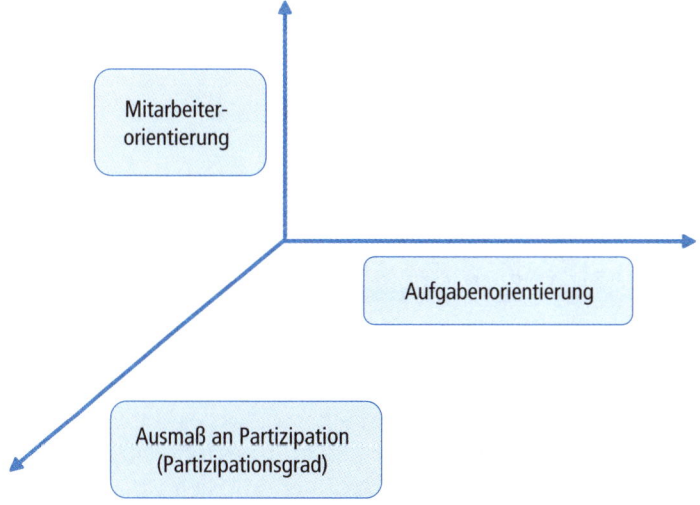

Abb. 2.4 Drei grundlegende Dimensionen des Führungsverhaltens

Aufgrund von Untersuchungen in Deutschland und in den skandinavischen Ländern scheint es angemessen zu sein, von den drei unabhängigen Dimensionen des Führungsverhaltens auszugehen:

- Mitarbeiterorientierung,
- Aufgaben- und Leistungsorientierung,
- Beteiligung von Mitarbeitern an Entscheidungen (Partizipation).

2.3.2 Bewertung

Die Führungsverhaltensforschung hat das Wissen um die Führung erweitert (Northouse 2001, S. 74 f.). Es wurde deutlich, dass neben der Führungspersönlichkeit auch ihr Verhalten den Führungserfolg beeinflusst. Dabei konnte aufgezeigt werden, dass im Wesentlichen das Führungsverhalten im Hinblick auf die drei voneinander unabhängigen Dimensionen Aufgabenorientierung, Mitarbeiterorientierung und Partizipationsgrad wahrgenommen wird. Damit wird Führungskräften ein Orientierungsrahmen gegeben, anhand dessen sie ihr Führungsverhalten überprüfen und ausrichten können, um die richtige Balance zu finden.

Es ist allerdings nicht gelungen, herauszuarbeiten, welcher Führungsstil welche Konsequenzen auf den Führungserfolg, sei es Leistung, Zufriedenheit oder Bindung an das Unternehmen, hat (Northouse 2004, S. 75 f.). Als einziges klares Ergebnis konnte man feststellen, dass mitarbeiterorientiertes Führungsverhalten zu zufriedeneren Mitarbeitern führt. Dies ist allerdings keine allzu große Überraschung.

Es konnte auch nicht der Führungsstil gefunden werden, der als quasi universeller Führungsstil immer zu Erfolg führt. Selbst bei zugleich sehr mitarbeiter- als auch aufgabenorientiertem Führungsverhalten war dies nicht immer der Fall.

Da das Verhalten als veränderbar und damit als lernbar angesehen wird, führte die Übernahme der Verhaltenstheorie der Führung in der Praxis zu einer Intensivierung des Führungskräftetrainings.

Insgesamt muss allerdings festgestellt werden, dass das Führungsverhalten nur ein Faktor ist, der Leistung und Zufriedenheit der Mitarbeiter beeinflusst. Insbesondere scheint auch die Führungssituation bedeutsam zu sein.

2.4   Situationstheorien der Führung

Situationstheorien der Führung gehen davon aus, dass die Effizienz der Führung nicht nur von der Persönlichkeit und dem Verhalten der Führungskraft, sondern auch von der Führungssituation abhängt. Grundannahme ist, dass es keinen für alle Führungssituation identischen Führungsstil mit hohem Führungserfolg gibt, sondern dass für jede Führungssituation ein spezifischer Führungsstil erforderlich ist.

2.4.1 Rollentheorie der Führung

Führungskräften werden vom Unternehmen bestimmte Aufgaben und Kompetenzen zugewiesen, damit sie mit ihren Mitarbeitern zum Erfolg des Unternehmens beitragen. Aufgrund ihrer Position als Inhaber einer Führungsstelle werden somit vonseiten des Unternehmens an die Führungskraft bestimmte Erwartungen gestellt. Erwartungen, die an den Inhaber einer Position von anderen gerichtet werden, sind Gegenstand der Rollentheorie (Neuberger 2002, S. 313 ff.). Sie beschäftigt sich mit der Beschreibung und Analyse der Auswirkungen einer sozialen Situation auf das Verhalten des Inhabers einer Position.

2.4.1.1 Darstellung

Nach der Rollentheorie wird das Verhalten von Personen in hohem Maß von den Erwartungen bestimmt, die andere an diese Person richten, weil sie Inhaber einer bestimmten Position ist.

> *Beispiel: Von einem Lehrer wird erwartet, dass er seinen Schülern Sachverhalte erklärt und von einer Mutter wird erwartet, dass sie sich um ihr Kind kümmert.*

Diese Erwartungen üben einen Druck auf den Positionsinhaber aus, sich entsprechend diesen Erwartungen rollenkonform zu verhalten. Ähnlich wie bei einem Schauspieler „spielt" der Positionsinhaber eine Rolle und sein Drehbuch sind die Erwartungen, die an ihn gestellt werden.

- Unter sozialer Rolle wird die Summe der Erwartungen bezeichnet, die dem Inhaber einer sozialen Position in Bezug auf sein Verhalten entgegengebracht wird.

- Als Rollensender werden die Personen bezeichnet, die diese Erwartungen an den Positionsinhaber richten, der dadurch zum Rollenempfänger wird.

Rollensender einer Führungskraft sind nicht nur das Unternehmen bzw. seine Vorgesetzten, sondern auch z.B. seine Mitarbeiter oder seine Kollegen.

Die meisten Führungskräfte sind zugleich Führer und Geführte. Von besonderer Bedeutung für seinen Führungserfolg ist deshalb – neben den Mitarbeitern – für den Vorgesetzten sein Vorgesetzter (Weibler 2003). Der Vorgesetzte der Führungskraft entscheidet und bewertet, ob die Leistung der Führungskraft gut oder schlecht ist. Dies drückt sich darin aus, dass der Vorgesetzte einer Führungskraft an diese Führungskraft bestimmte Erwartungen über die Art und Weise der Führung richtet, die das Führungsverhalten der Führungskraft in vielen Fällen stark beeinflussen (Führung durch den nächsthöheren Vorgesetzten). Eine weitere Einflussnahme durch den nächsthöheren Vorgesetzten auf die Mitarbeiter erfolgt eher indirekt: Für viele wichtige Führungsentscheidungen, wie Stellenbeschreibungen, Beurteilungen, Beförderungen oder besondere Belohnungen, braucht die Führungskraft die Zustimmung ihres Vorgesetzten oder muss sie gegenüber ihm rechtfertigen. Nur wenn es der Führungskraft gelingt, ihren Vorgesetzten zu beeinflussen, hat sie Zugriff auf wichtige Anreize, um ihre Mitarbeiter motivieren zu können.

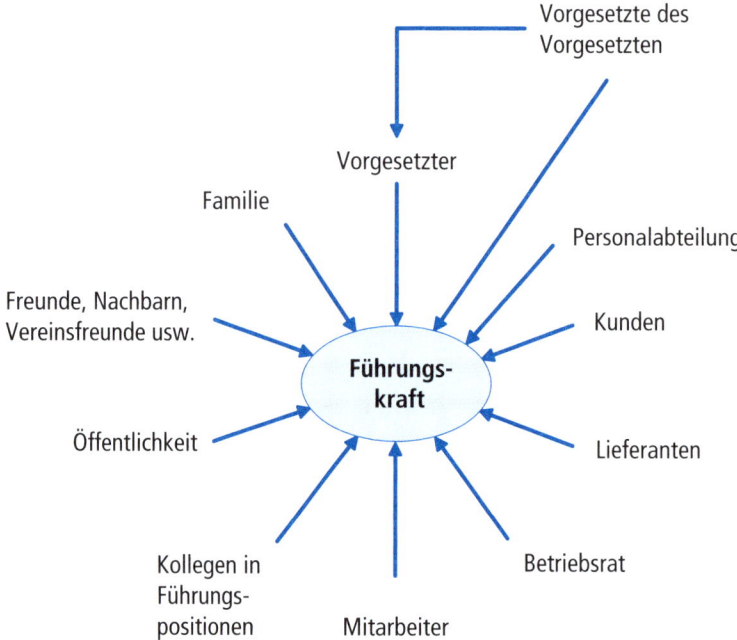

Abb. 2.5 Rollensender an eine Führungskraft (Beispiele)

Dimensionen des Rollenbegriffes

Erwartungen, die an die Führungskraft gesendet werden, lassen sich anhand der nachfolgenden Merkmale differenzieren (vgl. Neuberger 2002, S. 316 f.):

- Verpflichtungscharakter

    Die an einen Positionsinhaber gerichteten Verhaltensanforderungen unterscheiden sich hinsichtlich ihres Verbindlichkeitsgrads in Muss-, Soll- und Kann-Erwartungen. Musserwartungen sind die Verhaltenserwartungen, die als unerlässlich angesehen werden, und deren Nichteinhaltung i.d.R. stark bestraft (sanktioniert) wird und u.U. auch zum Verlust der Position oder stärkeren Strafen führen kann. Sollerwartungen haben einen geringeren Verbindlichkeitsgrad und noch geringer ist die Erwartung, dass die Kann-Erwartungen eingehalten werden.

    Beispiel: Von Vorgesetzten wurde z.B. früher ein stark lenkender, leistungsorientierter und autoritärer Führungsstil als eine „Musserwartung" an eine erfolgreiche Führungskraft angesehen, während z.B. Mitarbeiterorientierung oft als „Kann-Erwartung" oder bestenfalls „Sollerwartung" galt.

- Identifikationsgrad

    Der Identifikationsgrad drückt aus, welchen Stellenwert die Position und die damit verbundene Rolle für die Selbstdefinition und das Selbstbild der Person hat: Handelt es sich um den zentralen Lebensinhalt oder um eine unwichtige Nebenaufgabe?

- **Allgemeinheitsgrad (Handlungsspielraum)**

  Der Allgemeinheitsgrad beschreibt, wie genau oder detailliert die Rollenerwartungen sind: Lassen sie dem Positionsinhaber einen großen Handlungsspielraum oder ist *ihm* genau vorgeschrieben, wie er sich verhalten soll?

- **Mehrdeutigkeit oder Klarheit**

  Rollen unterscheiden sich auch darin, wie klar und eindeutig eine Rolle beschrieben ist oder ob sie mehrere Deutungen über das richtige Verhalten zulässt (Rollenambiguität).

- **Bekanntheitsgrad**

  Von manchen Positionen ist praktisch jedermann bekannt, welche Erwartungen an den Inhaber gerichtet werden, z.B. Lehrer, während es bei anderen Positionen nur Eingeweihte wissen, z.B. Lieutenant Governor bei dem Kiwanis Klub.

- **Reichweite oder Durchdringungsgrad**

  Die Reichweite oder der Durchdringungsgrad einer Rolle gibt an, inwieweit sich eine Rolle auf alle Lebensbereiche einer Person oder nur auf bestimmte Bereiche bezieht. Der Durchdringungsgrad ist sehr hoch, wenn eine Rolle auf fast alle Lebensbereiche (Berufsleben, Privatleben, Geschlechterrolle, öffentliches Leben) ausstrahlt (etwa katholisches Pfarramt) oder auf einen ganz spezifischen Bereich beschränkt bleibt (z.B. Sketch vorgetragen bei einer privaten Feier).

- **Konsens**

  An einen Rolleninhaber werden Erwartungen von verschiedenen Personen aus unterschiedlichen Perspektiven gesendet, die sich durchaus je nach Position und Interessen der Rollensender deutlich unterscheiden bzw. sogar widersprechen können. Allgemein ausgedrückt sagt der Konsens aus, inwieweit die relevanten Bezugsgruppen einer Rolle übereinstimmen (hoher Konsens) bzw. nicht übereinstimmen in Bezug auf ihre Rollenerwartungen an einen Positionsinhaber. Wenn über eine Rolle nur geringer Konsens besteht, dann sind Konflikte über eine Rolle sehr wahrscheinlich.

Mithilfe der Rollentheorie kann auch untersucht werden, welche verschiedenen Typen von Erwartungen an eine Führungsposition gestellt werden. Neben der Führungsfunktion wird z.B. von einer Führungskraft erwartet, dass sie die Abteilung oder den Betrieb nach innen und außen repräsentiert oder dass sie sicherstellt, dass jeder die erforderlichen Informationen erhält.

Repräsentant	Die Führungskraft fungiert nach innen und nach außen als Repräsentant ihrer Organisationseinheit und erfüllt repräsentative Aufgaben, z. B. Halten von Jubiläumsreden.
Koordinator	Aufbau und Pflege von informellen und formellen Kontakten nach innen und außen zum Zwecke der Abstimmung von Aktivitäten.
Informationssammler	Die Führungskraft sucht und sammelt Informationen unterschiedlicher Art über die Organisation und ihre Umwelt.
Informationsverteiler	Die Führungskraft hat Informationen sowohl von Fakten als auch von Vermutungen oder möglichen Entwicklungen an die Mitglieder seiner Organisation weiterzugeben.
Sprecher	Als offizieller Sprecher gibt die Führungsperson Informationen im Sinne von Verlautbarungen über Pläne, Entwicklungen und Ergebnisse ihrer Organisationseinheit bekannt.
Unternehmerisch handelnde Persönlichkeit	Als Unternehmer sucht die Führungsperson nach Chancen in und außerhalb der Organisation für lukrative Entwicklungen und leitet die dazu erforderlichen Maßnahmen ein.
Krisenmanager	Als Krisenmanager hat sie extern oder intern verursachte Konflikte und Probleme, die häufig überraschend auftreten, zu bewältigen.
Ressourcen-Zuteiler	Die Führungskraft hat die Entscheidung zu treffen, wer welche Mitarbeiter, welche Sach- und Finanzmittel zur Erfüllung seiner Aufgaben erhält.
Verhandlungsführer	Die Führungsperson führt Verhandlungen im Namen ihrer Organisationseinheit mit Außenstehenden und verpflichtet gegebenenfalls die Organisationseinheit zu bestimmten Handlungen oder Zugeständnissen.

Abb. 2.6 Übersicht über Rollen von Führungskräften (Mintzberg 1973)

Rollenkonflikte

Durch die verschiedenen Erwartungen an die Position von Führungskräften können viele Rollenkonflikte entstehen, z.B. zwischen den Erwartungen der Vorgesetzten und der Mitarbeiter (vgl. Neuberger 2002, S. 321 ff.).

Als Rollenkonflikt soll das Vorkommen widersprüchlicher Erwartungen bei einem Positionsinhaber bezeichnet werden.

Auffällig wird der Erwartungsdruck, wenn der Positionsinhaber nicht gewillt oder nicht in der Lage ist, sich seiner Rolle entsprechend konform zu verhalten. Dann kommt es zu Konflikten im Zusammenhang mit der Rolle, den Rollenkonflikten, und u.U. wird der Positionsinhaber seiner Position enthoben, z.B. der Lehrer verliert seine Stelle und die Mutter das Sorgerecht.

Ein Interrollenkonflikt kann sich daraus ergeben, dass eine Person verschiedene Rollen wahrzunehmen hat und sich aus den Erwartungen an die verschiedenen Rollen einer Person Widersprüche ergeben.

Beispiel: Konflikt zwischen der Rolle als aufstrebende Führungsnachwuchskraft, von der erwartet wird, dass sie viel Zeit in die Arbeit investiert und der Rolle als Familienvater, von dem die Familie erwartet, dass er sich Zeit für sie nimmt.

Als Intrarollenkonflikt bezeichnet man Konflikte, die sich aus einer Rolle ergeben, wenn an diese eine Rolle widersprüchliche Erwartungen gestellt werden.

Beispiel: Die Rolle des Meisters in der Industrie: Das Management erwartet von ihm, dass er seine Mitarbeiter zu großer Leistung anspornt und in einigen Fällen antreibt, während seine Mitarbeiter von ihm erwarten, dass er sie vor unangemessenem Leistungsdruck in Schutz nimmt. Diesen Konflikt erleben nahezu alle Führungskräfte, da sie in der Regel zugleich Führer und Geführte sind.

Es handelt sich in diesem Beispiel zugleich auch um einen Intersenderrollenkonflikt: Von verschiedenen Rollensendern ausgehende Erwartungen widersprechen sich.

Wenn allerdings der gleiche Rollensender widersprüchliche Erwartungen an den Positionsinhaber sendet, handelt es sich um einen Intrasenderkonflikt.

Beispiel: Eine Führungskraft fordert zugleich höchste Schnelligkeit und allergrößte Sorgfalt bei der Arbeit von ihren Mitarbeitern.

Die widersprüchlichen Erwartungen drücken sich auch in den Führungsdilemmata aus. Als Dilemma bezeichnet man eine Situation, bei der zwischen zwei Alternativen zu entscheiden ist, die beide als gleichwertig erscheinen, die aber jeweils gegensätzlich sind. Für Führungskräfte gibt es eine Reihe von Führungsdilemmata, die auseinander widersprechenden Rollenerwartungen resultieren.

Führungsdilemmata (Beispiele)

entweder	oder
• Gleichbehandlung Aller	• Eingehen auf den Einzelfall
• Distanz zu den Mitarbeitern wahren	• Auf die Mitarbeiter zugehen (Nähe)
• Aktivieren: Motivieren	• Sich nicht einmischen, Raum für Selbstentwicklung geben
• Konkurrenz, Wettbewerb fördern	• Kooperation fördern

Abb. 2.7 Beispiele für Führungsdilemmata (Neuberger 2002, S. 341 ff.)

Jede Führungskraft muss mit diesen widersprüchlichen Erwartungen zurechtkommen und tragfähige Kompromisse wählen. Die Entscheidung für nur eine Alternative würde mit Sicherheit zum Scheitern in der Rolle als Führungskraft führen. So kann eine zu weitgehende Orientierung an effektiver Aufgabenerfüllung zu rücksichtslosem Streben nach Zielerreichung ohne Berücksichtigung der Mitarbeiterbedürfnisse führen. Andererseits kann eine zu ausgeprägte Mitarbeiterorientierung zu einer übertriebenen Rücksichtnahme auf Mitarbeiterbedürfnisse unter Verlust der Orientierung an Effektivität zur Folge haben. So akzeptabel diese Überlegungen im Grundsatz sind, so schwierig ist vielfach die Entscheidung im konkreten Einzelfall.

Tipps aus der Praxis
zum Umgang mit widersprüchlichen Erwartungen
- Eine Linie erkennen lassen, aber flexibel genug sein, sie, wenn nötig, verlassen zu können
- Gutes Gedächtnis haben, aber auch schnell vergessen können.
- Unangenehmes durchdrücken, aber niemanden vergraulen.
- Rechtzeitig den Mund aufmachen, ihn aber auch im richtigen Moment halten können.

Abb. 2.8 Praxistipps zum Umgang mit widersprüchlichen Erwartungen (Neuberger 2002, S. 348 f.)

Person-Rollen-Konflikt

Der Person-Rollen-Konflikt tritt auf, wenn die Erwartungen an eine Rolle nicht vereinbar sind mit den persönlichen Wünschen, Werten oder Fähigkeiten des Inhabers der Position.

Besonders prägnant wird dieser Konflikt häufig erlebt, wenn Personen neu in einer Führungsrolle sind. Sie müssen sich dann mit den völlig anderen Rollenerwartungen auseinandersetzen und für sich selbst bestimmen, wie sie die Rolle interpretieren. Dies ist insbesondere dann schwierig, wenn eine Person Führungskraft in dem Bereich wird, in dem sie vorher als Mitarbeiter gearbeitet hat (Goldfuss 2000).

> *Beispiele für die bei diesem Konflikt auftretenden Entscheidungen: „Soll diese Person beim „Du" bleiben oder soll sie die Kollegen von nun an Siezen? Kann sie weiterhin am Feierabend gelegentlich mit den Kollegen ausgehen? Kann Sie weiterhin das vertraute Verhältnis zu bestimmten ehemaligen Kollegen pflegen, die jetzt ihre Mitarbeiter sind?"*

Rollenüberladung

Eine Rollenüberladung ist gegeben, wenn die Erwartungen zwar untereinander und auch mit dem Wertesystem des Rolleninhabers vereinbar (kompatibel), aber quantitativ von einer Person gar nicht erfüllbar sind.

> *Beispiel: Wenn man von einem Arzt erwartet, dass er sich mit allen Krankheiten sehr gut auskennt.*

Rollengestaltung

Das Auftreten von Rollenkonflikten und deren Lösungsmöglichkeiten ist u. a. abhängig vom Wahrnehmungsvermögen des Rollenträgers, seiner Einschätzung der Sanktionsmöglichkeiten seiner Rollenpartner sowie von Persönlichkeitsmerkmalen und situationsabhängigen Faktoren.

Die Führungskraft ist jedoch nicht nur Empfänger von Rollenerwartungen. Sie selbst hat Erwartungen an die Rollensender und sie kann auch versuchen, die an sie gestellten Erwartungen zu beeinflussen. Mit dem Begriffspaar „role taking" und „role making" wird dieses Spannungsverhältnis ausgedrückt (Neuberger 2004, S. 334 ff.).

2.4.1.2 Bewertung

Die Rollentheorie zeigt, dass das Verhalten der Führungskraft keineswegs nur von ihr allein autonom bestimmt wird, sondern dass sie auch die Erwartungen anderer Personen berücksichtigen muss. Damit wird ein konzeptioneller Rahmen geschaffen, mit dessen Hilfe auch der Einfluss der Mitarbeiter auf die Führungskraft erfasst werden kann. Die Einseitigkeit der Eigenschafts- und der Verhaltenstheorie – nur die Wirkung von der Führungskraft auf den Mitarbeiter, aber nicht auch die umgekehrte Wirkung vom Mitarbeiter zur Führungskraft zu betrachten – wird dadurch korrigiert. Darüber hinaus werden weitere Bezugsgruppen mit in die Betrachtung einbezogen, die Einfluss auf die Führungskraft nehmen können. Es werden sogar auch private Aspekte mitberücksichtigt.

Allerdings ist die Rollentheorie nur ein beschreibender Ansatz: Sie zeigt viele Aspekte auf, die für eine Führungskraft zu beachten sind, sie gibt aber keine Empfehlungen, wie die Führungskraft damit umgehen soll.

Auch in den folgenden Ansätzen spielen Erwartungen der Mitarbeiter an die Führungskraft oft eine große Rolle, ohne dass dies immer explizit dargelegt wird.

2.4.2 Fiedlers Kontingenztheorie der Führung

Eine der ersten Situationstheorien der Führung ist die Kontingenztheorie von Fiedler.

2.4.2.1 Darstellung

Nach Fiedlers Ansatz hängt der Führungserfolg davon ab, den passenden Führungsstil in Abhängigkeit von der Günstigkeit der Situation zu wählen (Northouse 2004, S. 109 ff.).

Als Führungsstilalternativen unterscheidet er zwischen Mitarbeiter- und Aufgaben- bzw. Leistungsorientierung.

Die Günstigkeit der Führungssituation wird anhand von drei Kriterien beurteilt:

- Das Verhältnis von Führungsperson zu ihren Mitarbeitern: Inwieweit erfährt die Führungsperson Unterstützung und Loyalität vonseiten ihrer Mitarbeiter?

- Der Grad der Strukturierung der Arbeit ihrer Mitarbeiter: Inwieweit sind die Aufgaben und ihre Ausführung im Detail bestimmt, wie eindeutig sind die Aufgabenziele und wie klar sind die Rollenerwartungen an die Mitarbeiter definiert? Ein Beispiel für eine Tätigkeit mit hohem Strukturierungsgrad ist eine Fließbandtätigkeit, während eine Tätigkeit als Repräsentant oder Lobbyist eines Unternehmens bei einer Behörde oder Regierung ein Beispiel für eine niedrig strukturierte Tätigkeit ist.

- **Die Macht des Vorgesetzten aufgrund seiner Position,** d. h. seine Möglichkeiten, die Mitarbeit seiner Untergebenen zu erzwingen.

Je stärker diese Kategorien ausgeprägt sind, desto günstiger ist die Führungssituation für den Vorgesetzten. Am günstigsten ist sie demnach für ihn, wenn eine gute Vorgesetzten-Mitarbeiter-Beziehung besteht, wenn die Tätigkeit der Mitarbeiter sehr strukturiert ist und wenn der Vorgesetzte eine hohe Positionsmacht hat.

Die Aufgaben- bzw. Mitarbeiterorientierung eines Vorgesetzten wird empirisch ermittelt. Der Vorgesetzte wird aufgefordert, den Mitarbeiter, den er am wenigsten schätzt („Least Preferred Coworker (LPC)"), anhand eines Fragebogens (semantisches Differenzial) einzuschätzen. Vorgesetzte, die diesen Mitarbeiter sehr negativ einschätzen (niedriger LPC-Wert), werden als aufgabenorientiert eingestuft, wohingegen Vorgesetzte, die diesen Mitarbeiter relativ positiv bewerten (hoher LPC-Wert), als mitarbeiterorientiert angesehen werden.

Die Ergebnisse Fiedlers empirischer Untersuchungen lassen sich wie folgt deuten:

- In ungünstigen Führungssituationen muss der Vorgesetzte sehr viel Steuerung und Kontrolle ausüben, um optimale Ergebnisse zu erzielen. Dieses „Druckausüben" fällt aufgabenorientierten Führungskräften leichter als mitarbeiterorientierten Führungskräften.

- In besonders günstigen Situationen, die nur möglich sind, wenn gute Beziehungen zwischen dem Vorgesetzten und den Mitarbeitern bestehen, konzentrieren sich aufgabenorientierte Führungspersonen auf die Erbringung guter Leistungen und nutzen somit die günstige Situation, während mitarbeiterorientierte Führungskräfte sich weiterhin auf die Pflege der Beziehungen zu den Mitarbeitern konzentrieren und somit die Möglichkeiten der günstigen Situation nicht ausnutzen.

- In moderat günstigen Führungssituationen legen aufgabenorientierte Vorgesetzte zu viel Wert auf die Aufgabenerfüllung, und die negativen Reaktionen der Mitarbeiter führen dann zu einer geringeren Gruppenleistung.

2.4.2.2 Bewertung

Die Kontingenztheorie von Fiedler berücksichtigte als einer der ersten Ansätze die Interaktion von Situation und Führungsstil als wichtige Bestimmungsgröße für den Führungserfolg und initiierte dadurch viele Untersuchungen und die Entwicklung alternativer Theorien.

Zu der Kontingenztheorie von Fiedler gibt es bestätigende wie auch widerlegende Untersuchungen (Northouse 2004, S. 113 ff.). Seine Theorie wird primär durch seine Untersuchungen und durch Laborstudien gestützt, während Untersuchungen anderer Forscher und Feldstudien eher Ergebnisse hervorbrachten, die im Widerspruch zu seiner Theorie stehen.

2.4.3 Situative Führungstheorie von Hersey und Blanchard

Das Führungsmodell von Hersey und Blanchard wurde von den beiden Autoren mehrfach überarbeitet. Im Folgenden wird die als „Situational Leadership (LS II)" bezeichnete Version vorgestellt (vgl. Northouse 2004, S. 87 ff.).

2.4.3.1 Darstellung

Nach diesem situativen Führungsmodell hängt Führungserfolg davon ab, den auf den „Reifegrad" der Mitarbeiter passenden Führungsstil anzuwenden (Northouse 2004, S. 87).

Auch Hersey und Blanchard unterscheiden zwei Dimensionen des Führungsverhaltens:

- Direktives Führungsverhalten: Orientierungen und klare Anweisungen geben, Ziele und Erledigungstermine vorgeben und aufzeigen, wie die Ziele erreicht werden.

- Mitarbeiterorientiertes, unterstützendes Führungsverhalten: Den Mitarbeitern helfen, dass sie sich am Arbeitsplatz wohlfühlen und ein gutes Verhältnis mit ihren Kollegen haben. Mit den Mitarbeitern intensiv kommunizieren, sie fragen, sie loben und ihnen zuhören.

Je nach der Kompetenz und der Motivation der Mitarbeiter ist die passende Kombination von direktivem bzw. mitarbeiterorientiertem Führungsverhalten zu wählen. Dazu werden diese beiden Führungsdimensionen in jeweils zwei Ausprägungen als hoch und als gering unterteilt und miteinander kombiniert.

Als Nächstes ist zu klären, wann welche Kombination der Führungsdimensionen sinnvoll ist. Dies hängt nach dem Modell von Hersey und Blanchard von der Kompetenz und dem Arbeitswillen, dem Commitment zur Erfüllung der Arbeitsaufgabe der Mitarbeiter ab. Beide zusammen bestimmen den „Reifegrad (Development Level)" der Mitarbeiter, den Hersey und Blanchard in die vier Stufen D1 bis D4 unterteilen.

- D1: Die Mitarbeiter haben eine geringe Kompetenz und haben zugleich aber ein großes Interesse, die Arbeit gut zu bewältigen. Dies ist typisch für Mitarbeiter, die eine neue Aufgabe zu bewältigen haben, bei der sie nicht genau wissen, was sie tun sollen, und die zugleich auch begierig sind, diese neue Aufgabe zu bewältigen. Bei diesem Reifegrad ist direktives Führungsverhalten (S1) richtig. Den Mitarbeitern muss gesagt werden, wie sie erfolgreich ihre Arbeit auszuführen haben.

- D2: Diese Mitarbeiter haben eine gewisse Kompetenz entwickelt. Da aber „der Reiz des Neuen verflogen" ist, ist ihre Motivation gering. Für Mitarbeiter mit diesem Reifegrad ist es erforderlich, ihnen genau zu sagen, was sie zu tun haben. Es ist aber auch notwendig, ihre Gefühle zu berücksichtigen und auf sie einzugehen (S2: Coaching).

- D3: Bei diesem Reifegrad haben die Mitarbeiter eine mittlere bis hohe Kompetenz entwickelt, aber ihre Motivation ist weiterhin gering. Da diese Mitarbeiter wissen, wie sie ihre Aufgabe zu erledigen haben, ist direktives Verhalten nicht mehr erforderlich, stattdessen sollte die Führungskraft auf die Gefühle und Motive der Mitarbeiter eingehen (S3: Unterstützendes Führungsverhalten).

- **D4:** Die Mitarbeiter haben sowohl eine hohe Kompetenz als auch zugleich eine hohe Motivation, ihre Aufgaben zu erfüllen. Hier bietet sich **S4: Delegation** als Führungsverhalten an.

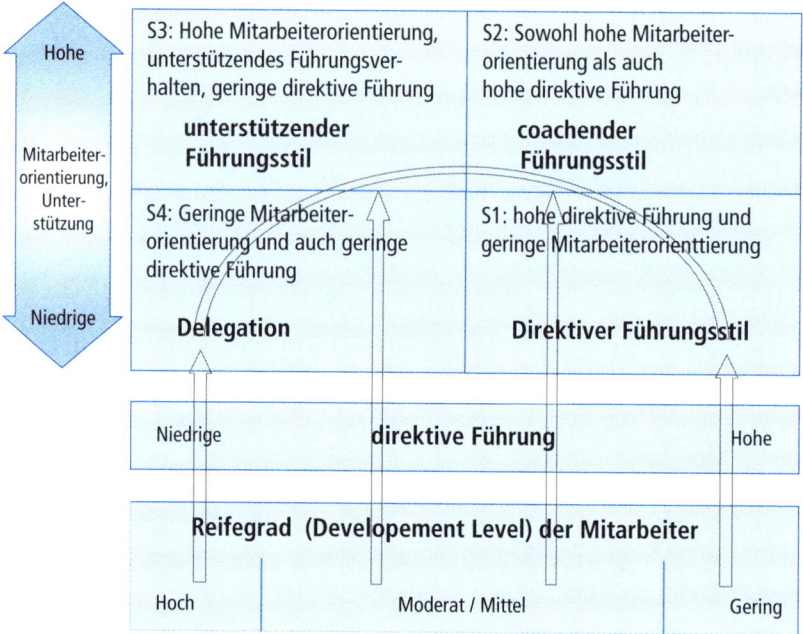

Abb. 2.9 Das Führungsmodell von Hersey und Blanchard

Der Reifegrad der Mitarbeiter kann sich immer wieder verändern, sogar innerhalb eines Tages, je nachdem, um welche Aufgaben es sich handelt, die die Mitarbeiter gerade ausführen. Es ist deshalb eine der Hauptaufgaben einer Führungskraft, ständig den Reifegrad ihrer Mitarbeiter zu beobachten und zu bewerten, um dann den passenden Führungsstil zu praktizieren.

2.4.3.2 Bewertung

Das Führungsmodell erscheint plausibel. Es ist leicht zu verstehen und lässt sich in vielen Situationen, ob in der Schule, in Unternehmen und sogar bei der Erziehung anwenden (Northouse 2004, S. 92 f.). Weiterhin betont dieses Führungsmodell die Bedeutung des Arbeitswillens der Mitarbeiter und zeigt auf, wie die Führungskraft durch die Wahl der passenden Kombination von direktivem und unterstützendem Führungsstil Qualifikations- und Motivationsmängel der Geführten ausgleichen kann. Darüber hinaus verdeutlicht dieses Führungsmodell auch, wie wichtig es ist, dass Führungskräfte ihren Führungsstil flexibel anpassen. Das Führungsmodell zeigt auch auf, dass jeder Mitarbeiter individuell je nach seinem Reifegrad zu führen ist.

Es überrascht deshalb nicht, dass dieses Führungsmodell in der Praxis, insbesondere beim Training von Führungskräften, sehr häufig angewendet wird.

Trotz dieser positiven Aspekte ist jedoch eine Reihe von kritischen Aspekten zu beachten (Northouse 2004, S. 93 ff.):

- Die Messung und auch die Begriffsbildung der einzelnen Stufen des Reifegrads der Mitarbeiter sind nicht klar und explizit dargelegt. Auch die Entwicklung von D1 nach D4 wird nicht erklärt: Z.B. warum sind Mitarbeiter, nachdem sie eine Aufgabe gelernt haben, weniger motiviert?

- Das Modell berücksichtigt auch nicht, dass andere Variablen, wie Alter, Geschlecht, Ausbildung oder Berufserfahrung, auf die Beziehung zwischen Reifegrad und Führungsstil einwirken. So konnte in Untersuchungen festgestellt werden, dass Mitarbeiter mit höherer Bildung und Berufserfahrung einen weniger direktiven Führungsstil bevorzugen, während ältere Mitarbeiter lieber direktiv geführt werden wollen. Frauen präferieren einen unterstützenden Führungsstil, während Männer lieber direktiv geführt werden wollen. Diese Befunde deuten an, dass demografische Variablen der Mitarbeiter den bevorzugten Führungsstil beeinflussen. Sie werden aber in dem Modell von Hersey und Blanchard nicht berücksichtigt.

- Die Versuche, die Theorie durch empirische Untersuchungen zu unterstützen, schlugen vielfach fehl. Viele Untersuchungen wurden auch nicht veröffentlicht, sodass es keine ausreichend große Anzahl unterstützender Untersuchungen gibt (Northouse 2004).

2.4.4 Normative Entscheidungstheorie von Vroom und Yetton

Vroom und Yetton versuchen mithilfe ihrer Theorie festzulegen (Normen setzen, normativ vorgeben), in welchen Situationen Mitarbeiter in welchem Umfang an der Entscheidungsfindung beteiligt werden sollen (Greenberg/Baron 2003, S. 495–500).

2.4.4.1 Darstellung

Vroom und Yetton stellten aufgrund umfangreicher Analysen fest, dass Vorgesetzte im Wesentlichen fünf unterschiedliche Varianten der Beteiligung von Mitarbeitern an der Entscheidungsfindung praktizieren, die den Bereich von autokratischen Entscheidungen allein durch die Führungsperson bis zur vollständig partizipativen Entscheidung umfassen.

Zur Entscheidung über die Partizipation der Mitarbeiter bei der Problemlösung soll der Vorgesetzte sich folgende Fragen stellen und beantworten:

- **Frage A:** Handelt es sich um eine wichtige Entscheidung, die gut begründet getroffen werden sollte?

- **Frage B:** Habe ich genügend Informationen, um diese Entscheidung fällen zu können?

- **Frage C:** Handelt es sich um ein klar gegliedertes Problem?

- **Frage D:** Ist es für die Realisierung der Entscheidung von ausschlaggebender Bedeutung, dass die Mitarbeiter die Entscheidung akzeptieren?

- **Frage E:** Ist es wahrscheinlich, dass die Mitarbeiter meine Entscheidung akzeptieren, wenn ich sie alleine ohne ihre Mitwirkung treffe?

- **Frage F:** Stimmen die Mitarbeiter mit den Zielen überein, die durch die Lösung des Problems realisiert werden sollen?

- **Frage G:** Haben die Mitarbeiter andere Vorstellungen über die angemessene Methode zur Zielerreichung, sodass aufgrund der Entscheidung Konflikte zu erwarten sind?

Je nachdem wie diese Fragen beantwortet werden, ist eine bestimmte Art der Mitarbeiterbeteiligung effizient.

Da Vroom und Yetton somit Angaben machen, welcher Grad der Mitarbeiterbeteiligung für den Führungserfolg förderlich ist, geben sie eine Norm. Deswegen wird ihre Theorie auch als normative Theorie bezeichnet.

Zur praktischen Handhabung haben Vroom und Yetton einen Entscheidungsbaum entwickelt, um den richtigen Grad der Mitarbeiterpartizipation zu finden.

2.4.4.2 Bewertung

In empirischen Untersuchungen hat sich die normative Theorie relativ gut bewährt und kann als eine nützliche Anleitung zur Wahl der angemessenen Mitarbeiterbeteiligung angesehen werden (Greenberg/Baron 2003, S. 499 f.).

Die Kritik konzentriert sich auf den Vorwurf der Auslassung bestimmter Variablen und auf die Komplexität des Modells. Ein zumindest unter praktischen Gesichtspunkten gewichtigerer Vorwurf lautet, das Modell sei viel zu kompliziert, als dass es sich für Führungskräfte zum täglichen Gebrauch eignen könne. Deshalb haben Vroom und Jago für das revidierte Modell ein Computerprogramm entwickelt, das Führungskräfte durch sämtliche Entscheidungsstränge führt. Dennoch dürfte es nicht realistisch sein, von Führungskräften im Alltag zu erwarten, dass sie dieses Computerprogramm benutzen, um den richtigen Entscheidungsprozess für ein gegebenes Problem zu ermitteln.

2.4.5 Weg-Ziel-Theorie der Führung

Die Weg-Ziel-Theorie der Führung wurde von House und Evans unabhängig voneinander entwickelt. Sie ist die einzige der hier vorgestellten Führungstheorien, die explizit auf einer Motivationstheorie, der Erwartungsmalwerttheorie, fußt. Nach dieser bereits in Kapitel 1 vorgestellten Theorie sind Mitarbeiter zur Leistung motiviert, wenn sie eine ausreichend große Erwartung haben, eine bestimmte Leistung erbringen zu können, wenn sie das Gefühl haben, dass diese Leistung honoriert wird und dass diese Honorierung die Anstrengungen wert ist.

2.4.5.1 Darstellung

Nach der Weg-Ziel-Theorie motiviert das Führungsverhalten der Führungskraft, wenn sie das Ausmaß von möglichen Belohnungen im weiten Sinn, die ihre Mitarbeiter aufgrund ihrer Arbeit erhalten können, erhöhen (Northouse 2004, S. 123 ff.). Belohnungen im weiteren Sinn sind nicht nur Geld, sondern auch Anerkennung, Spaß bei der Arbeit usw. Diese Belohnungen sind die Ziele der Mitarbeiter. Die Führungskräfte motivieren auch dadurch, dass sie den Mitarbeitern die Zielerreichung erleichtern und dass sie ihnen auf dem Weg zum Ziel helfen, indem sie ihnen Unterstützung und Wegweisung (Richtung) durch ihr Führungsverhalten geben und Hindernisse aus dem Weg räumen. Sie machen dadurch auch die Arbeit selbst interessanter und befriedigender für ihre Mitarbeiter.

Mithilfe der Weg-Ziel-Theorie soll erklärt werden, wie Führungskräfte ihren Mitarbeitern auf deren Weg zu ihrer Zielerreichung helfen können. Die Führungskräfte sollen den Führungsstil praktizieren, der am besten geeignet ist, die Zielerreichung sicherzustellen unter Beachtung der Fähigkeiten und Bedürfnisse der Mitarbeiter und der situativen Gegebenheiten der Arbeitsaufgabe.

Der Erfolg eines bestimmten Führungsverhaltens hängt von Bedingungen der Situation und Merkmalen der Mitarbeiter ab.

Bedingungen der Situation	Merkmale der Mitarbeiter
Aufgabenstruktur	Selbstvertrauen (hoher locus of internal self control)
Formale Führungsstruktur	Erfahrung
Struktur der Arbeitsgruppe	Die Einschätzung ihrer Fähigkeiten durch die Mitarbeiter selbst

Abb. 2.10 Bedingungen der Situation und der Mitarbeiter im Rahmen der Weg-Ziel-Theorie

House unterscheidet vier Varianten des Führungsverhaltens:

- Direktives Führungsverhalten:
  Die Führungskraft gibt genau vor, was wann und wie getan werden soll.

- Partizipatives Führungsverhalten:
  Die Führungskraft berät sich mit ihren Mitarbeitern und berücksichtigt deren Vorschläge bei ihren Entscheidungen.

- Mitarbeiterorientiertes, unterstützendes Führungsverhalten:
  Die Führungskraft ist hilfsbereit, freundlich und berücksichtigt Bedürfnisse der Mitarbeiter in hohem Ausmaß.

- Leistungsorientiertes Führungsverhalten:
  Die Führungskraft gibt sehr anspruchsvolle Ziele vor und erwartet, dass die Mitarbeiter auf ihrem höchsten Leistungsniveau arbeiten.

House geht davon aus, dass Führungskräfte flexibel sind bei der Art und Weise, wie sie führen, und dass sie ihr Führungsverhalten der Situation oder den Mitarbeitern anpassen können.

Die Bedingungen der Situation bestimmen, welches Führungsverhalten erforderlich ist, um ungünstige Bedingungen der Situation auszugleichen, damit die Ziele der Mitarbeiter erreicht werden können. Anders ausgedrückt, die Führungskraft muss den Führungsstil wählen, der am besten zu den Mitarbeitern passt und der am ehesten geeignet ist, Schwierigkeiten bei der Arbeit auszugleichen. Die Merkmale der Person dagegen bewirken, wie die Situation und das Führungsverhalten von den Mitarbeitern wahrgenommen, interpretiert und gedeutet werden.

Beispiel: In einer neuen Abteilung wissen die Mitarbeiter nicht genau, welches Verhalten von ihnen erwartet wird („Rollenunklarheit"). Nach der Weg-Ziel-Theorie sollten Führungskräfte dann ein direktives Führungsverhalten zeigen und ihren Mitarbeitern genau sagen, was sie wie und wann tun sollen.

Aus der Theorie lassen sich Annahmen ableiten (Robbins 2001, S. 381), die als Beispiele für mögliche Kombinationen von Aufgabensituation und Mitarbeiterstruktur und das nach der Weg-Ziel-Theorie zu empfehlende Führungsverhalten gelten:

- **Direktives Führungsverhalten** ist am besten geeignet, wenn die Mitarbeiter autoritätsorientiert sind und wenn sowohl die Arbeitsaufgaben als auch die Regeln und Verfahren im Unternehmen unklar sind. In derartigen Situationen ergänzt oder bereinigt der direktive Führungsstil die unklare Aufgabensituation und die daraus resultierende Unsicherheit der Mitarbeiter, was sie tun sollen, durch klare Vorgaben und Anweisungen.

- Bei genau vorgegebenen Aufgaben mit hoher Wiederholungssequenz (z.B. Fließband), die den Mitarbeitern keine Spielräume lassen und deshalb als belastend und langweilig empfunden werden, brauchen die Mitarbeiter keine klaren Anweisungen, sondern Verständnis für ihre belastende Arbeit. **Mitarbeiterorientiertes Führungsverhalten** ist deshalb geeignet, den Mangel dieser Arbeitssituation auszugleichen.

- **Partizipatives Führungsverhalten** ist angebracht bei unklaren, evtl. sogar widersprüchlichen Arbeitsaufgaben und Anforderungen, weil durch die Beteiligung am Entscheidungsprozess die Mitarbeiter die Zusammenhänge lernen können, wie manche Wege zum Ziel führen oder auch nicht und damit Unsicherheit verringert wird. Dieses Führungsverhalten ist auch angebracht bei Mitarbeitern, die ein hohes Bedürfnis nach selbstständigem Arbeiten haben, die einen hohen Locus of Self Control[1] aufweisen, weil dieser Mitarbeitertyp in die Entscheidungsfindung miteinbezogen sein will.

- **Leistungseinforderndes Führungsverhalten** ist gut geeignet in Situationen, die unklar und komplex sind. Durch die Betonung hoher Leistungsziele zeigen die Führungskräfte den Mitarbeitern, dass sie ihnen diese Leistung zutrauen, und bestärken ihre Mitarbeiter dadurch in ihrem Selbstvertrauen und damit in ihrer Erwartung, bestimmte Leistungen erbringen zu können.

---

1   Zum Locus of Self Control vgl. 2.2.1

Aufgabensituation	Mitarbeitermerkmale	Empfohlenes Führungsverhalten
Unklare, widersprüchliche Anforderungen, komplexe Aufgaben	Autoritätsorientiert, Autorität akzeptierend	Direktives Führungsverhalten: *„Die Führungskraft gibt Orientierung und Sicherheit".*
Stark strukturierte Aufgaben, Routineaufgaben, immer wieder die gleichen Arbeitsvorgänge (repetitive Arbeit) z. B. Fließband, Bildschirmbearbeitung mit sehr enger Benutzerführung	Kein Bezug zur Arbeit (geringes Job Involvement) Keine Bedürfnisbefriedigung aufgrund der Arbeit und des mechanischen Arbeitens	Mitarbeiterorientiertes Führungsverhalten: *„Die Führungskraft gibt menschliche Wärme und Unterstützung":*
Widersprüchlich, unklar und unstrukturiert z. B. Forschung und Entwicklung, Werbung	Mitarbeiter mit hoher internaler Selbstkontrolle (selbstbewusst)	Partizipatives Führungsverhalten: *„Die Führungskraft sichert die intensive Einbindung in die Aufgabe".*
Herausfordernde Arbeiten, komplexe Aufgabenstellung z. B. innerhalb kurzer Zeit ein völlig neues Produkt auf den Markt bringen.	Hohe Erwartungshaltungen, hohe Leistungsbereitschaft	Aufgaben- und leistungsorientiertes Führungsverhalten: *„Die Führungskraft gibt den Mitarbeitern Herausforderungen":*

Abb. 2.11 Führungsstilempfehlungen nach der Weg-Ziel-Theorie (Northouse 2004, S. 130)

2.4.5.2 Bewertung

Die Weg-Ziel-Theorie ist ein theoretischer Bezugsrahmen, mit dessen Hilfe nachvollzogen werden kann, wie bestimmte Führungsstile in bestimmten Situationen bei bestimmten Mitarbeitern deren Leistung und Zufriedenheit beeinflussen können (Northouse 2004, S. 131 f.).

Weiterhin handelt es sich bei der Weg-Ziel-Theorie um eine motivational begründete Führungstheorie. Sie basiert auf denselben Annahmen wie die Erwartungswerttheorie der Motivation. Bei den Zielen handelt es sich um hoch bewertete Konsequenzen des Verhaltens der Mitarbeiter („Wert" entspricht „Ziel") und bei dem Weg um die Wahrscheinlichkeit (= Erwartung), mit der man rechnet, durch bestimmte Handlungen diese Ziele zu erreichen.

Bei der praktischen Umsetzung dieser Theorie muss die Führungskraft auf folgende Fragen Antworten suchen:

- *„Wie kann ich meinen Mitarbeitern verdeutlichen, dass sie die Kompetenz haben, ihre möglicherweise sehr anspruchsvollen Aufgaben und Ziele erfüllen und erreichen zu können?*

- *Wie kann ich ihnen zeigen, dass sie bei erfolgreicher Arbeit eine angemessene Belohnung erhalten, die nicht immer monetär sein muss?"*

Die Weg-Ziel-Theorie der Führung hat sich bei empirischen Untersuchungen insgesamt bewährt (Robbins 2001, S. 381).

Es handelt sich allerdings bei der Weg-Ziel-Theorie um eine sehr komplexe Theorie, bei der die Variablen Führungsverhalten, Arbeitssituation und Mitarbeitermerkmale mit ihren jeweiligen Ausprägungen gemäß der Theorie miteinander verbunden sind. Dies alles zu berücksichtigen, dürfte im Führungsalltag nicht immer leicht sein (Northouse 2004, S.132).

Im Mittelpunkt der Weg-Ziel-Theorie steht das Verhalten der Führungskraft. Im Gegensatz zu den Verhaltenstheorien der Führung werden aber bereits Mitarbeitermerkmale berücksichtigt. Die dynamische Wechselwirkung des Verhaltens zwischen Vorgesetztem und Mitarbeiter – Vorgesetzter beeinflusst Mitarbeiter, dieser reagiert und beeinflusst wiederum dadurch das Verhalten des Vorgesetzten und so fort – wird auch durch diese Theorie nicht dargestellt (Northouse 2004, S.133).

2.4.6 Das GLOBE-Projekt: Führung in Abhängigkeit von der nationalen Kultur der Mitarbeiter (Interkulturelle Führung)

Die Globalisierung der Weltwirtschaft hat dazu geführt, dass Führungskräfte immer häufiger Mitarbeiter aus anderen Kulturen zu führen haben.

2.4.6.1 Darstellung

Das GLOBE-Projekt (Global Leadership and Organizational Behavior Effectiveness) ist eine international durchgeführt Untersuchung zur Identifikation des Einflusses von Nationalkulturen auf das Führungsverhalten (Chhokar/Brodtbeck/House 2008). Als (National-) Kultur bezeichnet man spezifische Denkmuster, Wertvorstellungen, Einstellungen und Verhaltensweisen, die den Menschen eines Landes, einer Nation gemeinsam sind, d. h. von ihnen geteilt werden.

Bei dem GLOBE-Projekt wurde festgestellt, dass folgende Führungsstile oder – wie sie im GLOBE-Projekt bezeichnet werden – Führungsdimensionen als förderlich für herausragende Leistungen von Mitarbeitern aus den untersuchten Ländern insgesamt in der folgenden Reihenfolge präferiert und akzeptiert wurden (Chhokar/Brodtbeck/House 2008 und House/Hanges/Javidan/Dorfman/Gupta 2004):

Der charismatisch-wertorientierte Führungsstil (Charismatic/Value-Based Leadership)

Bei diesem Führungsstil inspirieren visionäre Führungskraft auf der Basis ausgeprägter Wertvorstellungen ihre Mitarbeiter, motivieren sie und erwarten von ihnen hohe Leistungen. Führungskräfte, die diesen Führungsstil praktizieren, wirken auf ihre Mitarbeiter als inspirativ, vertrauenswürdig, entscheidungsstark und entscheidungsfreudig sowie fachlich kompetent.

Der teamorientierte Führungsstil (Team-Oriented Leadership)

Beim teamorientierten Führungsstil werden von den Führungskräften die Entwicklung und der Zusammenhalt von Teams und gemeinsamen Teamzielen gefördert. Führungskräfte mit diesem Führungsstil werden als die Zusammenarbeit fördernd, integrierend, diplomatisch und fachlich kompetent und frei von Missgunst wahrgenommen.

Der partizipative Führungsstil (Participative Leadership)

Der partizipative Führungsstil drückt aus, inwieweit Führungskräfte ihre Mitarbeiter in die Entscheidungsfindung und Entscheidungsumsetzung mit einbeziehen und beteiligen.

Der mitarbeiterorientierte Führungsstil (Humane Oriented Leadership)

Beim mitarbeiterorientierten Führungsstil werden Belange der Mitarbeiter besonders berücksichtigt und auf ihre Gefühle Rücksicht genommen.

Der autonome, unabhängige („geradlinige") Führungsstil (Autonomous Leadership)

Dieser Führungsstil wurde durch das GLOBE-Projekt neu bestimmt. Er drückt aus, inwieweit Führungskräfte in ihrem Führungsverhalten als autonom, unabhängig und individualistisch wahrgenommen werden.

Der „gesichtswahrende" Führungsstil (Self Protective Leadership)

Aus westlicher Sicht handelt es sich bei diesem Führungsstil um einen neuartigen Führungsstil. Führungskräfte mit diesem Führungsstil sind in Bezug auf sich selbst und auf ihre Gruppenmitglieder sicherheitsorientiert. Sie stellen sich selbst in den Vordergrund ihrer Überlegungen („selbstbezüglich") und achten darauf, dass ihr Gesicht, ihr Ansehen gewahrt wird.

Akzeptanz dieser Führungsstile (Chhokar/Brodtbeck/House 2008, S. 1094 – 1099)

Die ersten 4 Führungsstile werden insgesamt – wenngleich in unterschiedlicher Ausprägung – weltweit als leistungsfördernde Führungsstile akzeptiert. Der „gesichtswahrende" Führungsstil wurde insbesondere in Südostasien akzeptiert, während er in Nordeuropa sehr negativ für gute Leistungen angesehen wurde. Der autonome Führungsstil wird noch am ehesten in Russland, in den deutschsprachigen Ländern sowie in Skandinavien als leistungsfördernd akzeptiert.

2.4.6.2 Bewertung

Das GLOBE-Projekt ist die umfassendste interkulturelle Untersuchung zum Führungsverhalten. Mehr als 17 300 Manager der mittleren Führungsebenen aus mehr als 950 Organisationen, überwiegend Industrieunternehmen, sowie aus 62 Ländern nahmen an der Untersuchung teil. Sie wurden zu ihrer Kultur und zu ihren Vorstellungen zu Führung befragt. Die Untersuchung wurde vom amerikanischen Forscher House initiiert und in Zusammenarbeit mit jeweils heimischen Forschern in den jeweiligen Ländern durchgeführt. Dadurch konnten neben einem einheitlichen Ansatz nationale Besonderheiten berücksichtigt werden (House/Hanges/Javidan/Dorfman/Gupta 2004 und Chhokar/Brodtbeck/House 2008). Als Untersuchungsmethoden wurden sowohl quantitative Methoden, wie standardisierte Befragungen, als auch qualitative Methoden, wie Medienanalysen oder Beobachtungen von Untersuchungsteilnehmern, angewendet. Die Untersuchungsmethoden und Instrumente wurden sorgfältig entwickelt und getestet. Durch das GLOBE-Projekt wurden zwei neue Führungsstile oder Führungsdimensionen, der autonome Führungsstil und der „gesichtswahrende" Führungsstil, herausgearbeitet. Weiterhin wurde untersucht, inwieweit diese Führungsstile in den einzelnen Ländern oder Gesellschaften jeweils akzeptiert werden.

Kontrovers diskutiert wird die Art und Weise wie im GLOBE-Projekt Führung konzeptualisiert wird. Führung wird hier bestimmt, wie Mitarbeiter Führungskräfte wahrnehmen und nicht danach, was Führungskräfte tun (Northouse 2010, S. 160).

Trotz der umfangreichen Stichprobe handelt es sich beim GLOBE-Projekt nicht um eine repräsentative Untersuchung. Die Untersuchungspersonen wurden nicht zufällig ausgewählt, sondern sie arbeiteten i.d.R. in Unternehmen, die bereit waren, am GLOBE-Projekt teilzunehmen.

Die Begriffe, die in einem Fragebogen verwendet werden, können auch bei sorgfältiger Übersetzung unterschiedlich verstanden werden, sodass interkulturelle Vergleiche irreführend sein können.

In vielen Ländern gibt es auch erhebliche Unterschiede innerhalb des Landes in Bezug auf Werte und Verhaltenstendenzen sowie auf das Führungsverhalten, sodass auch in diesen Fällen Mittelwerte Unterschiede innerhalb des Landes verdecken und somit irreführend sein können.

2.5   Charismatische Führung

Der Begriff „Charisma" stammt aus dem Griechischen und bedeutet Gnadengabe oder Gnadengeschenk. Charisma ist somit eine Gabe, die jemand geschenkt bekommen hat. Charismatische Führung kann somit auch als begnadete Führung bezeichnet werden.

2.5.1 Darstellung

Nach der Theorie der charismatischen Führung haben bestimmte Personen besondere Fähigkeiten, die es ihnen ermöglichen, andere in besonderer Weise zu führen und von anderen als Führungspersönlichkeit akzeptiert zu werden (Robbins 2001, S. 385).

Als Beispiele für charismatische Führungspersönlichkeiten werden in der amerikanischen Literatur häufig genannt: John F. Kennedy, Martin Luther King jr., Mary Kay Ash (Gründerin von Mary Kay Cosmetics), Steve Jobs (Mitbegründer von Apple Computer), Lee Iacocca (ehemaliger Vorsitzender von Chrysler) und Herb Kelleher (CEO von Northwest Airlines).

Forschungsergebnisse weisen auf einen mehrstufigen Prozess der Beeinflussung von Mitarbeitern durch charismatische Führungskräfte (Northouse 2004. S. 171 f.):

1. Sie formulieren eine Vision, die Wunschvorstellungen der Geführten entspricht und die eine bessere Zukunft verheißt. Sie sind auch in der Lage, diese Wunschvorstellung verständlich, bildlich und emotional bewegend auszudrücken. Ein Beispiel dafür ist die berühmte „I have a dream"-Rede von Martin Luther King jr.

2. Sie stellen ein Vorbild für diese Vision und die damit verbunden Werte dar (Rollenmodell), wie Gandhi als Beispiel für gewaltlosen Widerstand. Sie demonstrieren auch, dass sie bereit sind, für die Verwirklichung der Vision hohe persönliche Risiken und Opfer auf sich zu nehmen.

3. Sie erscheinen in den Augen ihrer Geführten als besonders kompetent im Hinblick auf die Realisierung der Vision.

4. Sie zeigen, dass sie von ihren Mitarbeitern hohe Leistungen erwarten und vermitteln ihren Mitarbeitern die Zuversicht, dass diese hohen Leistungen bei gemeinsamer Anstrengung auch erreicht werden. Damit stärken sie das Selbstvertrauen der Geführten.

5. Sie können die Motive der Geführten ansprechen und sie zur Verwirklichung der Vision, zu außerordentlichen Anstrengungen, Leistungen und Opfern bewegen.

6. Es gelingt charismatischen Führern sogar, dass die Mitarbeiter sich nicht mehr primär als ein Individuum, sondern als ein Element der kollektiven Identität des Unternehmens ansehen.

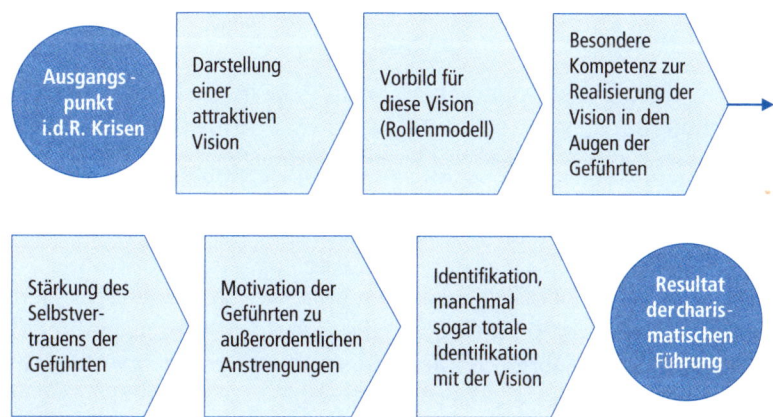

Abb. 2.12 Prozessmodell der charismatischen Führung

Bei charismatischer Führung wird in besonders hohem Maße mit Hilfe von Symbolen geführt (zur symbolischen Führung vgl. Neuberger 2002, S. 642 ff.). Symbol heißt im ursprünglichen Wortsinn „Zusammenfügen". Ein in Teile zerbrochener Gegenstand (z. B. ein Medaillon) diente, wenn die Teile beim Zusammenfügen passten, als Erkennungszeichen. Durch ein Symbol wird auf etwas anderes verwiesen; dieses andere ist nicht gegenwärtig, es ist vielleicht unsichtbar oder ungegenständlich (z. B. Zugehörigkeit zu einer Gruppe). Eheringe sind z. B. Symbole für Treue und Zusammengehörigkeit, ein teures Auto für finanzielle Potenz.

2.5.2 Bewertung

Vielfältige Studien belegen einen hohen positiven Zusammenhang zwischen charismatischer Führung und hoher Leistung und hoher Zufriedenheit bei den Mitarbeitern (Greenberg/Baron 2003, S. 486 f.).

Der Begriff „Gnadengabe" könnte den Eindruck erwecken, dass die Fähigkeit zu charismatischer Führung angeboren ist. Experimente mit Studenten zeigten jedoch, dass charismatisches Führungsverhalten gelernt werden kann (Robbins 2001, S. 386).

Charismatische Führung ist nicht immer wirksam. Sie muss von den Geführten angenommen werden. Dies scheint insbesondere in Krisensituationen der Fall zu sein, wenn die Geführten jemanden brauchen, der ihnen Sicherheit und eine bessere Zukunft verspricht (Greenberg/Baron 2003, S. 486 ff.). Es kann jedoch auch zu verhängnisvollen Fehlern führen, wie das Beispiel Deutschland und Adolf Hitler zeigt.

2.6   Transformative Führung

Das Konzept der transformativen Führung umfasst viele Aspekte und Dimensionen der Führung einschließlich des Aspekts der visionären Führung.

2.6.1 Darstellung

Mit dem Konzept der transformativen Führung soll beschrieben werden, wie Führungskräfte grundlegende Veränderungen in ihrem Verantwortungsbereich einleiten, durchführen und erfolgreich vollenden können (Northouse 2004, S. 169 ff.).

Üblicherweise erfolgen diese Veränderungsprozesse in den folgenden Teilschritten (Greenberg/Baron 2003, S.489 f.):

1. Transformative Führungskräfte geben ihren Mitarbeitern mehr Entscheidungskompetenzen („Empowerment"). Sie sind von der Vertrauenswürdigkeit ihrer Mitarbeiter überzeugt und bewegen ihre Mitarbeiter dazu, ihre eigenen Interessen in das Gesamtwohl einzubringen.

2. Transformative Führer stellen ein Vorbild für ihre Mitarbeiter dar. Sie haben ein großes Selbstvertrauen, hohe Kompetenz und weitreichende Wertvorstellungen, nach denen sie auch leben. Transformative Führungskräfte können aktiv zuhören und sind auch offen für abweichende Meinungen. Sie entwickeln ein hohes Maß an Kooperationsbereitschaft mit und unter ihren Mitarbeitern.

3. Aus den gemeinsamen Interessen der Mitarbeiter und der Organisationseinheiten des Unternehmens entwickeln sie eine klare, verständliche Vision, die – häufig in sehr bildhafter Form – die Orientierung beschreibt, an der sich die gemeinsamen

Anstrengungen ausrichten sollen. Führungskräfte mit visionärem Führungsstil spornen ihre Mitarbeiter an, eine Vision zu verwirklichen, eine grundlegende Änderung (Transformation) zu bewältigen.

4. Transformative Führer setzen Veränderungsprozesse in Gang, z.B. indem sie das Aussprechen von Meinungen unterstützen und fördern, die im Gegensatz zu den bisherigen offiziellen Ansichten stehen.

5. Transformative Führungskräfte spornen ihre Mitarbeiter an, eine Vision zu verwirklichen, eine grundlegende Änderung (Transformation) zu bewältigen. Sie motivieren ihre Mitarbeiter, indem sie ihnen vor Augen führen, wie ihre Arbeit beiträgt, die großartige Vision zu realisieren. Sie geben dadurch der Arbeit ihrer Mitarbeiter einen Sinn. Führungskräfte mit diesem Stil haben häufig eine große Ausstrahlung, ein Charisma.

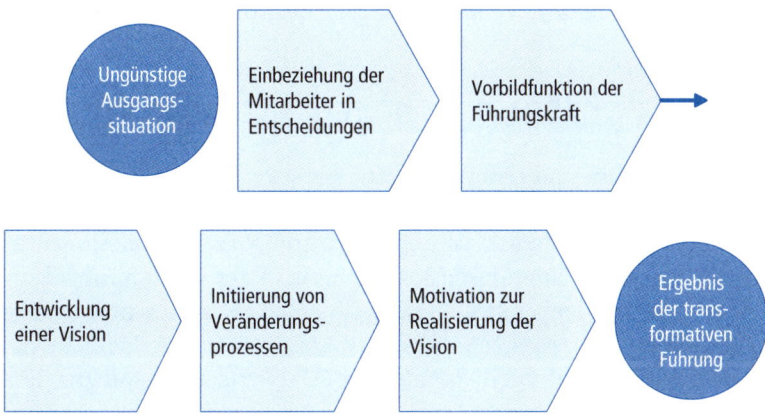

Abb. 2.13 Prozessmodell der transformativen Führung

Es ist offenkundig, dass transformative Führung und charismatische Führung viele Gemeinsamkeiten aufweisen. Sie werden deshalb von einer Reihe von Autoren auch nicht unterschieden. Überwiegend wird jedoch zwischen charismatischer und transformativer Führung anhand der folgenden Merkmale differenziert:

Charismatische Führung	Transformative Führung
Ist auf die Person des Führenden und dessen Ziele konzentriert.	Es sollen Ziele der Gemeinschaft und nicht individuelle, selbstsüchtige Ziele erreicht werden.
Es kommt zu Bewunderung und Verklärung der Führungsperson und zur Identifikation mit ihr.	Die Mitararbeiter sollen sich mit ihrem Unternehmen identifizieren.
Die Geführten sind abhängig von der Führungskraft und unselbstständig.	Die Geführten erhalten mehr Macht und Verantwortung (Empowerment).

Abb. 2.14 Gegenüberstellung von charismatischer und transformativer Führung

2.6.2 Bewertung

Zum Konzept der transformativen Führung gibt es eine Vielzahl von Untersuchungen aus unterschiedlichen Perspektiven, die die grundsätzlichen Aussagen bestätigen (Northouse 2004, S.183 ff.). Es handelt sich jedoch überwiegend um qualitative Studien von erfolgreichen Veränderungsprozessen, die von Unternehmensführern durchgeführt worden. Es ist noch offen, inwieweit sich diese Prozesse auch innerhalb von Unternehmen von Führungskräften untergeordneter Instanzen, z.B. Abteilungsleitern, erfolgreich durchführen lassen.

Das Konzept der transformativen Führung betont auch die Rolle des Mitarbeiters und verstärkt sie (Empowerment).

Allerdings handelt es bei dem Konzept der transformativen Führung nicht um ein stringentes klares Modell, sondern um eine Ansammlung verschiedener Elemente, wie Vision, Motivation, Vertrauensbildung, Verantwortungsdelegation (Northouse 2004, S. 185 f.).

2.7   Emotionale Führung (Führen mit emotionaler Intelligenz)

Emotionen oder Gefühle sind Empfindungen, die sich auf der qualitativen Dimension „angenehm oder unangenehm" sowie auf der quantitativen Dimension Stärke oder Intensität der Gefühle beschreiben lassen. Zur Beschreibung von Emotionen ist auch zu beachten, ob die Emotion handlungsauslösenden Charakter hat (Bourne / Ekstrand 2001, S. 292). So sind Wut und Trauer sowohl unangenehme als auch sehr intensive Gefühle. Während Trauer aber eher passiven Charakter hat, ist Wut mit heftigen Handlungen verbunden. Es ist deshalb erforderlich, auch die Aktivitätsdimension zur Beschreibung von Gefühlzuständen einzuführen.

Da Emotionen das so genannte „rationale", nicht von Gefühlen geprägte Denken beeinflussen, wurden sie lange Zeit bei der Untersuchung menschlichen Verhaltens in Organisationen als „Störgrößen" behandelt. Zunehmend wird aber auch – unterstützt durch Forschungen am Gehirn – ihre eigenständige Bedeutung für unser Verhalten gewürdigt.

2.7.1 Darstellung

Bei der Analyse des Erfolges von Menschen im Privat- und im Berufsleben haben Forscher festgestellt, dass neben Faktoren, wie den kognitiven Fähigkeiten, Fähigkeiten des Umganges mit eigenen Gefühlen und denen Anderer entscheidend sein können. Zur Analyse und Beschreibung dieser Fähigkeiten wurden Konzepte emotionaler Intelligenz entwickelt (Urban 2007, S. 221–321) und durch Goleman (Goleman 1995 und 1999) einer breiten Öffentlichkeit bekannt gemacht.

Als emotionale Intelligenz bezeichnen Goleman und seine Kollegen (Goleman u.a. 2003) die Fähigkeit, „intelligent" mit den eigenen Emotionen (Gefühlen) und denen anderer Personen umgehen zu können.

Sie unterscheiden vier Dimensionen emotionaler Intelligenz:

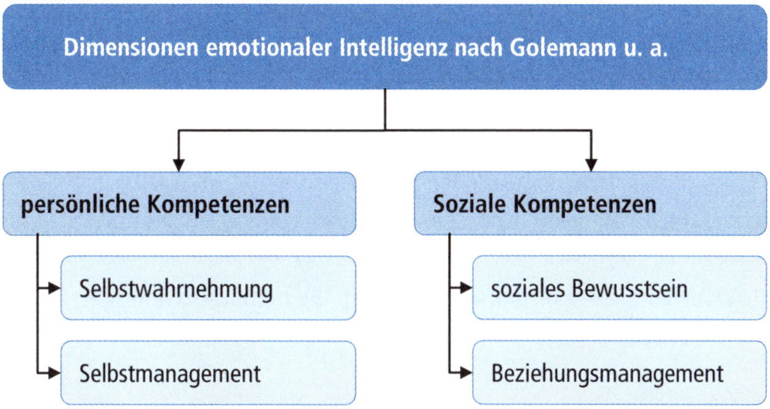

Abb. 2.15 Dimensionen emotionaler Intelligenz (nach Goleman u.a. 2003, S. 59 ff.)

Selbstwahrnehmung

- **Emotionale Selbstwahrnehmung** bedeutet, sich der eigenen Emotionen und ihrer Wirkungen bewusst sein: Wer die eigenen Emotionen nicht erkennen kann, ist ihnen z. B. beim Zorn ausgeliefert. Wer sie erkennen kann, kann klarer seine Entscheidungen treffen.

- **Zutreffende Selbsteinschätzung:** Kennen der eigenen Stärken und Schwächen

- **Selbstvertrauen:** Die Fähigkeit, den eigenen Stärken zu vertrauen.

Selbstmanagement

- **Emotionale Selbstkontrolle:** Emotionale Selbstkontrolle bedeutet die Fähigkeit, Gefühle so handhaben zu können, dass sie angemessen sind. Beispiele dafür sind: Sich selbst beruhigen, Angst, Gereiztheit oder Schwermut abschütteln, sich nicht vom Zorn überwallen zu lassen.

- **Hohe Leistungsmotivation:** Menschen mit hoher Leistungsmotivation setzen sich immer höhere Ziele und sind daran interessiert, ihren Erfolg festzustellen und sich mit anderen zu messen. Menschen mit hoher Leistungsmotivation bleiben selbst dann optimistisch, wenn das tatsächlich Erreichte gegen sie spricht. In solchen Fällen wird die durch einen Rückschlag oder ein Scheitern erzeugte Niedergeschlagenheit durch eine Kombination aus emotionaler Selbstbeherrschung und Leistungsmotivation überwunden.

- **Aufrichtigkeit, Integrität und Vertrauenswürdigkeit vermitteln.**

- **Anpassungsfähigkeit und Initiative.**

Soziales Bewusstsein

- **Einfühlungsvermögen (Empathie):** Empathie bedeutet zu wissen und zu fühlen, was andere fühlen, und mitfühlen zu können. Eine Führungskraft muss sich nicht mit den Emotionen anderer identifizieren und versuchen, jeden zufrieden zu stellen. Führungskräfte mit hoher Empathie beziehen jedoch neben anderen Faktoren auch die Gefühle der Mitarbeiter sorgfältig in die Suche nach vernünftigen Entscheidungen ein. Einfühlungsvermögen hat nichts mit „Gefühlsduselei" zu tun.

- **Politisches Gespür (Organisationsbewusstsein):** Interessengruppen und ungeschriebene Regeln des Umgangs mit Macht und Politik im Unternehmen erkennen.

- **Dienstleistungs- und Kundenorientierung:** Bedürfnisse wichtiger Bezugsgruppen (Mitarbeiter, Vorgesetzte, Kunden, Kollegen usw.) erkennen und erfüllen können.

Beziehungsmanagement

Beziehungsmanagement bedeutet vor allem, mit den Emotionen anderer umgehen zu können, mit den unterschiedlichsten Personen enge Beziehungen aufzubauen und zu pflegen.

Das umfasst die Fähigkeit, andere inspirieren zu können (Charisma).

Es ist kaum vorstellbar, dass irgendein Mensch all diese Kompetenzen in vollem Ausmaß aufweisen kann. Es handelt sich vielmehr um Ziel- oder sogar Idealvorstellungen. Im konkreten Einzelfall ist zu prüfen, welche Kompetenzen in welchem Umfang gefordert werden und inwieweit die derzeitige oder zukünftige Führungskraft diese Kompetenzen hat. Aufgrund des Vergleichs ist dann zu entscheiden, ob die Führungskraft diese Position wahrnehmen kann und inwieweit ihre Kompetenzen weiterzuentwickeln sind.

Emotionale Intelligenz und wirksame Führungsstile

Das Konzept der Führung mit emotionaler Intelligenz, kurz emotionale Führung, wurde vor allem von Goleman, Boyatzis und McKee entwickelt und verbreitet (Goleman u. a. 2003). Aufgrund ihrer Studie zum Zusammenhang von emotionaler Intelligenz und Führungserfolg, die in Kapitel 1 beschrieben ist, unterscheiden Goleman und seine Kollegen sechs charakteristische Führungsstile.

Führungsstile nach Golemann und Kollegen
- Befehlend, autoritär
- Partizipativ, demokratisch
- Leistungseinfordernd
- Mitarbeiter- oder gefühlsorientiert
- Coachend
- Visionär

Abb. 2.16 Führungsstile (nach Goleman u. a. 2003, S. 79 ff.)

Befehlender, autoritärer oder auch direktiver Führungsstil

Beim autoritären Führungsstil gibt der Vorgesetzte, der Chef, vor, was zu tun ist. Sein wichtigstes Führungsmittel sind Anweisungen. Es ist ganz typisch für ihn, dass er verlangt, dass seine Anweisungen sofort befolgt werden.

Der autoritäre Führungsstil ist in den meisten Fällen kein effektiver Führungsstil. Er schränkt den Handlungsspielraum der Mitarbeiter und somit deren Flexibilität ein, da durch die autoritären Vorgaben kein Spielraum für eigene Ideen bleibt. Da die Mitarbeiter sich nicht im Unternehmen verwirklichen können, sondern nur Befehlsempfänger sind, können sie sich nicht mit dem Unternehmen identifizieren. Durch diese Befehle oder Anweisungen verlieren die Mitarbeiter den Blick für den Gesamtzusammenhang, welche Bedeutung ihre Arbeit für das gesamte Unternehmen hat. Sie können keinen Sinn mehr in ihrer Arbeit sehen. Damit verzichten autoritäre Vorgesetzte auf ein wichtiges Motivationsinstrument. Es gibt allerdings auch Situationen, bei denen der autoritäre Führungsstil angebracht ist, wie z.B., wenn unter Zeitdruck ein Unternehmen aus der Verlustzone herausgeschafft werden muss (Turnaround) oder bei Katastrophen. Er kann auch bei sehr schwierigen Mitarbeitern sehr wirksam sein. Dann kommen auch die emotionalen Fähigkeiten positiv zur Wirkung, die diesen Führungsstil unterstützen, wie die Selbstkontrolle und die Tatkraft.

Partizipativer Führungsstil

Dieser Führungsstil ist das Gegenteil des autoritären Führungsstils. Beim partizipativen Führungsstil werden die Mitarbeiter in die Entscheidungsfindung miteinbezogen, sie können mitbestimmen. Typisch für diesen Führungsstil ist der häufige Einsatz des Führungsinstruments Besprechung.

Durch die Berücksichtigung der Mitarbeiter bei der Entscheidungsfindung wird beim partizipativen Führungsstil deren Identifikation mit dem Unternehmen gestärkt, sie können sich auch besser mit den jeweiligen Entscheidungen identifizieren. Es kann dadurch Übereinstimmung (Konsens) erreicht werden. Dieser Führungsstil kann aber auch belastend sein. Endlos lange Besprechungen ohne klare Ergebnisse, außer dass weitere Sitzungen erfolgen, können sehr frustrieren sowie zu internen Konflikten führen. Dies ist vor allem dann der Fall, wenn die Führungskraft sich zu sehr aus den Entscheidungen heraus hält. Wenn dies in besonders ausgeprägter Form passiert, dann spricht man nicht mehr vom partizipativen Führungsstil, sondern vom „Laisser-faire" Führungsstil.

Sinnvoll ist dieser Führungsstil, wenn die Führungskraft sehr leistungsfähige Mitarbeiter hat und sich selbst über den einzuschlagenden Kurs nicht im Klaren ist. Völlig unsinnig ist dieser Führungsstil bei uninformierten und unerfahrenen Mitarbeitern. Zur Realisierung eines derartigen Führungsstils sind Kommunikations- und Kooperationsfähigkeit sowie die Fähigkeit zur Teamführung wichtige Voraussetzungen.

Leistungseinfordernder Führungsstil

Beim leistungseinfordernden Führungsstil betont der Vorgesetzte das Erreichen hoher Leistungen durch das Setzen hoher Leistungsstandards. Die Führungskraft stellt auch an sich selbst hohe Anforderungen. Leistungsschwache Mitarbeiter werden zu hoher Leistung aufgefordert oder sie müssen gehen. Diese Führungskräfte sind erpicht, Aufgaben immer schneller und besser zu erledigen und verlangen dies auch von ihren Mitarbeitern.

Auf den ersten Blick sollte man an diesen Führungsstil die positivsten Erwartungen im Hinblick auf die Mitarbeiterleistungen haben. Dieser Führungsstil funktioniert jedoch nur gut, wenn alle Mitarbeiter sehr motiviert sind, eine hohe Kompetenz aufweisen und nur geringe Richtungsvorgaben oder Koordination brauchen. Er hat sich deshalb im technischen Bereich bei hoch qualifizierten Fachkräften und bei ehrgeizigen, erfolgsorientierten Verkaufsmitarbeitern bewährt. Aber viele Mitarbeiter fühlen sich beim leistungseinfordernden Führungsstil durch den immer wieder steigenden Leistungsanspruch erdrückt. Oft geht dieser Leistungsanspruch einher mit mangelnder Kommunikation, weil die Sichtweise der Mitarbeiter zu wenig berücksichtigt wird. Es wird den Mitarbeitern häufig nicht klar vermittelt, was genau von ihnen gefordert wird. Der Vorgesetzte erwartet, dass sie selber wissen, was sie zu tun haben. Mitarbeiter erhalten nur negatives Feedback auf ihre Tätigkeit, weil gute Leistungen selbstverständlich sind.

Deshalb leidet bei diesem Führungsstil, wenn er nicht dosiert angewendet wird, das Arbeitsklima und die Zufriedenheit. Aufgrund des fortdauernden Drucks können die Mitarbeiter nicht mehr innovativ sein und Goodwillbeiträge leisten, weil jeder seine gesamte Kraft braucht, um seine Pflichtbeiträge zu erfüllen. Deshalb kann der Einsatz dieses Stils durch Vorgesetzte mit geringer Empathie längerfristig zu sehr negativen Konsequenzen für die Leistung und den Goodwill der Mitarbeiter führen. Das Problem ist, dass oft Vorgesetzte mit geringer Fähigkeit zu Empathie zu diesem Führungsstil neigen.

Führungskräfte mit Empathie, Selbstvertrauen und hoher Leistungsmotivation sind für diesen Führungsstil geeignet.

Mitarbeiter- oder gefühlsorientierter Führungsstil

Beim mitarbeiterorientierten Führungsstil wird auf die Mitarbeiter und ihre Gefühle mehr Rücksicht genommen als auf die Aufgaben und die Leistungserbringung. Vorgesetzte mit diesem Führungsstil setzen sich dafür ein, dass sich die Mitarbeiter wohlfühlen, dass es in der Arbeitsgruppe harmonisch zugeht und dass zwischen der Führungskraft und den Mitarbeitern sowie unter den Mitarbeitern ein enges Zusammengehörigkeitsgefühl besteht. Beim mitarbeiterorientierten Führungsstil wird das Zusammengehörigkeitsgefühl gefördert. Zugleich erfahren die Mitarbeiter wie in einer großen Familie ein Gefühl der Sicherheit. Aufgrund des Sicherheitsgefühls fällt es leicht, neue Ideen vorzuschlagen und bürokratische Hindernisse flexibel zu umgehen, weil die Führungskraft ihren Mitarbeitern keine unnötigen Zwänge auferlegen will. Es fällt der mitarbeiterorientierten Führungskraft nicht schwer, gute Leistungen anzuerkennen und zu loben.

Generell wirkt der mitarbeiterorientierte Führungsstil positiv

- auf die Leistung,

- die Identifikation,

- die Flexibilität

- sowie auf das Commitment und Engagement der Mitarbeiter.

Eine große Gefahr beim mitarbeiterorientierten Führungsstil ist, dass die Mitarbeiter keine korrekte Rückmeldung erhalten, wenn ihre Leistungen nicht in Ordnung sind, um ihre Gefühle nicht zu verletzen und weil die Führungskräfte gut mit ihren Mitarbeitern auskommen wollen. Wenn es den Führungskräften so wichtig ist, bei ihren Mitarbeitern beliebt zu sein, dass sie jeder Konfrontation aus dem Weg gehen und schlechte Leistungen nicht korrigieren, geben sie ihrer Gruppe keine klare Linie vor und die Leistungen und auch die Zufriedenheit verschlechtern sich. Die Mitarbeiter entwickeln die Vorstellung, dass mittelmäßige Leistungen kein Problem sind. Wenn Mitarbeiter klare Anweisungen und hohe Leistungsstandards brauchen, um schwierige, herausfordernde Aufgaben zu bewältigen, dann ist dieser Führungsstil nicht geeignet.

Bei diesem Führungsstil sind insbesondere Einfühlungsvermögen und soziale Kompetenz gefordert.

Coachender Führungsstil

Der coachende Führungsstil ist nicht auf die Bewältigung von Aufgaben gerichtet, sondern auf die Entwicklung des Potenzials der Mitarbeiter. Er ist deshalb in der Regel nicht der dominierende Führungsstil, sondern eine Ergänzung zu anderen Führungsstilen. Coachende Führungskräfte helfen ihren Mitarbeitern, ihre Stärken zu erkennen und sie mit ihren persönlichen und beruflichen Zielen zu verknüpfen.

Obwohl sich der coachende Führungsstil auf die persönliche Entwicklung von Mitarbeitern und nicht auf die Erledigung von Aufgaben bezieht, bewirkt er sowohl emotional positive Reaktionen vonseiten der Mitarbeiter als auch bessere Leistungsergebnisse. Durch das persönliche Coaching zeigen Führungskräfte ihren Mitarbeitern ihr Interesse an ihnen als Mensch und bauen dadurch Vertrauen bei ihren Mitarbeitern auf. Der coachende Führungsstil funktioniert am besten bei Mitarbeitern, die initiativ sind und die sich beruflich weiterentwickeln wollen. Andererseits ist er nicht geeignet bei Mitarbeitern, die keine besondere berufliche Motivation haben. Neben der Entwicklung von Commitment zum Unternehmen fördert der coachende Führungsstil auch die Arbeitszufriedenheit der Mitarbeiter.

Voraussetzung für einen erfolgreichen Einsatz des coachenden Führungsstils ist vor allem Empathie vonseiten der Führungskraft.

Visionärer, Sinn vermittelnder oder transformativer Führungsstil

Führungskräfte mit visionärem Führungsstil spornen ihre Mitarbeiter an, eine Vision zu verwirklichen, eine grundlegende Änderung (Transformation) zu bewältigen. Sie motivieren ihre Mitarbeiter, indem sie ihnen vor Augen führen, wie ihre spezielle

Arbeit dazu beiträgt, die großartige Vision zu realisieren. Sie geben dadurch der Arbeit ihrer Mitarbeiter einen Sinn. Führungskräfte mit diesem Stil haben häufig eine große Ausstrahlung, ein Charisma. Sinn vermittelnde Führungskräfte geben ein Ziel vor. Sie lassen aber im Allgemeinen den Mitarbeitern den Handlungsspielraum, wie sie dieses Ziel erreichen wollen. Somit können auch Innovationen erfolgen, und die Mitarbeiter fühlen sich ermächtigt, kalkulierte Risiken einzugehen. Diese Führungskräfte motivieren ihre Mitarbeiter, indem sie ihnen aufzeigen, wie ihre Arbeit beiträgt, die Unternehmensvision zu verwirklichen.

Der transformative, Sinn vermittelnde Führungsstil war im Rahmen der Untersuchungen von Goleman u. a. der wirkungsvollste aller untersuchten Stile. Er verbesserte alle Leistungskriterien. Dieser Führungsstil ist für fast alle Situationen geeignet, insbesondere wenn in einem Unternehmen Orientierungslosigkeit herrscht. Eine große Gefahr besteht jedoch, wenn die visionäre Führungskraft so von ihrer Vision beherrscht wird, dass sie autoritär wird, dass sie intolerant wird und keine Handlungsspielräume zulässt.

Sinn vermittelnde Führungskräfte zeichnen sich durch Selbstvertrauen und vor allem Empathie aus.

Situativ richtig emotional intelligent führen

Das wichtigste Ergebnis der Untersuchung zur emotionalen Führung war jedoch: Führungskräfte sollten den jeweils „richtigen" Führungsstil anwenden, sie sollten situativ richtig emotional intelligent führen (Goleman u. a. 2003, S. 114 – 120 und 311 ff.).

Erfolgreiche Führungskräfte erkennen schnell, welcher Führungsstil in welcher Situation angemessen ist und passen sich schnell an. Voraussetzung dafür ist, dass die Führungskräfte über ein großes Repertoire an alternativen sozio-emotionalen Kompetenzen verfügen, damit sie flexibel genug sein können, je nach Situation und Mitarbeiter den richtigen Ansatz zu wählen bzw. wechseln zu können. Führungskräfte, die nur ein geringes Potenzial an Kompetenzen emotionaler Intelligenz aufweisen, beschränken sich dann auf dieses Potenzial und führen in vielen Fällen unangepasst.

Nach Goleman und seinen Kollegen ergibt sich Führungserfolg, wenn es der Führungskraft gelingt, die Stimmung und Emotionen ihrer Mitarbeiter in der richtigen Art und Weise zu beeinflussen und sie in die positive Richtung zu lenken. Dies geschieht durch resonante Führung (Goleman u. a. 2003, S. 39 ff. und insbesondere Fußnote 2 auf S. 322). Danach stellt sich die Führungskraft auf die Gefühle der Mitarbeiter ein und lenkt sie in die positive Richtung. Das Handeln und Wirken der Führungskraft beruht dabei auf ihren eigenen Werten, sodass sie authentisch und überzeugend ist. Indem sie aber auf die Gefühle der Mitarbeiter eingeht, erzeugt die Führungskraft bei ihren Mitarbeitern Resonanz und die Mitarbeiter können ihre Botschaft positiv aufnehmen, selbst in schwierigen Momenten. Resonanz entsteht nach Goleman und seinen Kollegen, wenn es zu synchronen emotionalen Schwingungen kommt, wenn der emotionale Ton der Führungskraft und der der Mitarbeiter im Einklang stehen. Das Gegenteil von resonanter Führung ist dissonante Führung, bei der dies nicht der Fall ist. Trotz der

Ableitung des Konzepts der Resonanz und Dissonanz aus der Gehirnforschung bleibt dieser Erklärungsansatz sehr vage. Im Allgemeinen sind nach Goleman und seinen Kollegen der transformative, gefühlsmäßige, partizipative und der coachende Führungsstil eher geeignet, resonante Führung zu bewirken. Dagegen führen der befehlende und der leistungseinfordernde Führungsstil im Regelfall eher zu dissonanter Führung.

Goleman und seine Kollegen gehen auch darauf ein, dass es in der Praxis häufig den Anschein hat, dass Führungskräfte mit geringer emotionaler Intelligenz sowie befehlendem oder leistungseinforderndem Führungsstil häufig als erfolgreich erscheinen. Für dieses, von ihnen als *„Widerling-Paradoxie"* benannte Phänomen geben sie folgende Erklärungen (Goleman u. a. 2003, S. 110 ff.):

- Dieser Erfolg kann möglicherweise darauf beruhen, dass kurzfristig auf die Erreichung finanzieller Ziele Wert gelegt wird auf Kosten einer nachhaltig positiven Entwicklung. Z.B. kann man beim Verzicht auf Schulungen und andere Personalentwicklungsmaßnahmen oder auf Investitionen in neue Produktionsmittel kurzfristig finanzielle Mittel einsparen und damit den Gewinn oder das Betriebsergebnis erhöhen, da diese Einsparungen in der Regel kurzfristig keine Einnahmeeinbußen zur Folge haben. Langfristig kann dadurch aber die Wettbewerbsfähigkeit erheblich eingeschränkt werden.

- In manchen Fällen werden auch von diesen Führungskräften die Erfolgszahlen manipuliert. Neben der Fälschung von Zahlen des Jahresabschlusses kann es sich auch um andere Erfolgskriterien handeln, die manipuliert werden.

  Beispiel: Eine Führungskraft, die die Fluktuation bei den Mitarbeitern senken soll, stellt neue Mitarbeiter zunächst befristet für 6 Monate als Aushilfe ein. Da Aushilfen nicht in der Fluktuationskennziffer berücksichtigt werden, wird die Fluktuation dieser Mitarbeiter nicht berücksichtigt, die gerade am Anfang sehr hoch ist.

- Oftmals nehmen Außenstehende nur den autoritären und leistungseinfordernden Führungsstil wahr. Es kann aber auch sein, dass diese Führungskraft auch Stärken hat, die für die Mitarbeiter sehr wichtig sind. Sie können z.B. sich auch der Sorgen ihrer Mitarbeiter annehmen oder auch sie unterstützen, wenn Personen aus anderen Abteilungen ihre Mitarbeiter angreifen. Dieser früher weitverbreitete Führungsstil wird als patriarchalischer Führungsstil bezeichnet. Er leitet sich vom Begriff „Patriarch" ab, der als Stammvater übersetzt werden kann. Es wird dabei an die Vorstellung eines zwar strengen, aber auch bei Gefahren und Nöten fürsorglich handelnden Stammesvaters angeknüpft.

- Es kann auch sein, dass die Führungskräfte, die dieser autoritären und leistungseinfordernden Führungskraft unterstellt sind, in der Lage sind, emotional intelligent zu führen und somit Probleme dieser Führungsperson ausgleichen.

- Bei der Betrachtung dieses Phänomens darf man auch nicht übersehen, dass diese Führungsstile in bestimmten Situationen, z.B. bei Krisen, durchaus angebracht sein können. Es gibt einige Führungskräfte, die sich beim Bewältigen von Krisen sehr bewährt haben, die aber dann mit ihrem autoritären, leistungseinfordernden Führungsstil gescheitert sind, wenn es darum ging, das Unternehmen langfristig weiterzuentwickeln.

2.7.2 Bewertung

Das Konzept der emotionalen Intelligenz ist ein sehr umfassendes Konzept mit vielen unterschiedlichen Varianten und Dimensionen, das viele Komponenten aus anderen Ansätzen, z.B. aus der Persönlichkeits- oder der Motivationstheorie, enthält und miteinander kombiniert (Urban 2007, S. 222 – 231). So ist noch nicht geklärt, ob es sich bei emotionaler Intelligenz um eine Eigenschaft der Person („trait") oder um eine Fähigkeit der Person („ability") handelt (Urban 2007, S. 227 – 231 und Bass 2008, S.124 f.). Goleman und seine Kollegen gehen davon aus, dass sich die emotionale Intelligenz als eine Fähigkeit entwickeln lässt, z.B. durch entsprechende Schulungen.

Als ein Konzept zur Erklärung von Führung und Führungserfolge integriert das Konzept der Führung mit emotionaler Intelligenz Annahmen aus den anderen bereits dargestellten Führungsansätzen. Bei manchen Aspekten emotionaler Intelligenz handelt es sich um Eigenschaften der Person, wie z.B. dem Selbstvertrauen. Selbstvertrauen ist nach den Ergebnissen der Forschung zur Eigenschaftstheorie der Führung eine wichtige Eigenschaft von Führungskräften. Ein wesentlicher Unterschied zur Eigenschaftstheorie ist, dass nach dem Konzept der Führung mit emotionaler Intelligenz nicht bestimmte, hervorragende Eigenschaften der Führungsperson allein den Führungserfolg sicherstellen, sondern es geht darum, den für den Mitarbeiter und die Situation passenden Führungsstil anzuwenden. Dies ist das Merkmal der situativen Führungstheorien. Beim Konzept der emotionalen Führung lassen sich auch Führungsstile wiederfinden, die bei den situativen Führungstheorien behandelt werden. Es kommt aber zusätzlich noch der transformative, Sinn vermittelnde und der coachende Führungsstil hinzu. Die Fähigkeit, andere inspirieren zu können, ist ein wichtiger Aspekt des Beziehungsmanagements als einer Dimension der emotionalen Intelligenz. Damit sind auch Aspekte charismatischer und transformativer Führung („New Leadership") integriert, wobei im Konzept der emotionalen Führung sehr intensiv auf die Sicherstellung nachhaltiger Veränderungen ganzer Organisationen Wert gelegt wird.

Die unterschiedlichen Auffassungen über die Konzeption von emotionaler Intelligenz führen auch zu sehr unterschiedlichen Verfahren der Messung von emotionaler Intelligenz (Urban 2007, S. 231 – 235). Dies wiederum macht es schwierig, Forschungsergebnisse zur emotionalen Intelligenz miteinander zu vergleichen. Allerdings gibt es noch nicht viele Untersuchungen, bei denen das Konzept umfassend und auch für Außenstehende nachvollziehbar empirisch überprüft worden ist. Bisherige Untersuchungen lassen vermuten, dass das Konzept der emotionalen Führung tragbar ist (Urban 2007, S. 248 – 263).

2.8   Zusammenfassung

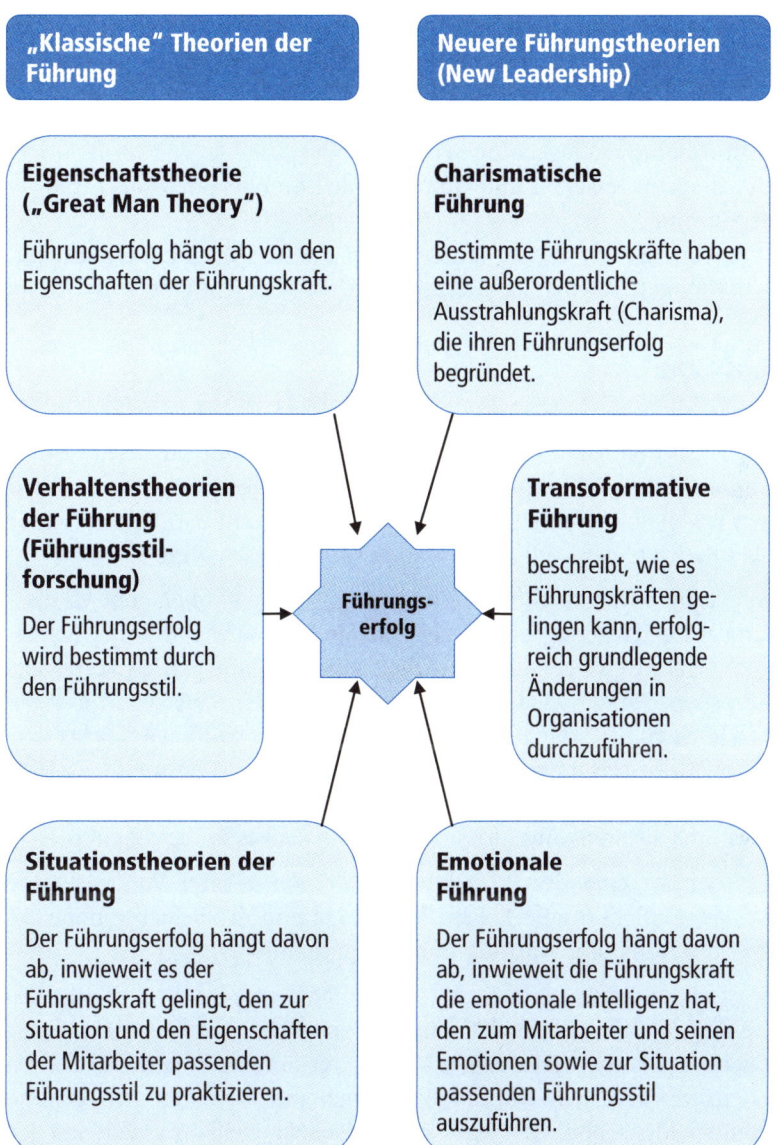

Abb. 2.17 Zusammenfassung des Kapitels

2.9 Aufgaben

2.9.1 Wiederholungs- und Diskussionsfragen

1. Bewerten Sie die Eigenschaftstheorie der Führung.
2. Welche grundlegenden Dimensionen des Führungsverhaltens wurden bei der Führungsstilforschung entdeckt?
3. Was sind Gemeinsamkeiten und Unterschiede von charismatischer und transformationaler Führung?
4. Ist die charismatische Führung ein Beleg für die Gültigkeit der Eigenschaftstheorie?
5. Was ist emotionale Intelligenz und inwieweit ist sie wichtig für den Führungserfolg?

2.9.2 Fallstudie*

Die Firma AUTOPLASTE ist Zulieferer von Kunststoffteilen für Unternehmen aus unterschiedlichen Branchen. Die Produktion erfolgt im Zweischichtbetrieb an einem Fließband mit hoher Arbeitsteilung. Die Schichtarbeit ist genau durchgeplant. Die Mitarbeiter haben jeweils nur wenige Handgriffe zu machen. In den beiden Schichtgruppen sind jeweils in etwa gleich viele Frauen und Männer beschäftigt.

Zur Sicherstellung einer möglichst reibungslosen Schichtarbeit gibt es die Abteilung Wartung und Instandhaltung, in der ausschließlich Männer mit hoher Berufsqualifikation und viel Erfahrung arbeiten. Ihre Arbeit lässt sich nur partiell vorher planen. Ansonsten müssen sie immer wieder auch kurzfristig in der Lage sein, unvorhergesehene Störungen schnell zu beseitigen. Routinearbeiten gibt es bei ihnen nur bei den regelmäßigen Wartungen, ansonsten müssen sie immer wieder neue Lösungen für überraschend aufgetretene Probleme finden. Die Mitarbeiter sind sich ihrer hohen Qualifikation sehr wohl bewusst und sie sind auch stolz, weitgehend selbstständig arbeiten zu können.

Herr Oberleitner ist Leiter der Produktion und unmittelbarer Vorgesetzter von Herrn Gnau, Leiter der Schichtgruppe 1, Frau Liebig, Leiterin der Schichtgruppe 2 und Herrn Strom, Leiter der Abteilung Wartung und Instandhaltung.

Herr Gnau ist ein Vorgesetzter, dem so leicht nichts entgeht. Er legt sehr großen Wert auf saubere Arbeit und prüft auch immer wieder nach, ob ordentlich gearbeitet wird. Energisch, klar und direkt weist er die Mitarbeiter auf das korrekte Einhalten der Verfahrensvorschriften hin. Seine Mitarbeiter sehen ihn als einen sehr genauen, enorm leistungsfähigen Menschen, der über alles Bescheid weiß und sich um jedes Detail kümmert. In den Pausen beklagen sich die Mitarbeiter in dieser Schicht oft über die Monotonie ihrer Arbeit und dass Herr Gnau kein Verständnis für ihre belastende Arbeitssituation hat. Die Arbeitsleistung dieser Schichtgruppe ist sowohl in Bezug auf die Quantität als auch auf die Qualität gut. Die Fluktuation und die Fehlzeiten sind jedoch höher als bei der anderen Schichtgruppe.

---

*   Es handelt sich um einen fiktiven Fall.

Frau Liebig kümmert sich um ihre Mitarbeiter. Den Mitarbeitern, die eine bestimmte Aufgabe nicht gut oder effizient ausführen können, zeigt Frau Liebig, wie man es besser machen kann. Wenn Mitarbeiter wenig Zutrauen in ihren eigenen Fähigkeiten haben, versucht Frau Liebig deren Selbstvertrauen zu stärken. Dabei legt sie aber auch immer Wert darauf, dass die Produktionsziele erreicht werden, was ihr immer sehr gut gelingt. Die Leistungen dieser Schichtgruppe sind in Bezug auf die Qualität und Quantität sogar etwas höher als in der Schichtgruppe 1. Ihre Mitarbeiter arbeiten gerne bei Frau Liebig und schätzen sie sehr. Ein Mitarbeiter formulierte die Einschätzung von Frau Liebig durch ihre Mitarbeiter als eine interessante Mischung von fürsorglichem Elternteil, Leistung betonendem Coach und Experten für Produktionsprozesse.

Herr Strom ist im Unternehmen und bei seinen Mitarbeitern aufgrund seines hervorragenden Fachkönnens und seines breiten Erfahrungsschatzes sehr anerkannt. Er lässt seinen Mitarbeitern einen großen Spielraum bei der Erledigung ihrer Arbeit. Wenn sie Probleme bei der Arbeit haben, dann entwickelt er zusammen mit ihnen Lösungen. Herr Strom hat ein hohes, aber keineswegs überhebliches Vertrauen in seine Fähigkeit, auch schwierige Probleme lösen zu können. Sein aufmunternder Spruch ist: *„Wo es ein Problem gibt, gibt es auch eine Lösung!"* Dieses Vertrauen hat Herr Strom auch gegenüber den Fähigkeiten seiner Mitarbeiter.

Herr Oberleitner ist im Gegensatz zu Herrn Strom der Meinung, dass man Mitarbeitern genau vorgeben soll, was sie zu tun haben, und dass man sie intensiv kontrollieren soll, insbesondere bei Tätigkeiten, bei denen die Mitarbeiter viele Freiheitsgrade haben. Da Herr Strom bald in Rente gehen wird, hat er Herrn Strebig als den Nachfolger von Herrn Strom bestimmt. Herr Strebig ist bereit, die Mitarbeiter gemäß den Vorstellungen des Herrn Oberleitner zu führen, obwohl er weiß, dass die Mitarbeiter weiterhin wie von Herrn Strom gewöhnt geführt werden wollen.

Aufgaben und Fragen:

1. Welche Aspekte des obengenannten Falles lassen sich mithilfe der Eigenschaftstheorie und mithilfe der Rollentheorie der Führung analysieren und erklären?

2. Wie schätzen Sie die Ergebnisse der Führung von Herrn Gnau, Frau Liebig, Herrn Strom und Herrn Strebig ein? Begründen Sie anhand der Weg-Ziel-Theorie, warum es zu diesen Führungsergebnissen kommt.

2.10 Vertiefende Literaturhinweise

Bass, Bernard M./Bass, R. (2008): The Bass Handbook of Leadership. Theory, Research, and Managerial Applications. 4. Aufl. New York usw.

Goleman, Daniel/Boyatzis, Richard/McKee, Annie (2003): Emotionale Führung (Titel der amerikanischen Originalausgabe: Primal Leadership. Realizing the Power of Emotional Intelligence). Ohne Ortsangabe

Neuberger, Oswald (2002): Führen und führen lassen: Ansätze, Ergebnisse und Kritik der Führungsforschung. 6. völlig neu bearb. und erw. Auflage. Stuttgart

Northouse, Peter, G. (2004): Leadership: Theory and Practice. 3. Aufl. Thousend Oaks – London – New Dehli

Urban, Fabian Y. (2007): Emotionen und Führung. Theoretische Grundlagen, empirische Befunde und praktische Konsequenzen. Wiesbaden

Yukl, Gary (2010): Leadership in Organizations. Upper Sadl River usw.

3 Führungskommunikation

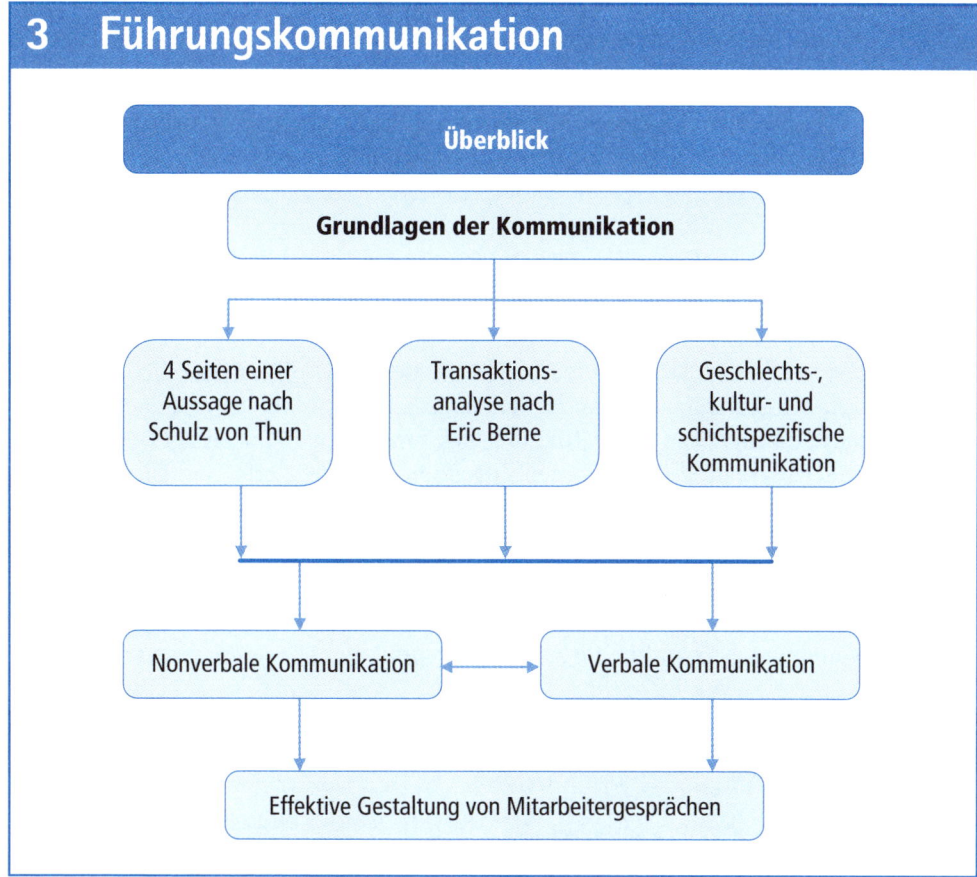

Überblick

Grundlagen der Kommunikation

- 4 Seiten einer Aussage nach Schulz von Thun
- Transaktions-analyse nach Eric Berne
- Geschlechts-, kultur- und schichtspezifische Kommunikation

Nonverbale Kommunikation ↔ Verbale Kommunikation

Effektive Gestaltung von Mitarbeitergesprächen

Abb. 3.1 Übersicht über Kapitel 3 „Führungskommunikation"

3.1 Grundlagen der Kommunikation

Führen und Motivieren erfolgt in hohem Maße durch Kommunikation. Empirische Be-obachtungen haben immer wieder belegt, dass ein hoher Anteil der täglichen Arbeitszeit von Vorgesetzten (im Mittel deutlich über 50%) mit Kommunikation verbracht wird.

Kommunikation soll hier als der Prozess des Austausches von Meinungen, Bedeu-tungen, Ideen und Vorstellungen sowie Gefühlen zwischen mindestens zwei Personen verstanden werden.

Ausgangspunkt der Kommunikation ist eine Idee oder Empfindung, die eine Person A (Sender) einer anderen Person B oder mehreren Personen (Empfänger) mitteilen möchte. Diese Idee muss der Sender in eine Form bringen, die der Empfänger wahrnehmen und richtig interpretieren kann, d. h. sie wieder entschlüsseln oder dekodieren kann.

Dazu werden üblicherweise sprachliche Mittel, die verbale Kommunikation, oder aber nichtsprachliche Mittel (nonverbale Kommunikation), wie die Körpersprache, genutzt. Es ist jedoch wichtig, dass die Botschaft (die Mitteilung) nicht die originale Vorstellung oder Idee ist, sondern nur eine Symbolisierung dieser Idee durch sprachliche oder z.B. körpersprachliche Mittel. Die Idee oder Vorstellung existiert nur im Denken und Fühlen der Person A. A muss nun versuchen, die Worte oder die körpersprachlichen Signale zu finden, die bei B das gleiche Empfinden oder das Entstehen der gleichen Idee wie bei A bewirken.

Sprachliche Mitteilungen, z.B. als ein Kommunikationsmittel, werden mittels Kommunikationskanälen übermittelt. Dies können beim persönlichen Gespräch die Schallwellen sein, es kann sich aber auch z.B. um Schriftstücke handeln. Die Person muss ihre Sprachabsichten klar und laut genug aussprechen oder ihre körpersprachlichen Signale genügend deutlich ausdrücken, dass die Person B diese wahrnehmen, d. h. hören, sehen oder z. B. auch riechen kann. Die Nutzung des Kommunikationskanals Geruch kann unbewusst oder bewusst, z.B. durch den Einsatz von Parfüm, erfolgen. Dieser Prozess kann sowohl durch äußere Umstände, z.B. Lärm, oder durch Mängel der Person A, z.B. beim Sprechen, oder der Person B, z.B. durch Gehörprobleme, gestört werden.

Aber selbst wenn diese Probleme nicht gegeben sind, kommt es zum Gelingen der Kommunikation darauf an, wie die Person B die Worte oder Körpersignale deutet und interpretiert und ob sie daraufhin die Idee oder Empfindung entwickelt, wie von A beabsichtigt.

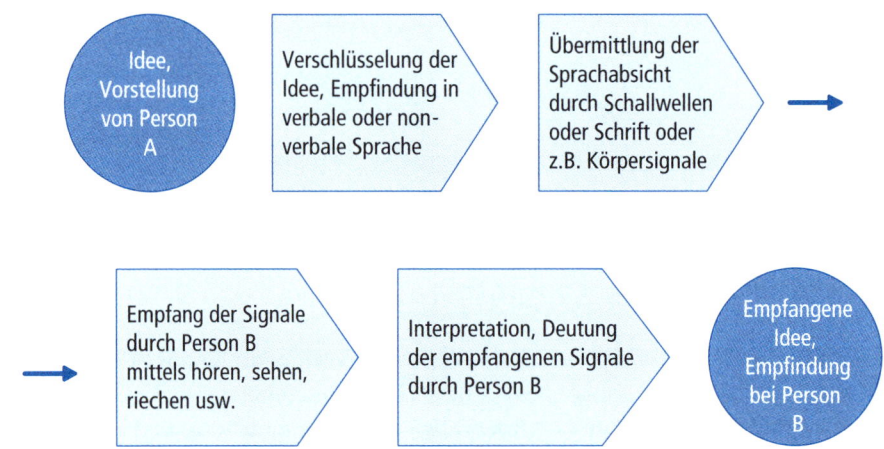

Abb. 3.2 Schematische Darstellung des Kommunikationsprozesses

Wenn der Empfänger auf die Mitteilung reagiert (Feedback oder Rückmeldung oder Antwort), dann findet der gleiche Prozess in umgekehrter Richtung statt.

Eine große Schwierigkeit ist jedoch, dass bei natürlichen Sprachen und bei der nonverbalen Kommunikation, z.B. bestimmten Handbewegungen, keine eindeutige Zuordnung von Zeichen und Bedeutung besteht. Das heißt, ob die Kommunikation, ausgedrückt durch bestimmte Handbewegungen, erfolgreich ist, hängt davon ab, dass sie vom Empfänger wahrgenommen und richtig gedeutet und interpretiert wird. Anders ausgedrückt:

„Über die Wirkung oder den Erfolg von Kommunikation entscheidet der Empfänger der Kommunikation."

Diese Aussage drückt aus, dass es nach der Übertragung der Nachricht zum Empfänger von dessen psychologischer Struktur, Wissen und Willen abhängt, ob die Nachricht nach ihrer Aufnahme durch die Sinne des Empfängers bei ihrer Entschlüsselung dieselbe Idee oder Vorstellung hervorruft, wie sie der Sender beim Empfänger bewirken wollte (Kommunikationsabsicht oder -intention). Jede Person bringt in die aktuelle Kommunikation ihr Wissen und ihre Kommunikationserfahrungen mit ein und kommuniziert mit anderen auf dieser Grundlage.

Um erfolgreich zu kommunizieren, müssen die Kommunikationsteilnehmer erkennen, in welchem thematischen Zusammenhang die Kommunikation stattfindet und die in einer bestimmten Situation von bestimmten Partnern erwarteten Beiträge richtig einschätzen (Fairhurst / Sarr (1996).

Ein anschauliches Beispiel für die Bedeutung des Wissens über den Anderen als Basis für erfolgreiche Kommunikation bietet der Austausch von Telegrammen zwischen dem französischen Autor Victor Hugo und seinen Verleger im 19. Jahrhundert. Nach dem Schreiben eines Romans war Victor Hugo in den Urlaub gefahren. Um zu erfahren, ob der Roman gut vom Publikum aufgenommen wurde, schickte er seinem Verleger ein Telegramm nur mit dem folgendem Inhalt: „?". Der Verleger antwortete mit einem Telegramm mit dem Inhalt „!".

Die vielfältigen Bedingungen der Kommunikation zeigen, dass sie immer aus der jeweiligen biografischen und sozialen Situation, dem Wissen und den Lebenserfahrungen der Kommunikationsteilnehmer heraus zu bewerten ist.

Die Kommunikation kann in vielfältiger Weise gestört werden. Es kann sich dabei um Geräusche handelt, die ein Gespräch stören. Es kann sich aber auch um Verhaltensweisen eines Kommunikationspartners handeln, die die Gesprächsbereitschaft des Anderen verringern oder beenden.

Beispiel: Der eine Gesprächspartner beleidigt den Anderen oder schreit ihn an.

Mit diesen Erläuterungen soll verdeutlicht werden, dass es sich bei Kommunikation um einen vielschichtigen Prozess handelt, bei dem es darum geht,

- aus der Vielzahl von Reizen, die relevanten Reize zu erkennen
- diese Reize als Informationen, als Mitteilungen wahrzunehmen und richtig zu interpretieren
- selbst die Reize auszusenden, die vom anderen so wahrgenommen und interpretiert werden, wie wir es beabsichtigt haben
- um dies überprüfen zu können, ist es wiederum erforderlich, die Reize des anderen richtig wahrzunehmen und zu interpretieren.

Kommunikation wäre dann perfekt, wenn die Vorstellung oder das Gefühl des Senders in absolut gleicher Weise als gedankliches Bild und Empfindung beim Empfänger entstehen würde. Aufgrund der sehr vielfältigen individuellen Vorstellungswelten und Gefühle kann man unterstellen, dass eine perfekte Kommunikation nicht möglich ist. Die Hindernisse für eine „perfekte" Kommunikation sind in der folgenden Aussage zusammengefasst.

> **Gemeint ist nicht gesagt**
> **Gesagt ist nicht gehört**
> **Gehört ist nicht verstanden**
> **Verstanden ist nicht einverstanden**
> (Autor unbekannt)

Abb. 3.3 Missverständnisse bei der Kommunikation

In diesem Kapitel wird über Kommunikation kommuniziert. Dies bezeichnet man als Metakommunikation: die Kommunikation über die Kommunikation.

Das heutige Verständnis von Kommunikation in der Betriebswirtschaft wird im wesentlichen durch die Kommunikationsmodelle von Schulz von Thun und von Berne geprägt.

3.2   Die vier Seiten einer Aussage nach Schulz von Thun

Schulz von Thun unterscheidet vier Ebenen oder Seiten einer Aussage (Schulz von Thun u.a. 2005, S. 33 ff.).

> *Beispiel: Ein Vorgesetzter, Herr Meier, sitzt in einem Besprechungsraum bei weit geöffnetem Fenster mit einem Mitarbeiter zusammen. Der Vorgesetzte sagt: „Hier ist es zu frisch." und sagt dann nichts weiter.*

Bereits bei dieser einfachen Aussage kann man vier wichtige Aspekte einer Aussage feststellen.

Die Tatsachenseite oder der Sachinhalt der Aussage

Auf den ersten Blick nur eine sachliche Information, die eventuell mit den Tatsachen übereinstimmen kann oder auch nicht (Tatsachenaussage oder genauer eine Tatsachenbehauptung bzw. ein Inhaltsaspekt).

Selbstkundgabe

Bereits die Wortwahl drückt einen weiteren wichtigen Aspekt aus.

> *Beispiel: Die Raumtemperatur könnte vom Vorgesetzten als angenehm oder unangenehm empfunden werden. Mit der Wahl des Wortes „zu frisch" drückt er aus, dass er die Temperatur als unangenehm empfindet. Der Ausdruck des Unbehagens könnte auch durch nonverbale Kommunikation erfolgen, indem der Vorgesetzte z.B. seine Arme „wärmend" um seinen Körper legt.*

Die Aussage gibt somit auch Auskunft darüber, wie er sich fühlt (Selbstoffenbarung, Ausdruck der jeweiligen Befindlichkeit).

Appell

Mit der Aussage „*zu frisch*" ist noch ein weiterer Aspekt verbunden.

> *Beispiel: Es könnte sich um die Aufforderung an den Mitarbeiter handeln, das Fenster zu schließen (Lenkung oder Appell, Aufforderung). Es könnte sich aber auch um eine Aufforderung handeln, das Handeln des Vorgesetzten zu verstehen, der, nachdem er dies gesagt hat, aufsteht und das Fenster schließt. Auch dabei erfolgt eine Lenkung.*

Der Beziehungsaspekt

> *Es könnte auch sein, dass der Vorgesetzte mit seiner Aussage „Hier ist es zu frisch!" gegenüber dem Mitarbeiter nur klarstellen will, „wer Herr im Haus ist", wer darüber entscheidet, wie kalt oder warm es in dem Raum ist.*

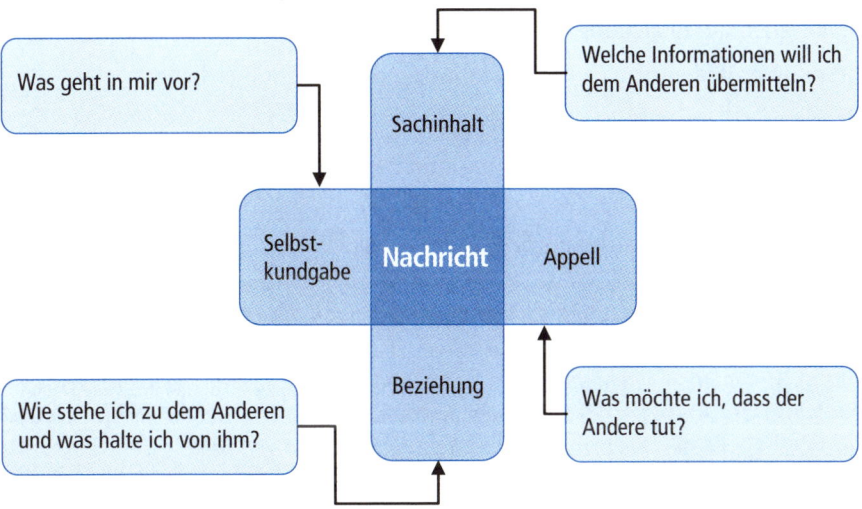

Abb. 3.4 Vier Seiten einer Nachricht

In einer Aussage lassen sich im Regelfall all diese Aspekte wiederfinden, die jedoch nicht in jeder Aussage gleichgewichtig sind.

Das Wort TALK als Gedächtnisstütze für die 4-Seiten einer Nachricht

T atsachenaussage oder auch die Sachinformation
A usdruck oder Selbstoffenbarungsaspekt
L enkung oder Appellaspekt
K ontakt oder Beziehungsaspekt

Abb. 3.5 TALK-Modell
(vgl. zum TALK-Modell Neuberger 1991)

Für den Ablauf der Kommunikation ist es jedoch wichtiger, wie der Andere die Nachricht empfängt, mit welchem „Ohr" er die Nachricht wahrnimmt. Der Empfänger kann für sich selbst entscheiden, mit welchem Ohr er die Nachricht empfangen will.

Sachohr:
Wie ist das zu verstehen?

Appellohr:
Was wird von mir erwartet?

Selbstkundgabe-Ohr:
Was ist das für einer, was
geht in ihm vor?

Beziehungsebene:
Wie behandelt, sieht der
mich?

Abb. 3.6 Das 4-Ohren-Modell

Je nachdem, wie der Empfänger die Nachricht aufnimmt, wird sein weiteres Verhalten und damit auch die Beziehung zwischen Sender und Empfänger beeinflusst.

Von besonderer Bedeutung ist bei der Führung die Beziehungsebene:

„Beziehungsebene geht vor Sachebene".

Kommunikation ist vor allem Gestaltung und Beeinflussung der wechselseitigen Beziehungen.

Beispiel: Wenn ein Beifahrer zum Fahrer sagt, dass die Ampel grün ist, dann handelt es sich um eine Aussage über einen Sachzustand. Sie drückt aber auch etwas über die Beziehungen zwischen den beiden Gesprächspartnern aus. Sie kann ausdrücken, dass der Beifahrer die Fahrkunst oder Aufmerksamkeit des Fahrers nicht hoch einschätzt. Sie kann aber auch als Hilfe gedacht sein, weil der Fahrer die Ampel aufgrund eines anderen Autos nicht sehen kann. In diesem Fall stellt sie keine Abwertung der Fahrkunst des Fahrers dar.

Aus diesem Beispiel wird auch deutlich, dass die Beziehungsebene den Vorrang hat, dass der Beziehungsebene eine größere Bedeutung als der Inhaltsebene zukommt.

Beispiel: Wenn der Fahrer in der Aussage des Beifahrers keine Abwertung seiner Person oder seines Fahrkönnens wahrnimmt, dann wird er die Aussage als eine Hilfe ohne Probleme annehmen können, während es im anderen Fall sehr leicht zu einem Konflikt kommen kann, wenn der Fahrer sich durch diese Aussage in seinem Selbstwertgefühl beeinträchtigt fühlt.

Die Beziehungsebene, die Gefühle, Stimmungen und Empfindungen zum Gesprächspartner bestimmen die Qualität der inhaltlich-sachlichen Kommunikation: Dabei ist auffällig, dass Beziehungen verhältnismäßig selten bewusst definiert werden. Während die Sachebene häufig sehr klar ist, bleibt die Beziehungsebene oft versteckt. Ein gutes Bild, um dies zu verdeutlichen, ist ein Eisberg.

Abb. 3.7 Sach- und Beziehungsebene: Das Eisbergmodell

Sichtbar ist ein Siebtel des Eisbergs, das über dem Wasser schwimmt. Nicht sichtbar – aber gerade deswegen oft viel gefährlicher – sind die anderen sechs Siebtel unter Wasser. Das Gleiche gilt für die Kommunikation. Besonders schwierig ist dabei auch, dass die Beziehungsbotschaften häufig in Sachbotschaften codiert sind *(„Wie kommen Sie denn auf die Idee?")* und häufig nur aufgrund der Betonung feststellbar ist, ob es sich um ein Lob oder um eine Kritik handelt.

3.3   Die Transaktionsanalyse nach Eric Berne

Die Transaktionsanalyse nach Berne ist eine auf der Basis der Psychoanalyse von Freud entwickelte Verbindung von Kommunikations- und Persönlichkeitstheorie, mit deren Hilfe die Ursache von Problemen in der Kommunikation, in der Zusammenarbeit und im Zusammenleben mit Anderen untersucht, Ursachen für diese Probleme entdeckt und Lösungsansätze entwickelt werden sollen.

Im Mittelpunkt der Transaktionsanalyse stehen die Strukturanalyse und die Analyse der Transaktionen.

3.3.1 Die Strukturanalyse: Persönlichkeits- oder Bewusstseinszustände

Nach Berne (Berne 1984, S. 25 ff.) gibt es grundlegende Persönlichkeitsbereiche oder -zustände, die unser Denken, Fühlen oder Handeln beeinflussen. Diese Persönlichkeitszustände bezeichnet er als „Ich-Zustände":

Eltern-Ich

Das Eltern-Ich besteht aus den Wertvorstellungen, Normen, Gesetzen oder Verhaltensregeln und Prinzipien, die wir uns als Richtschnur für unser Denken und Handeln im Rahmen der Erziehung und während unserer persönlichen Entwicklung angeeignet haben. Das Eltern-Ich kann sich ausprägen als kritisches Eltern-Ich oder als stützendes, fürsorgliches Eltern-Ich.

- Das kritische, steuernde oder kontrollierende Eltern-Ich wertet, stellt moralische Anforderungen, weist zurecht, kontrolliert und sorgt für Ordnung. Sprachliche Merkmale für kritisches Eltern-Ich sind Verben wie „müssen", „sollen", „immer", „nie" und „nein". Typische körpersprachliche Signale dafür, dass sich jemand im kritischen Eltern-Ich-Zustand befindet, sind zusammengezogene Augenbrauen, Stirnrunzeln oder Kopfschütteln.

- Das fürsorgliche Eltern-Ich zeigt sich darin, dass jemand zuhört, Verständnis zeigt, tröstet, aufbaut, pflegt und unterstützt. Die Stimme ist warm und eher ruhig.

Erwachsenen-Ich

Das Erwachsenen-Ich ist sachlich, neutral und nicht emotional. Es beobachtet objektiv, sammelt Informationen, z. B. durch den Einsatz offener Fragen, und zieht logische Schlüsse. Die Stimme ist sachlich und klar. Mimik und Gesten sind ruhig und ausgeglichen.

Kindheits-Ich

Das Kindheits-Ich enthält Gefühle und Wünsche. Dieser Ich-Zustand kann sich zeigen entweder als natürliches – spontanes, als angepasstes oder als rebellisches Kindheits-Ich.

- Das natürliche Kindheits-Ich freut und ärgert sich, ist spontan, unberechenbar, weint und lacht und kümmert sich nicht um andere. Typische Worte sind „irrsinnig", „wahnsinnig", „riesig".

- Das angepasste Kindheits-Ich gehorcht, möchte nicht auffallen, ist sehr höflich, richtet sich nach den Anderen, fühlt sich oft schuldig.

- Das rebellische Kindheits-Ich ist trotzig, rebelliert gegen Vorschriften und Ermahnungen und will seinen Willen durchsetzten.

Diese Ich-Zustände sind trotz ihrer Bezeichnung nicht an bestimmte Altersgruppen gekoppelt. Unabhängig von unserem Alter oder Familienstand befinden wir uns immer in einem dieser drei „Ich-Zustände".

Alle drei Ich-Zustände gehören zu einem „normalen" Leben. Jeder Mensch hat eine Tendenz, sich vorwiegend in einem oder zweien der drei bzw. genauer der sechs Zustände zu befinden. Problematisch kann es jedoch sein, wenn das Gleichgewicht zwischen diesen Persönlichkeitszuständen sehr unausgewogen ist.

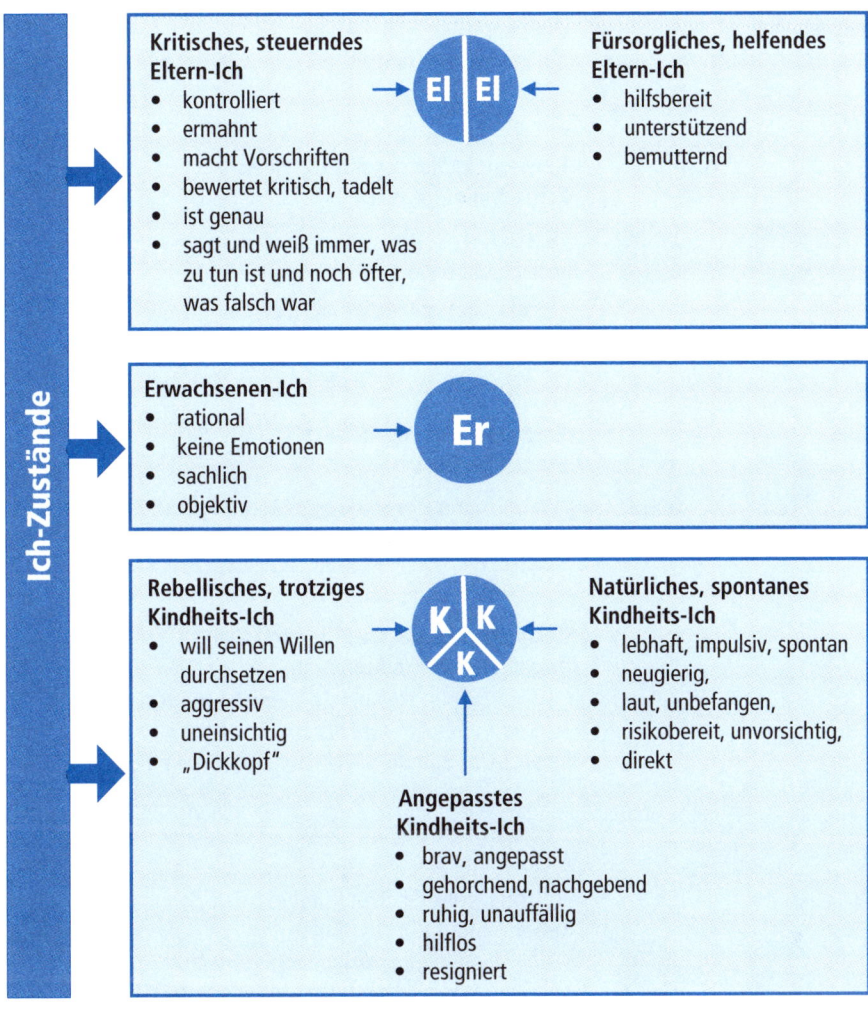

Abb. 3.8 Bewusstseinsebenen (Ich-Zustände) im Rahmen der Transaktionsanalyse

3.3.2 Analyse von Transaktionen

Wenn zwei Menschen sich durch Worte oder Körpersignale ansprechen, dann handelt es sich nach der Transaktionsanalyse um eine Transaktion (Berne 1984, S. 31 ff.). Jeder der Beteiligten führt diese Transaktion aus einem bestimmten Ich-Zustand heraus und er richtet seine Transaktion an einen Ich-Zustand der anderen Person.

Komplementäre (oder parallele) Transaktion

Bei komplementären Transaktionen akzeptieren beide Gesprächspartner die Bewusstseinszustände, in denen sie der Andere anspricht. Es gibt deswegen keine Konflikte zwischen diesen beiden Personen.

Komplementäre Transaktionen finden statt, wenn sich die beiden Gesprächspartner in gleichen Ich-Zuständen oder auch in unterschiedlichen Ich-Zuständen befinden.

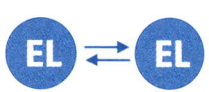

Beispiel: kritisches Eltern-Ich zu kritischem Eltern-Ich

„Herr Meier könnte sich mehr bei seiner Arbeit anstrengen.

„Ja, man hat den Eindruck, die Arbeit ist ihm nicht sehr wichtig."

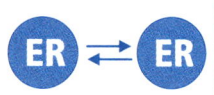

Beispiel: Erwachsenen-Ich zu Erwachsenen-Ich

„Wann findet unser nächstes Meeting statt?"
„Nächsten Mittwoch um 14.00 Uhr."

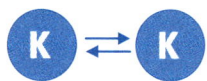

Beispiel: angepasstes Kindheits-Ich angepasstem Kindheits-Ich

„Wenn man in so einer Zeit einen Arbeitsplatz hat, dann macht es nichts aus, wenn man nach Feierabend mal die Werkstatt aufräumen muss."

„Ja, wir sollten froh sein, dass wir Arbeit haben und uns nicht wie der Meier, wegen jeder Kleinigkeit beschweren."

Beispiel: rebellisches Kindheits-Ich zu rebellischem Kindheits-Ich

„Ich seh nicht ein, dass immer wir nach Feierabend die Werkstatt aufräumen sollen!"
„Ja, da hast Du recht. Wir müssen mal dem Chef sagen, dass wir dies nicht mehr nach dem Feierabend machen!"

Beispiel: natürliches Kindheits-Ich natürlichem Kindheits-Ich

„Komm, lass uns einen trinken, ich habe jetzt keine Lust die Werkstatt aufzuräumen. Das merkt vor morgen früh eh niemand."
„Gute Idee, lass uns einen drauf machen."

Abb. 3.9 Formen komplementärer Transaktionen aus gleichen Ich-Zuständen

Komplementäre Transaktionen können auch stattfinden, wenn sich die Gesprächspartner in unterschiedlichen Gesprächszuständen befinden, so lange der Angesprochene aus dem Zustand reagiert, in dem er vom anderen angesprochen wird. Auch hierbei ist beim Eltern-Ich und beim Kindheits-Ich auf die spezifische Ausprägung zu achten.

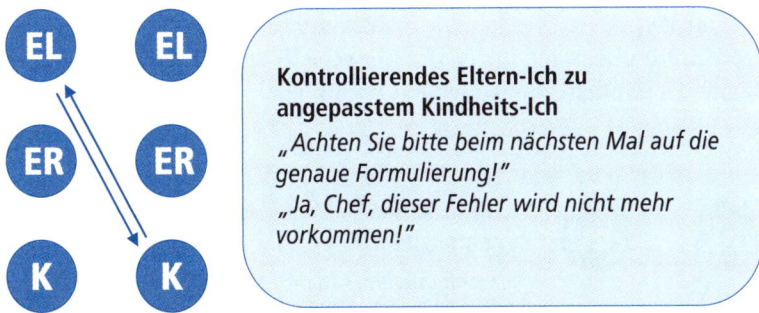

Abb. 3.10 Beispiel für komplementäre Transaktionen aus unterschiedlichen Ich-Zuständen

Nichtkomplementäre ("gekreuzte") Transaktionen

Nichtkomplementäre Transaktionen entstehen, wenn der Gesprächspartner aus einem anderen als dem angesprochenen Ich-Zustand reagiert.

Dies bedeutet, dass der reagierende Gesprächspartner nicht akzeptiert, aus welchem Ich-Zustand der Andere ihn in einem bestimmten Ich-Zustand anspricht. Dies kann zu Kommunikationsstörungen und zu Konflikten führen. Viele Konflikte des Führungsalltags, insbesondere grundlegende Spannungen zwischen Personen, lassen sich auf nichtkomplementäre Transaktionen zurückführen.

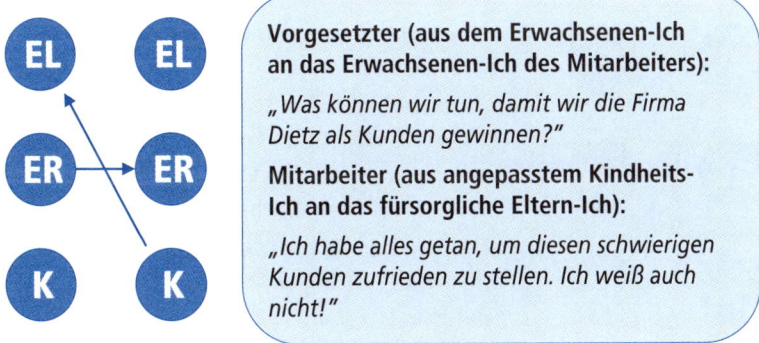

Abb. 3.11 Beispiel für nichtkomplementäre Transaktionen

Ein Konflikt kann sich anbahnen, wenn z. B. der Vorgesetzte diesen ihm nun von dem Mitarbeiter zugewiesenen Zustand des stützenden Eltern-Ichs nicht akzeptiert und von dem Mitarbeiter eine Analyse des Problems auf sachlicher Basis fordert.

Da es bei der optischen Darstellung zu einer Kreuzung der Transaktionen kommt, wie oben symbolisiert durch die beiden Pfeile, bezeichnet man dies häufig als ge- oder überkreuzte Transaktionen. Dies kann jedoch irreführend sein. Bei einer Transaktion aus dem rebellischen Kindheits-Ich gegen das kritische Eltern-Ich führt dies visuell nicht zu einer Kreuzung. Es handelt sich jedoch häufig um eine inkomplementäre Transaktion.

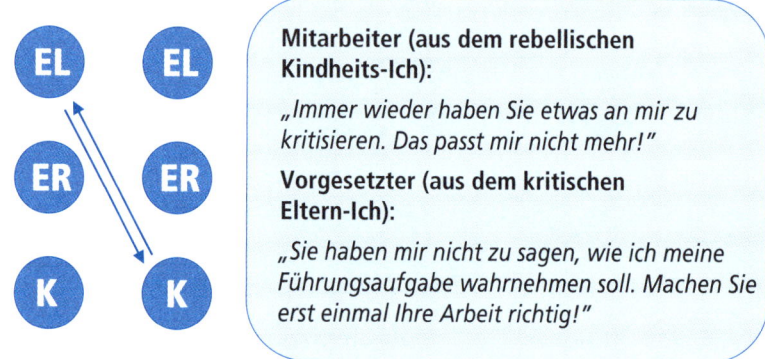

Abb. 3.12 Beispiel für nichtkomplementäre Transaktionen ohne visuelle Überkreuzung

Eine Chance, das Konfliktpotenzial von nichtkomplementären Transaktionen zu mindern, besteht darin, aus dem Erwachsenen-Ich das Erwachsenen-Ich des Gesprächspartners anzusprechen (produktiv nichtkomplementäre oder gekreuzte Transaktion).

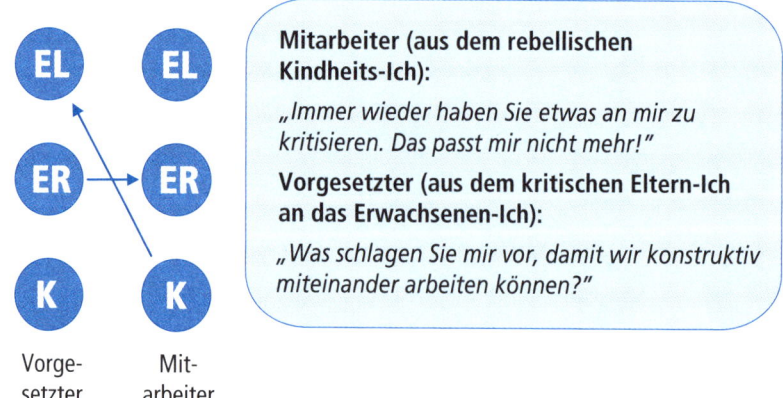

Abb. 3.13 Beispiel für eine produktiv nichtkomplementäre oder gekreuzte Transaktion

Verdeckte oder Duplex-Transaktionen

Bei verdeckter Transaktion unterscheidet sich das, was gesagt wird von dem, was tatsächlich gemeint ist.

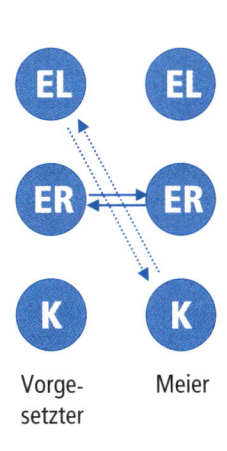

Vorgesetzter (dem Wortlaut nach aus dem Erwachsenen-Ich an das Erwachsenen-Ich seines Mitarbeiters):

„Werden Sie bis morgen den Bericht fertig gestellt haben?"

Verdeckte Ebene (aus dem kritischen Eltern-Ich):

„Der Meier ist nicht zuverlässig, den muss man immer wieder daran erinnern, dass er seine Aufgaben rechtzeitig macht."

Meier (dem Wortlaut nach aus dem Erwachsenen-Ich):

„Ich werde meinen Termin einhalten."

Es kann sein, dass Meier dies auch so meint. Es kann aber auch sein, dass Meier die verdeckte Transaktion erkennt und sich gegen diese aus seiner Sicht Bevormundung wehrt und auch verdeckt agiert: Meier (dem Wortlaut nach aus dem Erwachsenen-Ich):

„Selbstverständlich werde ich morgen den Bericht fertig haben."

Abb. 3.14 Beispiel für verdeckte Transaktionen

Verdeckte Transaktionen werden häufig auch als

- ironische Aussagen,
- versteckte Drohungen
- Unterstellungen oder
- Beleidigungen genutzt.

Sie sind auch Beispiele dafür, dass sich die Sachebene, das was dem Wortlaut nach gesagt, und das, was tatsächlich gemeint ist, sehr unterscheiden können. Verdeckte Transaktionen führen deshalb schnell zu Irritationen und Verstimmungen. Sie können ferner dazu führen, dass nicht mehr eine offene, vertrauensvolle Kommunikation geführt werden kann, da jeder der Gesprächspartner in den Aussagen des anderen nach versteckten Unterstellungen und Gemeinheiten sucht. Aufgrund des hierarchischen

Verdeckte Transaktionen produktiv durchbrechen

- Zu einer direkten Botschaft auffordern. Beispiel: *„Was möchten Sie mir damit wirklich sagen?"*

- Darauf hinweisen, dass es sich dabei um eine verdeckte Transaktion handelt und anschließend eine Rückmeldung geben, wie man sich bei solch einer Kommunikation fühlt.

- Die verdeckte Ebene einfach ignorieren, den anderen beim Wort nehmen. Damit vermeidet man, dass man sich an die verdeckte Kommunikation des Anderen anpasst und ihn damit in seinem Kommunikationsstil bestätigt. Diese Reaktion kann oft den Anderen, der verdeckt kommuniziert hat, sehr irritieren.

- Falls der Andere weiterhin im Gespräch mit verdeckten Transaktionen arbeitet, kann es erforderlich sein, nach dem Hinweis auf die verdeckten Transaktionen, das Gespräch abzubrechen. Es handelt sich dabei um eine Form der Metakommunikation: Die Kommunikation über die Kommunikation.

Abb. 3.15 Tipps zum produktiven Umgang mit verdeckten Transaktionen

Verhältnisses zwischen Mitarbeiter und Führungskraft kann dies häufig zu besonderen Problemen führen, da Mitarbeiter in der Regel nicht genau so kommunizieren „dürfen" wie die Führungskraft. Deshalb sollten Führungskräfte sehr sorgfältig sein, wenn sie verdeckte Transaktionen ausführen.

3.4   Geschlechts-, kultur- und schichtspezifische Kommunikation sowie elektronische Kommunikation

Das Kommunikationsverhalten ist individuell bestimmt. Es gibt jedoch Unterschiede im Kommunikationsverhalten aufgrund des Geschlechtes oder der Zugehörigkeit zu einer bestimmten National- und Sprachkultur oder zu einer bestimmten sozialen Schicht sowie aufgrund weiterer Merkmale, wie z.B. des Alters (z.B. die so genannte „Jugendsprache"). Für das Verständnis des Kommunikationsverhaltens bei der Führung von Mitgliedern dieser Gruppen sind diese Besonderheiten zu beachten.

Geschlechtsspezifische Kommunikation

Insbesondere Deborah Tannen hat sich intensiv mit dem unterschiedlichen Kommunikationsverhalten von Frauen und Männern beschäftigt. Nach ihren Untersuchungen (Tannen 1991) kann man unter anderem folgende unterschiedliche Tendenzen feststellen:

- Frauen überprüfen in Gesprächen eher als Männer, ob die Beziehung intakt ist. Sie wollen Nähe und gutes Verständnis

- Männer legen Wert auf Unabhängigkeit und Status. Sie überprüfen deshalb bei Gesprächen häufiger als Frauen, ob der Status zwischen den Gesprächspartnern ihren Vorstellungen entspricht

- Im Regelfall stellen Männer seltener als Frauen Fragen, denn ihrer Ansicht nach beweist das Stellen von Fragen Unwissenheit und mangelnde Kompetenz. Frauen hingegen sehen Fragen als Ausdruck von Interesse, Anteilnahme und Neugier in Bezug auf die andere Person

- Frauen verhandeln anders als Männer. Ausgehend vom Streben nach Unabhängigkeit neigen Männer dazu, ihre persönlichen Präferenzen zu formulieren, für sich bestimmte Ressourcen zu fordern und dem anderen bestimmte Ressourcen im Gegenzug zuzugestehen: „Ich will A und Sie bekommen B". Aufgrund ihrer Betonung von Gemeinsamkeit und Nähe tendieren Frauen dazu, zunächst gemeinsam das Verhandlungsthema zu besprechen, herauszufinden, was der Andere möchte, um dann eine einvernehmliche Lösung zu finden.

Kulturspezifische Unterschiede nach Hall

Das Kommunikationsverhalten wird auch durch die Zugehörigkeit zu einem bestimmten Kulturkreis oder Sprachgemeinschaft geprägt.

Hall hat auf einen wichtigen Unterschied hingewiesen (Hall 1981): Inwieweit wird bei einer Kommunikation alles explizit genannt („low context cultures") oder müssen bestimmte Informationen über den Kontext erschlossen werden („high context cultures").

Beispiel: In Japan – als einem Land mit einer high context culture – gilt es als unfein, ein klares Nein auszusprechen. Deshalb wird oft Ja gesagt. Der Gesprächspartner muss aus der Art und Weise des Ja-Sagens erschließen, ob es sich um ein Ja, ein Nein oder ein Vielleicht handelt. Manchmal ist das Nicht-Gesagte sogar wichtiger als das Gesagte.

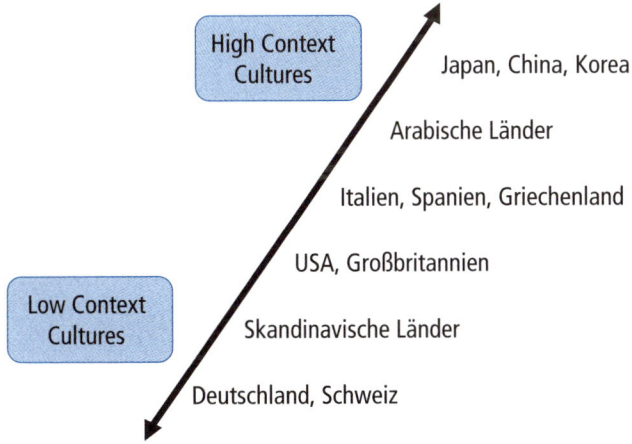

Abb. 3.16 High und Low Context Cultures

Schichtspezifische Unterschiede

Zwischen den verschiedenen Schichten einer Gesellschaft lassen sich unterschiedliche Kommunikationsweisen feststellen. So kommunizieren Mitglieder der Mittelschicht, z. B. Selbstständige, Angestellte mit abgeschlossener Hochschulausbildung, mit einem größeren Wortschatz, benutzen öfter Fremdworte, drücken sich „gewählter" aus als Mitglieder der sogenannten Unterschicht, z. B. Personen ohne Schulabschluss oder ohne Berufsausbildung.

Elektronische Führungskommunikation

Der Einsatz von Medien der elektronischen Kommunikation, wie Email oder SMS, ist auch bei der Führung sehr verbreitet und bei der Führung von so genannten virtuellen Arbeitsgruppen (Kapitel 6) das vorherrschende Medium der Kommunikation.

3.5   Nonverbale Kommunikation

Im Gegensatz zur verbalen Kommunikation bezieht sich die nonverbale Kommunikation auf das Übertragen von Nachrichten ohne den Gebrauch von Worten.

Sie umfasst nicht nur symbolisches nichtverbales Verhalten, sondern auch die Gegenstände, Ereignisse und die räumlichen sowie zeitlichen Variablen, die von kommunikativer Bedeutung sind. Die Erforschung der nonverbalen Kommunikation wurde vor allem von Ekman durchgeführt (Ekman / Friesen 1975).

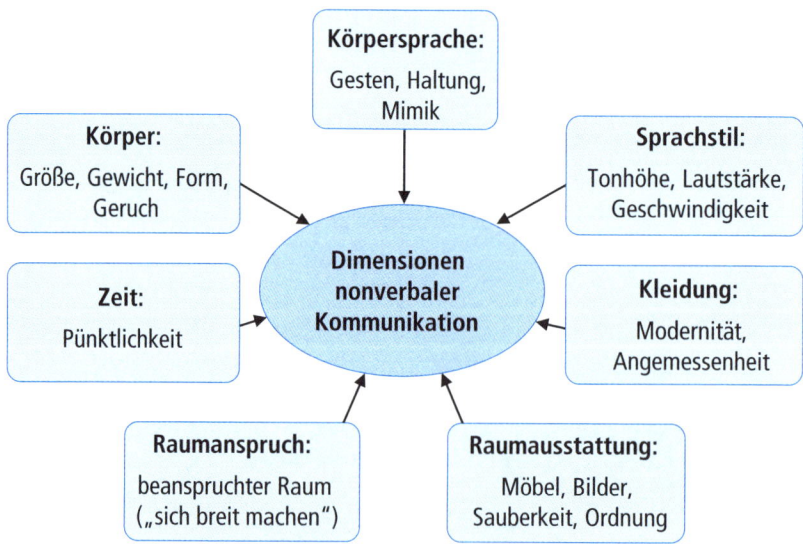

Abb. 3.17 Dimensionen nonverbaler Kommunikation

Ein besonderes Gewicht in der nicht-sprachlichen Kommunikation kommt der Körpersprache zu, der eigentlichen Primärsprache des Menschen, da Botschaften nicht nur über das gesprochene Wort, sondern auch über Blicke, Mimik und Gestik gesendet und rückgemeldet werden.

Aber auch wie das gesprochene Wort aufgenommen wird, hängt von der Betonung, der Lautstärke und der Klangfarbe ab. Kunstpausen, unvollständige Sätze, Murmeln, besondere Betonung weisen häufig auf „Unausgesprochenes" oder „Unaussprechliches" hin. Ein vorwurfsvoller, schmollender oder weinerlicher Ton signalisiert Hilflosigkeit, Überforderung oder den Wunsch nach Zuwendung.

Nonverbale Verhaltensweisen können durchaus Sprache ersetzend sein.

- Sie stehen für verbale Mitteilungen, wie z.B. das Nicken, das ein Ja ersetzt.
- Sie können aber auch dazu dienen, die verbale Botschaft zu unterstützen, wie z.B. das Schlagen mit der Faust auf den Tisch, um die Bedeutung einer bestimmten Aussage zu verdeutlichen.
- Oder sie drücken die Beziehung zum Gesprächspartner aus, z.B. in der Art der körperlichen Zu- oder Abwendung zum Gesprächspartner.

Verbale und nonverbale Kommunikation können in folgender Weise miteinander verbunden sein:

- **Wiederholend:** Auf etwas zeigen, von dem man gerade spricht.
- **Ersetzend:** *Beispiel: Wenn ein Manager von einer Besprechung mit dem Vorgesetzten mit einer Miene zurückkommt, die jedem klarmacht, dass die Sitzung schrecklich war, ohne dass er ein Wort sagen muss.*
- **Ergänzend:** Durch Tonhöhe und Lautstärke die Bedeutung der verbalen Botschaft unterstreichen.
- **Widersprechend:** *Z.B. vor einer Prüfung zu sagen, man sei nicht nervös, obwohl man ängstlich atmet und unruhig „herumzappelt" (Inkongruenz von verbaler und nonverbaler Kommunikation).*

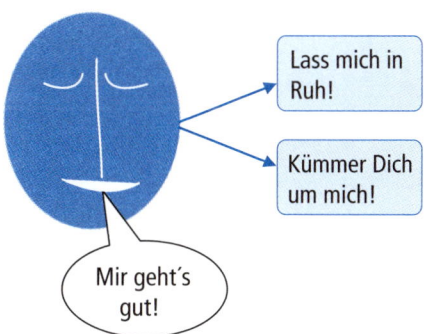

Abb. 3.18 Widerspruch (Inkongruenz) zwischen verbaler und nonverbaler Kommunikation

Beim Kommunikationsprozess bedeutet dies, dass Sender und Empfänger einer Botschaft demnach stets beide Sprachen, die verbale und nonverbale, sprechen bzw. aufnehmen müssen.

3.6   Verbale Kommunikation

Bei der verbalen Kommunikation handelt es sich um den Austausch von Mitteilungen oder Bedeutungen mittels Worte in geschriebener oder gesprochener Form.

- **Gesprächshaltungen** beschreiben die grundsätzliche Einstellung zum Gespräch und zum Gesprächspartner. Sie sind Ausprägungen der Beziehung zum Gesprächspartner und des Zweck, den man mit dem Gespräch verfolgt

Verständigungsfördernde Gesprächshaltungen, wie z.B. Offenheit, Ehrlichkeit, Wertschätzung für den Anderen, und Gesprächstechniken unterstützen die Gesprächsbereitschaft des Gesprächspartners, da man sich dabei auf den Gesprächspartner konzentriert und ihm hilft, seine Gedanken und Gefühle zu klären und zu entwickeln.

- **Gesprächstechniken** sind einzelne spezielle sprachliche Mittel, wie z.B. die Fragetechnik.

Verständigungsfördernde Gesprächstechniken

Abb. 3.19 Beispiele für verständigungsfördernde Gesprächstechniken

Zuhören

Aufmerksames Zuhören drückt sich in einer Konzentration auf den Sprecher aus, z.B. durch angemessenen Blickkontakt (aber nicht „anstarren"), und das Vermeiden von Signalen, die als Desinteresse gewertet werden können, wie aus dem Fenster oder auf die Armbanduhr schauen.

Beim **aktiven Zuhören** zeigt man sein Interesse an den Ausführungen des Sprechers und bestärkt ihn, seine Vorstellungen zu erläutern. Dies geschieht durch das Zeigen von Aufmerksamkeit und Interesse (Blickkontakt, Nicken, Ausreden lassen) und durch aktivierende Techniken, wie zum Weitersprechen ermunternde Fragen („Können Sie mehr darüber sagen?").

Weitere Techniken des aktiven Zuhörens sind das Zusammenfassen der Aussagen des Sprechers mit eigenen Worten („Paraphrasieren") oder das Nachfragen, wenn man etwas nicht verstanden hat oder eine Aussage überprüfen will.

Rückmeldungen (Feedback)

Rückmeldungen sind Mitteilungen an eine Person, wie sie und die Situation wahrgenommen, verstanden und erlebt werden. Die Person erfährt etwas über die Gefühle des Anderen.

Die Fähigkeit, Rückmeldungen geben und annehmen zu können, ist Ausdruck kommunikativer Kompetenz. Beim Aussprechen von Rückmeldungen sollte man dem Anderen mitteilen, wie man ihn erlebt, Sachverhalte beschreiben und Bewertungen vermeiden oder zumindest sehr vorsichtig bei Bewertungen sein.

Da es vielfach für die andere Person bequemer ist, keine Rückmeldung zu geben, sollte man es als Empfänger von Rückmeldungen positiv einschätzen, wenn jemand ein Feedback gibt. Die naheliegende Reaktion, sich zu rechtfertigen, sollte man nicht machen, sondern auswählen, was man für sich aus der Rückmeldung annehmen und wie man sein Verhalten entsprechend ändern will. Zum besseren Verständnis kann es angebracht sein nachzufragen.

Ich- und keine Du-Botschaften senden:

Rückmeldungen in der Form von „Du-Botschaften" sind z. B. „Sie reden viel zu hoch für mich" oder „Du bist bzw. Sie sind unzuverlässig".

Es ist für den Charakter der Du-Botschaft nicht wichtig, ob sie in der Du- oder in der Sie-Form ausgesprochen wird. Diese Rückmeldungen sind vielfach verletzend und behindern die Kommunikation. Du-Botschaften provozieren Widerlegungs- oder Rechtfertigungsversuche oder führen dazu, dass der Änderungswille erlahmt. Kommunikationsfördernder sind „Ich-Botschaften".

Sie beschreiben, wie der Sprecher die Situation wahrnimmt und welche Gefühle sie bei ihm hervorruft.

Als subjektive Äußerungen sind sie weniger bedrohlich. Sie verurteilen nicht den Anderen, sondern teilen bloß mit, wie der Sprecher die Situation subjektiv erlebt: Ausgehend von der Beschreibung der wahrgenommenen Situation teilt der Sprecher mit, welche Gefühle diese Situation bei ihm hervorruft.

Beispiel: „In den vergangenen 10 Minuten habe ich mehrfach versucht, Ihnen meine Ansicht darzustellen. Sie haben mich nicht ausreden lassen. Dies ärgert mich sehr."

Selbstverantwortlich sprechen

Selbstverantwortlich sprechen ist die Grundlage für alle Gesprächsfertigkeiten: andere hören besser zu und können Botschaften leichter akzeptieren. Personen, die selbstverantwortlich sprechen, verwenden die „Ich-Form" anstelle der „Man-Form".

> *Beispiel: „Ich schlage vor..."Statt: „Man sollte..."*

Damit wird vermieden, für andere zu sprechen bzw. sich hinter der Allgemeinheit zu verstecken.

Fragen

Fragen sind ein wichtiges Instrument, um Informationen zu erhalten und den anderen zu lenken oder auch um Zeit für eine Antwort zu gewinnen.

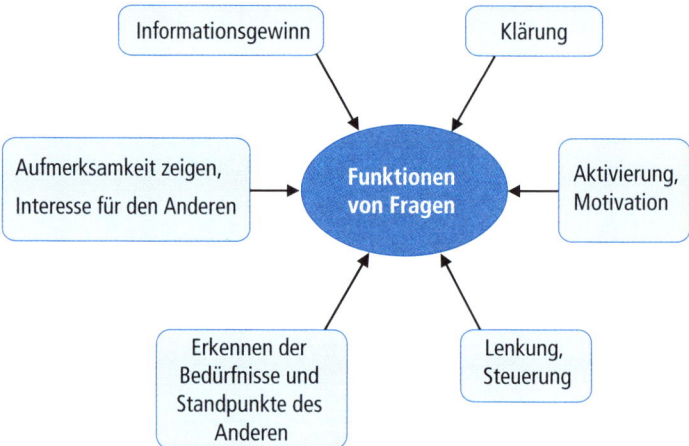

Abb. 3.20 Funktionen von Fragen

- Offene Fragen lassen einen weiten Raum für die Antwort zu. Da sie auf dem Einsatz der Fragewörter beruhen, die mit W beginnen (wer, wie, warum, wann), werden sie auch als W-Fragen bezeichnet. Offene Fragen sind vor allem sinnvoll, wenn man viele Informationen erhalten und dem Gesprächspartner die Richtung der Antwort nicht vorgeben will.

- Geschlossene Fragen lassen dem Antwortenden wenig Spielraum für die Antwort.

- Bei Alternativfragen *(Beispiel: „Wollen Sie Ihren Urlaub an der See oder in den Bergen machen?")* bleiben dem Antwortenden, wenn er den Stil der Frage akzeptiert, nur zwei Antwortmöglichkeiten.

- Bei Suggestivfragen *(„Sie möchten doch beim Abschluss einer Kfz-Versicherung eine niedrige Prämie zahlen?")* wird die gewünschte Antwort bereits in die Frage hineingelegt, die Antwort des Gesprächspartners wird in eine bestimmte Richtung gelenkt.

- **Kontrollfragen** *(„Wir sind uns also einig, dass Sie bei Ihrer Auswertung auch einen Soll-Ist-Vergleich vornehmen")* dienen der Überprüfung, ob der Andere die Ausführungen auch wirklich verstanden hat.

- **Provokative Fragen** *(„Wollen oder können Sie die Aufgabe nicht durchführen?")* sollen den Gesprächspartner zu bestimmten Verhaltensweisen reizen. Sie sprechen bestimmte Gefühle des Gesprächspartners an und können dadurch sehr häufig manipulativen Charakter haben.

- Mit **Gegenfragen** *(„Was verstehen Sie darunter?")* kann man Zeit gewinnen, wenn man sich durch den Gesprächspartner bedrängt fühlt und wenn man wieder die Gesprächslenkung übernehmen will.

Wichtige Regeln zum effizienten Einsatz von Fragen sind:

- Nicht mehrere Fragen gleichzeitig stellen, da dies den Anderen verwirren kann und er häufig nur die Fragen beantwortet, auf die er leicht eine Antwort geben kann.

- Bei Fragen keine Vorausinformationen geben, die dem Antwortenden eine Antwort nahe legen. *Beispiel: „Bei der Stelle müssen Sie mit vielen Kunden sprechen. Fällt es Ihnen leicht, mit anderen Menschen in Kontakt zu kommen?" beim Einstellungsinterview für einen Mitarbeiter mit viel Kundenkontakt.*

- Falls der Andere nicht gleich antwortet, nicht sofort die nächste Frage stellen oder Erläuterungen zu der Frage geben, sondern dem Anderen Zeit zum Nachdenken gewähren.

- Fragen sollten nach der KISS-Formel („Keep it short and simple") gestellt werden.

- Beim Einsatz von Fragen empfiehlt sich häufig das Trichtermodell: Erst offene Fragen und dann evtl. geschlossene oder alternative Fragen stellen.

Verständigungshemmende Gesprächshaltungen und Gesprächstechniken

Abb. 3.21 Verständigungshemmende Gesprächstechniken

Verständigungshemmende Gesprächshaltungen sind z. B.: Dominieren, autoritär agieren, Angreifen, Fehlverhalten vorwerfen oder manipulieren, suggestiv beeinflussen. Sie drücken in der Regel aus, dass man den Gesprächspartner als nicht gleichwertig einschätzt. Diese Gesprächshaltungen und Gesprächstechniken verringern oder beenden deshalb die Mitteilungsbereitschaft des Gesprächspartners und die Verständigung.

3.7 Grundlagen der effektiven Gestaltung von Mitarbeitergesprächen

Das Mitarbeitergespräch ist ein sehr wichtiges und nicht ersetzbares Instrument einer wirkungsvollen Mitarbeiterführung. Es handelt sich dabei um eine besondere Form der Kommunikation zwischen Führungskraft und Mitarbeiter, die über die alltägliche Kommunikation hinausgeht.

Mitarbeitergespräche weisen folgende Merkmale auf (Mentzel u. a. 2003, S. 13 f.):

- Es handelt sich in der Regel um besonders wichtige Anlässe und Themen, wie die Vereinbarung von Jahreszielen oder Beurteilung der Jahresleistung von Mitarbeitern.

- Sie sind häufig institutionalisiert, d. h. sie finden regelmäßig zu geplanten Terminen statt oder nur ausnahmsweise ungeplant und unregelmäßig, wenn ein besonderer Anlass vorliegt. Vielfach gibt es auch formale Vorgaben zur Führung und zum Inhalt dieser Gespräche. Diese formalen Vorgaben sind z. B. in Formularen zur Beurteilung von Mitarbeitern festgelegt.

- Sie finden üblicherweise zwischen dem direkten Vorgesetzten und dem Mitarbeiter und nur in besonderen Fällen zwischen dem nächsthöheren Vorgesetzten oder Mitarbeitern aus dem Personalbereich und dem Mitarbeiter statt.

- Mitarbeitergespräche sind im Regelfall auch so genannte Vieraugengespräche, d. h. nur der unmittelbare Vorgesetzte und der Mitarbeiter führen diese Gespräche. Bei Gesprächen über die Beurteilung ihrer Leistungen und die Möglichkeiten ihrer beruflichen Entwicklung können Mitarbeiter ein Betriebsratsmitglied hinzuziehen (§§ 81, 82 BetrVG). Bei Disziplinargesprächen, bei denen es um ein möglicherweise grobes Fehlverhalten des Mitarbeiters und die daraus erfolgenden Konsequenzen geht, werden häufig auch auf Seiten der Führungskraft weitere Personen, z. B. Mitarbeiter aus dem Personalbereich, hinzugezogen.

Für die effektive Führung von Mitarbeitergesprächen gibt es unabhängig vom Gesprächsthema oder Gesprächsanlass Empfehlungen zur Durchführung dieser Gespräche. Diese werden im Folgenden erläutert. Besonderheiten bei der Führung von Mitarbeitergesprächen mit speziellen Themen und Anlässen werden im nächsten Kapitel im Zusammenhang mit der Erläuterung der dazu gehörenden Führungsfunktion dargestellt.

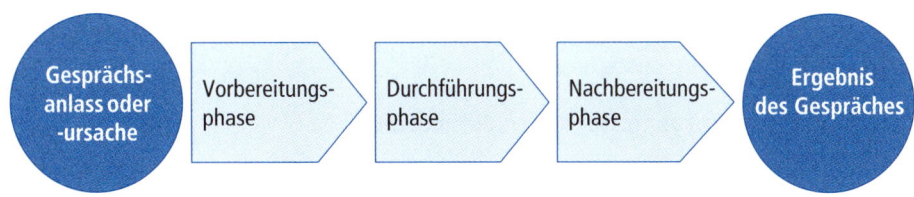

Abb. 3.22 Prozess und Phasen eines Mitarbeitergesprächs

3.7.1 Gesprächsvorbereitung

Zur Gesprächsvorbereitung gehören auf der inhaltlichen, mentalen Ebene die Selbstklärung und auf der organisatorischen, praktischen Ebene die Rahmenklärung und die Verabredung zum Gespräch (Schulz von Thun u. a. 2005, S. 109 ff.).

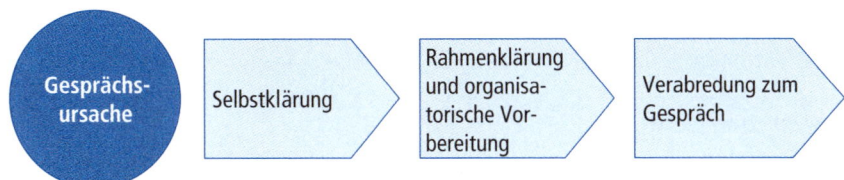

Abb. 3.23 Phasen der Gesprächsvorbereitung

Die Selbstklärung

Zunächst gilt es für sich selbst zu klären, welche Einstellung oder Haltung man zum Thema des Gespräches und zu den Beteiligten hat (Schulz von Thun u. a. 2005, S. 109 f.):

- *„Wie erlebe ich die Situation? Welche Gefühle habe ich dabei? Bin ich verärgert, irritiert, verunsichert, enttäuscht? Sind meine Gefühle auch durch den Anderen bewirkt oder bin ich überempfindlich?"*

- *„Wozu bin ich bereit, um ein einvernehmliches Ergebnis zu erreichen? Bin ich mir über meine Haltung wirklich im Klaren?"*

Anhand der vier Ebenen einer Botschaft kann man diese Selbstklärung strukturieren (Schulz von Thun u. a. 2005, S. 109 f.) :

- Sachebene: *„Wie sehe ich die Sachlage? Welche Punkte möchte ich ansprechen und klären? Wie wird vermutlich der Andere den Sachverhalt sehen?"*

- Appell: *„Was möchte ich durch das Gespräch erreichen? Was erwartet vermutlich der Andere?"*

- Beziehungsebene: *„Wie ist meiner Meinung nach die Beziehung zwischen mir und dem Anderen? Wie sehe ich den Anderen und wie sieht er vermutlich mich?"*

- Selbstkundgabe: *„Welche Gefühle habe ich hinsichtlich des Gespräches? Was wäre die „ideale" Einstellung zu dem Gespräch? Bin ich im Reinen mit meinen Vorstellungen und Gefühlen bezüglich des Gesprächs? Wie wird der Andere sich fühlen?"*

Anschließend kann man erste Vermutungen entwickeln, wie der Andere die Angelegenheit wahrnimmt.

Rahmenklärung und organisatorische Vorbereitung

Der Erfolg eines Gespräches wird auch von den Gegebenheiten der Situation mitbestimmt. Dazu sind Entscheidungen zu treffen, damit das Gespräch in einem möglichst optimalen Rahmen stattfinden kann (Schulz von Thun u. a. 2005, S.110 f.):

- *Wo wird das Gespräch stattfinden? Am Arbeitsplatz, im Großraumbüro oder in einem Besprechungsraum oder außerhalb des Unternehmens z. B. in einem Restaurant?*

- *Wann soll das Gespräch stattfinden und wie viel Zeit ist dafür vorzusehen und zu reservieren?*

- *Wie können Störungen ausgeschlossen werden?*

- *Welche Unterlagen und Hilfsmittel, z. B. Notebook, sind erforderlich?*

Verabredung zum Gespräch

Für eine dauerhaft effektive Zusammenarbeit ist es nicht sinnvoll, den Mitarbeiter bei der Besprechung von heiklen Themen ohne „Vorwarnung" zu überrumpeln (Schulz von Thun u. a. 2005, S. 111). Dieser Augenblicksvorteil kann sich verheerend auf die zukünftige Beziehung auswirken, da der Mitarbeiter kein Vertrauen mehr in die Führungskraft hat und sich manipuliert fühlt. Um dies zu vermeiden und um dem Mitarbeiter die Chance zu geben, dass er sich auch auf das Gespräch vorbereiten kann, sollte ihm rechtzeitig das Thema und Zeit und Ort des Gespräches mitgeteilt werden.

3.7.2 Durchführung des Gespräches

Ein systematisch geführtes Gespräch sollte üblicherweise in den folgenden Phasen erfolgen.

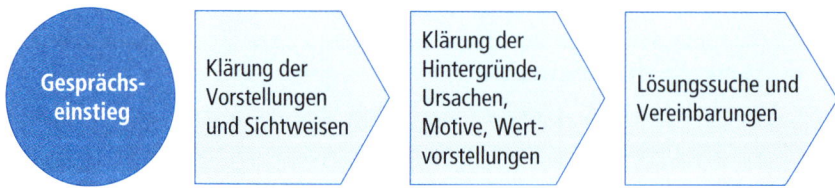

Abb. 3.24 Phasen eines systematischen Mitarbeitergespräches

Der Gesprächseinstieg

Nach der Begrüßung sollte recht schnell und klar das Thema des Gespräches benannt werden (Schulz von Thun u. a. 2005, S.112 f.). Dadurch kann sich der Mitarbeiter auf das Gespräch einstellen, und er braucht nicht wie bei einer zu langen Einleitung und Smalltalk rätseln, worum es in dem Gespräch gehen soll.

Sachebene	Appell-, Selbstkundgabe- und Beziehungsebenen und Kommunikationsmittel mit besonderer Bedeutung in dieser Gesprächsphase
→ Benennung des Gesprächsthemas → Voraussichtliche Dauer und Ablauf des Gespräches → Falls erforderlich: Informationen zum Gesprächsthema	→ Beziehungs- und Selbstoffenbarungsebene → Wünsche und Erwartungen an das Gespräch → Eventuell erfragen der Wünsche des Anderen. → Eventuell Mitteilung über die aktuellen Gefühle in Bezug auf das Gespräch

Abb. 3.25 Gesprächseinstieg (vgl. Klutmann 2004, S.125)

Klärung der Vorstellungen und der Sichtweisen

Beispiel: Im Mitarbeitergespräch soll die vom Vorgesetzten wahrgenommene unbefriedigende Leistung des Mitarbeiters behandelt werden.

Dann gilt es, in dieser Phase die jeweiligen Vorstellungen und Sichtweisen bezogen auf das Gesprächsthema zu klären (Schulz von Thun u.a. 2005, S.113 ff.).

Beispiel: Der Vorgesetzte teilt in dieser Phase dem Mitarbeiter mit, wie er die Leistung des Mitarbeiters erlebt und warum er sie als unbefriedigend einschätzt, indem er u.U. auch darlegt, welche Maßstäbe er bei der Beurteilung der Arbeitsleistung anlegt.

Dabei sollte er möglichst aus dem Erwachsenen-Ich kommunizieren, ohne dabei moralischen Druck auszuüben und Lösungsvorschläge zu unterbreiten. All diese Verhaltensweisen beeinträchtigen das gemeinsame Erarbeiten und Klären der jeweiligen Vorstellungen und ihrer möglichen Unterschiede. Insbesondere eine Kommunikation aus dem kritischen Eltern-Ich ebenso wie Aussagen aus der Lenkungs- oder Appellebene würden diese gemeinsame Klärung erheblich belasten.

In dieser Phase sollte auch die Einschätzung der Arbeitsleistung des Mitarbeiters durch den Mitarbeiter erfolgen. Ob der Vorgesetzte gleich am Anfang dieser Gesprächsphase den Mitarbeiter um die Einschätzung seiner Arbeitsleistung bittet oder ob er zuerst seine Einschätzung der Arbeitsleistung des Mitarbeiters darstellt, hängt vom Einzelfall ab.

Wenn der Mitarbeiter seine Einschätzung der eigenen Arbeitsleistung vornimmt, sollte die Führungskraft als Kommunikationsempfänger vor allem auf Informationen über ihr „Sachohr" und ihr „Selbstkundeohr" *(„Was sagt der Mitarbeiter über sich selbst?")* achten. Als Kommunikationssender kann sie außer der Lenkungsebene alle anderen Ebenen nutzen. Bei der Sachebene kann der Versuch, wichtige Gesprächsinhalte zu visualisieren, sehr hilfreich für das gegenseitige Verständnis sein.

Sachebene	Appell-, Selbstkundgabe- und Beziehungsebenen und Kommunikationsmittel mit besonderer Bedeutung in dieser Gesprächsphase
→ Darstellung der Probleme und Vorstellungen → Informationen, Visualisierungen	→ Beziehungs- und Selbstoffenbarungsebene → Aufnehmendes und aktives Zuhören → Sensibilität im Hinblick auf die nonverbalen Signale des Gesprächspartners → Problem und Vorstellungen erschließende Fragen → Aktivierende Fragen

Abb. 3.26 Klärung der Vorstellungen und Sichtweisen

Klärung der Hintergründe, Ursachen, Motive und Wertvorstellungen

In dieser Phase geht es darum, die Hintergründe für das Verhalten zu klären (Schulz von Thun u.a. 2005, S.115 ff.).

„Warum zeigt der Mitarbeiter unbefriedigende Arbeitsleistungen?" Die Ursachen könnten z.B. in einer mangelnden Ausbildung liegen oder weil der Mitarbeiter durch andere Aufgaben überlastet ist oder weil er das Gefühl hat, dass seine Leistungen nicht angemessen gewürdigt werden.

Auch das Verhalten der Führungskraft ist durch bestimmte Motive oder Werthaltungen bestimmt, die auch in dieser Phase geklärt und vermittelt werden sollten.

Beispiel: Befürchtet z.B. die Führungskraft, dass durch die mangelnde Arbeitsleistung wichtige Aufgaben nicht richtig oder rechtzeitig erledigt werden oder dass auch andere Mitarbeiter weniger leisten, wenn sie wahrnehmen, dass dies geduldet wird?

Die Klärung der Ursachen für das Verhalten soll nicht als Suche nach dem Schuldigen verstanden werden (kritisches Eltern-Ich), sondern es soll vermieden werden, dass man nur oberflächlich das Problem anspricht, anstatt es durch Bearbeitung der Ursachen grundlegend und dauerhaft zu lösen. Es kann in dieser Phase erforderlich sein, sich nicht mit ersten Antworten zufrieden zu geben, da in dieser Phase häufig naheliegende und nicht so problematische oder persönliche Ursachen genannt werden. Deshalb ist diese Phase der Gesprächsführung sowohl äußerst wichtig als auch sehr schwierig. Für Führungskräfte, die in der Regel darauf „trainiert" sind, schnell Lösungen zu entwickeln, ist es häufig schwierig, diese Phase konsequent durchzuführen und nicht vorschnell Lösungen festzulegen.

Beispiel: So kann es sein, dass der Mitarbeiter seine mangelnde Arbeitsleistung auf eine Überlastung, evtl. auch vorübergehender privater Natur beruft. In Wirklichkeit fühlt er sich aber als Person von der Führungskraft nicht angemessen gewürdigt. Dies ist dem Mitarbeiter oftmals selbst nicht klar und deutlich und wird für ihn vielleicht erst durch das Gespräch klar. Es besteht dann die Möglichkeit, die Beziehungsebene zwischen der Führungskraft und dem Mitarbeiter zu thematisieren und zu klären.

Es bieten sich hier die gleichen Gesprächstechniken, wie in der vorhergehenden Phase „Klärung der Vorstellungen und Sichtweisen" an.

Lösungssuche und Vereinbarungen

Erst nachdem die grundlegenden Ursachen für das Problem gemeinsam geklärt sind, kann über mögliche Lösungen nachgedacht werden (Schulz von Thun u.a. 2005, S. 118 ff.). Dabei sollte zuerst der Mitarbeiter nach Lösungsvorschlägen befragt werden, da dann seine Bereitschaft, diese umzusetzen, groß sein dürfte. Die Lösungsvorschläge sollten möglichst konkret vereinbart werden. Die Regeln für die Formulierung von Zielen im Kapitel „Führungsfunktionen und Führungsinstrumente" können dabei sehr hilfreich sein.

Anschließend wird das Gespräch von der Führungskraft zusammengefasst. Dies ist auch dann erforderlich, wenn kein Einvernehmen besteht.

Sachebene	Appell-, Selbstkundgabe- und Beziehungsebenen und Kommunikationsmittel mit besonderer Bedeutung in dieser Gesprächsphase
→ Lösungsvorschläge erbitten. → Zuhören. → Lösungsvorschläge von anderen unvoreingenommen sammeln. → Probleme und Argumente sachlich analysieren und prüfen. → In den Argumenten der Gesprächspartner und in den Eigenen nach unausgesprochenen Voraussetzungen suchen.	→ Lenkungsebene. → Einsatz von Fragen nach dem Trichtermodell. → Aktivierende und offene Fragen. → Eigene Meinungen nicht so äußern, als ob sie die einzige Möglichkeit oder Wahrheit seien (apodiktisch), sondern sie klar als subjektive Überzeugung ausdrücken.

Abb. 3.27 Lösungssuche und Vereinbarungen

3.7.3 Gesprächsnachbereitung

Die Gesprächsnachbereitung ist ein Element der Metakommunikation (= Kommunikation über die Kommunikation). Führungskraft und Mitarbeiter sprechen über das Gespräch.

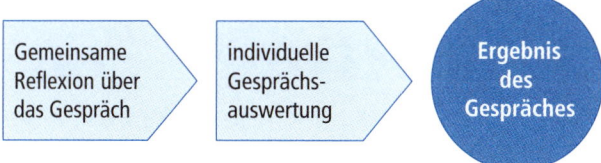

Abb. 3.28 Phasen der Gesprächsnachbereitung

Gemeinsame Reflexion über das Gespräch

Die Gesprächsteilnehmer sprechen darüber, wie sie das Gespräch erlebt haben (Schulz von Thun u.a. 2005, S.120f.). Es bietet beiden die Chance zu einer Rückmeldung, wie der Andere ihn erlebt hat und damit auch die Möglichkeit, sein Verhalten weiterzuentwickeln.

Individuelle Gesprächsauswertung

Im Anschluss daran wird jeder Gesprächspartner für sich eine Auswertung und Beurteilung des Gespräches vornehmen.

3.8   Zusammenfassung

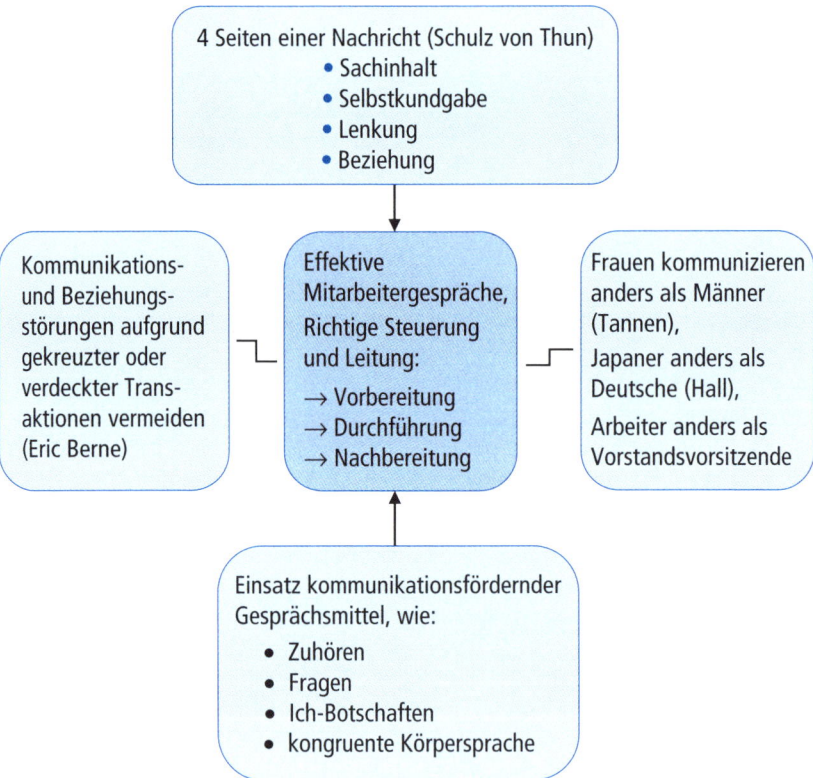

Abb. 3.29 Zusammenfassung des Kapitels 3 „Führungskommunikation"

3.9   Aufgaben

3.9.1 Wiederholungs- und Diskussionsfragen

1. Eine Person führt laut Selbstgespräche, ohne dass eine andere Person diese Gespräche hören kann. Handelt es sich dabei im Sinne der obigen Definition um Kommunikation?

2. Aus welchen Ich-Zuständen wird beim autoritären Führungsstil typischerweise kommuniziert?

3. Erläutern Sie bitte anhand der folgenden Aussage eines Vorgesetzten zu seinem Mitarbeiter die vier Seiten einer Nachricht: „Nun reicht es mir allmählich. Sehen Sie zu, dass Sie endlich den Prospekt fertigstellen!"

4. Worin unterschieden sich generell männliche und weibliche Kommunikationsstile?

5. Was sind Mitarbeitergespräche und was sind ihre besonderen Merkmale?

3.9.2 Fallstudie*

Herr Baum hat vor kurzem das Studium beendet und arbeitet in der Personalabteilung des mittelständischen Unternehmens AutoPlaste als Personalreferent. Vor kurzem hat er von Herrn Falkenberg, Mitglied der Geschäftsleitung, zuständig für kaufmännische Angelegenheiten und Personal, den Auftrag erhalten, eine Präsentation zu Möglichkeiten und Problemen der Einführung einer Beteiligung der Mitarbeiter am Gewinn zu machen. Herr Baum, ein sehr ehrgeiziger, forscher und selbstbewusster Mitarbeiter, sieht das als eine gute Möglichkeit, sich zu profilieren und damit seine Karrierechancen zu verbessern. Der Leiter der Personalabteilung und sein direkter Vorgesetzter, Herr Sorge, ist ein eher vorsichtiger Mensch. Er hat Angst, dass Herr Baum in seiner forschen Art bei der Präsentation Aussagen und Vorschläge macht, die nicht genügend abgewogen sind und die zu viel Ärger führen könnten und die das Ansehen von Sorge bei der Geschäftsleitung beeinträchtigen könnten.

Während eines regelmäßigen Gesprächs mit Herrn Baum über den Stand der Erledigung seiner Aufgaben nimmt er die Gelegenheit wahr, sich mit Herrn Baum über diese Präsentation zu unterhalten,

(1) Sorge: *„Bevor wir das Gespräch abschließen, möchte ich mich mit Ihnen über den Stand Ihrer Ausarbeitung zur Gewinnbeteiligung unterhalten. Wie weit sind Sie mit Ihrer Ausarbeitung?"*

(2) Baum: *„Ich komme ganz gut mit der Ausarbeitung voran und werde sie termingerecht der Geschäftsleitung präsentieren können."*

---

*   Es handelt sich um einen fiktiven Fall.

(3) Sorge: *„Bevor Sie diese Ausarbeitung der Geschäftsleitung präsentieren, möchte ich sie vorher sehen. Die Geschäftsleitung legt viel Wert auf bestimmte Formalien und ich möchte sichergehen, dass Sie diese Formalien beachten!"*

(4) Baum: *„Ja, wenn Sie darauf Wert legen. Aber Herr Falkenberg hat mich ganz ausdrücklich aufgefordert, meine Ansicht offen und frei darzustellen. Er sagte, wir brauchen neue Ideen und erwarten dies von Ihnen."*

(5) Sorge: *„Herr Baum, verstehen Sie mich bitte nicht falsch. Ich möchte Ihnen nur helfen. In unserem Unternehmen wird sehr viel Wert auf Formen gelegt. Die Wertschätzung einer Abteilung und ihrer Mitarbeiter hängen sehr vom Eindruck ab, den die Mitarbeiter bei Präsentationen hinterlassen. Selbst kleinste Fehler werden sehr kritisch gesehen."*

(6) Baum: *„Das ist mir sehr bewusst. Deshalb bin ich sehr sorgfältig mit meiner Ausarbeitung."*

Aufgaben und Fragen:

1. Welche Botschaften werden bei diesem Gespräch auf der Sach- und auf der Beziehungsebene kommuniziert?

2. Aus welchen Ich-Zuständen erfolgen die Transaktionen (3) und (4) und um welche Art von Transaktion handelt es sich somit? Erläutern Sie bitte Ihre Ansicht.

3. Analysieren Sie bitte die Aussagen in (6) mit Hilfe des TALK-Modells.

4. Um welche Form der Lenkung handelt es sich bei den Aussagen in (5) „Die Wertschätzung einer Abteilung und von Mitarbeitern hängen sehr vom Eindruck ab, den die Mitarbeiter bei Präsentationen hinterlassen. Selbst kleinste Fehler werden sehr kritisch gesehen."? Wie sollte man stattdessen formulieren?

3.10 Vertiefende Literaturhinweise

Berne, Eric (1984): Spiele der Erwachsenen. Psychologie der menschlichen Beziehungen. Reinbek bei Hamburg

Ekman, P./Friesen, W. V. (1975): Unmasking the Face. Prentice Hall – Englewood Cliffs/New Jersey

Hall, Edward T. (1981): Beyond Culture New York 2. Aufl.

Tannen, Deborah (1991): Du kannst mich einfach nicht verstehen. Warum Männer und Frauen aneinander vorbeireden. Hamburg

Watzlawick, Paul/Beavin, J. H./Jackson, D. D. (200): Menschliche Kommunikation. Formen, Störungen, Paradoxien. 10. Aufl. Bern

Schulz von Thun, F./Ruppel, J./Stratmann, R.: Miteinander reden (2005): Kommunikationspsychologie für Führungskräfte. 4. Aufl. Reinbek bei Hamburg

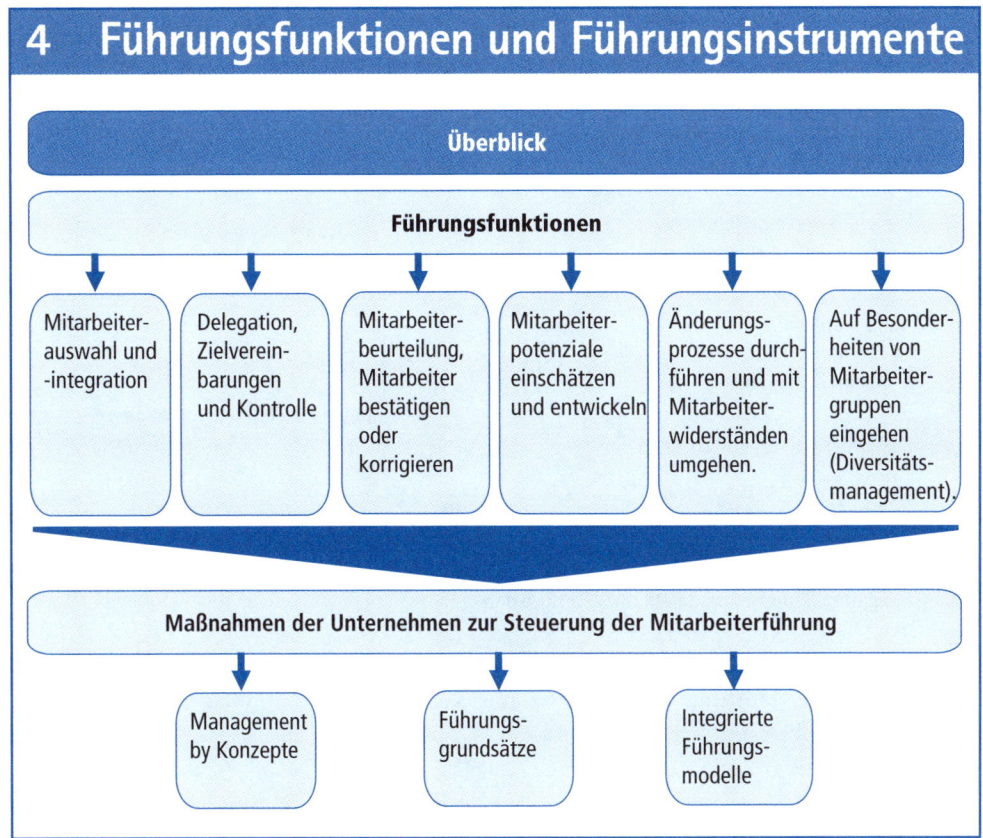

4 Führungsfunktionen und Führungsinstrumente

Überblick

Führungsfunktionen

| Mitarbeiter-auswahl und -integration | Delegation, Zielverein-barungen und Kontrolle | Mitarbeiter-beurteilung, Mitarbeiter bestätigen oder korrigieren | Mitarbeiter-potenziale einschätzen und entwickeln | Änderungs-prozesse durch-führen und mit Mitarbeiter-widerständen umgehen. | Auf Besonder-heiten von Mitarbeiter-gruppen eingehen (Diversitäts-management). |

Maßnahmen der Unternehmen zur Steuerung der Mitarbeiterführung

| Management by Konzepte | Führungs-grundsätze | Integrierte Führungs-modelle |

Abb. 4.1 Übersicht über das Kapitel 4 „Führungsfunktionen und Führungstechniken"

4.1 Überblick über wichtige Funktionen der Mitarbeiterführung

Führung stellt ein äußerst komplexes und schweres Vorhaben dar. Es besteht daher ein großes Bedürfnis nach einfachen und sicheren Handlungsanweisungen. Deshalb werden immer wieder Gestaltungsempfehlungen entwickelt, die vermeintlich einfache Lösungen des Führungsproblems anbieten.

Beispiele dafür sind Führungskonzeptionen, die sich auf das Verhalten von Delfinen oder von Mäusen beziehen. Andere Ansätze beziehen sich auf das lustige, „eventartige" Treiben in einem amerikanischen Fischmarkt (FISH) oder suchen in den Aufzeichnungen der alten Philosophen (z.B. Platon oder Konfuzius) oder in den Theoretikern der Kriegsführung Regeln zur Gestaltung der Führung.

Diese Ansätze geben durchaus in vielen Fällen wertvolle Hinweise zur Gestaltung der Führung. Inwieweit sie das „Ei des Kolumbus" für die Führung darstellen, wie sie manchmal den Eindruck erwecken, ist sehr zweifelhaft. Die hier vorgestellten Instrumente und Modelle sollten deshalb nicht als allmächtige Universal- oder Spezialwerkzeuge verstanden werden, sondern eher als ein Werkzeugkoffer voller nützlicher Werkzeuge (Tools) für den, der damit umzugehen weiß.

Abb. 4.2 Wichtige Funktionen der Mitarbeiterführung

Zur Erfüllung der Führungsaufgabe sind eine Reihe von Teilaufgaben oder Funktionen der Mitarbeiterführung wahrzunehmen.

Um die Führungsfunktionen gut ausführen zu können, wurde eine Reihe von Instrumenten, Mitteln oder Techniken entwickelt, die hier synonym als Führungsinstrumente, Führungsmittel oder auch Führungstechniken bezeichnet werden. Z.B. ist das Einstellungsinterview (umgangssprachlich Vorstellungsgespräch) ein Instrument zur möglichst guten Wahrnehmung der Funktion „Auswahl des geeigneten Mitarbeiters".

4.2   Mitarbeiter auswählen, integrieren und wechselseitiges Vertrauen entwickeln

Zu den wichtigsten Aufgaben einer Führungskraft zählen:

- aus einer Anzahl von Bewerbern aus dem Unternehmen oder von außerhalb des Unternehmens zu entscheiden, welcher der Bewerber die Stelle erhalten soll (Auswahl von Mitarbeitern),

- die Leistung eines Mitarbeiters für einen bestimmten Zeitraum oder bei einer bestimmten Aufgabe zu beurteilen (Personal- oder Leistungsbeurteilung),

- abzuschätzen, ob ein Mitarbeiter geeignet ist, weitergehende Aufgaben wahrzunehmen (Potenzialbeurteilung),

- alltäglich zu entscheiden, welcher Mitarbeiter für welche Aufgaben geeignet ist,

- Mitarbeiter für Leistungszulagen, Weiterbildungsmaßnahmen oder Beförderungen vorzuschlagen sowie

- Formulierungen über Leistung und Verhalten von Mitarbeitern für Arbeitszeugnisse zu entwerfen und mit der Personalabteilung abzustimmen.

Grundlage all dieser Aufgaben und Entscheidungen ist die Beurteilung und Einschätzung der Bewerber und der Mitarbeiter.

4.2.1 Wahrnehmungs- oder Beurteilungstendenzen bei Personalentscheidungen

Grundlage der oben genannten Entscheidungen ist die Wahrnehmung und Beurteilung des Mitarbeiters oder Bewerbers. Es handelt sich dabei um Prozesse der Personenwahrnehmung und Personenbewertung. Da bei diesen Prozessen bestimmte Mechanismen stattfinden, die in erheblichem Maße das Ergebnis der Beurteilung von Mitarbeitern bestimmen, werden zunächst wichtige Prozesse der Personenwahrnehmung und Personenbeurteilung dargestellt.

Wahrnehmung ist kein passiver Vorgang, bei dem völlig unbeeinflusst und ganz objektiv Informationen aus der Umwelt empfangen werden. Ganz im Gegenteil, es handelt sich dabei um einen Prozess, bei dem nach bestimmten Gesetzmäßigkeiten Signale, Informationen, Reize aus der Umwelt verarbeitet werden und ihnen ein bestimmter Sinn, eine bestimmte Bedeutung zugewiesen wird. Wahrnehmungen sind genau genommen, wie das Wort bereits andeutet, Vorstellungen, die Menschen „für Wahr Nehmen". Sinnesempfindungen werden dabei mit bereits vorhandenen, erlernten oder erfahrenen Informationen, Vorstellungen oder Schemata im Gehirn verknüpft und unter Bezugnahme auf diese Schemata gedeutet und verstanden oder auch nicht verstanden. Dies geht sogar soweit, dass fehlende oder unklare Informationen aufgrund von Sinnesempfindungen auf der Basis von bestimmten Vorstellungen oder Schemata, die bereits im Gehirn vorhanden sind, ergänzt werden. D.h., wir nehmen dann Dinge wahr, die wir gar nicht gesehen oder gehört haben.

Bei der Personenwahrnehmung sind insbesondere folgende Gesetzmäßigkeiten zu beachten (Greenberg/Baron 2003, S. 38 ff.)

Erster Eindruck (Primacy-Effect)

Bereits in den ersten Sekunden der Wahrnehmung einer anderen Person bildet sich eine Vorstellung über diese Person, der erste Eindruck, der die weitere Beurteilung dieser Person in hohem Maße beeinflusst. Dies ist insofern problematisch, als man zu diesem Zeitpunkt noch fast keine fundierten Informationen über die Person hat. Untersuchungen haben gezeigt, dass diese Urteilsbildungen auf sehr schemenhaften Vorstellungen beruhen. Insbesondere bei der Auswahl neuer Mitarbeiter kann der erste Eindruck die Wahrnehmung einer Person besonders stark bestimmen.

Der letzte Eindruck (Recency-Effect)

Aber auch die letzten Eindrücke wirken besonders stark und können geeignet sein, andere Eindrücke und Wahrnehmungen zu überlagern. Diese Gefahr besteht z.B. bei einer Leistungsbeurteilung, wenn insbesondere Leistungen der letzten Zeit überbetont werden.

Projektionen

Menschen neigen dazu, ihre eigenen Neigungen, Wünsche und Absichten auch in andere Personen hineinzudeuten (zu projizieren), sie den anderen „zu unterstellen".

Fundamentale Attributionsfehler

Der fundamentale Attributionsfehler ist die Tendenz, das Verhalten anderer primär als durch sie veranlasst und gewollt (internale Faktoren) zu erklären und externe Faktoren, wie unglückliche Umstände, nicht zu berücksichtigen oder ihre Bedeutung herunterzuspielen. Diese Tendenz scheint darin begründet zu sein, dass derartige „Erklärungen" einfacher sind als eine Vielzahl möglicher externaler Faktoren zur Ursachenerklärung heranzuziehen. Diese Tendenz kann insbesondere bei der Kontrolle und Bewertung von Mitarbeitern zu Fehleinschätzungen und Konflikten führen.

Selbstbestätigende Vorurteile (Self-Serving Bias)

Tendenziell neigen Menschen dazu, Erfolge sich und Misserfolge den ungünstigen Umständen zuzuschreiben.

Halo-Effekt

Ein Merkmal ist so auffällig, dass es andere Merkmale überstrahlt:

Beispiel: Ein Mitarbeiter ist sehr freundlich und jovial. Deshalb wird er auch als hilfsbereit eingeschätzt. Dies muss jedoch nicht der Fall sein.

Similar-to-me-Effect

Die Tendenz, Personen, die man als ähnlich mit einem Selbst wahrnimmt, positiver zu beurteilen. Diese Ähnlichkeit kann sich auf Äußerlichkeiten, Frisur, Kleidung, Körperstatur usw. oder auch auf biografische Merkmale wie Alter oder Ausbildung beziehen.

Kontrast-Effekt

Die Wahrnehmung und Bewertung von Personen und ihren Handlungen wird beeinflusst durch die Wahrnehmung und Bewertung von anderen Personen, die vorher zu bewerten waren und die besser oder schlechter waren.

Implizite Persönlichkeitstheorien

Beispiel: „Person A ist ehrgeizig und hoch motiviert. Glauben Sie, dass diese Person zu Sitzungen und sonstigen wichtigen Terminen unpünktlich ist?"

Es existieren bestimmte Vorstellungen über Persönlichkeitsmuster. Es wird beispiels-weise davon ausgegangen, dass eine Person pünktlich zu wichtigen Sitzungen kommt, weil sie ehrgeizig und hoch motiviert ist. Aufgrund der Kenntnis bestimmter Eigen-schaften wird auf andere Eigenschaften geschlossen.

Schluss von einer Situation auf eine andere

Beobachtungen sind im Regelfall Beobachtungen einzelner Situationen und nicht der Gesamtheit des Verhaltens einer anderen Person. Es findet deshalb ein Schluss auf-grund von Einzelbeobachtungen (Stichproben) auf das gesamte Verhalten einer Person statt. Dieser Schluss kann sehr fehlerbehaftet sein.

> *Beispiel: Ein Mitarbeiter, der sich in Besprechungen in großen Gruppen zurück-hält, muss nicht introvertiert sein. Es kann sein, dass er sich in kleinen Gruppen völlig anders verhält.*

Stereotyp und Vorurteil

Bei der Stereotypisierung werden Personen aufgrund ihrer Zugehörigkeit zu einer Gruppe bestimmte Eigenschaften zugeschrieben. Da man nicht über sämtliche Informationen über eine Person verfügt, lässt sich Stereotypisierung vielfach nicht vermeiden. Sie wird dann problematisch, wenn man sich dessen nicht bewusst und nicht offen ist, indivi-duelle Wahrnehmungen über eine Person unabhängig von ihrer Zugehörigkeit zu einer Gruppe zu machen. Wenn dies nicht geschieht, spricht man auch von einem Vorurteil.

Mitarbeiter- oder situationsbedingte Einflusstendenzen auf die Personenwahrnehmung und -beurteilung

Die Beurteilung einer Person wird jedoch auch durch bestimmte Verhaltensweisen der zu beurteilenden Person und durch die Beurteilungssituation beeinflusst (Laufer 2005, S. 125 ff.).

- Rollenbedingtes Verhalten

  Das Verhalten von Personen wird auch durch die Rolle geprägt, in der sie sich ge-rade befinden. So wird ein Bewerber beim Einstellungsinterview die Steuerung des Gesprächsablaufes den Vertretern des Unternehmens überlassen. Dies heißt nicht, dass er auch in seiner Rolle als Führungskraft beim Gespräch mit dem Mitarbeiter auf die Steuerung des Gespräches verzichten würde.

  Beispiel: Bei Anwesenheit ihres Vorgesetzten verhalten sich die meisten Mitar-beiter bewusst oder unbewusst anders und sind dann z. B. gegenüber dem Kunden zuvorkommender als bei dessen Abwesenheit.

- Selbstdarstellungsbedürfnis und Impressionmanagement („Eindruck schinden") sowie Introvertiertheit

  Manche Mitarbeiter sind sehr aufgeschlossen und extrovertiert und neigen deshalb dazu, mit dem Vorgesetzten ins Gespräch zu kommen und auf ihre Arbeit hinzu-weisen. Dies kann aufgrund ihrer Persönlichkeit erfolgen; es muss sich nicht um ein bewusstes taktisches Verhalten handeln. Es kann jedoch auch vorkommen, dass Mitarbeiter oder Bewerber bewusst versuchen, sich in einem möglichst positiven Bild darzustellen und Impressionmanagement zu betreiben. In diesen Fällen erhält die Führungskraft viele Informationen, die eine positive Bewertung nahe legen. Im Gegensatz dazu gibt es auch Mitarbeiter, die verschlossen, introvertiert sind und Schwierigkeiten haben, ihre Leistungen herauszustellen. Die Führungskraft muss sich der Gefahr bewusst sein, dass all diese Verhaltensweisen ihr Urteil beeinflussen, und sie sollte deshalb jedes Mal ihr Urteil daraufhin kritisch überprüfen.

Personenspezifische Vorschläge	Organisatorische Vorschläge
Den ersten Eindruck bewusst wahrnehmen und „zur Seite legen", damit man für weitere Eindrücke offenbleibt.	Einsatz mehrerer Beurteiler, zweites Einstellungsinterview
Vorinformationen, z. B. durch frühere Beurteilungen oder aus den Bewerbungsunterlagen nicht zu stark gewichten, sondern eigene aktuelle Beobachtungen machen.	Möglichst viele Beobachtungsergebnisse berücksichtigen: • Wie geht jemand mit anderen Menschen um? • Wie ge- oder missbraucht ein Vorgesetzter seine Macht? • Wie verhält sich ein ansonsten freundlicher und beflissener Kollege den Pförtnern oder Putzfrauen gegenüber? Grundregel: Verkörpert jemand Eigenschaften wie Freundlichkeit, Rücksicht, dann zeigt er diese in nahezu allen Situationen und vor allem bei Menschen, denen er nicht unter dem Nützlichkeitsaspekt begegnet.
Urteile bei Menschen, die man als besonders sympathisch oder unsympathisch empfindet, hinterfragen und Urteilstendenzen offenlegen und diskutieren.	Klar definierte Kriterien zur Beurteilung von Bewerbern und Mitarbeitern entwickeln und sich an diesen Kriterien explizit und nachvollziehbar orientieren.

Abb. 4.3 Empfehlungen zur Verringerung von Beurteilungsfehlern

4.2.2 Auswahl von Mitarbeitern und Empfehlungen zur Gestaltung des Einstellungsinterviews

Der Prozess der Personalbeschaffung und Personalauswahl, insbesondere die Analyse der Bewerbungsunterlagen, wird üblicherweise von Mitarbeitern aus dem Personalbereich durchgeführt, für die diese Tätigkeiten zum Kern ihres Aufgabengebiets gehören. Die endgültige Auswahl erfolgt in der Regel durch ein oder mehrere Einstellungsinterviews, bei denen auch der spätere Vorgesetzte beteiligt sein sollte.[2] Um eine gute Auswahlentscheidung aufgrund des Einstellungsinterviews treffen zu können, sollten die dabei beteiligten Führungskräfte folgende Empfehlungen beachten.

---

2   Weitere Instrumente der Personalauswahl sind z.B. Tests oder Assessment-Center und in einem gewissen Sinn auch die Probezeit oder evtl. Praktika.

Zwei Einstellungsinterviews

Ausgenommen Ferienjobs oder Ähnliches sollten – sofern möglich – mindestens zwei Interviews geführt werden.

- Das erste Einstellungsinterview dient vor allem der Prüfung der Eignung des Bewerbers und eventuell einer ersten Klärung von arbeitsvertraglichen Regelungen.

- Im zweiten Gespräch wird mit dem als geeignet angesehenen Bewerber oder den Bewerbern nochmals die Eignungseinschätzung kritisch überprüft – und falls positiv – versucht, mit diesem Bewerber den Arbeitsvertrag endgültig zu klären.

Bei zwei Interviews relativiert sich auch der Einfluss einiger Wahrnehmungstendenzen, wie erster Eindruck, letzter Eindruck sowie des Kontrasteffektes.

Mindestens zwei Interviewer als Vertreter des Unternehmens

Durch das 4-Augen-Prinzip lassen sich Urteilstendenzen leichter erkennen und im Gespräch untereinander und evtl. mit dem Bewerber nachprüfen. Ein weiterer Vorteil ist, dass in den einzelnen Phasen des Interviews jeweils ein Interviewer primär das Gespräch führt und der andere sich auf die Antworten des Bewerbers und seine nonverbale Kommunikation (Körpersprache) konzentriert. Die Vielzahl der Aktivitäten, die gleichzeitig bei einem Einstellungsinterview vonseiten des Interviewers zu beachten sind, wie Gesprächsführung, Beobachtung der Körpersprache und Anfertigen von Notizen, können die Kapazität des Interviewers, Informationen und Beobachtungen aufnehmen und verarbeiten zu können, überfordern (Kapazitätseffekt). Durch den Einsatz eines zweiten Interviewers kann diese Gefahr verringert werden. Bei zwei Interviewern ist auch die Wahrscheinlichkeit der Wahrnehmungstendenzen, wie des „Similar-to-me-Effect" oder impliziter Persönlichkeitstheorien oder von Projektionen geringer.

Als strukturiertes Gespräch führen

Bei einem strukturierten Gespräch bereitet man einen Katalog von Fragen vor, die man dann dem Bewerber stellt. Dabei sollte der Interviewer aber nicht eine Frage nach der anderen stellen und abhaken, sondern genau zuhören und nachfragen.

Richtige Fragetechnik anwenden

Dies bedeutet, dass der Interviewer beim Einstieg in neue Gesprächsthemen vor allem offene Fragen stellt, um damit dem Bewerber kein Raster oder Bezugsrahmen für die Antwort vorzugeben. Je nach Antwort des Bewerbers können dann andere Frageformen eingesetzt werden. In der Regel sollte vermieden werden, Fragen mit Vorinformationen zu geben, wie z. B. *„Bei dieser Tätigkeit müssen Sie viel reisen. Reisen Sie gerne?"*

Dem Bewerber Zeit für eigene Fragen geben

Auch der Bewerber hat wahrscheinlich Fragen zur Stelle. Es sollte ihm deshalb ausreichend Zeit für seine Fragen eingeräumt werden.

Richtige Reihenfolge der Phasen beim Einstellungsinterview beachten

Durch die richtige Anordnung der Phasen des Interviews wird die Gefahr verringert, dass der Bewerber erahnen kann, welche Antworten erwünscht sind, und er diese Antworten dann „liefert".

Phasen	Erläuterungen / Beispiele
Begrüßung und erste Kontaktaufnahme	„Aufwärm-Phase"
Berufliche Lebensgestaltung, berufliche Ziele, Motive und Erwartungen	In dieser Phase geht es darum, sich ein Bild darüber machen zu können, wie der Bewerber seine berufliche Lebensgestaltung begründet. Hat er seine Entscheidungen bewusst getroffen, wie begründet er seine Entscheidungen? Warum bewirbt er sich auf die Stelle?
Soziale Lebensgestaltung	Fragen zu Familie und Freizeit
Informationen über das Unternehmen	Strategien, Marktstellung. Sozialleistungen
Informationen über die Stelle	Stellenbeschreibung, Einordnung der Stelle in der Organisation, Perspektiven
Gespräch über Arbeitsvertrag	Insbesondere Gehaltsaspekte, aber auch die anderen Elemente des Arbeitsvertrags
Abschluss	Freundliche Verabschiedung, Hinweis darauf, wie und wann sich das Unternehmen beim Bewerber melden wird, um die Entscheidung mitzuteilen

Abbildung 4.4 Anordnung der Gesprächsphasen beim Einstellungsinterview

Vielfach wird der Abschluss des Arbeitsvertrages auch als Abschluss der Personalbeschaffung angesehen. Das Verfahren ist jedoch erst dann beendet, wenn der neue Mitarbeiter in der Lage ist, seine Aufgabe vollwertig zu erfüllen. Dazu ist es erforderlich, dass er gut in seine Organisationseinheit integriert ist.

4.2.3 Mitarbeiter integrieren

Eine neue Tätigkeit beginnt ein neuer Mitarbeiter im Allgemeinen mit einer Mischung von Besorgnissen und Unsicherheiten *(„Wie wird es mir in dem neuen Unternehmen ergehen? War meine Entscheidung richtig?")* und besonders hoher Motivation und Vorsätzen. Bei einer derartig gemischten Stimmungslage kann eine nicht vorbereitete, unsystematische Einarbeitung wie eine „kalte Dusche" wirken. Dabei bilden sich beim neuen Mitarbeiter Vorstellungen darüber, wie man in diesem Unternehmen mit Mitarbeitern umgeht, welchen Stellenwert sie tatsächlich haben. Die immense Gefahr dieser negativen Vorstellungen ist, dass sie die weitere Wahrnehmung und Deutung des betrieblichen Geschehens steuern: Negative Beobachtungen werden als Bestätigungen der negativen Einschätzung des Unternehmens gewertet. Positive Beobachtungen werden kaum noch gemacht oder als Einzelfälle abgewertet.

Bereits durch die Beachtung einiger einfacher Regeln und die Bereitschaft, in die Integration neuer Mitarbeiter Zeit, Aufwand, Energie und innere Aufgeschlossenheit zu investieren, können gute Grundlagen für eine langfristige und für beide Seiten ergiebige Zusammenarbeit gelegt werden (Kieser 2009, S. 148 – 157).

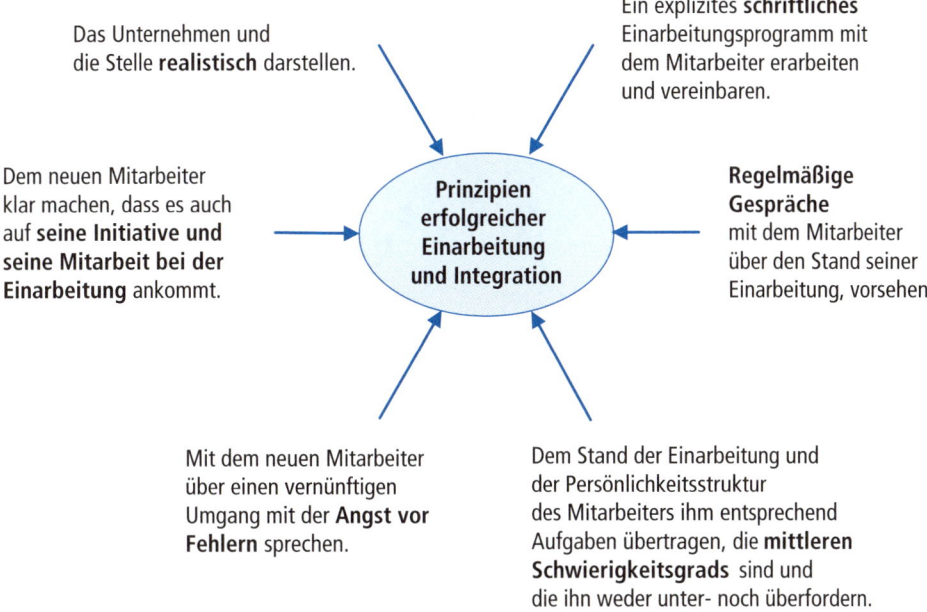

Abb. 4.5 Prinzipien erfolgreicher Einarbeitung und Integration von Mitarbeitern

4.2.4 Wechselseitiges Vertrauen entwickeln

Eine intensive Zusammenarbeit erfordert, dass man sich aufeinander verlassen kann, dass zwischen den Beteiligten Vertrauen besteht (Robbins 2001, S. 394 ff. und Neubauer/Rosemann 2006, S. 117 – 143). Zunächst aber ist zu erwarten, dass Mitarbeiter bei Führungskräften, die sie bisher nicht kannten, vorsichtig, skeptisch oder sogar misstrauisch sind. Aber auch die Führungskräfte kennen die Mitarbeiter noch nicht und wissen auch nicht, ob sie sich auf sie verlassen können. Erst durch gemeinsam gemachte positive Erfahrungen bei der Arbeit kann Vertrauen entstehen. Um diesen Prozess der Vertrauensbildung einleiten zu können, muss eine Person bereit sein, einen Vertrauensvorschuss zu gewähren. Dies stellt ein Risiko dar, da man nicht weiß, ob der andere diesen Vertrauensvorschuss missbraucht. Aufgrund seiner in der Regel stärkeren Stellung fällt es dem Vorgesetzten leichter, den Vertrauensvorschuss in Form eines kalkulierten Risikos anzubieten, d. h., das Risiko sollte für die Führungskraft überschaubar und auch tragbar sein (Laufer 2005, S. 84 ff.). Wenn sich dieses Vertrauen bewährt, dann kann ein Prozess der wechselseitigen Vertrauensbildung entstehen, bei dem auch der Mitarbeiter Vertrauen zu der Führungskraft entwickelt.

Abb. 4.6 Vertrauensbildende Maßnahmen von Führungskräften

Der psychologische Vertrag als subjektive Basis für wechselseitiges Vertrauen

Die rechtliche Basis für das Arbeitsverhältnis sind in der Regel Arbeitsverträge, in denen ergänzend zu gesetzlichen und evtl. tariflichen und betrieblichen Regelungen die wechselseitigen Rechten und Pflichten vereinbart und festgelegt werden. Neben diesen rechtlich festgelegten Pflichten und Rechten gibt es jedoch weitergehende wechselseitige Erwartungen, wie z. B. eine faire Behandlung, oder aus Unternehmenssicht, dass Mitarbeiter bereit sind, Goodwillbeiträge zu erbringen. Da diese Erwartungen vielfach nicht in einem Vertrag normiert werden können und sie den Beteiligten häufig nicht bewusst sind, bezeichnet man diese wechselseitigen Erwartungen als psychologischer Vertrag (Bartscher-Finzer/Martin 2003, S. 54 ff.). Das Nichteinhalten dieser häufig nicht explizit formulierten wechselseitigen Erwartungen wird häufig als ein Vertrauensbruch subjektiv wahrgenommen. Mitarbeiter reagieren darauf, dass sie sich mit dem Erbringen von Goodwillbeiträgen zurückhalten und ein geringeres Commitment mit dem Unternehmen empfinden.

4.3 An Mitarbeiter Aufgaben und Kompetenzen delegieren, sie steuern und kontrollieren

Häufig ändert sich das Aufgabengebiet, das Mitarbeiter wahrzunehmen haben, weil sie sich weiterentwickeln wollen oder weil das Unternehmen und die Führungskraft Anpassungen bei der Aufgabenzuweisung vornehmen. Mit der Zuweisung einer bestimmten Aufgabe ist jedoch nicht sichergestellt, dass der Mitarbeiter diese Aufgaben richtig durchführt bzw. durchführen kann. Um eine richtige Aufgaben- und Zielerfüllung sicherzustellen, sind weitere Führungsinstrumente zur Steuerung und Kontrolle der Mitarbeiter erforderlich.

4.3.1 Delegation

Bei der Delegation wird dem Mitarbeiter langfristig ein Aufgabenbereich oder für eine bestimmte Zeit ein Projekt und die dazu erforderlichen Kompetenzen (Rechte) übertragen. Damit erhält er zugleich auch die Verantwortung für dieses Aufgabengebiet oder Projekt. Der große Unterschied zur Einzelanweisung liegt bei der Übertragung von Aufgaben in der grundsätzlichen Übertragung nicht nur der Aufgaben, sondern auch in der Übertragung der dazu erforderlichen Kompetenzen. Die Führungskraft muss bereit sein, Rechte aus ihrem Machtbereich abzugeben und sie muss akzeptieren, dass andere Entscheidungen getroffen werden, als die Führungskraft sie getroffen hätte.

Delegation bietet Vorteile für die Führungskraft und für den Mitarbeiter (Stübinger/Lieber/Reiners-Kröncke 2003, S. 151 ff.).

Vorteile für die Führungskraft und das Unternehmen

- Zeitgewinn und Entlastung.
- Spezialwissen der Mitarbeiter kann genutzt werden. Das Potenzial, die Fähigkeiten der Mitarbeiter, kann optimal eingesetzt und entwickelt werden. Delegation kann zur Förderung der Mitarbeiterentwicklung genutzt werden.
- Delegation stärkt die Selbstverantwortung. Dadurch können sich das Selbstwertgefühl und die Motivation der Mitarbeiter entwickeln.
- Entscheidungen werden gleich an der Stelle getroffen, wo sie auftreten. Der Mitarbeiter kann bei einem Problem, sofern die Entscheidung durch seine Kompetenz abgedeckt ist, gleich entscheiden. Er muss nicht erst Rücksprache mit dem Vorgesetzten halten.

Vorteile für den Mitarbeiter

- Er kann seine Fähigkeiten entwickeln und seinen Marktwert erhöhen.
- Er kann eigenständig arbeiten und entscheiden.

Zweckmäßiger Ablauf einer Delegation

1. Schritt: Welche Aufgaben lassen sich delegieren?

In der Regel delegierbar	In der Regel nicht delegierbar, sofern es sich nicht um Führungskräfte oder besonders qualifizierte Fachkräfte handelt.
Routinearbeiten	Führung und Motivation der Mitarbeiter, die der Führungskraft, die delegiert, direkt unterstellt sind
Spezialistentätigkeiten	Aufgaben von hoher Tragweite oder mit hohem Risikoanteil
Detailfragen	Außergewöhnliche Sonderfälle
Vorbereitende Aufgaben, z.B. Entwurf für eine Präsentation	Akute, eilige Aufgaben, die keine Zeit für Erklärungen zu lassen
Stellvertretende Teilnahme an Besprechungen	Streng vertrauliche Angelegenheiten

2. Schritt: Welcher Mitarbeiter ist geeignet zur Übertragung der Aufgaben?

- Ist der Mitarbeiter grundsätzlich für die Aufgabe **geeignet**?
- Passt die Delegation zur **Weiterentwicklung** des Mitarbeiters, zu **seinen Stärken und Interessen**?
- Lässt sein **Aufgabenumfang** die Delegation weiterer Aufgaben zu?
- Falls nicht, ist es sinnvoll sein Aufgabengebiet zu ändern, damit er die neuen Aufgaben übernehmen kann?
- **Auf keinen Fall sollte – wie es häufig in der Praxis vorkommt – die Arbeit an denjenigen delegiert werden, dem es nicht leicht fällt, Nein zu sagen!**

3. Schritt: Wie soll der Mitarbeiter informiert, eingewiesen oder geschult werden und wie wird ihm verdeutlicht, welchen Stellenwert diese Aufgabenbereiche im Unternehmen haben?

4. Schritt: Wie soll kontrolliert werden, ob der Mitarbeiter tatsächlich die übertragenen Aufgaben richtig bewältigt?

Während der Einarbeitungsphase in den neuen Aufgabenbereich kann es sinnvoll sein, dass der Vorgesetzte häufiger Kontrollen durchführt.

Abb. 4.7 Ablauf einer Delegation (vgl. Hughes/Ginett/Curphy 1996, S.417ff. und Armstrong 1993, S. 117ff.)

Da viele Führungskräfte häufig aus Unsicherheitsgefühlen nicht bereit sind, Aufgaben und die dazu erforderlichen Kompetenzen auf ihre Mitarbeiter zu übertragen (Laufer 2005, S. 98f.), denken sie über Delegation erst nach, wenn sie ihre Arbeit nicht mehr bewältigen können. Dann werden schnell Aufgaben an die Mitarbeiter abgegeben oder auch „abgeschoben", ohne dass diese Übertragung von Aufgaben sorgfältig geplant ist und ohne dass die erforderlichen Kompetenzen (Scheindelegation) übertragen werden. Die Mitarbeiter empfinden diese Übertragung von Aufgaben als Abwälzung von Arbeit und sind dann nicht sehr motiviert, diese Aufgaben zu erledigen. Ohne ausreichende Information und Einweisung in die Arbeit und ohne Klärung ihrer Kompetenzen fühlen sie sich unsicher. Fehler sind bei einer solchen Vorgehensweise fast zwangsläufig zu erwarten. Manche Mitarbeiter werden dann bei allen nicht eindeutig klaren Fällen den Vorgesetzten fragen und um seine Entscheidung bitten (Rückdelegation). Der gewünschte Effekt der Delegation tritt dann nicht ein.

Richtiges Delegieren ist dagegen wie eine Investition zu betrachten und entsprechend durchzuführen: Zunächst muss die Führungskraft investieren und Zeit und Energie aufwenden, bevor sie daraus den Nutzen ziehen kann. Sie muss sich Zeit für die Planung und Vorbereitung der Delegation, die Einweisung, Schulung und Motivation des Mitarbeiters und auch für angemessene Kontrollen nehmen (Laufer 2005, S. 101 ff.).

4.3.2 Ziele und Orientierungen vermitteln: Zielvereinbarung oder Zielvorgabe

Die Orientierung der Mitarbeiter auf die Erreichung konkreter Ziele stellt eine der wichtigsten Führungsfunktionen dar. Mit Hilfe von Zielen soll den Mitarbeitern eine Orientierung gegeben werden und es soll verdeutlicht werden, dass es nicht darum geht, innerhalb einer bestimmten Zeit zu arbeiten, sondern bestimmte Ergebnisse oder Ziele zu erreichen.

Effektiv formulierte Ziele können eine Vielzahl von motivationalen Funktionen erfüllen (Mitchell / Thompson / George-Falvy 2000, S. 220 – 222).

- Sie informieren den Mitarbeiter darüber, welche spezifischen Leistungen von ihm erwartet werden und wie diese Leistungen erfüllt sein müssen, damit sie als Zielerreichung bewertet werden. Der Mitarbeiter wird über Ziele auch darüber informiert, welches Verhalten nicht gewollt ist und deshalb unterlassen werden sollte.

- Spezifische und herausfordernde Ziele fördern – sofern ausreichend Zeit vorhanden ist – die Entwicklung von effektiven Strategien zur Zielerreichung und damit den effektiven Einsatz von Kräften und Mitteln.

- Ziele bilden für ihn Richtwerte, an denen er abschätzen kann, inwieweit es ihm gelingen wird, Belohnungen des Unternehmens zu erhalten.

- Sie können auch als Basis für leistungsorientierte Vergütungsbestandteile dienen. Dabei kann eine mit Vergütung verbundenen Zielerreichung sehr unterschiedliche Effekte auf die Zielerreichung, auf die Leistung haben. Dieser Effekt kann z. B. negativ sein, wenn die Zielerreichung sehr schwierig ist und viele Mitarbeiter von vornherein damit rechnen müssen, dass sie keine zusätzliche Vergütung erhalten.

- Ziele, die erreicht werden, motivieren für weitere Ziele.

- Eine wichtige Bedingung für das Erreichen von Zielen und Verbesserung der Leistung ist angemessenes Feedback (Mitchell / Thompson / George-Falvy 2000, S. 223). Mitarbeiter müssen wissen, was sie erreicht haben, um ihre Anstrengungen entsprechend ausrichten zu können.

4.3.2.1 Vor- und Nachteile von Zielvorgabe und Zielvereinbarung

In der Praxis findet man sowohl die Zielvorgabe als auch die Zielvereinbarung als Formen der Zielorientierung.

Zielvorgabe	Zielvereinbarung
Bei der Zielvorgabe legt der Vorgesetzte die Ziele für den Mitarbeiter fest, ohne den Mitarbeiter bei der Bestimmung der Ziele zu beteiligen.	Bei einer Zielvereinbarung besprechen Vorgesetzter und Mitarbeiter die Ziele und versuchen gemeinsam die Ziele zu bestimmen.

Abb. 4.8 Formen der Zielorientierung

Zielvereinbarungen stärken das Selbstwertgefühl der Mitarbeiter und sie lernen dabei auch effektive Strategien zur Lösung komplexer Aufgaben zu entwickeln (Mitchell / Thompson / George-Falvy 2000, S. 233 f.). Da Zielvereinbarungen tendenziell Vorteile gegenüber Zielvorgaben haben, sollten Ziele – wenn nicht besondere Gegebenheiten vorliegen – vereinbart und nicht vorgegeben werden (Laufer 2005, S. 43 ff.).

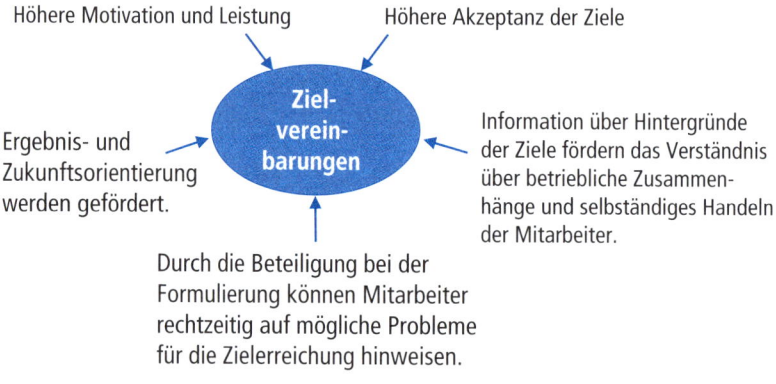

Abb. 4.9 Vorteile von Zielvereinbarungen im Vergleich zu Zielvorgaben

4.3.2.2 Bedingungen des effektiven Einsatzes von Zielen und Zielvereinbarungen

Damit Ziele ihre positive Wirkung entwickeln können, ist eine Reihe von Aspekten zu beachten (Mitchell/Thompson/George-Falvy 2000 sowie Laufer 2005, S. 37 ff.).

Regel	Erläuterung / Begründung
Ziele und nicht Vorsätze oder Wünsche definieren.	Wünschen oder sich vornehmen kann man alles Mögliche und sogar Unmögliche. Bei Zielen muss auch eine Chance der Realisierung gegeben sein. Darüber hinaus sind Ziele Beschreibungen eines bestimmten, angestrebten Endzustands.
Nur notwendige und bedeutsame Ziele vereinbaren.	Notwendig und bedeutsam kann nur eine begrenzte Anzahl von Zielen sein. Damit Mitarbeiter ihre Energie auf die Zielerreichung konzentrieren können, sollte die Anzahl der Ziele auf maximal 3 oder 4 Ziele begrenzt sein.
Bedeutung der Ziele für das Unternehmen klar machen.	Die Mitarbeiter sollten die Notwendigkeit der Zielerreichung nachvollziehen können. Es sollten ihnen deshalb Hintergründe für die Erreichung der Ziele erläutert werden und ihnen mögliche Folgen dargestellt werden, wenn die Ziele nicht erreicht werden.
Nutzen für den Mitarbeiter verdeutlichen.	Bei der Zielbestimmung sollte auch der Nutzen der Zielerreichung für den Mitarbeiter beachtet werden. Es ist unrealistisch und m.E. auch fragwürdig, zu erwarten, dass der Mitarbeiter sich völlig uneigennützig für die Ziele des Unternehmens „aufopfert". Der Nutzen für den Mitarbeiter muss nicht materieller Natur sein, es kann sich auch um immaterielle Anreize handeln. Es muss auch nicht jede einzelne Zielerreichung unmittelbar zu einer materiellen oder immateriellen Belohnung führen; klar muss aber sein, dass die Zielerreichung auch für den Mitarbeiter insgesamt Vorteile bewirkt.
	Bei der Bestimmung der Ziele sollte auch darauf geachtet werden, dass die dazu erforderlichen Anstrengungen in einem akzeptablen, nachvollziehbaren Verhältnis zum angestrebten Nutzen stehen. Falls dies für den Mitarbeiter nicht nachvollziehbar ist, wird er sich bewusst oder unbewusst nicht voll für die Zielerreichung einsetzen; im Extremfall kann es sogar sein, dass er sich schikaniert fühlt.
Schwierigkeitsgrad der Ziele und Beeinflussbarkeit durch den Mitarbeiter verdeutlichen.	Die Ziele müssen herausfordernd und zugleich aber auch realistisch erreichbar sein. Zu hochgesteckte Ziele demotivieren, weil jedem klar ist, dass sie nicht erreicht werden können. Ziele, die zu niedrig festgelegt sind, bewirken keine besondere Motivation (Mitchell / Thompson / George-Falvy 2000, S. 235 – 237). Die Zielerreichung muss dem Mitarbeiter zurechenbar und sie muss im Wesentlichen durch ihn beeinflussbar sein.
Die Zielerreichung sollte kontrollierbar sein.	Die Ziele sollten so formuliert sein, dass ihre Erreichung kontrolliert werden kann. Sofern mit vernünftigem Aufwand machbar, sollten die Ziele möglichst messbar formuliert werden. Nicht: *„Anträge schneller bearbeiten"*. Sondern: *„Die Bearbeitungsdauer pro Antrag beträgt ab dem ersten Januar 10 Minuten."*
	Messbare Ziele vermeiden demotivierende und konfliktträchtige Auseinandersetzungen darüber, inwieweit die Ziele erreicht wurden. Falls dies nicht möglich ist oder zu viel Aufwand erfordert, sind Kriterien zu entwickeln, die aufzeigen, inwieweit man der Zielerreichung näher kommt.
Die Zielerreichung sollte zeitlich fixiert sein.	Ziele müssen terminiert werden, da sie ansonsten unverbindlich werden. Nicht: *„Die Bearbeitungsdauer pro Antrag beträgt in Zukunft 10 Minuten."* Sondern: *„Vom 15. 01. an beträgt die Bearbeitungsdauer pro Antrag 10 Minuten!"*

Regel	Erläuterung / Begründung
Die Ziele sollten einfach und verständlich formuliert werden.	Einfache und klare Zielformulierungen wirken viel intensiver als komplizierte lange Sätze. Häufig fehlt dem Mitarbeiter das notwendige Hintergrundwissen oder auch manchmal das erforderliche Fachwissen oder die Erfahrung, um den Sinn und die Tragweite von bestimmten Zielen zu erkennen. Deshalb ist der Vorgesetzte besonders gefordert, dies mit dem Mitarbeiter bei Zielbestimmung zu klären. Wichtig kann dabei auch die Beobachtung der nonverbalen Kommunikation sein, da sich Unsicherheiten häufig eher in der Körpersprache als in der verbalen Kommunikation äußern.
Ziele so formulieren, dass sie motivieren.	Eine negative Zielformulierung wäre z.B. *„Heute höre ich nicht Radio."* Negative Zielformulierungen geben nur an was nicht getan werden soll und nicht was erreicht werden soll. Sie haben somit eine deaktivierende und demotivierende Wirkung. Ziele sollten deshalb positiv formuliert werden: *„Heute Abend lerne ich von 20.00 bis 22.00 Uhr."*
Ziele in der „Ich-Form" formulieren.	Ziele sind immer aus der Sicht desjenigen zu formulieren, der sie erreichen soll. Nicht: *„Heute Abend wird die Abrechnung erstellt.",* sondern *„Heute Abend mache ich die Abrechnung."* Durch die „Ich-Form" wird klar, dass diese Person das Ziel zu erreichen hat.
Ziele in der Wirklichkeitsform (Indikativ) formulieren.	Formulierungen in der Möglichkeitsform (Konjunktiv), wie: *„Es wäre schön, wenn ich heute Abend die Abrechnung machen würde."* haben keine Verbindlichkeit. Es sind eher vage Wunschformulierungen als konkrete Zielbestimmungen.
Ziele im Präsenz formulieren, so als ob der gewünschte Zeitpunkt schon eingetreten wäre.	Nicht: *„Im Sommer werde ich 10 kg leichter sein und das Spielen von Beachvolleyball um so mehr genießen können."* Sondern: *„Im Sommer wiege ich 88 kg und genieße meine neue sportliche Leistungsfähigkeit."* Durch die Formulierung in der Gegenwart bekommt das Ziel einen anderen Zugang zum Gehirn: Es rückt nicht mehr in weite Ferne. Der Nutzen, der durch das Ziel bewirkt wird, liegt greifbar nahe. Dadurch steigt die Motivation, auch aktiv an die Verwirklichung des Ziels heranzugehen.
Die Ziele schriftlich festlegen.	Dahinter verbirgt sich kein Misstrauen, sondern die Beobachtung, dass „Schriftliches" eine noch stärkere Verbindlichkeit genießt als das gesprochene Wort und dass deshalb auch bei der Formulierung auch mehr auf Klarheit geachtet wird als bei rein verbalen Vereinbarungen.
Weitere Regeln aufstellen.	• Die Mitarbeiter benötigen eine Rückmeldung über die Zielerreichung. • Die Ziele müssen in die betriebliche Zielhierarchie integriert sein. • Die Ziele müssen in sich widerspruchsfrei sein. • Die Voraussetzungen der Zielformulierung müssen festgelegt werden (z. B. Personal und Sachmittel, die zur Verfügung stehen).

Abb. 4.10 Regeln effektiver Ziele und Zielformulierungen

Die wichtigsten Regeln zur Formulierung von Zielen sind in der Merkregel SMART zusammengefasst (Nelson/Economy 1997, S. 152 ff.).

SMART Merkregel zur Formulierung von Zielen

S pecific   → spezifisch und sinnorientiert

M easurable   → messbar, kontrollierbar

A ttainable   → aktionsorientiert, attraktiv
(Nutzen für den Mitarbeiter), erreichbar
und als ob das Ziel bereits erreicht wäre
(Gegenwartsform)

R ealistic   → realistisch und relevant

T ime phased → terminiert und transparent

Abb. 4.11 SMART Merkregel zur Formulierung von Zielen

4.3.3 Anweisungen und Einzelaufträge geben

Sehr häufig genutzte Instrumente der Mitarbeitersteuerung sind Anweisungen und Einzelaufträge. Dem Mitarbeiter wird gesagt, was er zu tun hat und gelegentlich auch wie. Anweisungen werden bevorzugt bei direktivem und/oder autoritärem Führungsstil angewendet. Anweisungen können sinnvoll oder zumindest unvermeidbar sein, wenn schnelles und koordiniertes Handeln erforderlich ist, z. B. bei Gefahren oder besonderem Termindruck, bei hohen Kenntnis- und Informationsunterschieden, um eine einheitliche Bearbeitung von Vorgängen sicherzustellen oder kurzfristig bei wenig motivierten Mitarbeitern. Voraussetzung für einen effektiven Einsatz von Anweisungen ist, dass der Vorgesetzte das Arbeitsgebiet des Mitarbeiters im Detail beherrscht.

Grundsätzlich sollte die Anweisung nur dann eingesetzt werden, wenn sie unvermeidlich ist, da sie viele Nachteile aufweist. Sie lassen dem Mitarbeiter keine Handlungsspielräume und können deshalb für die Mitarbeiter sehr belastend sein. Anweisungen binden Kraft und Zeit. Der Vorgesetzte muss immer sagen, was wie bis wann zu tun ist und dies auch überprüfen. Er muss ständig mitdenken und muss daher andere wichtige Aufgaben vernachlässigen. Mitarbeiter, die ständig mit Anweisungen geführt werden, werden unselbstständig, machen sich keine eigene Gedanken mehr. Anweisungen sind deshalb nicht zur Entwicklung und Förderung der Mitarbeiter geeignet.

Bei der Führung mittels Anweisungen muss die Führungskraft immer wieder, nachdem der Mitarbeiter seinen Auftrag erledigt hat, neue Aufträge für den Mitarbeiter erteilen. Die Führung mithilfe dieses Mittels ist somit langfristig sehr aufwendig. Deshalb gilt für Anweisungen die Grundregel: „So genau wie nötig, so offen wie möglich." (Walter 1998, S. 153).

Falls dennoch Anweisungen gegeben werden müssen, dann kommt es sehr darauf an, wie sie ausgesprochen werden:

- Wird eine Bitte mit ausgesprochen?

- Ist der Tonfall, die Tonlage sehr barsch oder sehr laut?

- Wie ist die Körpersprache?

4.3.4 Sich mit dem Mitarbeiter beraten (Counselling)

Unter „Counselling" versteht man die Führungsaufgabe von Vorgesetzten, ihre Mitarbeiter sowohl persönlich als auch fachlich zu beraten (Armstrong 1993, S. 97ff.).

Dabei verzichtet der Vorgesetzte auf Urteile und Lösungsvorschläge. Seine wesentliche Funktion besteht darin, aufgrund seiner Erfahrungen dem Mitarbeiter zu helfen, selbstverantwortlich berufliche und persönliche Entscheidungen zu treffen.

- In der ersten Phase des Beratungsprozesses sollte die Führungskraft die Schwierigkeiten des Mitarbeiters und dessen Bedürfnis nach Unterstützung erkennen und sich in einem offenen Gespräch das Problem des Mitarbeiters klar machen.

- Anschließend wird mit dem Mitarbeiter zusammen das Problem analysiert, um festzustellen, welche Aspekte das Problem hat und wo man Lösungsansätze finden kann.

- Nach der Analyse und dem Finden von Lösungsansätzen gilt es, konkrete Lösungsschritte einzuleiten. Dabei ist auch zu prüfen, welche Hilfen der Mitarbeiter braucht, z. B. Weiterbildung oder ein Coaching.

4.3.5 Mitarbeiterbesprechungen durchführen

Führungskräfte müssen sicherstellen, dass alle Mitarbeiter die erforderlichen Informationen erhalten, die sie für die Aufgabenerfüllung benötigen und die ihnen helfen, den Sinn bestimmter Maßnahmen und ihrer Aufgaben zu verstehen. Dies kann durch schriftliche Medien (Briefe, Aushänge, E-Mail usw.) oder auch durch persönliche, mündliche Kommunikation erfolgen.

Mitarbeitergespräche finden in der Regel zwischen einem Vorgesetzten und einem Mitarbeiter statt. Wenn mehrere Mitarbeiter teilnehmen, dann spricht man von Mitarbeiterbesprechungen.

Häufig wird die Notwendigkeit einer Mitarbeiterbesprechung nicht ausreichend geprüft oder die Besprechung wird nicht effektiv durchgeführt. Trotzdem sind Meetings und Mitarbeiterbesprechungen ein unverzichtbares Element der Arbeit, sofern sie richtig vorbereitet und durchgeführt werden.

Zunächst sind die Ziele einer Besprechung und deren Notwendigkeit zu klären, da davon abhängt, wer zu der Besprechung eingeladen wird, wer die Besprechung führt und worauf bei der Gesprächsleitung zu achten ist.

Bei einer reinen Informationsvermittlung, bei der kein Informationsaustausch oder Diskussion erforderlich ist, bedarf es keiner Besprechung, da die Informationen auch mittels Briefen, schriftlichen Mitteilungen, E-Mail etc. weiter gegeben werden können.

Wenn es allerdings darum geht,

- komplexe Probleme zu lösen und wichtige Entscheidungen zu treffen,
- Betroffene an einer Entscheidung zu beteiligen und einzubinden sowie persönliche Bedürfnisse zu äußern oder die von anderen zu erfahren,
- Missverständnissen vorzubeugen oder sie auszuräumen,
- soziale Kontakte herzustellen oder sie zu pflegen oder
- sich gegenseitig zu neuen Ideen und Innovationen anzuregen

dann kann es sehr sinnvoll sein, Besprechungen einzuberufen (Laufer 2005, S. 155 ff.).

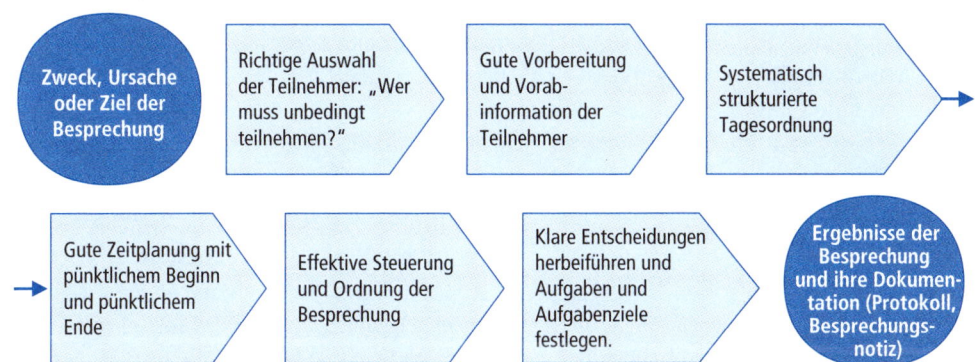

Abb. 4.12 Besprechungen effektiv leiten

4.3.6 Kontrollieren

Die Führungsfunktion „Kontrollieren" dient dazu, die Istleistung des Mitarbeiters mit der vorgegebenen oder vereinbarten Sollleistung zu vergleichen, um feststellen zu können, inwieweit die betrieblichen Ziele erreicht werden und um gegebenenfalls Maßnahmen zur Zielerreichung rechtzeitig einleiten zu können.

Die Fremdkontrolle durch andere Personen wird von speziellen Stellen oder Abteilungen – wie Endkontrolle oder Revisionsabteilung – oder durch den Vorgesetzten durchgeführt. In beiden Fällen kann es zu Konflikten zwischen dem Kontrolleur und dem Kontrollierten kommen. Diese Konflikte können in fehlerhaftem Verhalten des Kontrolleurs begründet sein, wenn die Kontrolle pedantisch durchgeführt wird, wenn sie genutzt wird, um die eigene Macht zu demonstrieren oder um zu schikanieren. Andererseits kann auch das Verhalten des Kontrollierten zu Konflikten führen, wenn er auf sachlich begründete und korrekt durchgeführte Kontrollen mit Überempfindlichkeit oder bei Fehlern mit Uneinsichtigkeit reagiert.

Aufgrund dieses Konfliktpotenzials neigen viele Vorgesetzte dazu, ihre Kontrollfunktion zu vernachlässigen. Dies kann jedoch dazu führen, dass viele positive Effekte der Kontrollfunktion verhindert werden. Deshalb ist es wichtig, dass Führungskräfte sich und den Mitarbeitern den Sinn von Kontrollen verständlich zu machen (Laufer 2005, S. 105 ff.):

- Nur über effektive Kontrollen werden Leistungen der Mitarbeiter richtig wahrgenommen und festgehalten und können somit auch anerkannt werden.

- Durch Kontrollen können Probleme und Fehler rechtzeitig erkannt und Problemlösungen erarbeitet und umgesetzt bzw. Fehler korrigiert werden.

- Kontrollen helfen, Über- und Unterforderungen sowie unzumutbare persönliche Risiken zu erkennen und zu beheben.

- Kontrollen helfen, die Ungewissheit zu verringern, ob man „auf dem richtigen Weg ist", ob man zielgerecht arbeitet.

- Fehler sollten zwar vermieden werden, sie sind aber nicht immer vermeidbar. Sie sind aber auch die Chance zum Erfahrungsgewinn und zum Lernen. Deshalb sollten Kontrollen nicht als Suche nach dem Schuldigen praktiziert werden. Sie sollten stattdessen als eine Chance genutzt werden, aus Fehlern zu lernen, indem man die Ursachen für Fehler ermittelt und Strategien zu ihrer Vermeidung entwickelt. So verstanden sind Kontrollen ein wichtiges Element einer konstruktiven Fehlerkultur und einer lernenden, sich weiterentwickelnden Unternehmenskultur und Organisation.

Wenn Mitarbeitern dieser Sinn von Kontrollen vermittelt wird, dann besteht eine große Chance, dass sie Kontrollen als normaler Bestandteil des Arbeitslebens, als eine Selbstverständlichkeit und nicht als Ausdruck persönlichen Misstrauens wahrnehmen. Die Mitarbeiter verstehen dann Kontrollen nicht primär als Instrument zur Fehlersuche, sondern vor allem als Instrument zum Feststellen und zum Fördern von guten Leistungen.

Kontrollen sind dann nicht mehr nur eine Belastung für die Beziehung von Führungskraft und Mitarbeiter, sondern auch eine Führungsfunktion zur Motivation der Mitarbeiter. Damit dies der Fall ist, sollten auch folgende Empfehlungen beachtet werden:

- Die Kontrolle und die Art ihrer Durchführung sollten vorher erläutert und begründet werden.

- Es sollten nur die wirklich wichtigen, notwendigen Kontrollen durchgeführt werden und nicht aus Prinzipienreiterei auch Nebensächlichkeiten. Diese Kontrollen sollten dann aber auch konsequent – unter Beachtung der zuvor offen gelegten Spielregeln – durchgeführt werden.

- Kontrollen sollten aus einer sachlichen Grundhaltung durchgeführt werden. Es besteht bei Kontrollen die Gefahr, dass man als Kontrolleur leicht aus dem Bewusstseinszustand des kontrollierenden Eltern-Ichs nach der Transaktionsanalyse handelt. Dies bewirkt häufig oder in vielen Fällen fast zwanghaft, dass der Mitarbeiter aus dem angepassten oder dem rebellischen Kindheits-Ich reagiert. Beide Verhaltensweisen führen nicht zu einem sinnvollen Umgang mit Kontrollen, sondern sind sehr konfliktträchtig. Der Kontrolleur sollte deshalb immer wieder versuchen, aus dem Erwachsenen-Ich den Mitarbeiter anzusprechen, wie auch der Mitarbeiter aus dem Erwachsenen-Ich kommunizieren sollte.

• Die Kontrollen sollten unabhängig von der Person des Mitarbeiters gleich durchgeführt werden. Abweichungen vom Gleichbehandlungsgrundsatz sollten nur in begründeten Fällen, wie Einarbeitung oder bei besonderer Fehlerhäufigkeit vorkommen.

• Nur in besonderen Fällen, wie z.B. kriminellen Handlungen, kann es sinnvoll sein, die Kontrolle in Abwesenheit der kontrollierten Person durchzuführen. Ansonsten sollten Kontrollen grundsätzlich nur in Anwesenheit der kontrollierten Person erfolgen.

> **Oskar-Merkregel zur Durchführung von Kontrollen**
> **O** ffen
> **S** achlich
> **K** lar
> **A** bgesprochen
> **R** ücksichtsvoll

Abb. 4.13 Oskar-Merkregel zur Durchführung von Kontrollen

Kontrollart	Mögliche positive Effekte bzw. Voraussetzungen	Mögliche negative Effekte
Selbstkontrolle: Bei der Selbstkontrolle kontrolliert der Mitarbeiter selbst sein Verhalten und seine Arbeitsergebnisse.	Geringster Aufwand Sofortige Fehlerbeseitigung Vertrauensbeweis	Schwierigkeit, eigene Fehler einzugestehen; keine Unvoreingenommenheit. Große Versuchung, eigene Fehler zu vertuschen.
Fremdkontrolle: Die Fremdkontrolle erfolgt durch andere Personen oder durch technische Mittel.	Unvoreingenommenheit des Kontrolleurs Bessere Information des Vorgesetzten	Gefühle der Überwachung und des mangelnden Vertrauens beim Mitarbeiter. Zusätzlicher Aufwand. Gefahr, dass die Eigenverantwortung für das Arbeitsergebnis auf den Kontrolleur verschoben wird. Konfliktpotenzial zwischen Mitarbeiter und Kontrolleur.
Kontrolle durch Personen	Einflussnahme auf den Kontrolleur möglich	Gefühl, dem subjektiven Urteil einer Person unterworfen zu sein.
Kontrolle durch technische Einrichtungen: *Beispiele: Arbeitszeiterfassungsgeräte, Fahrtenschreiber oder die Betriebsdatenerfassung oder mittels spezifischer EDV-Programme.*	Objektive, neutrale Kontrolle	Anonym, einem Gerät ausgeliefert. Diese Kontrolle kann einen Eingriff in Persönlichkeitsrechte des Mitarbeiters darstellen. Es sind neben der Beachtung von Persönlichkeitsrechten des Mitarbeiters auch Mitbestimmungsrechte des Betriebsrates zu beachten.

Kontrollart	Mögliche positive Effekte bzw. Voraussetzungen	Mögliche negative Effekte
Stichprobenkontrolle oder fallweise Kontrolle: Es handelt sich um Einzelfall- oder Stichprobenkontrollen, die zu besonderen Anlässen oder nach dem Zufallsprinzip stattfinden.	Überschaubarer Aufwand	Risiko, dass Fehler nicht erkannt werden, dass die Stichproben zu klein sind.
Fortlaufende oder permanente Kontrolle: Sie dürfte aus Kostengründen nur als technische und nicht als persönliche Kontrolle praktizierbar sein.	Bei Fehlern kann sofort korrigiert werden. Mitarbeiterkonzentration gilt nicht nur dem richtigen Ergebnis, sondern auch dem richtigen Verhalten (wichtig z. B. bei der Einführung neuer Verfahren).	Gefühl permanenter Überwachung; sie sollte aus führungspsychologischer Sicht nur in Extremfällen durchgeführt werden, da sie eine erhebliche Beeinträchtigung der Persönlichkeitswürde darstellt. Hoher Kontrollaufwand. Geringe Eigenverantwortung beim Mitarbeiter.
Ergebniskontrolle: Ergebnis- oder Erfolgskontrollen beziehen sich auf das Arbeitsergebnis.	Keine permanente Überwachung Verantwortungsbewusstsein des Mitarbeiters wird mehr gefordert.	Erst, wenn der Fehler passiert ist, wird kontrolliert und reagiert (*„Das Kind ist in den Brunnen gefallen"*). Die Fehlerkorrektur kann dann sehr teuer oder sogar nicht mehr möglich sein. **Zwischenkontrollen** können deshalb ein guter Kompromiss zwischen fortlaufenden Kontrollen oder Ergebniskontrollen sein.
Ablauf- oder Verfahrenskontrolle: Es werden Arbeitsläufe oder das Arbeitsverhalten von Mitarbeitern kontrolliert.	Erlaubt den schnellen Eingriff, wenn Fehler passieren.	Aufwändig

Abbildung 4.14 Formen der Kontrolle und ihre möglichen Auswirkungen

4.4   Mitarbeiter beurteilen und bewertende Rückmeldungen geben

Mithilfe der Kontrolle wird festgestellt, ob und in welchem Ausmaß eine Differenz zwischen dem Ist- und dem Sollzustand besteht.

Im nächsten Schritt geht es darum, diese Differenz zu beurteilen:

- Hat der Mitarbeiter eine gute oder eine schlechte Leistung vollbracht?
- Handelt es sich bei einer schlechten Leistung um eine bedeutende Differenz zur Sollleistung, die ein Handeln erfordert?
- Was sind die Ursachen für diese Differenz?
- Ist sie dem Mitarbeiter zuzuschreiben oder gibt es andere Ursachen für die Differenz?

Nach dieser Beurteilung der Leistung des Mitarbeiters ist es Aufgabe des Vorgesetzten, dem Mitarbeiter diese Einschätzung mitzuteilen, ihm eine bewertende Rückmeldung zu geben.

Auf der Basis der Beurteilung der Mitarbeiterleistung und dessen Potenzial ist zu entscheiden, ob und in welcher Form die Kompetenz des Mitarbeiters gefördert werden soll.

4.4.1 Beurteilung der Mitarbeiterleistung

In jedem Unternehmen werden ständig Mitarbeiter von ihren Vorgesetzten beurteilt. Auch bei dieser Beurteilung der Leistung und der Persönlichkeit der Mitarbeiter durch den Vorgesetzten handelt es sich um Prozesse der Personenwahrnehmung (Latham/ Latham 2000, S. 204 f.). Die oben bei der Personalauswahl beschriebenen Wahrnehmungstendenzen beeinflussen[3] auch hier das Beurteilungsergebnis.

4.4.1.1 Besondere Wahrnehmungsprozesse bei der Leistungsbeurteilung durch den Vorgesetzten

Führungskräfte müssen ständig ihre Mitarbeiter und deren Leistung beurteilen. Die Deutung und Erklärung von Erfolg und Misserfolg der Leistungen von Mitarbeitern, die Zuschreibung von Ursachen für den Erfolg oder Misserfolg von Mitarbeiten sind einerseits sehr subjektiv und erfolgen im Regelfall auf der Grundlage unzureichender Informationen und haben andererseits bedeutende Auswirkungen auf das Verhältnis von Führungskraft und Mitarbeiter und die Motivation und Leistungen des Mitarbeiters.

Die Attributionstheorie der Führung beschreibt, von welchen Bedingungen es abhängt, ob eine Führungskraft gute bzw. schlechte Leistungen von Mitarbeiter auf mangelnde Motivation oder Fähigkeiten der Mitarbeiter oder aber auf die Umstände der Arbeit, wie mangelhafte Werkzeuge, ungenügende Informationen, mangelnde Unterstützung durch andere, zurückführt (Yukl 2010, S. 241 f.). Diese Einschätzung der Führungskraft über die „Schuld oder Nicht-Schuld" des Mitarbeiters für eine schlechte Leistung hat wiederum Auswirkungen, wie die Führungskraft den Mitarbeiter beurteilt und wie sie sich ihm gegenüber verhält.

Eine schlechte Leistung wird nach der Attributionstheorie der Führung von Führungskräften eher mit äußeren Umständen der Arbeit erklärt (Yukl 2010, S. 241), wenn nach Einschätzung der Führungskraft der Mitarbeiter

- bisher derartige Aufgaben gut bewältigt hat,

- ähnlich gute Ergebnisse wie andere Mitarbeiter bei dieser Aufgabe erreicht,

- andere Aufgaben gut erledigt,

- die schlechte Erledigung dieser Aufgaben keine bedeutsamen, gravierenden Konsequenzen hat,

- der Erfolg der Führungskraft auch von der Leistung des Mitarbeiters abhängt,

---

3 Vgl. Kapitel 4.2.1 „Wahrnehmungs- oder Beurteilungstendenzen bei Personalentscheidungen"

- zusätzliche „Qualitäten" hat und z. B. bei seinen Kollegen sehr beliebt ist oder ein hohes Ansehen genießt oder

- wenn es klare Hinweise dafür gibt, dass die schlechte Arbeitsleistung durch äußere Umstände verursacht ist, für die man den Mitarbeiter nicht verantwortlich machen darf.

Wenn die Führungskraft auch diese Aufgaben auszuführen hat, dann ist sie eher bereit, schlechte Ergebnisse auf äußere Umstände zurückzuführen.

Die Deutung oder Zuschreibung (Attribution) schlechter Arbeitsleistungen von Mitarbeiten durch ihre Führungskraft auf äußere Umstände (externale Zuschreibung oder external Locus of Control) oder auf Ursachen, die in der Person des Mitarbeiters, wie mangelnde Fähigkeiten oder Motivation (internale Zuschreibung oder internal Locus of Control), hängt auch davon ab, ob die Führungskraft selbst dazu neigt, Handlungsergebnisse eher external oder internal zuschreiben (Yukl 2010, S. 241). Diese generellen Tendenz von Personen ist in Kapitel 1 bei der Beschreibung des Prozesses der Mitarbeitermotivation dargestellt.

Auch die Beziehungen zwischen Führungskraft und Mitarbeiter bestimmen die Erklärung und Deutung von Leistungen. Wenn Mitarbeiter der Führungskraft sympathisch sind, dann werden deren gute Leistungen auf die besonderen Fähigkeiten und Einsatzbereitschaft der Mitarbeiter zurückgeführt und schlechte auf unglückliche oder ungünstige situative Bedingungen.

Die Ursachenerklärungen für schlechte Leistung sind sehr bedeutsam, da sie das Verhalten der Führungskraft gegenüber dem Mitarbeiter wesentlich beeinflussen und damit auch Auswirkungen auf die Motivation des Mitarbeiters und auf die Zusammenarbeit des Vorgesetzten mit dem Mitarbeiter haben (Nerdinger 2003, S. 79 ff.):

- Wenn die Führungskraft schlechte Mitarbeiterleistungen auf zu geringe Einsatzbereitschaft und Motivation zurückführt, dann wird sie tendenziell diese Leistungsdefizite schlechter beurteilen und auf den Mitarbeiter einen höheren Leistungsdruck ausüben, weniger Rücksicht auf die Bedürfnisse des Mitarbeiters nehmen, ihn intensiver kontrollieren und ihn unter Umständen auch häufiger z. B. durch Missachtung oder Zuweisung unangenehmer Aufgaben bestrafen wollen.

- Falls der Vorgesetzte das Leistungsdefizit auf mangelnde Fähigkeiten zurückführt, sodass der Mitarbeiter trotz seiner großen Leistungsbereitschaft die Ziele nicht erreichen konnte, dann wird er eher zu einer milderen Beurteilung der Leistung neigen und dem Mitarbeiter z. B. Schulungen oder Aufgaben, die seinen Fähigkeiten entsprechen, anbieten.

- Falls die Führungskraft die schlechte Arbeitsleistung des Mitarbeiters auf äußere Umstände der Arbeit zurückführt, dann wird die Führungskraft eher bereit sein, die Umstände der Arbeit entsprechend zu korrigieren und z. B. mehr oder bessere Arbeitsmittel oder Materialien zur Verfügung stellen (Yukl 2010, S. 241).

Da sich diese Tendenzen der Wahrnehmung und Bewertung von Menschen nicht vermeiden lassen, müssen sich Führungskräfte immer wieder bewusst machen, dass all ihre Beurteilungen subjektive Urteile sind und fehlerhaft sein können. Sie sollten deshalb ihre Beurteilungen immer wieder kritisch überprüfen, insbesondere dann, wenn diese Beurteilungen bedeutsame Auswirkungen für ihre Mitarbeiter haben können. Sinnvoll ist es dabei die Regeln zu beachten, die oben im Zusammenhang mit der Auswahl von Mitarbeitern dargestellt sind.

4.4.1.2 Taktisches Verhalten von Führungskräften bei der Beurteilung von Mitarbeitern

Die Beurteilung ist sowohl für die Führungskraft als auch für den Mitarbeiter eine besondere, in der Regel heikle Situation. Beide sollen auch nach einer Beurteilung gut zusammenarbeiten. Oftmals haben jedoch Vorgesetzte eine Scheu vor Konflikten mit dem Mitarbeiter oder haben ein übertriebenes Harmoniestreben und beurteilen deshalb alle Mitarbeiter weitgehend gleich und eher zu gut. Gelegentlich kann man auch die Praxis des „Fortlobens" feststellen: Vorgesetzte beurteilen unfähige oder unbequeme Mitarbeiter zu positiv, damit sie durch Beförderung eine andere Stelle im Unternehmen erhalten. Es gibt jedoch auch das Gegenteil: Gute Mitarbeiter werden eher zu wenig gut beurteilt, damit sie im Verantwortungsbereich des Vorgesetzten verbleiben. Manchmal kann es auch dazu kommen, dass Vorgesetzte aus Bequemlichkeit oder aus Überlastung frühere Beurteilungen übernehmen (Laufer 2005, S. 116 ff.).

All diese Verhaltensweisen sind Pflichtverletzungen. Sie können längerfristig dazu führen, dass die Führungskraft von ihren Mitarbeitern und eventuell auch von ihrem Vorgesetzten als nicht mehr vertrauenswürdig eingeschätzt wird und somit nicht mehr effektiv führen kann.

Die Art und Weise, wie eine Führungskraft Beurteilungen (Urteilstendenzen) durchführt, gibt auch zugleich Auskunft über die Führungskraft. So kann man feststellen, dass es Vorgesetzte gibt, die eine Tendenz zu milden Urteilen haben, während es andererseits auch Vorgesetzte gibt, die generell eher streng urteilen, während andere sich wiederum scheuen, klare Urteile abzugeben und deshalb eine Tendenz zu mittleren Urteilen erkennen lassen.

4.4.2 Den Mitarbeitern die Einschätzung ihrer Leistung mitteilen und mit ihnen besprechen (bewertende Rückmeldungen)

Bewertende Rückmeldungen sind Mitteilungen des Unternehmens – in der Regel durch den unmittelbaren Vorgesetzten – an den Mitarbeiter über die in den Soll-Ist-Vergleichen (Kontrollen) festgestellten Befunde.

Bewertende Rückmeldungen sollen zwei sehr wichtige Funktionen erfüllen:

• Der Mitarbeiter erhält Informationen darüber, wie sein Leistungsstand gesehen und bewertet wird.

- Durch Bestätigung, Belobigung oder Korrektur (Kritik, Nachregulierung) soll eine zielgerichtete Steuerung der Mitarbeitermotivation und des Mitarbeiterverhaltens erreicht werden.

Beide Funktionen dienen dem Hauptziel: Eine gute Leistung des Mitarbeiters sicherzustellen bzw. zu fördern.

4.4.2.1 Auswirkungen der bewertenden Rückmeldungen auf die Motivation der Mitarbeiter

Bei der Darstellung des Prozessmodells der Mitarbeitermotivation in Kapitel 1 wurde erläutert, dass die Deutung und Interpretation der Ursachen von Erfolg oder Misserfolg von Handlungen in hohem Maße die Motivation bestimmt, diese Handlung wieder auszuführen. Diese Deutung vollbringt zunächst der Mitarbeiter selbst (Nerdinger 2003, S. 74 ff.). Durch die bewertende Rückmeldung des Vorgesetzten erhält er aber auch die Deutung seines Erfolges oder Misserfolges aus der Sicht seines Vorgesetzten und damit indirekt des Unternehmens. Die Deutung des Erfolges oder Misserfolges durch den Mitarbeiter kann in hohem Maße durch die Kommunikation der Deutung des Vorgesetzten beeinflusst werden. Dabei spielt neben dem Sachinhalt der Aussage auch die Art und Weise, wie diese Deutung mitgeteilt wird, eine erhebliche Rolle. Neben dem Einsatz von bestimmten Gesprächstechniken, wie z. B. Ich-Botschaften, ist dabei auch die nonverbale Kommunikation zu beachten. Ebenfalls bedeutsam sind die Beziehungen zwischen der Führungskraft und dem Mitarbeiter und wie der Mitarbeiter seinen Vorgesetzten einschätzt, z. B. als kompetent oder inkompetent, als mitarbeiterorientiert oder nicht.

Durch die bewertenden Rückmeldungen kann der Vorgesetzte Einfluss nehmen, welche Ursachen der Mitarbeiter für den Erfolg oder Misserfolg verantwortlich macht. Um eine möglichst hohe Motivation der Mitarbeiter sicherzustellen, sollte der Vorgesetzte den Mitarbeiter unterstützen, dass er den Erfolg oder Misserfolg auf Faktoren zurückführt, die der Mitarbeiter beeinflussen kann (Nerdinger 2003, S. 74 ff.).

Beispiel: Bei Misserfolg neigen die meisten Menschen dazu, dafür äußere Umstände, z. B. bei Verkäufern die Kaufzurückhaltung der Kunden aufgrund der schlechten Konjunktur, verantwortlich zu machen. Damit wird das Selbstwertgefühl geschützt. Es ist dann nicht die Schuld des Verkäufers, wenn der Kunde nicht gekauft hat. Diese subjektive Erklärung des Misserfolges führt jedoch dazu, dass der Verkäufer keine Veranlassung sieht, sein Verhalten zu ändern und sich mehr bei seinen Verkaufsbemühungen anzustrengen, d. h. motivierter zu arbeiten. Es könnte sogar sein, dass er bei einer derartigen Deutung seine Anstrengungen weiter reduziert und auf bessere Zeiten hofft. Dies ist aber für das Unternehmen eine unerwünschte Konsequenz. Aufgabe des Vorgesetzten ist es deshalb – bei aller Würdigung des Einflusses externer Umstände – dem Mitarbeiter die Bedeutung und die Möglichkeiten eigener Anstrengungen für den Verkaufserfolg zu verdeutlichen. Die Führungskraft versucht somit, die Ursachenzuschreibung des Mitarbeiters zu beeinflussen und ihn damit indirekt zu mehr Verkaufsbemü-

hungen zu motivieren. Dies funktioniert jedoch nur so lange, wie der Mitarbeiter das Gefühl hat, dass er sich noch steigern kann, dass er seine Verkaufsbemühungen intensivieren kann.

Wenn der Mitarbeiter das Gefühl hat, dass er sich so sehr angestrengt hat, wie es geht, dann kann der Hinweis des Vorgesetzten auf mangelnde Anstrengungen zur Demotivation führen. Da sich der Mitarbeiter aus seiner Sicht maximal angestrengt hat, kann sein Misserfolg nur an den äußeren Umständen oder an seinen mangelnden Fähigkeiten liegen. Die Ursachenerklärung oder -deutung schlägt um: Die äußeren Umstände kann er nicht beeinflussen und seine Fähigkeiten sind zumindest kurzfristig auch nicht veränderbar. Folglich macht es aus seiner Sicht keinen Sinn, sich besonders anzustrengen; der Mitarbeiter ist völlig demotiviert.

Für die weitere Motivation ist es somit sehr wichtig, inwieweit der Mitarbeiter seine mangelnden Fähigkeiten als unveränderbar ansieht. Sofern der Vorgesetzte jedoch in dem Mitarbeiter das Potenzial sieht, sich diese Fähigkeiten anzueignen, muss er versuchen, den Mitarbeiter in seinem Glauben an seine Lernfähigkeit zu bestärken.

Aber auch die Erklärung des Misserfolges durch äußere Umstände sollte nicht einfach negiert werden. Zunächst ist es für den Mitarbeiter wichtig, wenn die äußeren Umstände besonders hinderlich für den Erfolg sind, dass der Vorgesetzte dies wahrnimmt und Verständnis zeigt. Anschließend können Vorgesetzter und Mitarbeiter gemeinsam überlegen, wie man trotz ungünstiger Umstände erfolgreich sein kann, z.B. durch andere Vorgehensweisen beim Verkauf.

Bei dieser Vorgehensweise können selbst Deutungen des Mitarbeiters für seinen Misserfolg durch äußere Umstände oder mangelnde Fähigkeiten in motivierende Deutungen umgewandelt werden, wenn es dem Vorgesetzten gelingt, dem Mitarbeiter aufzuzeigen, dass er auch durch eigene Anstrengungen, indem er seine Fähigkeiten erweitert oder indem er neue Vorgehensweisen praktiziert, Erfolg haben kann. In diesem Fall wird die Deutung des Misserfolgs durch äußere Umstände (externale Attribution) oder die Deutung des Misserfolgs aufgrund eigener mangelnder Fähigkeiten (internale, aber nicht leicht veränderbare stabile Attribution) umgewandelt oder verknüpft mit der eigenen Anstrengung, Neues zu lernen oder anders zu verkaufen. Dies ist eine internale Attribution, die vom Willen des Mitarbeiters abhängt und veränderbar ist. Es hängt dann vor allem von der Motivation des Mitarbeiters, seinem Willen ab, sich neue Fähigkeiten oder Vorgehensweisen anzueignen und sie zu praktizieren.

Nach diesen Erläuterungen zur motivationalen Bedeutung bewertender Rückmeldungen durch den Vorgesetzten soll im Folgenden auf die Vorgehensweisen beim Aussprechen bewertender Rückmeldungen eingegangen werden. Viele Führungskräfte haben Schwierigkeiten mit dem Aussprechen von bewertenden Rückmeldungen, sowohl von Lob und Anerkennung als auch von Korrektur oder (negativer) Kritik. Deshalb halten sie sich damit zurück und verzichten auf die bewusste Nutzung eines wichtigen Steuerungs- und Beeinflussungsinstrument.

4.4.2.2 Mitarbeiterverhalten bestätigen, loben und anerkennen

Bestätigungen drücken aus, dass die Leistungen des Mitarbeiters den Soll-Vorstellungen entsprechen.

Dem Mitarbeiter wird durch Bestätigungen mitgeteilt, dass er auf dem richtigen Weg ist. Bestätigungen helfen dadurch, Gefühle der Unsicherheit beim Mitarbeiter zu vermeiden (Mentzel/Grotzfeld/Dürr 2001, S. 67 ff.). Bei einer normalen, ordentlichen Leistung ist die Bestätigung die angemessene Reaktion. Wenn allerdings Mitarbeiter eine herausragende Leistung erbracht haben, dann sollte ihnen Anerkennung ausgesprochen werden.

Maßstab für die Anerkennung ist die individuelle Leistungsfähigkeit des jeweiligen Mitarbeiters, das heißt, ein anderer Mitarbeiter würde möglicherweise für die gleiche Leistung keine Anerkennung erhalten, wenn seine Leistungsfähigkeit deutlich höher ist. Es sollte dann bei der Anerkennung deutlich werden, dass die individuelle Leistungssteigerung und nicht die Leistungshöhe anerkannt wird.

Ähnlich wie bei der Korrektur sollte die Führungskraft nicht den Menschen, sondern das Verhalten, die Leistung anerkennen. Es kann durchaus vorkommen, dass die Führungskraft kurz nach einem Lob die gleiche Person kritisieren oder korrigieren muss. Wenn sie sich in beiden Fällen jeweils auf spezifische Verhaltensweisen konzentriert, dann ist dies nicht widersprüchlich.

Aus der Lernpsychologie weiß man, dass eine schnelle Belohnung weitaus effektiver das Verhalten beeinflusst als eine spätere Belohnung. Deshalb sollte sehr schnell, wenngleich nicht unüberlegt, bestätigt oder gelobt werden.

Das Lob sollte nicht dazu missbraucht werden, um z.B. jemandem eine unangenehme Aufgabe zu übertragen. Es ist auch wichtig, das Lob von anderen, z.B. nächsthöherem Vorgesetzten oder Kunden, an die Mitarbeiter weiterzugeben.

4.4.2.3 Mitarbeiterverhalten korrigieren und kritisieren

Korrekturen dienen dazu, Abweichungen vom Soll zu verringern, zu korrigieren. Ähnlich wie die Bestätigung haben sie einen sachlichen Charakter.

Eine **Kritik** des Mitarbeiterverhaltens ist bei erheblichen und vor allem bei wiederholten Abweichungen von den Soll-Vorstellungen des Unternehmens erforderlich.

Eine Führungskraft, die aus Harmoniebedürfnis, fehlendem Selbstvertrauen oder mangelnder Konfliktbereitschaft ihre Mitarbeiter nicht angemessen kritisiert, handelt unverantwortlich: Sie gibt ihren Mitarbeitern keine Chance, ihr Fehlverhalten zu korrigieren oder aber klarzustellen, dass es sich gar nicht um ein Fehlverhalten handelt.

Bedeutsamer als die Kritik ist die Korrektur, da es in erster Linie nicht um Schuldzuweisungen, sondern um Verhaltensverbesserungen gehen sollte. Deswegen müssen sich Führungskräfte sehr davor hüten, Kritikgespräche zu führen, um ihre eigene Unzufriedenheit loszuwerden. Dies kann dazu führen, dass die Beziehungen zwischen Mitarbeiter und Führungskraft grundlegend gestört werden.

Ein Kritikgespräch kann zu sehr heiklen und emotional aufgeladenen Situationen führen und die weitere Zusammenarbeit sehr erschweren. Um diese Gefahr zu verringern, sollte die Führungskraft eine Reihe von Empfehlungen bei der Gesprächsführung beachten (Mentzel / Grotzfeld / Dürr 2001, S. 70 ff.).

Regeln für Führung eines Kritik- und Korrekturgesprächs

- Vor dem Gespräch sollte die Führungskraft überprüfen, was sich genau ereignet hat und sich nicht auf Mutmaßungen und Hörensagen verlassen. Diese können nur Anlass für eigene Nachforschungen sein.

- Im Regelfall ist es sinnvoll, das Gespräch unter vier Augen zu führen.

- Die Führungskraft sollte zum Anfang des Gespräches den Anlass benennen und kurz den Ablauf und die Vorgehensweise erläutern. Dies dient dazu, den Bezugsrahmen für das Gespräch darzustellen und zu klären.

- Das mögliche Fehlverhalten des Mitarbeiters sollte möglichst sachlich beschrieben werden. Der Mitarbeiter sollte dann die Gelegenheit erhalten, sich dazu zu äußern. Die Führungskraft sollte sich geduldig, verständnisvoll und unvoreingenommen den Standpunkt des Mitarbeiters anhören. Sie sollte dabei offen sein und nichts unterstellen.

- Da es auch um Emotionen geht, sollte sie es auch akzeptieren, wenn der Mitarbeiter seinen Gefühlen Luft macht, wenngleich in einem zumutbaren Rahmen.

- Sofern erforderlich, sollte sie versuchen, durch gezielte Fragen zu anderen Sichtweisen anzuregen, indem z.B. nach möglichen Konsequenzen des Fehlverhaltens (Tragweite) gefragt wird. Dabei kann es auch erforderlich sein, die Gründe oder die Ursachen für dieses Verhalten herauszuarbeiten. Wichtig ist aber nicht die Vergangenheitsbewältigung, sondern in erster Linie das richtige Verhalten zukünftig sicherzustellen.

- Wenn der Mitarbeiter sein Fehlverhalten eingesehen hat, dann werden Maßnahmen erarbeitet und vereinbart, wie dieses Verhalten künftig vermieden werden kann.

- Es sollte dem Mitarbeiter mitgeteilt oder evtl. mit ihm abgesprochen werden, wie sein Verhalten überprüft und kontrolliert wird.

- Die Führungskraft sollte sich um einen positiven und einvernehmlichen Gesprächsabschluss bemühen, indem sie z.B. den Gesprächsablauf und die Atmosphäre würdigt und positive Erwartungen und ihre Wertschätzung des Mitarbeiters ausdrückt.

Trotz dieses Vorgehens kann es sein, dass sich das beanstandete Mitarbeiterverhalten nicht wesentlich ändert. Dann ist das gesamte Verfahren zu wiederholen. Bei grundlegenden Verhaltens- oder Motivationsproblemen kann nicht erwartet werden, dass sich dieses Verhalten aufgrund nur eines Gespräches befriedigend ändert. Bei manchen Mitarbeitern muss der Prozess von der Problemanalyse bis zur Vereinbarung oder evtl. Vorgabe von Maßnahmen wiederholt werden – dann allerdings mit steigendem Nachdruck und Hinweis auf mögliche Konsequenzen, zu denen auch eine Kündigung gehören kann.

4.4.2.4 Empfehlungen zur Durchführung des Beurteilungsgespräches

Neben den alltäglichen Rückmeldungen in Form von Bestätigung und Anerkennung bzw. Korrektur und Kritik gibt es in vielen Unternehmen regelmäßige institutionalisierte Beurteilungen und das Gespräch zwischen dem Vorgesetzten und dem Mitarbeiter über diese Beurteilung. Grundlage dieser Gespräche ist die Leistungsbeurteilung, die in der Regel auf der Basis eines Formulars erstellt wird. Üblicherweise erfolgt diese Leistungsbeurteilung einmal jährlich oder bei besonderen Anlässen, wie Versetzung.

Das Beurteilungsgespräch dient dazu, dem Mitarbeiter die Beurteilung mitzuteilen und zu erläutern.

Ziele des Beurteilungsgesprächs sind die Anerkennung und Bestätigung guter Leistungen und die Korrektur und Verbesserung unbefriedigender oder schlechter Leistungen. Mitarbeiter und Führungskraft stehen in der Regel dem Beurteilungsgespräch mit gemischten Gefühlen gegenüber:

- Die Führungskraft sieht sich in einer Rechtfertigungssituation. Es wird von ihr erwartet, dass sie ihre Bewertungen stichhaltig begründen, wenn nicht sogar beweisen kann.

- Der Mitarbeiter empfindet häufig ein Gefühl des Ausgeliefertseins und ist skeptisch.

Es ist deshalb sinnvoll folgende Regeln bei der Gestaltung des Beurteilungsgespräches zu beachten (Mentzel / Grotzfeld / Dürr 2001, S. 54 ff.):

- Gute Vorbereitung und rechtzeitige Einladung.

- Gespräch unter vier Augen, es sei denn, der Mitarbeiter möchte sein Recht wahrnehmen und den Betriebsrat hinzuziehen. In diesem Fall sollte auch der Vorgesetzte erwägen, eine zweite Person dazu zu bitten, z. B. einen Mitarbeiter aus der Personalabteilung.

- Die Führungskraft gibt einen kurzen Überblick über den Ablauf und die Vorgehensweise.

- Zunächst sollte der Mitarbeiter auf der Basis seiner eigenen Vorbereitung darstellen, was aus seiner Sicht
  - gut gelaufen ist und warum,
  - nicht so gut gelaufen ist und warum nicht,
  - ihm bei der Arbeit Freude gemacht und ihn motiviert hat und was ihn geärgert und behindert hat.

- Die Führungskraft sollte dabei den Mitarbeiter möglichst nicht unterbrechen, gut (aktiv) zuhören und nur bei Unklarheiten nachfragen.

- Anschließend geht die Führungskraft auf die Ausführungen des Mitarbeiters ein, indem sie seine Ausführungen bestätigt, korrigiert und ergänzt sowie Gemeinsamkeiten und Abweichungen der Sichtweisen aufzeigt.

- Der Mitarbeiter sollte sich dazu äußern können und es sind gemeinsam Klärungen vorzunehmen.

- Zusammen mit dem Mitarbeiter sollten dann Problemlösungen erarbeitet werden. Dabei sollten konkrete Hinweise zur Verbesserung erfragt bzw. gegeben und gemeinsam nach Möglichkeiten zur Entwicklung und Förderung des Mitarbeiters gesucht werden. Durch diese Vorgehensweise wird auch der Mitarbeiter mitverantwortlich für die Realisierung der gemeinsam entwickelten Maßnahmen.

- Die Führungskraft sollte darauf achten, dass sie nichts verspricht, was sie nicht halten will oder kann.

- Die wesentlichen Aspekte des Beurteilungsgesprächs sollten schriftlich festgehalten werden.

- Im Interesse an einer guten Zusammenarbeit sollte die Führungskraft und auch der Mitarbeiter das Gespräch möglichst nicht disharmonisch enden lassen.

4.5   Mitarbeiter entwickeln

Aufgrund der Beurteilung kann man zum Ergebnis kommen, dass der Mitarbeiter nicht die ausreichenden Fähigkeiten hat oder dass er geeignet ist, weitergehende Aufgaben wahrzunehmen. In beiden Fällen kann es erforderlich sein, den Mitarbeiter und sein Leistungspotenzial weiterzuentwickeln. Voraussetzung dafür ist jedoch, dass man das Leistungspotenzial des Mitarbeiters als ausreichend einschätzt.

4.5.1 Mitarbeiterpotenziale einschätzen

Viele Mitarbeiter haben Fähigkeiten, Stärken und Neigungen, die sie am gegenwärtigen Arbeitsplatz nicht voll einbringen können. Ihre Möglichkeiten übersteigen das derzeit von ihnen geforderte Niveau, das heißt, sie haben Potenzial für weitergehende Aufgaben oder sogar Stellen. Eine wichtige Aufgabe eines Vorgesetzten ist es, diese Potenziale zu erkennen und sie für das Unternehmen und den Mitarbeiter nutzbar zu machen.

Während sich die Leistungs- oder Personalbeurteilung auf die in der Vergangenheit gezeigten Leistungen und Verhaltensweisen bezieht, ist es Zielsetzung der Potenzialanalyse, Aussagen über zukünftige Leistungen und Einsatzmöglichkeiten zu machen.

Es handelt sich somit um eine Prognose mit den damit verbundenen Unwägbarkeiten. Basis dieser Prognose sind häufig die in der Vergangenheit bis heute gezeigten Arbeitsleistungen. Dies ist aber keine verlässliche Grundlage, da aktuelle Arbeitsleistungen nicht immer verlässliche Aussagen über die Leistungsfähigkeit bei anderen, höherwertigeren und vielfach komplexeren Aufgaben geben können.

Es ist deshalb erforderlich, ein Profil der Stärken, Schwächen und Neigungen des Mitarbeiters zu erstellen und daraus eine Potenzialeinschätzung vorzunehmen, die man dann mit den Anforderungen zukünftiger Aufgaben vergleichen kann. Da es dabei um

eine Aufgabenstellung mit hoher Ungewissheit und vielen Doppel- und Zweideutig-
keiten (Ambiguitäten) handelt, wurden dazu eine Reihe von Verfahren, z.B. Simula-
tionen von Elementen der künftigen Aufgaben im Rahmen eines Assessment Centers,
entwickelt, bei deren Anwendung im Regelfall auch andere Personen, z.B. aus dem Bereich der Personalentwicklung oder externe Berater und nicht nur die jeweiligen Vorgesetzten, beteiligt sind.

4.5.2 Mitarbeiter fördern

Ausgehend von den Ergebnissen der Potenzialanalyse wird mithilfe der Personalentwicklung versucht, die festgestellten Defizite zu mindern oder auszugleichen.

Die Förderung der Mitarbeiter kann durch Maßnahmen am Arbeitsplatz („Training on
the Job") und durch Maßnahmen außerhalb der Arbeit („Training off the Job") erfolgen.
Beim Training on the Job kann das Erlernte unmittelbar angewendet werden. Vorteile
eines Trainings off the Job dagegen sind schnelles, konzentriertes Lernen. Der Mitarbeiter kann üben und Fehler machen, ohne dass dies negative Auswirkungen hat.

4.5.3 Mitarbeiter coachen

In Anlehnung an die Funktion eines persönlichen Coaches im Leistungssport hat man
auch für das Wirtschaftsleben das Coaching entwickelt und eingeführt. Es handelt sich
dabei um eine sehr intensive, persönliche und auf die spezifischen Bedürfnisse des Mitarbeiters und des Unternehmens abgestimmte Beratung mit dem Ziel, das Leistungsvermögen des Mitarbeiters zu entwickeln und zu verbessern.

Coaches erarbeiten mit dem zu coachenden Mitarbeiter, den Coachees, die für den Erfolg erforderlichen Fertigkeiten und Fähigkeiten. Es ist nicht Aufgabe des Coachs, die
Probleme des Mitarbeiters zu lösen, sondern ihm zu helfen, das Potenzial zu entwickeln
und zu nutzen, damit er seine Probleme in Zukunft selbst lösen kann.

Das Coaching kann durch den jeweiligen Vorgesetzten, durch einen Coachingspezia-
listen im Unternehmen oder durch einen externen Coach erfolgen. Externes Coaching
wird häufig bei Führungskräften angewendet, während Coaching durch den direkten
Vorgesetzten in der Unternehmenspraxis zunehmend an Bedeutung gewinnt.

Das Coachen von Mitarbeitern durch den Vorgesetzten erfolgt im Wesentlichen nach
den gleichen Regeln und Phasen wie das Coachen durch externe Coaches.

Typische Coachingphasen sind:

1. **Einstieg in das Coaching**
   Beim Einstieg wird geklärt, warum ein Coaching erforderlich ist und was das Ziel
   des Coachings ist. Häufig haben Mitarbeiter das erforderliche Wissen, sie sind aber
   unsicher bei der Anwendung des Wissens. Da es neben der Weiterentwicklung der
   Stärken auch um das Überwinden von Schwächen geht, müssen sorgfältig die Defi-

zite, aber auch die Stärken gemeinsam herausgearbeitet werden. Der Coachee spricht über seine Erwartungen und evtl. auch seine Befürchtungen und der Coach erläutert ihm seine Methoden und Vorgehensweise.

2. **Ziele und Vorgaben festlegen und klären**
   Coachees haben oft nur ein diffuses Gefühl über ihre Probleme. Mit Hilfe des Coaches wird die Problemlage untersucht und Ziele des Coachingprozesses festgelegt. Hierbei sind z.B. Fragen zu klären, wie:
   - Welche Ziele wollen der Coach und der Coachee erreichen?
   - Wie viel Zeit steht für das Coaching zur Verfügung?

3. **Maßnahmen und Lösungen erarbeiten**
   Nach der Entwicklung von Zielen und Klärung der Vorgaben und Rahmenbedingungen werden die genaueren Ziele des Coachings festgelegt und die dazu erforderlichen Maßnahmen besprochen und umgesetzt sowie geklärt, welche Unterstützungen der Coachee benötigt.

4. **Selbstvertrauen stärken**
   Bei der Durchführung eines Coachingprozesses erlebt der Coachee viele Veränderungen und muss sich mit vielen Erlebnissen auseinandersetzen. Solche intensiven Lernprozesse führen in der Regel zu Verunsicherungen. Alte Gewohnheiten sollen abgelegt werden, die neuen Verhaltensweisen sind aber noch nicht vertraut. In dieser Phase ist es wichtig, das Selbstvertrauen des Coachees z.B. durch bestärkendes Feedback oder das Weitergeben von Erfahrungen oder Erlebnissen des Coaches zu stärken.

5. **Erfolgskontrolle und Abschluss des Coaching**
   Coach und Coachee bewerten zusammen die Zielerreichung und beenden gemeinsam den Coachingprozess.

4.6 Änderungsprozesse durchführen und mit Mitarbeiterwiderständen umgehen

Die Interessen der Mitarbeiter und des Unternehmens bzw. der Führungskraft sind häufig nicht identisch. Häufig gibt es auch trotz aller Kommunikation und Information unterschiedliche Kenntnisse über betriebliche Sachverhalte, Planungen und Strategien. Dies führt häufig dazu, dass Mitarbeiter Widerstand leisten, insbesondere bei betrieblichen Änderungsprozessen.

4.6.1 Änderungs- und Anpassungsprozesse durchführen

Die Durchführung von Änderungs- und Anpassungsprozessen stellt seit den neunziger Jahren des 20. Jahrhunderts keine Ausnahmesituation für die Unternehmen dar, sondern sie ist eine Daueraufgabe, die Unternehmen erfolgreich bewältigen müssen, um ihre Wettbewerbsfähigkeit sicherzustellen.

Menschen mögen zwar durchaus Wandel und Veränderung, aber in den meisten Fällen nur in einem für sie absehbaren Umfang. Aufgrund der Dynamik der Weltwirtschaft sehen Führungskräfte jedoch häufig Veränderungen als erforderlich an, die weit über das von ihren Mitarbeitern akzeptierte Maß hinausgehen. Die Mitarbeiter leisten dann Widerstand (Robbins 2001, S. 633 ff.).

Abb. 4.15 Gründe für Widerstand bei Änderungsprozessen

Dieser Widerstand kann sich in unterschiedlichen Formen ausdrücken.

- Es kann sein, dass die Mitarbeiter sich gegen die Veränderungen offen aussprechen und dass sie versuchen, diese Veränderungen offen zu verhindern, z.B. indem sie gegen Veränderungen ihrer Arbeitsbedingungen klagen oder indem Mitarbeitervertreter, z.B. Betriebsräte, ihre Mitbestimmungsrechte entsprechend geltend machen.

- Der Widerstand kann jedoch auch in versteckter, sublimer Form erfolgen. Mitarbeiter tragen die Veränderungen nicht mit oder setzen sich nicht ein, damit die Veränderungen erfolgreich durchgeführt werden können. Sie tragen nicht mit „Goodwillbeiträge" bei, dass die Veränderungen erfolgreich sind. Veränderungen können somit einhergehen mit einem Verlust an Loyalität gegenüber dem Unternehmen und dem Vorgesetzten.

Grundsätzlich ist Widerstand gegen Veränderungen nicht nur negativ für ein Unternehmen. Ohne diesen Widerstand gäbe es keine Ordnung und Berechenbarkeit im Unternehmen. Veränderungen müssen begründet werden, sie müssen einen höheren Nutzen aufweisen, als sie „kosten". Durch den Widerstand werden Veränderungen einem Bewertungsprozess unterworfen, der dazu beitragen kann, dass nur Veränderungen stattfinden, die sich „lohnen". Es bleibt dabei allerdings offen, für wen sich die jeweilige Veränderung lohnt.

4.6.2 Mit Mitarbeiterwiderständen umgehen

Es gehört zum betrieblichen Alltag, dass Mitarbeiter nicht mit allen Vorstellungen und Maßnahmen der Führungskraft einverstanden sind, dass sie dagegen offen oder versteckt Widerstand leisten. Dies wiederum verärgert oder verstimmt die Führungskraft.

In dieser Situation ist es sehr wichtig, dass die Führungskraft sich klar macht, dass Mitarbeiter als eigenständige, selbstbewusste Mitarbeiter ihren eigenen Bezugsrahmen haben, dass sie ihre Sicht der Situation haben und dass sie ihre Vorstellungen haben, wie bestimmte Sachverhalte zu regeln sind. Führungskräfte sollten deshalb Widerstände nicht als böswilliges, gegen sie gerichtetes Verhalten deuten, sondern als eine normale, alltägliche Begleiterscheinung der Zusammenarbeit von Menschen. Mitarbeiter, die keine Widerstände mehr zeigen, haben häufig bereits innerlich gekündigt.

Die Führungskraft muss sich intensiv mit den Mitarbeiterwiderständen auseinandersetzen, sie ernst nehmen und sie nicht einfach ignorieren. Sie sollte sich nicht der Illusion hingeben, sie könnte durch Anweisungen und Anordnungen, denen der Mitarbeiter zu gehorchen hat, den Widerstand überwinden.

Obwohl in der Regel der erste Impuls der Führungskraft Verärgerung ist, sollte sie dennoch Widerstände oder Einwände als Chance auffassen (Laufer 2005, S. 77). Möglicherweise hat der Mitarbeiter aus seiner Sicht der Dinge Aspekte wahrgenommen, die die Führungskraft nicht berücksichtigt hat. Sie sollte deshalb versuchen, die Gründe für den Widerstand zu erschließen, ihre Anordnungen nochmals auf dem Hintergrund des Mitarbeiterwiderstands überdenken. Erst in diesen kritischen Situationen zeigen sich der Führungsstil und das Menschenbild der Führungskraft!

Empfehlungen zum Umgang mit Mitarbeiterwiderständen (Laufer 2005, S. 77 ff.)

- Mitarbeiterwiderstände können darin begründet sein, dass der Mitarbeiter die Vorstellungen des Vorgesetzten nicht verstanden hat oder sie aufgrund seines Informationsstandes nicht nachvollziehen kann. In diesem Fall muss die Führungskraft versuchen, ihre Vorstellungen dem Mitarbeiter besser zu vermitteln. Manche Anordnungen basieren auf Informationen, die für die Führungskraft selbstverständlich, dem Mitarbeiter aber völlig unbekannt sind.

- Möglicherweise hat der Mitarbeiter zwar verstanden, was die Führungskraft will, er ist aber nicht von den Vorstellungen der Führungskraft überzeugt. Die Führungskraft ist dann gefordert, sich mit dem Mitarbeiter auseinanderzusetzen, dessen Argumente kritisch zu würdigen und gegebenenfalls zu berücksichtigen.

- Die Führungskraft sollte bereit sein, sich in die Lage des Mitarbeiters zu versetzen und den Sachverhalt aus dessen Sicht, aus seinem Bezugsrahmen betrachten. Es kann sein, dass die Führungskraft dann feststellt, dass aus dieser Sicht heraus der Widerstand durchaus berechtigt ist.

- Falls die Führungskraft jedoch weiterhin von ihren Vorstellungen überzeugt ist, muss sie dann versuchen, auch den Mitarbeiter davon zu überzeugen, da gegen den Widerstand von Mitarbeitern kein intensiver Arbeitseinsatz zu erwarten ist. Sie sollte dabei aber nicht versuchen, grundlegende Wertvorstellungen des Mitarbeiters zu verändern. Stattdessen sollte sie auf dem Hintergrund der Wertvorstellungen des Mitarbeiters ihre Vorstellungen darlegen und dem Mitarbeiter den Sinn und Hintergrund ihrer Vorstellungen verständlich machen. Für den Fall, dass auch dann der Mitarbeiter nicht überzeugt werden kann, sollte versucht werden, eine Vorgehensweise zu vereinbaren, die für beide Seiten akzeptabel ist.

- Manchmal leisten Mitarbeiter Widerstand, weil sie sich überfordert fühlen. Die Führungskraft muss dann zusammen mit dem Mitarbeiter analysieren, ob es sich um fachliche Defizite handelt oder ob der Mitarbeiter sein Leistungspotenzial zu gering einschätzt und dann die angemessenen Maßnahmen einleiten.

- Es gibt jedoch auch den Fall, dass der Mitarbeiter grundsätzlich nicht will. Das kann in bestimmten individuellen Ursachen begründet sein, auf die man entsprechend eingehen kann, oder aber es liegt ein Motivationsproblem vor. Sofern dieses Motivationsproblem nicht gelöst werden kann, bleibt manchmal als „ultima Ratio" nur der Weg, durch Machtausübung auf den Widerstand zu reagieren.

4.7   Auf Besonderheiten von Gruppen von Mitarbeitern eingehen (Diversitätsmanagement)

Menschen weisen viele Gemeinsamkeiten auf, aber auch Unterschiede im Hinblick auf eine Vielzahl von Merkmalen, die z.T. gut wahrnehmbar, wie Geschlecht oder Hautfarbe, oder aber auch nicht so leicht feststellbar sind, wie z.B. bestimmte Persönlichkeitseigenschaften, z.B. Zuverlässigkeit.

Während früher die Mitarbeiter in Bezug auf viele gut sichtbare Eigenschaften eher homogen waren, hat sich in dieser Hinsicht in vielen Ländern, auch in Deutschland, vieles grundlegend geändert. Die Mitarbeiter sind nicht mehr alle Deutsche und männlich, sondern es handelt sich um Mitarbeiter, die aus vielen Ländern stammen. Der Anteil der Frauen, auch in höheren Hierarchieebenen, hat sich deutlich erhöht. Andererseits gibt es zurzeit viele Unternehmen, bei denen kaum noch Personen beschäftigt sind, die älter als 55 Jahre sind.

Bei der Mitarbeiterförderung wurden in der Vergangenheit überwiegend einheimische Männer für weitergehende Aufgaben ausgewählt und gefördert. Damit hat man einerseits vielen Mitarbeitern keine adäquaten Positionen gegeben, auf für das Unternehmen wichtige Kompetenzen verzichtet und hat auch manchen Mitarbeitern keine fairen Chancen auf Weiterentwicklung gegeben. Nach dem Allgemeinen Gleichbehandlungsgesetz (AGG) darf niemand aufgrund seiner Rasse, ethnischen Herkunft, seines Geschlechts, seiner Religion, Weltanschauung, Behinderung, seines Alters oder seiner sexuellen Identität benachteiligt werden (§ 1 AGG). Dies gilt auch bei Entscheidungen über die Einstellung von Bewerbern. Sowohl aus diesen rechtlichen als auch aus ethischen Gründen – faire Behandlung aller Mitarbeiter ohne Diskriminierung nach z.B. Rasse oder Geschlecht – und auch aus ökonomischen Gründen – z.B. Nutzung eines möglichst großen Pools an Begabungen – sollten Unternehmen versuchen, auf Besonderheiten von Mitarbeitern einzugehen und deren spezifische Kompetenzen zu nutzen.

Führungskräfte können darüber hinaus durch ihr eigenes Verhalten beitragen, ungerechtfertigte Ungleichbehandlungen zu vermeiden (Yukl 2010, S. 472) indem sie

- sich vorbildlich im Umgang mit Diversität verhalten,
- das Verständnis für unterschiedliche Anschauungen, Werte und Traditionen fördern,
- den Nutzen unterschiedlicher Mitarbeitermerkmale für den Erfolg des Teams oder des Unternehmens verdeutlichen,
- Diskriminierungen – auch „versteckte" nicht dulden.

4.8   Instrumente des Unternehmens zur Steuerung des Führungsverhaltens: Führungsgrundsätze, Management-by-Konzepte und integrierte Führungsmodelle

Wie Führungskräfte die oben dargestellten Funktionen erfüllen, kann von Unternehmen nur sehr schwer gesteuert und überprüft werden. Um aus der Sicht von Unternehmen bestimmte Führungsfunktionen sicherzustellen und den effektiven Einsatz von Führungsinstrumenten durch die Führungskräfte zu unterstützen, werden in manchen Unternehmen weitere unternehmensbezogene Methoden eingesetzt, wie z.B. Führungsgrundsätze und Führungsmodelle. Es handelt sich dabei um Instrumente, die gezielt und spezifisch zur Sicherstellung eines bestimmten Führungsverhaltens entwickelt worden sind. Daneben wird das Verhalten von Führungskräften natürlich auch durch ihren jeweiligen Vorgesetzten mithilfe der in diesem Buch dargestellten Führungsmethoden und auch durch das Anreizinstrumentarium des Unternehmens, wie Entlohnung, Aufstieg und interessante Aufgaben, gesteuert.

4.8.1 Führungsgrundsätze

Als Führungsgrundsätze werden die vom Unternehmen schriftlich festgelegten grundsätzlichen Regelungen der Zusammenarbeit zwischen Vorgesetzten und ihren Mitarbeitern bezeichnet. Für Führungsgrundsätze werden häufig auch die Begriffe Führungsrichtlinien, Leitlinien zur Führung und Zusammenarbeit oder Führungsanweisungen verwendet.

Beispiele für Führungsgrundsätze

- Sehen Sie Ihre Mitarbeiterinnen und Mitarbeiter als Partner.
- Akzeptieren Sie die fachliche Autorität Ihrer Mitarbeiterinnen und Mitarbeiter; geben Sie ihnen einen Vertrauensvorschuss.
- Freuen Sie sich mit Ihrem Team über gemeinsame Erfolge und sprechen Sie Lob und Anerkennung aus.
- Üben Sie ausschließlich konstruktive Kritik und geben Sie Gelegenheit, zu Beanstandungen Stellung zu nehmen.
- Vermeiden Sie jegliche Bloßstellung Ihrer Mitarbeiterinnen und Mitarbeiter.
- Nehmen Sie sich Zeit für Gespräche mit Ihren Mitarbeiterinnen und Mitarbeiter.
- Lassen Sie Ihre Mitarbeiterinnen und Mitarbeiter ausreden. Hören Sie aktiv zu.
- Seien Sie offen für die persönlichen Sorgen Ihrer Mitarbeiterinnen und Mitarbeiter. nehmen Sie diese ernst, aber drängen Sie sich nicht auf.

Abb. 4.16 Beispiel für Führungsgrundsätze (Auszug)

Führungsgrundsätze sollen dazu dienen, dass sich das Management und auch die Mitarbeiter des Unternehmens bewusster mit der Aufgabe des Führens beschäftigen. Führungsgrundsätze können jedoch weder die gesamten Widersprüche und Probleme der Führungspraxis lösen, noch können sie als ein Katalog für ideale Menschenführung verstanden werden.

Wenn in einem Unternehmen der klare Wille besteht, die Führungsgrundsätze nicht „für die Schublade" zu erstellen und wenn die erforderlichen Maßnahmen, wie z.B. Seminare und das passende vorbildliche Verhalten des Topmanagements, realisiert werden, dann können Führungsgrundsätze eine Hilfe für eine verbesserte Führung darstellen.

4.8.2 Management-by-Konzepte

Auch die früher sehr populären Management-by-Konzepte können als Führungsinstrumente oder sogar als Führungsmodelle aufgefasst werden.

Bei den Management-by-Konzepten handelt es sich um Empfehlungen zur Führung von Mitarbeitern.

Es gibt inzwischen eine Vielzahl von Management-by-Konzepten. Größere Bedeutung haben erlangt:

- Management by Objectives (MbO)
- Management by Delegation (MbD)
- Management by Exception (MbE)
- Management by Motivation (MbM)

Im Zentrum des Führungsverhaltens soll die jeweils im Namen enthaltene Führungstechnik stehen, d.h., die Führungskraft soll beim Management durch Delegation vor allem auf eine möglichst weitgehende Delegation der Aufgaben und Kompetenzen achten.

Während die meisten Management-by-Konzeptionen eher Führungsinstrumenten entsprechen, kann man das Management by Objectives auch als ein Führungsmodell ansehen, da in ihm mehrere Instrumente integriert werden: Ausgehend von einer Situationsanalyse werden dem Mitarbeiter Ziele erläutert und vorgegeben (Zielvorgabe). Er ist innerhalb eines vorgegebenen Rahmens selbstverantwortlich und hat auch die Kompetenz, selbst zu entscheiden, wie er diese Ziele erreichen will (Delegation). Anschließend überprüft der Vorgesetzte, inwieweit die Ziele erreicht wurden (Kontrolle) und gibt neue Ziele vor (Zielvorgabe).

4.8.3 Integrierte Führungsmodelle

In der Unternehmenspraxis hat man viele der oben beschriebenen Instrumente eingeführt und angewendet. Dabei hat man aber festgestellt, dass die isolierte und nicht aufeinander abgestimmte Anwendung diese Führungsinstrumente zu Problemen führt.

Man hat deshalb Führungsmodelle entwickelt, bei denen die verschiedenen Instrumente der Führung ganzheitlich aufeinander aufbauen und miteinander verbunden sind.

In den Führungsmodellen werden die einzelnen Instrumente oder Elemente beschrieben, was z.B. in diesem Führungsmodell unter Delegation verstanden wird. Diese einzelnen Elemente werden zueinander in Beziehung gesetzt (systematisiert und integriert), z.B. der Zusammenhang von Delegation und Kontrolle, und es wird vorgegeben (normiert), wie die Führungskraft diese Instrumente anzuwenden hat.

Eines der bekanntesten Führungsmodelle ist das Harzburger Modell. Es beruht auf einer konsequenten Delegation von Aufgaben, Kompetenzen und Verantwortlichkeiten, die in sehr ausführlichen Stellenbeschreibungen festgehalten werden.

Ein moderneres und anpassungsfähiges Führungsmodell ist das Modell der werteorientierten Führung bei BMW.

Praxisbeispiel: Wertorientierte Führung bei BMW

Nachdem der Automobilbauer BMW feststellte, dass sein Personalführungssystem mit den Entwicklungen der Gesellschaft, dem Wertewandel und den damit einhergehenden veränderten Bedürfnissen und Wertvorstellungen seiner Mitarbeiter nicht mehr übereinstimmt, ging BMW einen völlig neuen Weg: Mitarbeiter wurden nach ihrer Einschätzung von Werten und Anreizen befragt. Bei der Befragung wurde auch untersucht, inwieweit diese Wertvorstellungen bei BMW realisiert sind und inwieweit sie realisiert werden sollten. Daraus wurden dann personal- und führungspolitische Ziele, Strategien und Konzepte entwickelt.

Aufgrund der Befragung wurde unter anderen als ein gesellschaftlicher Grundwert festgestellt, dass Leistung und Gegenleistung ausgewogen sein sollen. BMW hat daraus das personal- und führungspolitische Ziel „Förderung der Leistungsfähigkeit" der Mitarbeiter abgeleitet, um damit einen Aspekt des Grundwertes zu erfüllen. Die Förderung der Leistungsfähigkeit muss sich an den Anforderungen und Potenzialen der verschiedenen Mitarbeitergruppen orientieren. Für die Gruppe der Führungs- und Führungsnachwuchskräfte wurde dazu die Strategie im Rahmen eines Personalentwicklungskonzeptes festgelegt. Wichtige Instrumente des Personalentwicklungskonzepts zur Förderung der Leistungsfähigkeit der Führungs- und Führungsnachwuchskräfte sind z.B. Fachkolleg, Führungstraining oder Traineeprogramm sowie die Entwicklung von mehr Führungskräften als aktuell gebraucht werden, sodass es auch eine Führungsreserve gibt.

Gesellschaftlicher Grundwert	„Leistung und Gegenleistung müssen ausgewogen sein"
Strategien und Konzepte für die Zielgruppe: Führungs- und Führungsnachwuchskräfte	Entwickelt und festgelegt im Personalentwicklungskonzept
Instrumente zur Realisierung der Strategien für die Führungskräfte	Z.B. Fachkolleg und Führungstraining
Instrumente zur Realisierung der Strategien für die Führungsnachwuchskräfte	Z.B. Traineeprogramm (Einarbeitungsprogramm für Hochschulabsolventen), Entwicklung eines Pools potenzieller Führungskräfte (Führungsreserve)

Abb. 4.17 Auszug aus dem Führungsmodell von BMW

4.9   Zusammenfassung

Spezifische Instrumente des Unternehmens zur Steuerung des Führungsverhaltens der Führungskräfte:

Management by Konzepte: Gefahr der Überbetonung einzelner Führungsinstrumente.
Führungsgrundsätze: Richtlinien, darüber wie geführt werden soll..
Integrierte Führungsmodelle: Kombination von aufeinander abgestimmten Führungsinstrumenten.

Effektive Wahrnehmung der Führungsfunktionen und Nutzung der Führungsinstrumente durch die Führungskräfte

Auswahl der Mitarbeiter: Vermeidung von Fehlentscheidungen aufgrund von Tendenzen und Vorurteilen bei der Personalauswahl.
Integration von Mitarbeitern: Wichtige Funktion für das Commitment mit dem Unternehmen.
Entwicklung wechselseitigen Vertrauens: Durch vertrauensbildende Maßnahmen, wie das Einhalten von Zusagen und Versprechungen, kann die Führungskraft Grundlagen für die Entwicklung wechselseitigen Vertrauens schaffen.
Delegation von Aufgaben und Kompetenzen: Eine Funktion, die viele Vorteile für das Unternehmen und den Mitarbeiter bieten kann, wenn sie richtig, wie eine Investition, durchgeführt wird.
Steuerung von Mitarbeitern: Zielvereinbarungen sind ein wichtiges Instrument zur Steuerung von Mitarbeitern.
Mitarbeiterinformation: Sorgfältige Vorbereitung und Durchführung gemäß den Zielen der Besprechung.
Kontrollen: Sie sind der Vergleich des Istzustandsmit der Sollvorstellung.
Mitarbeiter beurteilen, bewertende Rückmeldungen geben und Mitarbeiter fördern: Auch bei der Mitarbeiterbeurteilung sind Tendenzen der Personenwahrnehmung zu beachten. Bewertende Rückmeldungen sollten helfen, die Mitarbeiter zu weiteren Anstrengungen zu motivieren.
Durchführung von Änderungsprozessen und Umgang mit Widerständen: Führungskräfte sollten dies als berechtigtes Anliegen der Mitarbeiter akzeptieren und versuchen mit ihnen gemeinsam den Sachverhalt zu klären und gemeinsam getragene Lösungen zu entwickeln.
Eingehen auf Besonderheiten der Mitarbeiter (Diversitätsmanagement): Die Mitarbeiterstruktur in Unternehmen wird immer heterogener. Führungskräfte sollten dies als Chance sehen, unterschiedliche Kompetenzen zu nutzen und zu fördern.

Abb. 4.18 Zusammenfassung des Kapitels 4: Führungsfunktionen und Führungstechniken

4.10 Aufgaben

4.10.1 Wiederholungs- und Diskussionsfragen

1. Wie lässt sich die Akzeptanz von Kontrollen sicherstellen?

2. Wie sollte man einen Mitarbeiter loben bzw. ihn bestätigen?

3. Skizzieren Sie bitte den Wirkungsmechanismus von Korrektur und Kritik mithilfe des Prozessmodells der Mitarbeitermotivation.

4. Erstellen Sie bitte eine Tabelle, in der Sie für die Führungsfunktionen „Mitarbeiter steuern", „Mitarbeiter kontrollieren" sowie „bewertende Rückmeldungen geben" die dazu gehörenden Führungsinstrumente auflisten.

5. Worin besteht der Unterschied beim Management by Delegation mit dem Führungs-instrument der Delegation?

4.10.2 Fallstudie[4]

Herr Schmidt ist Leiter der Personalabteilung der CarParts GmbH. Die CarParts GmbH ist ein Handelsunternehmen, das an Endverbraucher Autozubehörteile verkauft. Es hat deutschlandweit neben der Hauptverwaltung in Mannheim und den 6 Regionallagern 45 Verkaufsniederlassungen. Nachdem die Geschäftsführung beschlossen hat, anstelle der 6 Regionallager ein Zentrallager einzurichten, befindet sich Herr Schmidt in inten-siven Verhandlungen mit dem Betriebsrat über den damit verbundenen Personalabbau und die erforderlichen Versetzungen. Bei den personalwirtschaftlichen Aufgaben im Zusammenhang mit der Schließung von Betriebsteilen, wie Regionallagern oder Fi-lialen, handelt es sich um Aufgaben, die nicht genau strukturiert sind, bei denen es auch auf Kreativität und hohes Einfühlungsvermögen insbesondere im Umgang mit dem Betriebsrat ankommt. Um die Verhandlungen erfolgreich führen zu können, ist es neben einer umfangreichen Erfahrung im Umgang mit Betriebsräten auch erforderlich, überzeugend auftreten zu können. Als Verhandlungsführer für das Unternehmen muss man davon überzeugt sein, dass man selbst in der Lage ist, die jeweils erforderlichen Maßnahmen erfolgreich durchführen zu können, dass man ein hohes Maß an inter-naler Selbstkontrolle hat. Dies ist auch deshalb wichtig, da Fehler dabei zu erheblichen finanziellen Schäden für das Unternehmen führen können.

Herr Schmidt hat deshalb große zeitliche Probleme, die ebenfalls dringenden Verhand-lungen mit dem örtlichen Betriebsrat einer Filiale in Hof über die Schließung dieser Filiale mit 8 Mitarbeiten und deren Kündigung oder eventuellen Versetzung zu führen. Die Schließung dieser Filiale ist erforderlich, da es in Hof zwei Filialen gibt, aber nur für eine Filiale genügend Nachfrage nach Autozubehörteilen vorhanden ist.

---

4   Es handelt sich um einen fiktiven Fall. Sollten Ihnen Informationen fehlen, dann treffen Sie bitte sinnvolle Annahmen.

Er beschließt deshalb, die personalwirtschaftlichen Aufgaben inklusive der Verhandlungen mit dem örtlichen Betriebsrat über die Entlassung der Mitarbeiter und ihre Abfindungen seinem Mitarbeiter, Herrn Müller, Leiter der Lohnbuchhaltung, zu übertragen. Aufgrund einer kritischen Verhandlungssituation hat er wenig Zeit, Herrn Müller im Detail seine Aufgaben genau zu erklären und ihn im Verlauf der Verhandlungen zu unterstützen. Da aber Herr Müller bereits seit mehr als 7 Jahren in der Personalabteilung tätig ist, entscheidet Herrn Schmidt sich dazu, ihm diese Aufgabe zu übertragen, auch weil im Moment kein anderer Mitarbeiter dafür verfügbar ist.

Herr Müller hat seine Ausbildung als kaufmännischer Angestellter bei CarParts gemacht und anschließend eine Festanstellung in der Personalabteilung als Lohnbuchhalter erhalten. In dieser Funktion kommt es darauf an, sich sehr genau an die vorgegebenen Richtlinien der Lohnbuchhaltung und des Gesetzgebers zu halten. Herr Müller hat sich bei derartig genau bestimmten Aufgaben als sehr gewissenhaft und sehr gut erwiesen. Er wurde deshalb vor einem Jahr zum Leiter der Lohnbuchhaltung ernannt, nachdem sein Vorgänger in den Ruhestand gegangen war. Herr Müller wirkt oft unsicher, wenn er Aufgaben wahrnehmen soll, bei denen die Vorgehensweisen nicht genau vorgegeben oder strukturiert oder mit hohen Risiken verbunden sind. Dementsprechend waren seine Leistungen bei derartigen Aufgaben nicht besonders gut.

Aufgaben und Fragen:

1. Inwieweit wird diese Aufgabe richtig und sinnvoll an Herrn Müller delegiert?

   Erläutern und begründen Sie bitte ihre Einschätzung.

2. Letztes Wochenende war Herr Schmidt in der Personalabteilung und da er etwas Zeit hatte, wollte er sich Klarheit über den Stand der Verhandlungen mit dem Betriebsrat in Hof machen. Deshalb ging er an den Arbeitsplatz von Herrn Müller, holte sich die Unterlagen und informierte sich so, ohne Herrn Müller in seiner Wochenendruhe stören und ohne ihn darüber benachrichtigen zu müssen.

   Wie bewerten Sie die Vorgehensweise von Herrn Schmidt?

4.11 Vertiefende Literaturhinweise

Bartscher-Finzer, S. / Martin, A. (2003): Psychologischer Vertrag und Sozialisation. In: Martin, A. (Hrsg.): Organizational Behaviour – Verhalten in Organisationen. Stuttgart 2003, S. 53 – 76

Martin, A. (2003b): Vertrauen. In: Martin, A. (Hrsg.): Organizational Behaviour – Verhalten in Organisationen. Stuttgart 2003, S. 115 – 137

Robbins, S. P. (2001): Organisation der Unternehmung (Titel der Orginalausgabe: Organizational Behavior: Concepts, Controversies, Application, 9th Edition 2001) 9. Aufl. München, S. 394 ff.

Laufer, H. (2005): 99 Tipps für den erfolgreichen Führungsalltag. Führungsbewusstsein, Führungsverhalten, Führungsmaßnahmen. Berlin

Mentzel, W. / Grotzfeld, S. / Dürr, C. (2001): Mitarbeitergespräche. Mitarbeiter motivieren, richtig beurteilen und effektiv einsetzen. 3. Aufl. Freiburg – Berlin – München

Nerdinger, F. W. (2003): Motivation von Mitarbeitern. Göttingen – Bern – Toronto – Seattle

Walter. H. (1998): Handbuch Führung. Der Werkzeugkasten für Vorgesetzte. Symptome – Ursachen-Problemlösungen. Frankfurt / New York

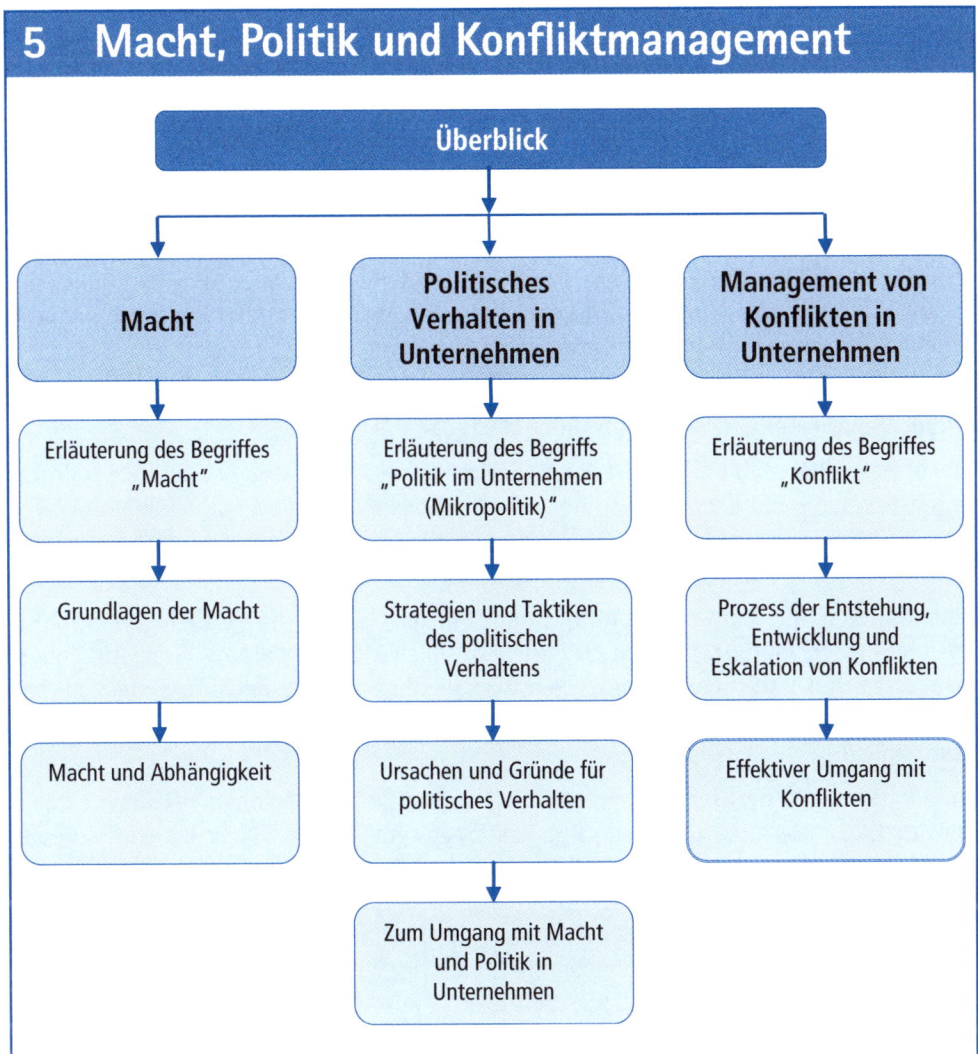

5 Macht, Politik und Konfliktmanagement

Überblick

Macht

Erläuterung des Begriffes „Macht"

Grundlagen der Macht

Macht und Abhängigkeit

Politisches Verhalten in Unternehmen

Erläuterung des Begriffs „Politik im Unternehmen (Mikropolitik)"

Strategien und Taktiken des politischen Verhaltens

Ursachen und Gründe für politisches Verhalten

Zum Umgang mit Macht und Politik in Unternehmen

Management von Konflikten in Unternehmen

Erläuterung des Begriffes „Konflikt"

Prozess der Entstehung, Entwicklung und Eskalation von Konflikten

Effektiver Umgang mit Konflikten

Abb. 5.1 Übersicht über das Kapitel 5 „Macht, Politik und Konfliktmanagement"

5.1 Macht

Auch in Wirtschaftsorganisationen laufen Prozesse ab, die denen in der Politik vergleichbar sind und bei denen es darum geht, Einfluss und Macht zu sichern oder auszubauen.

5.1.1 Erläuterung des Begriffes „Macht"

Macht ist die Fähigkeit oder das Potenzial einer Person A, das Verhalten einer Person B auch gegen deren Willen und Interessen so zu beeinflussen, dass es dem Willen und Interessen von A entspricht (Robbins 2001, S. 414).

Macht ist ebenso wie Führung eine Form des sozialen Einflusses oder der sozialen Kontrolle (Robbins 2001, S. 414). Einfluss ist das umfassendere Konzept, da es sämtliche Möglichkeiten der Änderung des Verhaltens von Personen und Gruppen durch andere Personen einschließt, z. B. durch Überzeugung.

Bei Macht muss keine Übereinstimmung zwischen den Zielen von A und B gegeben sein. Die Beeinflussung gegen den Willen des anderen lässt auch die Ausübung von Zwang zu, während bei Führung eine gewisse Übereinstimmung der Ziele von A und B gegeben sein muss und durch Führung verstärkt werden soll.

Weiterhin erfolgt nach der Begriffsbestimmung in Kapitel 1 Führung von oben nach unten. Macht kann aber auch von unten nach oben gegeben sein.

Macht ist ein Potenzial, das auch dann wirkt, wenn es nicht ausgeübt wird. Dies drückt sich darin aus, wenn die Person B ihr Verhalten bereits nach dem mutmaßlichen Willen von A ausrichtet, ohne dass A explizit seinen Willen mitteilen muss. Führung hingegen ist kein Potenzial, sondern aktive Einflussnahme.

Man könnte in die Definition von Macht auch die Gestaltung von Situationen, Strukturen und Entscheidungsprozessen einbeziehen. Da sich die Gestaltung von Situationen, Strukturen und Entscheidungsprozessen aber letztlich auf die Beeinflussung von Personen zurückführen lässt, wird hier darauf verzichtet, dies ausdrücklich in die Begriffsbestimmung mit aufzunehmen.

Die obige Begriffsbestimmung bezieht sich nur auf Einzelpersonen. Vielfach besteht der Eindruck, dass auch Gruppen, Organisationen und Staaten Macht haben. In diesem Zusammenhang ist jedoch zu fragen, wie soll eine Gruppe, eine Organisation oder ein Staat Macht ausüben, ohne dass Personen an der Entscheidung, an den Regeln der Entscheidungsfindung und an der Ausübung der Macht beteiligt sind? Auch bei diesen Mehrheiten von Personen gilt: Letztendlich muss diese Macht von einzelnen Personen ausgeübt werden. Es können jedoch die Prozesse der Machtausübung in Gruppen, Organisationen und Staaten durchaus sehr verschieden von den Prozessen bei Einzelpersonen sein (s. Kapitel 6).

Macht ist eine relative Größe. Ihr Ausmaß kann sehr klein oder sehr groß sein. Sie hängt auch von der anderen Person B ab: Wie leicht ändert B aufgrund der Macht von A seinen Willen? Zur Ausübung von Macht gehören immer zwei Personen: Eine, die Macht ausübt und eine andere, die die Machtausübung zulässt (Sprenger 1995). Die Stärke der Macht von A bestimmt sich danach, wie stark der Wille von B war, bevor er sich dem Willen von A beugte. Letztendlich bestimmt die Willensstärke von B, wie viel Macht A tatsächlich hat. Es gibt in der Geschichte viele Beispiele dafür, dass Menschen bereit waren, für ihre Überzeugung zu sterben und die damit Grenzen der Macht aufzeigten.

5.1.2 Grundlagen der Macht

Die Möglichkeit Macht ausüben zu können, basiert auf unterschiedlichen Vorausset-zungen und Grundlagen (Nienhüser 2003, S.155f.).

Abb. 5.2 Machtgrundlagen

Legitime Macht aufgrund der Position

Legitime Macht aufgrund der Position ist die Macht, die darauf beruht, dass eine Per-son B es als richtig und angemessen ansieht und es verinnerlicht oder internalisiert hat, dass Person A aufgrund ihrer Position das Recht hat, das Verhalten von B in die von A gewünschte Art und Weise zu lenken, selbst wenn dies gegen den Willen von B geschieht. Aufgrund ihrer Stellung im Unternehmen haben bestimmte Personen Macht. Diese Macht beruht auf anerkanntem Recht, sie ist gesellschaftlich akzeptiert und stellt eine gesellschaftliche Norm dar.

> *Beispiel: Macht drückt sich bei Führungskräften z.B. darin aus, dass es akzep-tiert wird, wenn sie ihren Mitarbeitern oder Untergebenen Anordnungen geben und Leistungen einfordern. Wenn sie allerdings Forderungen an die Mitarbeiter stellen, die nicht durch den Arbeitsvertrag abgedeckt sind, z.B. private Arbeiten für sie zu erledigen, dann ist diese Forderung nicht legitimiert.*

Diese Macht ist nicht an die Person, sondern an die Position gebunden. Wenn die Per-son nicht mehr die Position innehat, dann kann sie auch nicht mehr über die damit verbundene Macht verfügen.

Macht aufgrund gesellschaftlich anerkannter Normen

Neben der Norm, aufgrund von Positionen legitim Macht ausüben zu dürfen, gibt es noch weitere Normen, die Macht verleihen können.

Beispiele: Nach der Reziprozitätsnorm ist man verpflichtet, dem zu helfen, der einem Selbst geholfen hat. Die Verantwortlichkeitsnorm verlangt, dass man Hilflosen und Abhängigen hilft. Sie wird deshalb auch als die „Machtbasis" der Machtlosen bezeichnet.

Belohnungsmacht

Personen, die über Mittel verfügen, die für andere attraktiv sind und die diese anderen Personen nicht oder nur sehr schwierig von woanders erhalten können, haben Macht aufgrund ihrer Möglichkeit, diese Mittel zu verteilen.

Beispiele: Belohnungen in Unternehmen können z. B. Geld, interessante Arbeiten, Beförderungen, gute Arbeitszeiten sein. Auch freundliches Verhalten kann eine Belohnung darstellen.

Macht durch Bestrafung und Zwang

Die Macht aufgrund von Bestrafung und Zwang beruht auf der Erwartung einer Person B, dass sie durch A bestraft wird, wenn sie sich nicht in der von A gewünschten Art und Weise verhält. Der Macht durch Bestrafung fügt man sich aus Angst vor den Folgen, die sich bei der Bestrafung einstellen.

Beispiele: Typische Bestrafungen im Arbeitsleben sind Entlassung, Zuweisung unangenehmer Arbeiten oder „schikanöses" Verhalten.

Wenn ein sehr starker Druck ausgeübt wird, dem sich der andere kaum entziehen kann, dann spricht man von Zwang. Diese Macht endet, wenn die anderen nicht bereit sind, sich ihr zu beugen. Macht durch Bestrafung wirkt am besten, wenn sie nicht ausgeübt werden muss.

Informationsmacht

Aufgrund unterschiedlicher Faktoren kann man in den Besitz wichtiger Informationen gelangen und deren Weitergabe kontrollieren. Die Handlungsalternativen dabei sind unter anderem Informationszurückhaltung, Informationsfilterung und Informationsveränderung sowie die Weitergabe von Informationen nur bei Gegenleistung.

Beispiel: Assistenten oder Sekretärinnen verfügen aufgrund ihrer Arbeit oft über Informationen, die andere Mitarbeiter noch nicht haben. Sie können die Weitergabe von Informationen dann davon abhängig machen, dass die andere Person ihnen einen Gefallen erfüllt.

Definitions- und Deutungsmacht

Die Person mit Definitions- und Deutungsmacht legt fest, was erlaubt und verboten ist, was gut und schlecht ist, worüber gesprochen bzw. nicht gesprochen werden darf („Chefideologe").

Beispiel: Die interne Revision hat zu überprüfen, inwieweit die einzelnen Orga-nisationseinheiten oder Mitarbeiter sich an externe und an interne Vorschriften halten. Dabei gibt es aber auch Interpretations- oder Deutungsspielräume, die die interne Revision zugunsten oder zuungunsten der Organisationseinheit oder des einzelnen Mitarbeiters auslegen kann.

Vorbildmacht

Diese Macht beruht auf dem Wunsch einer Person B, der Person A zu gleichen, sich mit ihr zu identifizieren. Das führt dazu, dass Menschen bereit sind, bestimmte Ver-haltensweisen auszuführen, um der bewunderten Person zu gefallen und ihr nahe zu kommen.

Beispiele: Manche Fans von Schlager-, Film- oder Sportstars sind sogar bereit Straftaten zu begehen, um ihrem „Idol" zu gefallen.

Expertenmacht

Aufgrund von anerkanntem Fachwissen und Spezialkenntnissen (Expertenwissen) kön-nen Personen Einfluss ausüben und Macht erlangen, wenn für andere Personen dieses Wissen wichtig ist, um erfolgreich handeln zu können.

Beispiel: Wenn eine Führungskraft unbedingt einem Mitarbeiter kündigen will, dann kann die Person, die weiß, wie man erfolgreich kündigt, Macht über die Führungskraft ausüben und z.B. bestimmte Gegenleistungen für ihr Wissen for-dern, z.B. ein Berater durch ein besonders hohes Honorar.

Macht aufgrund von Beziehung und Zugehörigkeit

Die Person hat gute Beziehungen zu einflussreichen Personen oder Gruppen oder ge-hört einer einflussreichen Gruppe an. Damit besteht die Möglichkeit, dass diese Person über ihre guten Beziehungen zu einflussreichen Personen Belohnungen oder Bestra-fungen initiieren kann.

Beispiel: Eine Führungskraft fordert von ihren Mitarbeitern unbedingte Loyalität ihr gegenüber. Mitarbeiter, die dieser Forderung nachkommen, erhalten von ihr wiederum eine außerordentliche Unterstützung bei ihrer Arbeit und ihrer Kar-riere. Wenn die Mitarbeiter sich auch nach diesem Prinzip verhalten, kann es dazu kommen, dass sich eine so genannte „Seilschaft" bildet: Mitarbeiter und Führungskräfte unterschiedlicher Hierarchieebenen und unterschiedlicher Unter-nehmensbereiche unterstützen sich gegenseitig bei der Arbeit und Karriere. Die Macht der einzelnen Mitglieder der Seilschaft ist höher, weil ihnen auch die anderen Mitglieder der Seilschaft mit ihrer Macht helfen. Bei innerbetrieblichen

Meinungsverschiedenheiten überlegen sich andere Mitarbeiter, die über diese Seilschaft Bescheid wissen, ob sie eine Auseinandersetzung mit dem Mitglied dieser Seilschaft eingehen wollen. Aufgrund ihrer Mitgliedschaft bei der Seilschaft haben diese Personen eine weitaus größere Chance, ihren Willen gegenüber anderen Personen durchzusetzen.

Die verschiedenen Machtgrundlagen wirken nicht unabhängig voneinander. Wenn jemand Zwang ausüben muss, dann ist er nicht beliebt und er kann dann selten Vorbildmacht erlangen bzw. sogar seine Vorbildmacht verlieren.

5.1.3 Macht und Abhängigkeit

Nachdem die Machtgrundlagen dargestellt sind, soll nun genauer untersucht werden, warum die Verfügung über diese Machtgrundlagen hilft (Macht-Abhängigkeits-Theorie), das Verhalten anderer auch gegen deren Willen zu bestimmen (Nienhüser 2003, S. 144 ff. und Robbins 2001, S. 417 ff.).

Beispiel: Eine Führungskraft kann aufgrund ihrer Position (legitime Macht) einem Mitarbeiter angenehme oder unangenehme Arbeit zuteilen. Sie kann seine Leistungen eher positiv oder negativ beurteilen und somit seine Entlohnung oder seine Beförderungsmöglichkeiten beeinflussen (Macht aufgrund von Belohnung oder Bestrafung). Die Führungskraft verfügt somit aus der Sicht von Mitarbeitern, die an angenehmen Arbeiten, hoher Entlohnung und Beförderungen interessiert sind, über Ressourcen, die für diese Mitarbeiter wertvoll oder bedeutsam sind.

Wenn diese Mitarbeiter keine Möglichkeit haben, diese Ressourcen woanders zu erhalten (Unersetzbarkeit der Ressource), dann sind sie von der Führungskraft abhängig. Wenn die Führungskraft etwas besitzt, was die Mitarbeiter brauchen und das sie nur von der Führungskraft bekommen können, dann hat die Führungskraft Macht über diese Mitarbeiter. Wenn aber Mitarbeitern egal ist, welche Arbeit sie machen und ob sie befördert werden, dann stellt das Recht, Arbeiten zuzuweisen oder Beförderungen aussprechen zu können, in Bezug auf diese Mitarbeiter keine Machtgrundlage dar. Eine Person kann nur dann Macht über eine andere Person ausüben, wenn sie über etwas verfügt, das der anderen Person wertvoll und wichtig ist. Die Macht hängt auch von der subjektiven Bewertung dieser Ressource ab.

Eine Führungskraft hat Macht, weil sie legitimerweise über Ressourcen verfügt, wie Zuweisung angenehmer oder unangenehmer Arbeit, die für ihre Mitarbeiter wichtig sind und die knapp sind. In Zeiten von Arbeitskräftemangel oder bei besonders gesuchten Mitarbeitern ist diese Macht geringer, weil diese Mitarbeiter auch leicht in einem anderen Unternehmen diese Ressourcen erhalten können (alternative Quellen für Ressourcen).

Beispiel: Gegenüber Spezialisten mit seltenen, aber sehr gesuchten Kompetenzen wird sehr selten Macht ausgeübt, wie die Beispiele von hochrangigen Spezialisten im EDV-Bereich oder auch bei manchen Profisportlern zeigen.

Die Abhängigkeit und somit auch die Macht von A über B wird um so größer, je wichtiger, je knapper und je unersetzlicher die Ressourcen sind, die B von A erhalten möchte.

Die Macht von A ist auch umso größer, je wahrscheinlicher es aus der Sicht von B (subjektive Wahrnehmung) ist, dass A tatsächlich über diese Macht verfügen kann und sie auch einsetzt. So hängt die Macht aufgrund von Bestrafungsmöglichkeiten auch davon ab, wie oft und wie wahrscheinlich sie ausgeübt wird.

Beispiele: Eine Führungskraft kann zwar einen Mitarbeiter wegen schlechter Leistungen abmahnen oder kündigen, wie wirksam dieses Bestrafungspotenzial ist, hängt auch davon ab, wie wahrscheinlich aus der Sicht des Mitarbeiters der Vorgesetzte diese Bestrafung ausführen kann und wird. Auch im Hinblick auf Belohnungen machen Vorgesetzte häufig Versprechungen, deren Wert auch davon abhängt, ob die Mitarbeiter glauben, dass der Vorgesetzte diese Belohnungen tatsächlich zuweisen kann und wird.

Der Ausdruck „nicht sehr wertvoll" zeigt einen weiteren Aspekt in der Abhängigkeitsbeziehung auf. Man könnte es auch so formulieren: „Was ist der Mitarbeiter bereit zu ‚zahlen' oder zu tun, um die Beförderung zu erhalten?" Es handelt sich somit um eine Tauschbeziehung. Dies bedeutet auch, der Mitarbeiter hat eine Ressource, die für die Führungskraft wertvoll ist, z.B. seine Leistungskraft oder sein Wissen (Expertenmacht). Wenn diese Ressourcen dann auch noch knapp sind, dann ist auch die Führungskraft vom Mitarbeiter abhängig, dann hat auch der Mitarbeiter Macht über die Führungskraft. Die (Netto-)Macht von A über B ergibt sich somit aus der Differenz der jeweiligen Macht von A über B und der Macht von B über A.

5.2   Politisches Verhalten im Unternehmen

Ebenso wie bei der Macht handelt es sich bei Politik in Unternehmen um ein Phänomen, das häufig als „unfein" angesehen wird, über das „man nicht spricht". Zur Abgrenzung von der „großen" Politik auf der Ebene des Staates oder überstaatlichen Vereinigungen, z.B. der Europäischen Union, werden diese Handlungen in Unternehmen als Mikropolitik bezeichnet.

5.2.1   Erläuterung des Begriffes: „Politik in Unternehmen (Mikropolitik)"

Politisches Handeln zielt darauf, eigene Machtpotenziale aufzubauen oder zu erweitern. Im Begriff des politischen Handelns ist häufig auch die Vorstellung enthalten, dass es darum geht, die eigenen Interessen gegenüber den Interessen anderer oder sogar des ganzen Unternehmens durchzusetzen (Greenberg/Baron 2003, S. 454).

Als Mikropolitik oder Politik im Unternehmen werden all die Handlungen in Unternehmen verstanden, die darauf abzielen, Machtpotenziale aufzubauen und einzusetzen, um eigene Interessen gegenüber den Interessen anderer oder des gesamten Unternehmens durchzusetzen, um den eigenen Handlungsspielraum zu erweitern und sich fremder Kontrolle und Abhängigkeit zu entziehen.

Politisches Handeln gehört im Regelfall nicht zu den formalen Arbeitsplatz- und Rollenanforderungen in Unternehmen. Vielfach steht es im Widerspruch zu den Zielen der Organisation, wenn eigene, individuelle Ziele auf Kosten der organisationalen Ziele realisiert werden sollen.

Bei der Analyse politischen Handelns sind folgende Aspekte zu beachten (Neuberger 1990, S. 261 ff.):

- **Menschen und nicht Sachzwänge bestimmen das Unternehmensgeschehen:** Nicht anonyme Kräfte des Systems oder der Sachzwang bestimmen das Geschehen in Unternehmen, sondern Interessen von Menschen und deren Strategien sind die Triebkräfte. Da die Handlungssituationen häufig mehrdeutig sind, kann es keine rein rationale Problemlösung nach dem „Sachzwang" geben. Dies wiederum gibt Chancen, sich durch politisch geschicktes Verhalten Vorteile zu verschaffen.

- **Interessenbezug und Auseinandersetzung um die Verteilung knapper Ressourcen:** Die Menschen in Unternehmen suchen ihre Interessen zu wahren oder durchzusetzen, Vorteile zu erringen oder Nachteile zu verringern. Dabei konkurrieren sie um knappe Güter (Ressourcen, Positionen) oder (Verfügungs-)Rechte.

- **Wechselnde Koalitionen und Gegnerschaften:** Es mag sein, dass zwei Parteien in einer bestimmten Frage Gegner sind, weil sie unterschiedliche Interessen haben. Bei einer anderen Frage kann es dazu kommen, dass diese beiden Parteien verbündet oder neutral sind.

- **Absichten der Anderen mitberücksichtigen:** Der Handelnde muss in Rechnung stellen, dass das „Objekt" seines Handelns ein Subjekt ist. Er muss unterstellen, dass der Andere sich Gedanken macht über seine Absichten und er muss dies wiederum in seinen Handlungen berücksichtigen, was wiederum der Andere ebenfalls einkalkulieren muss.

5.2.2 Strategien und Taktiken des politischen Verhaltens

Politisches Verhalten zeigt sich in einer Vielzahl von taktischen und strategischen Handlungsweisen.

5.2.2.1 Grundlegende Strategien des politischen Verhaltens

Zentrale Zielsetzung des politischen Handelns ist die Durchsetzung eigener Interessen sowie der Ausbau der eigenen Macht. Da die Macht davon abhängt, dass man bestimmte Ressourcen hat, die einem anderen wichtig sind und die er woanders nicht oder nur sehr schwer bekommen kann, gilt es als grundlegende politische Strategie,

- sich diese Ressourcen anzueignen oder die Verfügung über sie zu erhalten,

- sicherzustellen, dass der andere diese Ressourcen hoch bewertet,

- ihm den Zugang zu anderen Quellen für diese Ressourcen zu erschweren und ganz zu verhindern oder

- bei ihm den Eindruck zu erwecken, dass die Wahrscheinlichkeit hoch ist, dass er bei einem bestimmten Verhalten die Ressource erhält.

In einer sozialen Beziehung sind die Machtgrundlagen häufig ungleich verteilt. Aber nur in extremen Fällen hat die eine Person alle Macht und die andere Person keine Macht. Um nicht von der anderen Person abhängig zu werden, muss man sich deshalb Ersatzquellen für bestimmte Ressourcen beschaffen oder der anderen Partei suggerieren, dass man auf ihre Ressource nicht angewiesen ist, dass sie nicht besonders wertvoll ist (Verschleierung eigener Absichten). Deshalb gehört es zum politischen Geschäft, zu täuschen und zu manipulieren.

5.2.2.2 Taktiken des politischen Verhaltens

Die Umsetzung dieser Strategien erfolgt mit Hilfe von taktischen Verhaltensweisen (Neuberger 1990. S. 261 ff. oder Greenberg/Baron 2003, S. 457 f.):

Verschleierung der „wahren" Motive, langsames, unauffälliges und indirektes Ansteuern von Zielen und keine zu frühe Festlegung auf Personen oder Programme

Da sich im Unternehmen alle für die Durchsetzung ihrer Interessen einsetzen, muss der einzelne Akteur vorsichtig sein, wenn er seine Absichten offen kundtut, da er dann mit dem Widerstand von anderen rechnen muss, die ihre Interessen und Spielräume sichern wollen. Ein wichtiges Charakteristikum der Mikropolitik ist, dass sie unerkannt am besten wirkt. Der Akteur sollte deshalb häufig seine „wahren" Absichten verschleiern und täuschen. Dies kann er z.B. dadurch erreichen, dass er sein Ziel nicht direkt ansteuert oder so langsam und unauffällig, dass die anderen seine Absichten nicht erkennen. Dazu gehört auch, dass er sich in vielen Fällen nicht zu früh festlegt, sondern den günstigsten Moment für seine Aktionen abwartet. Deswegen kann Mikropolitik nur schwerlich direkt beobachtet werden, sondern muss erschlossen, gedeutet werden.

Legitime Ordnung als Basis

Gesellschaftliche und betriebliche Normen sowie gesetzliche Regelungen führen dazu, dass bestimmte Ressourcenverteilungen als rechtmäßig, als legitim angesehen werden. Diese Verteilung von Ressourcen ist daher nur schwer veränderbar, es bedarf einer sehr überzeugenden Begründung. Anders ist es, wenn die Ressourcenverteilung nicht anerkannten Normen und gesetzlichen Regelungen entspricht. Dann hat man mit seiner Forderung nach Veränderung das Recht auf seiner Seite. Gültige Normen oder Werte stellen eine starke Machtbasis dar. Es empfiehlt sich deshalb, zumindest den Anschein von Legitimität zu wahren. Es ist auch im Regelfall unklug, sich offen gegen die legitime Ordnung zu stellen. Da Normen und rechtliche Regelungen aber häufig Lücken, Unklarheiten oder Widersprüche aufweisen, können bei geschickter Vorgehensweise die Normen und rechtlichen Regelungen eigennützig interpretiert und ausgenutzt werden.

Informationskontrolle

Informationen werden als Machtgrundlage benutzt. Die Weitergabe von Informationen wird als Teil eines Tauschaktes begriffen. Durch die Kontrolle von Informationen – z.B. durch Zurückhaltung oder Filterung von Information, Verbreitung von Gerüchten oder auch durch Schönfärberei – können bestimmten Personen Maßnahmen oder Strategien als erfolgreich oder erfolglos oder als wirtschaftlich oder unwirtschaftlich dargestellt werden.

Kontrolle von Verfahren, Regeln und Normen

Bei der Kontrolle von Verfahren, Regeln und Normen geht es darum Einfluss zu nehmen auf die Gestaltung, Durchführung und Auswertung von Kontroll- und Bewertungsverfahren der Leistung von Personen oder Organisationseinheiten. Insbesondere die Formulierung der Kriterien zur Bewertung von Leistungen oder Erfolg oder Misserfolg von Maßnahmen oder Projekten ist von großer Bedeutung. Durch die Kontrolle von Verfahren, Regeln und Normen kann der Wert eigener Ressourcen erhöht und der Wert der Ressourcen anderer abgewertet werden oder man erhält mehr Ressourcen zugewiesen und andere erhalten weniger Ressourcen.

Selbstdarstellung (Impression Management)

Selbstdarstellung (Impression Management) oder auch umgangssprachlich „Eindruck schinden" ist der Versuch, einen besonders positiven Eindruck vor allem bei wichtigen Personen zu erzeugen. Mit Hilfe von Impression Management versucht man den Wert der eigenen Person in den Augen der anderen zu erhöhen.

Beziehungspflege

Der Aufbau und die Nutzung von Beziehungen, insbesondere zu einflussreichen, mächtigen Personen, sowie die Bildung von Netzwerken und „Seilschaften" können weitere Ressourcen zugänglich machen.

Bei guten Beziehungen zu einflussreichen Personen kann man deren Verhalten beeinflussen und kann somit indirekt auch von deren Macht profitieren. Es ist dabei nicht erforderlich, dass man tatsächlich das Verhalten einflussreicher Personen beeinflussen kann; es reicht manchmal bereits, wenn die anderen dies glauben.

Austausch von Leistung und Gegenleistung zum beiderseitigen, aber nicht immer gleichen Nutzen

Nicht sachrationale Problemlösung als technische Optimierung, sondern Verhandlung als Interessendurchsetzung oder -ausgleich ist das zentrale Handlungsschema. Leistungen werden nicht ohne Gegenleistung erbracht. Dabei geht es auch darum, möglichst viel Gegenleistung für die eigene Leistung zu erhalten. Dies kann erreicht werden, wenn man dem anderen suggerieren kann, dass die eigene Leistung sehr wertvoll ist. Eine andere, manipulative Form des Austausches ist, dass man anderen Personen eine angeblich uneigennützige Gefälligkeit erweist und dann später dafür eine weitaus größere Gegenleistung einfordert. Quasi eine Umkehrung dieser Taktik besteht darin, erst einen großen Wunsch an jemanden zu richten, der so groß ist, dass er nicht erfüllt werden kann. Dann wird als ein angebliches Zugeständnis dieser Wunsch reduziert oder ein anderer Wunsch, der groß, aber erfüllbar ist, gestellt. Nach diesem angeblichen Zugeständnis entsteht für den anderen ein Druck, ebenfalls Entgegenkommen zu zeigen.

Ausübung von Druck und Zwang

Personen mit Bestrafungsmacht drohen Bestrafungen an oder führen sie durch, wenn die anderen sich nicht in ihrem Sinne verhalten.

Bildung und Zerstörung („Teile und Herrsche") von Koalitionen und Kartellen

Als individuelles Subjekt hat es der Einzelne sehr schwer, seine Interessen durchzusetzen. Es ist deshalb von entscheidender Bedeutung, Verbündete zu gewinnen. Dadurch können Ressourcen gebündelt werden. Ein anderer Zweck der Bildung von Koalitionen kann darin bestehen, dem anderen Zugang zu alternativen Ressourcen zu verwehren. Wenn die Mitarbeiter zusammenhalten, dann kann der Vorgesetzte sie nicht gegeneinander ausspielen. Es hat sich dann unter Umständen ein Kartell gebildet, das eine Ressource kontrolliert. Die Kartellbildung wiederum kann dazu führen, dass sich auch die andere Seite zusammenschließt: Bei der Bildung von Gewerkschaften und Arbeitgeberverbänden kann man diesen Prozess erkennen. Als Gegenmittel zur Bildung von Koalitionen dient das bereits von den Römern angewendete Prinzip des Teilens und Herrschens.

Andere beschuldigen und angreifen

Wenn etwas schief gelaufen ist, dann ist es nicht nur in Unternehmen eine sehr beliebte Taktik, andere für den Misserfolg verantwortlich zu machen und einen Sündenbock zu finden. Anderen wird politisches Verhalten vorgeworfen, während man selbst „uneigennützig rein sachliche" Ziele verfolgt.

Überredung und Überzeugung

Mit Hilfe von logischer Argumentation und überzeugenden Fakten werden andere davon überzeugt, dass eine bestimmte Idee gut ist oder dass sie sich in einer bestimmten Art und Weise verhalten sollen.

Freundschaft, Freundlichkeit und Schmeicheln

Wenn Menschen andere mögen, dann sind sie auch bereit, auf deren Wünsche einzugehen. Insbesondere bei Freundschaft besteht die soziale Norm, dass man Freunde unterstützen soll. Wenn Personen sich freundlich gegenüber anderen Personen verhalten und ihnen schmeicheln, dann sind diese oft bereit, sich durch Gegenleistungen zu revanchieren.

Bewusst defensives Verhalten

Politisches Verhalten kann sich auch darin ausdrücken, dass man sich bewusst beim Handeln zurückhält. Zur „Absicherung" gegenüber Schuldzuweisungen wird sehr korrekt unter Beachtung aller Vorgaben gearbeitet und jeder Handlungsschritt dokumentiert. Dazu kann es auch gehören, dass man für Anweisungen, die man für problematisch hält, die Schriftform fordert: „Geben Sie mir dies bitte schriftlich." Eine andere Variante defensiven Verhaltens ist, dass man bei allen risikobehafteten Entscheidungen die ausdrückliche evtl. schriftliche Entscheidung des Vorgesetzten einholt oder dass man grundsätzlich alle Aufgaben meidet, bei denen der Erfolg fraglich ist. Diese Verhaltensweise kann man mit „auf Nummer sicher gehen" umschreiben. Um Handeln in riskanten Situationen zu vermeiden, werden manchmal unproblematische Arbeiten in die Länge gezogen.

Diese Taktiken politischen Verhaltens werden unterschiedlich oft eingesetzt. Am beliebtesten ist der Einsatz von Expertenwissen und logisch-rationaler Argumentation. Bestrafung oder Zwangsmaßnahmen werden dagegen nicht so oft praktiziert. Sie haben den Charakter eines letzten Mittels, wenn all die anderen Taktiken nicht den gewünschten Erfolg bewirkt haben.

Beispiel: Die Unternehmensleitung sieht sich gezwungen, die Belegschaft um 8 % zu verringern und möchte deshalb 8 % der Mitarbeiter betriebsbedingt kündigen. Aufgrund des Kündigungsschutzgesetzes als *legitime Machtgrundlage* darf das Unternehmen betriebsbedingte Kündigungen aussprechen, wenn es keine andere Möglichkeit gibt. Bei einem derartigen Personalabbau von mehr als 200 Mitarbeitern kann der Betriebsrat jedoch einen Interessenausgleich und einen Sozialplan verlangen *(seine legitime Machtgrundlage)*. Da die Unternehmensleitung davon ausgeht, dass der Betriebsrat die Forderungen des Unternehmens nicht voll akzeptieren wird, fordert man von ihm die Zustimmung zum Abbau von 10 % der Belegschaft *(Verschleierung der wahren Absichten)*. Um den Betriebsrat zu *überzeugen,* dass ansonsten das gesamte Werk geschlossen werden muss, legt das Unternehmen Wirtschaftlichkeitsberechnungen vor, die den Kostennachteil gegenüber ausländischen Produktionsstandorten verdeutlichen und aufzeigen, dass die Produktion im Werk aufgrund von andauernden Verlusten eingeschränkt werden muss *(Überzeugung, Informationskontrolle, Ausübung von Druck)*.

Mit dem Hinweis, dass das Zahlenwerk unvollständig ist und z. B. nicht die bessere Qualität der Mitarbeiter berücksichtigt, versucht der Betriebsrat wiederum die Unternehmensleitung zu überzeugen, den Personalabbau zu überdenken *(Überzeugung)*. Da die Unternehmensleitung bei ihrer Forderung bleibt, informiert der Betriebsrat in einer Betriebsversammlung die Belegschaft von den geplanten Maßnahmen und fordert die Belegschaft auf, für einen Erhalt ihrer Arbeitsplätze zu kämpfen *(Bildung von Koalitionen)*. Zugleich wendet er sich auch an die Gewerkschaft und bittet um Unterstützung *(Bildung von Koalitionen)*. Daraufhin erklärt die Unternehmensleitung, dass alle Arbeitsplätze gefährdet sind, wenn

*der Personalabbau nicht schnell durchgeführt wird (Ausübung von Druck, Zer-
störung von Koalitionen). Unternehmensleitung und Betriebsrat versuchen den
Mitarbeitern immer wieder deutlich zu machen, dass sie sich für deren Interessen
einsetzen (Impressionmanagement). Der Betriebsrat beschuldigt die Unternehmensleitung, sie sei nur am Profit und nicht am Wohlergehen der Belegschaft
interessiert (andere beschuldigen und angreifen).*

*Im Verlauf der Verhandlungen fordert der Betriebsrat für seine Zustimmung zum
Abbau von 10 % der Belegschaft eine Arbeitsplatzgarantie (genauer: Verzicht auf
betriebsbedingte Kündigungen) für die verbleibenden Mitarbeiter für die nächsten
10 Jahre. Der Betriebsrat weiß sehr genau, dass dies angesichts der Situation in
der Branche nicht möglich ist, er möchte aber das Unternehmen zu möglichst
weitgehenden Zugeständnissen bewegen (Verschleierung der wahren Absichten).*

*Aufgrund der ungewissen Wirtschaftslage sieht sich das Unternehmen in keiner
Weise in der Lage, dieser eigentlich nicht zumutbaren Forderung nachzukommen.
Nach langer erbitterter Diskussion macht der Betriebsrat das Zugeständnis, dass
diese Arbeitsplatzgarantie nur für Mitarbeiter mit mehr als 10 Jahren Betriebs-
zugehörigkeit gelten solle. Dies sind ca. 40 % der Mitarbeiter. Am Ende einigt
man sich, diese Arbeitsplatzgarantie auf 5 Jahre festzuschreiben (Austausch von
Leistung und Gegenleistung).*

5.2.2.3 Einsatz der Taktiken des politischen Verhaltens bei der Mitarbeiterführung und bei der Führung von unten

Der Einsatz von Taktiken der Machtausübung von Führungskräften gegenüber ihren
Mitarbeitern hängt auch von der Machtbasis der Manager, den Zielen der Machtausübung und den Erfolgschancen ab.

Klare, mit Nachdruck formu- lierte Forderungen (Durch- setzungsvermögen) werden bevorzugt eingesetzt, wenn …	Logisch-rationale Argumentation wird eingesetzt, wenn …	Freundlichkeit wird eingesetzt, wenn …
→ damit Ziele des Unternehmens erreicht werden sollen	→ damit Ziele des Unternehmens erreicht werden sollen	→ damit persönliche Ziele der Führungskraft er- reicht werden sollen
→ die Erfolgsaussichten der Be- einflussung des Mitarbeiters gering sind	→ die Erfolgsaussichten der Be- einflussung des Mitarbeiters hoch sind	→ die Erfolgsaussichten der Beeinflussung des Mitarbeiters gering sind
→ die Führungskraft im Un- ternehmen eine machtvolle Stellung hat	→ die Führungskraft im Unterneh- men eine machtvolle Stellung hat	→ die Führungskraft im Unternehmen keine machtvolle Stellung hat

Abb. 5.3 Einsatz von Taktiken der Machtausübung durch Vorgesetzte gegenüber ihren Mitarbeitern
(Hellriegel, D./Slocum, Jr., J. W./Woodman, R. W. 1989, S. 435)

Mit dem Begriff „Führung nach oben bzw. Führung von unten" wird auf den Tatbestand hingewiesen, dass auch Mitarbeiter ihre Vorgesetzten beeinflussen (Wunderer 2003, S. 293 ff.). Dies kann durchaus vom Vorgesetzten bewusst gewollt sein, indem er z.B. partizipativ führt. Die Führung von unten kann aber auch unbewusst und ungewollt durch den Vorgesetzten stattfinden, indem Mitarbeiter ihn geschickt beeinflussen, z.B. indem sie seiner Eitelkeit schmeicheln oder weil der Mitarbeiter Experte ist und der Vorgesetzte sich auf seinen Rat verlassen muss. Derartige Taktiken werden z.B. in der „Ratgeberliteratur" dargestellt (vgl. z.B. Weidlich 2000).

5.2.3 Ursachen und Gründe für politisches Verhalten

Da Politik häufig als egoistisch und unehrlich erlebt wird, entsteht der Wunsch nach einem Unternehmen ohne Politik und damit auch die Frage: „Kann man Mikropolitik im Unternehmen verhindern?"

So verständlich dieser Wunsch auf den ersten Blick sein mag, er lässt sich nicht verwirklichen.

Unternehmen bestehen aus Menschen und Gruppen von Menschen, die unterschiedliche Motive, Interessen und Werte haben. Da wertvolle Ressourcen immer knapp sind, sind Auseinandersetzungen über die Verteilung der Ressourcen und damit auch über Benachteiligungen und Bevorzugungen unvermeidlich. Nur wenn die Menschen in Organisationen keine Interessen, Motive und Wünsche hätten, gäbe es keine Konflikte über die Verteilung der Ressourcen. Es gäbe dann allerdings auch keine Motivation zur Arbeit und zum Verbleib bzw. zum Beitritt in das Unternehmen.

So kann man auch nachvollziehen, warum für das gleiche Verhalten von verschiedenen Personen je nach Interessenlage und Weltbild unterschiedliche, wertende Ausdrücke verwendet werden. Im Einzelfall kann die Bewertung politischer Handlungen sehr unterschiedlich eingeschätzt werden. Was für den einen loben ist, nennt der andere einschmeicheln.

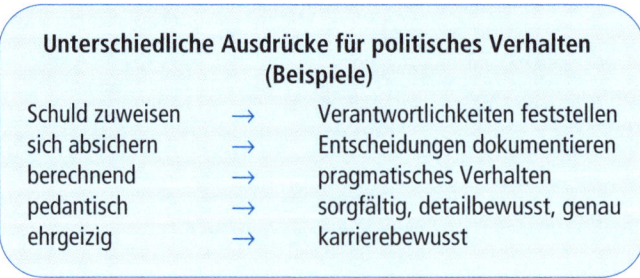

Abb. 5.4 Unterschiedliche Begriffe für politisches Verhalten (Beispiele nach Robbins 2001, S. 427)

Politisches Handeln entsteht aus dem individuellen Streben nach Einfluss, Unabhängigkeit und Handlungsspielraum. Es wird in Organisationen durch Abhängigkeiten bei der Aufgabenerfüllung und die Verteilung der Verfügbarkeit über knappe Ressourcen bedingt bzw. gefördert.

Diese Faktoren sind in allen Unternehmen gegeben. Es gibt jedoch zum Teil beträchtliche Unterschiede zwischen Unternehmen im Hinblick auf die Art und das Ausmaß an politischem Verhalten in den Unternehmen (Robbins 2001, S. 428 ff.).

Unternehmensspezifische Einflüsse

Anstehende Beförderungen initiieren in außerordentlich hohem Maße politisches Verhalten. Sie lösen Konkurrenzkämpfe und Versuche aus, die Personen, die über die Beförderung zu entscheiden haben, zu beeinflussen. Entscheidungen über anstehende Beförderungen oder Gehaltserhöhungen sind selten eindeutig durch sachliche Kriterien bestimmt. Neben der fachlichen Leistung der zu befördernden oder höher zu entlohnenden Person berücksichtigen die Personen, die darüber zu entscheiden haben, auch, ob die Person ihnen helfen wird. Dies eröffnet natürlich Raum für politisches Verhalten von beiden Seiten.

> *Beispiel: Dies kann dazu führen, dass die Interessenten an der Beförderung versuchen, sich durch gute Selbstdarstellung ins „rechte Licht" zu setzen oder dass sie an früher erbrachte Leistungen erinnern und auf Gegenleistung hoffen.*

Insgesamt lässt sich in Unternehmen

- mit geringer Vertrauenskultur,
- konkurrenzfördernden Anreizsystemen,
- unklaren und teilweise widersprüchlichen Rollenerwartungen
- sowie insbesondere auch eigennützig handelnden Führungskräften

ein deutlich höheres Ausmaß an politischen Verhaltensweisen feststellen als in Unternehmen, bei denen diese Merkmale nicht gegeben sind.

Obwohl die organisationalen Faktoren überwiegen, gibt es jedoch auch individuelle Einflussfaktoren auf das politische Verhalten.

Persönlichkeitsspezifische Einflussfaktoren

Personen neigen zu politischem Verhalten (Robbins 2001, S. 428):

- wenn sie ein hohes Machtbedürfnis haben.
- wenn sie es als zulässig ansehen, andere Personen zum Zwecke der eigenen Zielsetzung auszunutzen (Machiavellismus).
- wenn sie davon überzeugt sind, dass sie ihre Ziele auch bei widrigen Umständen erreichen können (hohe internale Selbstkontrolle). Bei Personen mit hoher internaler Selbstkontrolle ist eine hohe Überzeugung gegeben, Situationen selbst gestalten und kontrollieren zu können.

Eine wichtige Personeneigenschaft oder Voraussetzung für erfolgreiches politisches Verhalten ist hohe Selbststeuerung. Als Selbststeuerung oder „Self Monitoring" wird die Eigenschaft von Personen bezeichnet, sich in verschiedenen Situationen gleich oder aber unterschiedlich zu verhalten und anzupassen („Chamäleon ähnliches Verhalten").

So gibt es Personen, die sich in hohem Maße in verschiedenen Situationen gleich verhalten, während es andere Personen gibt, die ihr Verhalten in beträchtlichem Ausmaß nach der Situation ausrichten und deshalb nicht diese Konsistenz des Verhaltens aufweisen. Die Personen mit hoher Selbststeuerung sind gut in der Lage, ihr Verhalten situationsspezifisch anzupassen und sich z.B. diplomatisch verhalten oder z.B. wichtigen Personen zu schmeicheln oder ihre wahren Absichten gut zu verstecken.

Für diese Personen stellt die Erringung von Macht ein großes Motiv dar (Wertkomponente nach Erwartungswerttheorie) und sie haben keine Skrupel, Machtaktiken anzuwenden. Sie haben die feste Überzeugung (hohe Erwartung), dass sie machtpolitische Verhaltensweisen erfolgreich ausführen können (hohe internale Selbstkontrolle) und sie haben auch die erforderlichen Fähigkeiten (hohes Maß an Selbststeuerung). Deshalb ist es nach dem Erwartungsmalwertmodell der Motivationstheorie sehr wahrscheinlich, dass diese Personen hoch motiviert sind, politisch zu handeln.

5.2.4 Zum Umgang mit Macht und Politik in Unternehmen

Es besteht die große Gefahr, Techniken und Verhaltensweisen der Mikropolitik als unethisch und unsozial vorschnell zu verurteilen. Mikropolitik ist in dem Ehrgeiz und dem Streben nach Macht und Einfluss mitbegründet, die wiederum wesentliche motivationale Quellen für die menschliche Entwicklung sowie die Gestaltung der Umwelt durch den Menschen darstellen. Deshalb ist die Mikropolitik kein bedauerlicher und zu vermeidender Betriebsunfall im ansonsten gesunden Organismus des Unternehmens, sondern ein unausweichlicher Bestandteil der Zusammenarbeit von Menschen (vgl. Neuberger 1990, S. 261 ff.).

Deshalb ist Mikropolitik als eine Realität der Führung zu akzeptieren. Sie ist unvermeidlich, aber auch gefährlich, weil ihr Ausufern dazu führen kann, dass wichtige Ziele von Unternehmen nicht erreicht werden können. Untersuchungen haben gezeigt, dass je mehr in einem Unternehmen mikropolitisches Handeln dominiert, die Arbeitszufriedenheit und das Commitment zum Unternehmen umso geringer sind (Greenberg/Baron 2003, S. 458 f.).

Mikropolitik ist deshalb zu kontrollieren und zu kanalisieren. Dies kann auf sehr verschiedene Weise geschehen, z.B. durch Pläne, Standardisierung, Führungsethik, faire Führungsarbeit, offene und vertrauensvolle Zusammenarbeit oder durch bewusstes Aufdecken (Aufklärung) untragbarer mikropolitischer Handlungen. Besondere Bedeutung kommt dem Verhalten der Führungskräfte, insbesondere der Unternehmensleitung, zu.

Aufgrund ihrer Positionsmacht unterliegen Führungskräfte auch häufig Beeinflussungsversuchen. Um unerwünschte Beeinflussungsversuche erkennen und abwehren zu können, sind folgende Verhaltensweisen hilfreich:

- Kennen der Vielfalt der Beeinflussungsversuche und des politischen Verhaltens (Taktiken des politischen Verhaltens).

- Kritisches Überprüfen der Motive des Anderen: Wenn nur Eigeninteressen erkennbar sind, dann handelt es sich vermutlich um unethisches Verhalten. Allerdings verstehen es manche Akteure sehr gut, ihre eigenen Interessen hinter angeblichen Interessen des Ganzen zu verstecken. Deswegen gilt es, die Motive kritisch zu überprüfen. Aber es ist andererseits keineswegs illegitim, Vorgehensweisen vorzuschlagen, die sowohl Eigeninteressen als auch Interessen des Unternehmens und der Gesellschaft dienen.

- Besondere Skepsis bei Beeinflussungsversuchen ohne legitime Grundlage.

- Selbstverantwortlich handeln: Selbst wenn jemand starken Druck ausübt, bleibt es die eigene Entscheidung und Freiheit, diesem Druck nachzugeben oder auch nicht und auch gegebenenfalls den „Preis dafür zu bezahlen", wie z.B. Nichtbeförderung oder Kündigung.

Damit Führungskräfte ihre Position effektiv wahrnehmen können, müssen sie die Realität von Macht und Mikropolitik annehmen und in der Lage sein, damit sinnvoll umzugehen.

Die Führungskraft kann auch dazu beitragen, den „Nährboden" für politisches Verhalten im Unternehmen „auszutrocknen". Da politisches Verhalten durch unklare Rollenanweisungen und unklare Aufgaben- oder Stellenbeschreibungen gefördert wird, kann z.B. durch präzise Aufgabenzuweisungen die Wahrscheinlichkeit politischen Verhaltens verringert werden.

Eine offene Kommunikation erschwert es, bestimmte Eigeninteressen als organisationale Ziele darzustellen, wenn jedermann Einblick in das Unternehmensgeschehen hat und die Unternehmensziele kennt.

Besondere Bedeutung hat dabei das Verhalten der Führungskraft als Vorbild.

5.3   Das Management von Konflikten in Unternehmen

Das Bestreben, Machtpositionen zu sichern oder auszuweiten, führt in Unternehmen sehr häufig zu Auseinandersetzungen und zu Konflikten.

5.3.1 Erläuterung des Begriffes „Konflikt"

Konflikt ist ein Prozess, bei dem zumindest eine Partei die subjektive Wahrnehmung hat, dass eine andere Partei ihre Interessen oder etwas anderes, was ihr wertvoll oder wichtig ist, wesentlich beeinträchtigt oder beeinträchtigen könnte (Robbins 2001, S. 450).

Dabei kann es sich z.B. um Ziele, Motive, Bedürfnisse, Erwartungen an das Verhalten anderer Personen oder um unterschiedliche Wahrnehmung oder Bewertung von Fakten, Maßnahmen oder Plänen handeln oder um Inanspruchnahme, Besitz oder das Eigentum an Sachen und Rechten. Kurz: etwas, das für die Partei A interessant und wichtig ist. Zumindest eine dieser Parteien meint, dass die andere Partei, etwas absichtlich oder auch unabsichtlich beeinträchtigt oder beeinträchtigen wird. Es ist nicht erforderlich, dass diese Wahrnehmung richtig ist, da es sich bei Konflikten um ein subjektives Erleben handelt. Weiterhin ist es auch nicht erforderlich, dass die Beeinträchtigung der Interessen absichtlich geschieht oder dass sie bereits erfolgt ist. Es kann u. U. die bloße Vermutung genügen, dass dies geschehen könnte. Es handelt sich auch um einen Prozess und nicht um ein singuläres, in sich abgeschlossenes Ereignis. Eine Aktion bewirkt andere Aktionen. Die Ursachen oder Anlässe für Konflikte können deshalb oft lange Zeit zurückliegen.

5.3.2 Prozess der Entstehung, Entwicklung und Eskalation von Konflikten

Konflikte können einen sehr unterschiedlichen Verlauf nehmen. Sie können z. B. lange und zählebig andauern oder nur kurz aufflackern, sie können sachlich oder aggressiv ausgetragen werden, sie können offen angesprochen oder indirekt angegangen werden.

Angesichts dieser gefährlichen Dynamik von Konflikten ist es wichtig, den Prozess der Konfliktentstehung und Konfliktentwicklung sorgfältig zu beobachten und möglichst rechtzeitig einzugreifen.

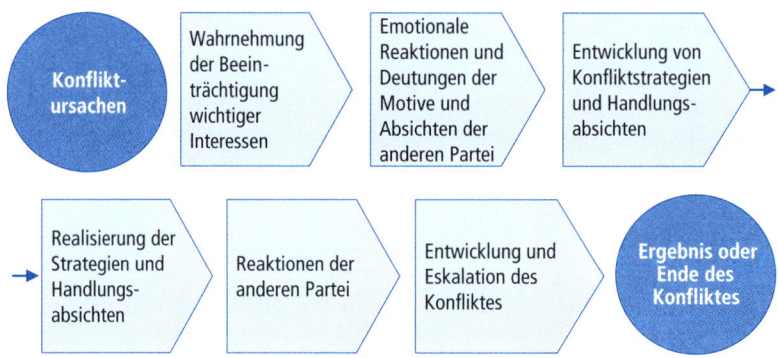

Abb. 5.5 Prozessmodell des Ablaufs von Konflikten

Ursachen von Konflikten

Konflikte können viele Ursachen haben (vgl. Rüttinger, B. 1993, S. 4 ff.):

- aufgrund von Personen oder deren Verhalten, *z. B. destruktive Kritik oder Verletzung des Selbstwertgefühls*

- aufgrund der organisationalen Gegebenheiten der Gruppenarbeit, *z. B. wenn es um einen Wettbewerb innerhalb der Gruppe oder um die Verteilung knapper Mittel, wie Mitarbeiter oder finanzielle Mittel, geht.*

- aufgrund unterschiedlicher Ziel- und Wertvorstellungen: Die Parteien haben einen Konflikt, weil sie unterschiedliche Ziele oder Wertvorstellungen haben.

Beispiel: In einem Betrieb haben der Personalleiter und der Betriebsrat unterschiedliche Vorstellungen über die Einführung einer elektronischen Zeiterfassung. Der Personalleiter hat das Ziel, jederzeit feststellen zu können, wer wann fehlt, um bestimmte Fehlzeitenmuster festzustellen. Der Betriebsrat möchte verhindern, dass es zum „gläsernen Mitarbeiter" kommt und dass die Fehlzeiten der Mitarbeiter nach bestimmten Mustern per EDV „abgefragt" werden.

Zielkonflikte entstehen nahezu zwangsläufig, wenn Mitarbeitern oder Abteilungen bzw. anderen Gruppen eines Unternehmens gegensätzliche Ziele vorgegeben sind.

Beispiel: Der Leiter des Vertriebs möchte möglichst schnell auf Sonderwünsche von Kunden eingehen, weil er dadurch einen größeren Umsatz machen kann. Der Leiter der Produktion möchte eine möglichst gleichförmige Produktion und möglichst keine Spezialfertigungen, weil er dann Fehler vermeiden und damit auch billiger produzieren kann.

Unterschiedliche Verhaltensnormen und kulturelle Wertvorstellungen sind neben gegensätzlichen Zielen weitere Bedingungen für Bewertungskonflikte. Typisch hierfür sind Auseinandersetzungen über das „Geschäftsgebaren" einer Firma, ob z. B. bei Personen mit Kundenkontakt lange Haare oder Vollbart akzeptiert werden können.

- aufgrund unterschiedlicher Einschätzungen über die richtige Vorgehensweise: Die Konfliktparteien verfolgen dieselben Ziele, versuchen sie aber auf unterschiedlichen Wegen zu erreichen, weil sie sich uneinig darüber sind, welche Methode am besten für die Erreichung der Ziele geeignet ist.

Beispiel: Zwei Mitglieder der Marketingabteilung haben beide das Ziel, den Umsatz eines Produktes zu erhöhen. Sie sind sich jedoch nicht darüber einig, ob dazu eine Werbekampagne in Zeitschriften oder im Fernsehen der geeignetere Weg ist, um dieses Ziel zu erreichen.

- aufgrund von gestörten Beziehungen zwischen den Beteiligten: Viele Konflikte resultieren daraus, dass sich die beteiligten Personen nicht mögen, eine Abneigung gegeneinander haben, dass zwischen ihnen „die Chemie nicht stimmt". Auslöser von Beziehungskonflikten ist häufig das Gefühl, von anderen Personen nicht akzeptiert zu werden.

Beispiel: In einem Projektteam sind bis auf den Designer Martini alle anderen Mitglieder Techniker. Im Gegensatz zu den Technikern, deren Äußeres und deren Kleidung sehr konventionell sind, kleidet sich der Designer Martini sehr auffällig und unkonventionell. Deshalb werden er und viele seiner Äußerungen von den anderen Teammitgliedern ignoriert oder abgelehnt.

Weil Unternehmen häufig nur aus sachrationaler Perspektive gesehen werden, ist es wichtig, darauf hinzuweisen, dass Beziehungskonflikte die anderen Konfliktarten fast immer begleiten, verdecken oder begründen. Vielfach kommt bei einer Eskalation eines Konfliktes den Beziehungen und ihren Störungen die entscheidende Rolle zu.

Wahrnehmung der Beeinträchtigung wichtiger Interessen

Ausgangspunkt von Konflikten ist die Wahrnehmung widersprechender Interessen. Es ist dabei gar nicht entscheidend, ob dies tatsächlich der Fall ist. Entscheidend ist einzig, dass eine Person oder eine Gruppe von Personen dies meint.

Emotionale Reaktionen und Deutung der Motive und Absichten der anderen Partei

Bemerkt eine Person, dass einer ihrer Handlungspläne von anderen Personen behindert oder blockiert wird, so löst dies unmittelbar eine Verärgerung, Verstimmung, Zorn, Enttäuschung oder ähnliche Gefühle aus (Rüttinger, B. 1993, S. 7 f.). Im Anschluss an diese gefühlsmäßige Reaktion erfolgt eine Einschätzung oder Deutung dieser Situation. Die Person versucht sich darüber klar zu werden, was hier passiert.

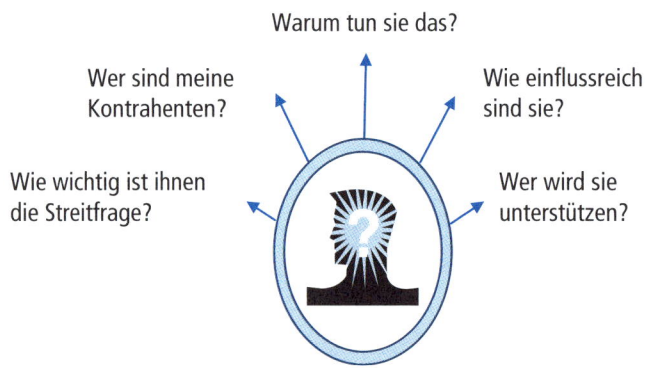

Abb. 5.6 Überlegungen zur Deutung der Motive und Absichten der anderen Partei

Diese Einschätzung kann überlegt und systematisch vorgenommen werden, sie kann aber auch in Sekundenbruchteilen sehr undifferenziert und wenig überlegt erfolgen. In jedem Fall ist sie von großem Einfluss auf das Verhalten der Beteiligten.

Die Konfliktdynamik wird durch weitere Wahrnehmungstendenzen verstärkt, bei denen die Aktionen und Reaktionen sich aufschaukeln und somit eine Eskalation des Konflikts erfolgt. Jede Einschätzung von Konflikten durch die Beteiligten enthält mehr oder weniger unrealistische Elemente. Dies ist teilweise in der Art der Konfliktsituation begründet:

- Je wichtiger die bedrohten Handlungspläne und Ziele sind, desto geringer ist die Bereitschaft, die Berechtigung anderer Ansprüche anzuerkennen.

- Je komplexer die Streitfrage ist, desto schwieriger ist es, alle Aspekte des Streitgegenstandes richtig zu erfassen.

- Je mächtiger und einflussreicher der Kontrahent ist, desto größer ist das Misstrauen gegen ihn und damit die Gefahr, seine Absichten falsch zu interpretieren.

Entwicklung von Konfliktstrategien und Handlungsabsichten

Handlungsabsichten ergeben sich aus den Deutungen, Motiven, Bedürfnissen oder Interessen und den Emotionen. Es ist bei einem Konflikt sehr wichtig, die Absichten der anderen Partei zu kennen, um adäquat darauf reagieren. Viele Konflikte eskalieren, weil eine Partei die Absichten der anderen Partei missverstanden hat. Darüber hinaus ist zu berücksichtigen, dass manche Absicht sich nicht akkurat in dem entsprechenden Handeln niederschlägt: *„Gut gemeint ist noch nicht gut getan"*. Deshalb ist es wichtig, nicht nur auf das tatsächliche Handeln zu achten, sondern auch auf die dahinter liegenden Handlungsabsichten.

Die Entscheidung für bestimmte Konfliktstrategien hängt auch ab von typischen Einstellungen zu Konflikten (Rüttinger, B. 1993, S. 9 ff.):

- Individualistische Einstellung:

  Personen mit dieser Orientierung suchen solche Konfliktlösungen, die den eigenen Gewinn maximieren oder, falls dies nicht möglich ist, die den eigenen Verlust in Grenzen halten. Ihr Augenmerk ist auf Lösungen gerichtet, die möglichst vorteilhaft für sie selbst sind. Wie die andere Partei abschneidet, ist für sie nicht von Bedeutung. Personen mit individualistischer Einstellung sind bereit, der anderen Partei entgegenzukommen, wenn sie dadurch für sich selbst ein besseres Ergebnis erzielen können.

- Soziale Einstellung:

  Personen mit sozialer Einstellung fühlen sich bei ihrem Verhalten in Konflikten Normen wie „Fairness" und „Gerechtigkeit" verpflichtet und erwarten von ihren Kontrahenten eine entsprechende Orientierung.

- Kooperative Einstellung:

  Personen mit kooperativer Orientierung streben bevorzugt Lösungen an, bei denen die Bedürfnisse aller am Konflikt Beteiligten möglichst gut berücksichtigt werden. Die möglichen Lösungen werden also nicht nur danach bewertet, welchen Vorteil sie für sie selbst bringen, sondern auch danach, ob die andere Partei diese Lösungen akzeptieren kann, weil damit auch deren Interessen angemessen berücksichtigt werden.

- Wettbewerbsorientierte (kompetitive) Einstellung:

  Hierbei handelt es sich um Personen, die um jeden Preis Recht behalten und gewinnen wollen, unabhängig von den damit verbundenen Konsequenzen. Personen mit einer solchen Einstellung sehen in der anderen Partei einen Gegner, gegen den sie sich durchsetzen wollen. Das kann bedeuten, dass sogar eine ungünstige Lösung oder ein Verlust in Kauf genommen wird, wenn der Schaden des Gegners noch größer ist.

- Harmonie suchende Einstellung:

  Es handelt sich um Menschen, die zu Vielem Ja und Amen sagen, jedem Streit aus dem Weg gehen, für alles Verständnis hegen. Die Harmoniebedürftigen halten jeden Streit grundsätzlich für schlecht, sie sagen nur selten Nein, wenn man sie um Hilfe fragt, neigen dazu, anderen stets Dienste zu leisten und versuchen, auch offensichtliche Widersprüche zu ignorieren und dadurch aus der Welt zu schaffen.

Es sind in erster Linie diese verschiedenen Einstellungen, die im Konfliktfall darüber entscheiden, ob die Auseinandersetzung konstruktiv oder destruktiv geführt wird, ob der Konflikt eskaliert oder auch nicht.

Realisierung der Strategien und Handlungsabsichten

Die genannten Einstellungen bestimmen das Verhalten bei der Austragung von Konflikten. Eine Konfliktpartei, die sozial oder kooperativ eingestellt ist, handelt bei Konflikten anders als Personen, die kompetitiv eingestellt sind (Rüttinger, B. 1993, S. 11).

- Bei einer sozialen oder kooperativen Einstellung werden Informationen offen ausgetauscht. Lösungen werden zweiseitig in Gesprächen mit der Gegenpartei gesucht. Die Streitfrage wird ausdiskutiert. Man versucht zu überzeugen und man ist bestrebt, ein Vertrauensverhältnis herzustellen.

- Eine kooperativ eingestellte Konfliktpartei verfolgt eine „Gewinner-Gewinner Strategie", d. h., sie sucht nach Lösungen, bei denen beide Parteien einen Gewinn haben.

- Bei Personen mit kompetitiver Einstellung werden Informationen eher zurückgehalten. Sie versuchen, möglichst wenig von sich zu offenbaren. Die Beziehungen sind durch Misstrauen und Feindseligkeit geprägt. Lösungen werden einseitig ohne Berücksichtigung der Interessen der Gegenpartei angestrebt. Es wird vielfach versucht zu drohen und zu bluffen. Bedrohungen der anderen Partei haben sich als sehr konfliktträchtig erwiesen. Zum einen führen Bedrohungen dazu, dass auch die andere Seite Drohungen ausspricht, zum anderen kann das Aussprechen von Drohungen kurzfristig die Kooperation oder Unterwerfung der anderen Seite erzwingen, längerfristig erschwert es jedoch die Kooperation und fördert Konflikte.

- Personen mit individualistischer Einstellung wählen die Verhaltensweisen aus, die für sie in der jeweiligen Situation gerade günstig sind. Sie zeigen somit nicht in allen Konflikten das gleiche Verhalten.

Reaktionen der anderen Partei und Entwicklung oder Eskalation des Konflikts

Falls die Parteien erkennen, dass sich ihre Interessen widersprechen, kann es sein, dass die Parteien oder zumindest eine der Parteien Ärger, Hass oder Abneigung in Bezug auf die andere Partei entwickelt. Der Konflikt intensiviert sich insbesondere dann, wenn diese Gefühle auf wahrgenommenen oder erwarteten Missetaten der anderen Partei beruhen. Auf der Basis dieser Gefühle und Deutungen des Konflikts entwickeln die beteiligten Parteien ihre Strategien, wie z.B. hart zu verhandeln, keine Kompromisse einzugehen oder der anderen Partei „entgegenzugehen". Diese Aktionen wiederum bewirken Gefühle,

Deutungen, Strategien und Aktionen der anderen Seite und in vielen Fällen entwickelt oder schaukelt sich der Konflikt hoch, der Konflikt eskaliert (Robbins 2001, S. 458). Eine besondere Gefahr bei Konflikten ist, dass Konflikte so sehr eskalieren können, dass eine oder beide Parteien bereit sind, bewusst der anderen Partei erhebliche Schäden beizufügen, selbst wenn dies auch zu erheblichen Schäden bei der Partei selbst führt.

Konfliktergebnis

Je nachdem wie der Konflikt verläuft, kann er zu sehr verschiedenen Verhaltensweisen und Ergebnissen führen. Im Wesentlichen kann man fünf grundsätzliche Konfliktergebnisse feststellen (vgl. z. B. Kellner 1999, S. 24 oder Motamedi 1999, S. 73)

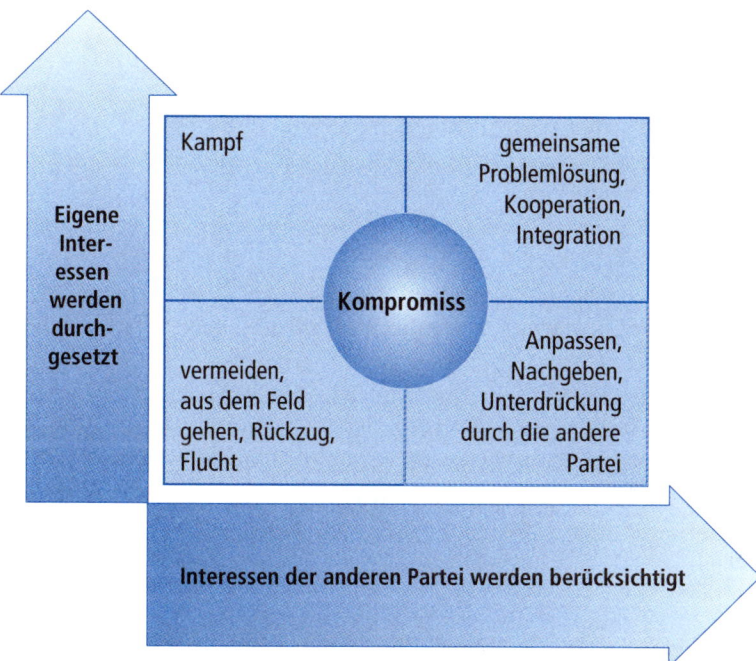

Abb. 5.7 Grundlegende Ergebnisse von Konflikten

Man muss jedoch mit der Einschätzung, dass ein Konflikt beendet ist, vorsichtig sein. Wurde der Konflikt nicht zur Zufriedenheit aller Parteien gelöst oder eine für alle tragbare Regelung oder Interessenausgleich gefunden, dann kann dies schnell zu neuen Konflikten, evtl. mit anderen Themen führen, deren eigentliche Ursache in dem alten Konflikt besteht. Konflikte sind deshalb häufig keine einmalige Erscheinung, sondern sie resultieren vielfach aus der Art, wie vorangegangene Konflikte gelöst wurden. In vielen Fällen wartet derjenige, der bei einem Konflikt meint, dass er ihn verloren hat, auf eine gute Gelegenheit, um sich zu „rächen" oder anders ausgedrückt:

Mancher Sieg auf Kosten der Beziehungsebene zwischen zwei Parteien ist ein Scheinsieg.

5.3.3 Effektiver Umgang mit Konflikten

Der effektive Umgang mit Konflikten soll anhand des Prozessmodells Konfliktmanagement erläutert werden.

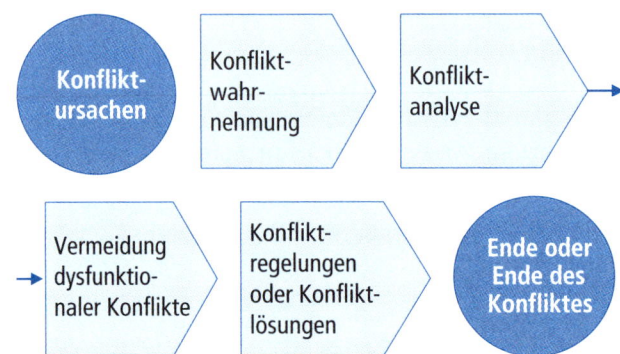

Abb. 5.8 Prozessmodell des Konfliktmanagements

Konfliktwahrnehmung

Konflikte gehören zu den unangenehmen Aspekten des Arbeitslebens. Wenn Personen mit Konflikten konfrontiert werden, reagieren sie oft mit Unbehagen und versuchen, sie nicht wahrzunehmen, zu vermeiden oder sie zu verdrängen, unabhängig davon, ob sie Beteiligte oder Zuschauer sind. Da Konflikte sich „hochschaukeln" oder eskalieren können, ist es wichtig, Konfliktsymptome frühzeitig zu erkennen, damit man noch rechtzeitig eingreifen kann, bevor der Konflikt soweit eskaliert ist, dass die Betroffenen keine Rücksicht mehr auf sich und andere nehmen. Anzeichen für mögliche Konflikte kann man dabei oft bei der sorgfältigen Beobachtung der nonverbalen Kommunikation erhalten.

Konfliktanalyse

Bei der Konfliktanalyse muss man zuerst auf den Unterschied zwischen dem Thema eines Konflikts und seiner Ursache achten.

Beispiel: Ein Vorgesetzter hört, dass Herr Maier Frau Carl höflich bittet, ihm dabei behilflich zu sein, eine Kiste mit Akten aus dem Archiv zu holen. Frau Carl entgegnet sehr schroff, dass sie keine Zeit hat, weil sich auf ihrem Schreibtisch die Stapel unerledigter Akten türmen.

In einer ersten Einschätzung neigt der Vorgesetzte wahrscheinlich dazu, Frau Carl als unhöflich und unkollegial einzuschätzen. Dies ändert sich, wenn er weiß, dass Herr Meier gegenüber einem anderen Kollegen Frau Carl als „lahmste" Kollegin bezeichnet und dass Frau Carl dies zufällig gehört hat.

Danach gilt es, die Ursachen des Konfliktes herauszufinden. Die Analyse der Konfliktursachen ist die Basis zur Lösung oder Regelung von Konflikten. Dies zeigt sich insbesondere bei der Lösung und Regelung dysfunktionaler Konflikte.

Vermeidung dysfunktionaler Konflikte

Wenn Menschen engagiert arbeiten, dann haben sie Interesse an ihrer Arbeit. Da diese Interessen nicht immer identisch sein können, sind Konflikte unausweichliche Begleitumstände engagierter Arbeit (Robbins 2001, S. 460 ff.). Weil Konflikte aber sehr viel Kraft, Energie und Motivation „kosten", ist es wichtig, unnötige Konflikte zu vermeiden (Rüttinger, B. 1993, S. 13 ff.). So können Konflikte aufgrund von gestörten Beziehungen vielfach vermieden werden, wenn die Beteiligten Regeln konstruktive Kommunikation beachten. Konflikte aufgrund unterschiedlicher Zielsetzungen können häufig durch Einführung gemeinsamer, übergeordneter Ziele vermieden werden.

Eine wichtige und grundlegende Vorbeugung zur Vermeidung dysfunktionaler Konflikte ist auch die Förderung einer effektiven Streitkultur.

Dies kann beispielsweise erreicht werden,

- *indem z. B. die Mitarbeiter eigene Meinungen entwickeln sollen und abweichende Meinungen als wichtige Hilfen zur Lösung von Problemen angesehen werden*

- *indem mit den Mitarbeitern über die Art, wie miteinander umgegangen und kommuniziert wird, gesprochen wird (Metakommunikation)*

- *indem die guten Beziehungen im Team gefördert werden. Bei guten zwischenmenschlichen Beziehungen lassen sich auch schwierige Probleme besser ansprechen.*

Konfliktregelungen oder Konfliktlösungen

Konflikte können unter anderem durch Verhandlungen zwischen den Beteiligten geregelt oder gelöst werden (Greenberg/Baron 2003, S. 419 ff.). Soll es zu einer dauerhaften Konfliktregelung oder Konfliktlösung kommen, sind dabei die Interessen der beteiligten Parteien zu berücksichtigen und so genannte „Win-win-Lösungen" anzustreben. Manchmal kann es auch sinnvoll oder notwendig sein, dass eine dritte, neutrale Partei als Schlichter, Schiedsrichter oder Vermittler miteinbezogen wird.

- Der Schlichter wirkt als ausgleichende, beruhigende Kraft auf informaler Basis zwischen den Parteien und versucht die Eskalation des Konflikts zu vermeiden, indem er mittels seiner guten persönlichen Beziehungen zwischen den Parteien einen Ausgleich anstrebt.

- Ein Schiedsrichter oder auch ein Schiedsgericht hat die Macht über den Konflikt zu entscheiden, während

- der Moderator, Vermittler oder Mediator versucht, den Betroffenen zu helfen, dass sie selbst eine Konfliktlösung finden.

Wenn man selbst am Konflikt beteiligt ist, dann ist es notwendig, emotionale Selbstkontrolle zu erhalten und auch offen für die Sichtweise der anderen Partei oder Parteien sein.

5.4   Zusammenfassung

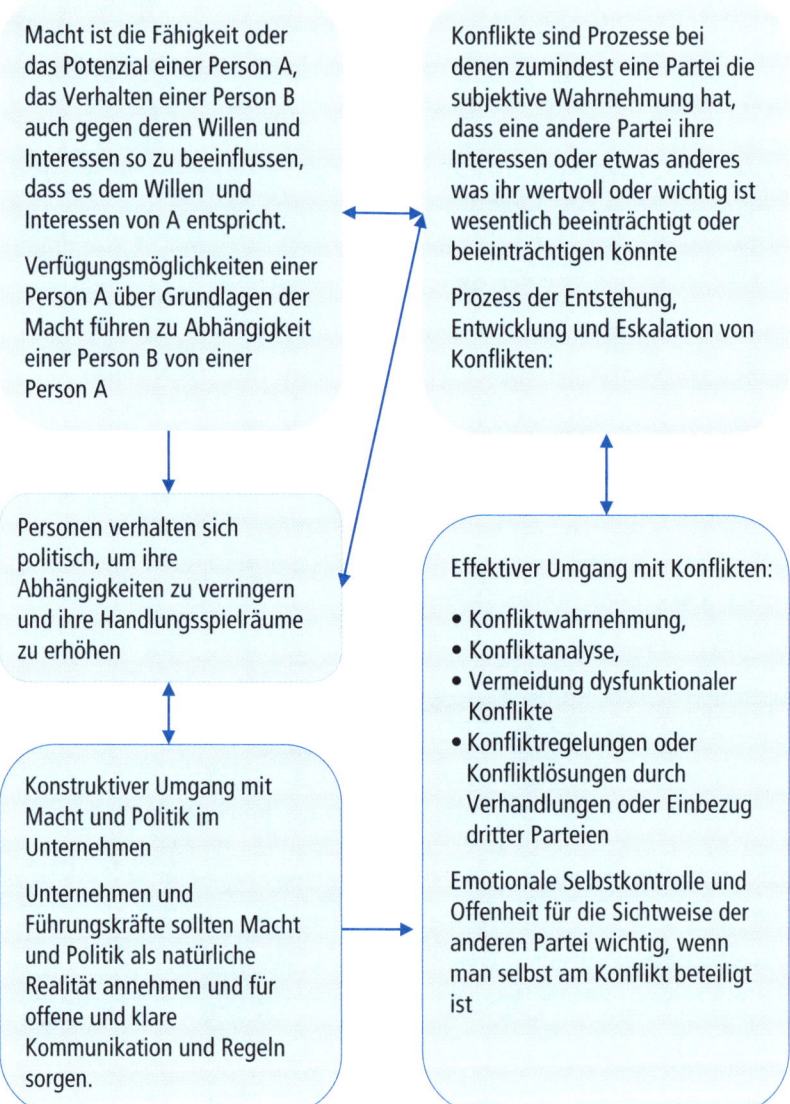

Macht ist die Fähigkeit oder das Potenzial einer Person A, das Verhalten einer Person B auch gegen deren Willen und Interessen so zu beeinflussen, dass es dem Willen und Interessen von A entspricht.

Verfügungsmöglichkeiten einer Person A über Grundlagen der Macht führen zu Abhängigkeit einer Person B von einer Person A

Konflikte sind Prozesse bei denen zumindest eine Partei die subjektive Wahrnehmung hat, dass eine andere Partei ihre Interessen oder etwas anderes was ihr wertvoll oder wichtig ist wesentlich beeinträchtigt oder beeinträchtigen könnte

Prozess der Entstehung, Entwicklung und Eskalation von Konflikten:

Personen verhalten sich politisch, um ihre Abhängigkeiten zu verringern und ihre Handlungsspielräume zu erhöhen

Effektiver Umgang mit Konflikten:

• Konfliktwahrnehmung,
• Konfliktanalyse,
• Vermeidung dysfunktionaler Konflikte
• Konfliktregelungen oder Konfliktlösungen durch Verhandlungen oder Einbezug dritter Parteien

Konstruktiver Umgang mit Macht und Politik im Unternehmen

Unternehmen und Führungskräfte sollten Macht und Politik als natürliche Realität annehmen und für offene und klare Kommunikation und Regeln sorgen.

Emotionale Selbstkontrolle und Offenheit für die Sichtweise der anderen Partei wichtig, wenn man selbst am Konflikt beteiligt ist

Abb. 5.9 Zusammenfassung des Kapitels 5 „Macht, Politik und Konlfliktmanagement

5.5 Aufgaben

5.5.1 Wiederholungs- und Diskussionsfragen

1. Was ist Macht und wodurch unterscheidet sie sich von Führung bzw. hat mit ihr Gemeinsamkeiten?

2. Erläutern Sie bitte den Begriff „Mikropolitik".

3. Mikropolitik kann viele negative Folgen haben: Warum kann man sie trotzdem nicht vermeiden?

4. Warum wird Zwang häufig als letztes Mittel der Machtausübung angewendet?

5. Wird „Führung von unten" durch den Führungsbegriff in diesem Buch mit abgedeckt und inwieweit sollte man Führung so definieren, dass sie auch „Führung von unten" mitbeinhaltet?

6. Welche Einstellungen zu Konflikten lassen sich unterscheiden und was ist ihre Bedeutung für den Konfliktprozess?

7. Wie kann man vorgehen, um systematisch Möglichkeiten zu finden, „unnötige" oder dysfunktionale Konflikte zu vermeiden bzw. das Potenzial dafür zu verringern?

8. Welche drei Formen der Einbeziehung Dritter werden oben als Möglichkeiten der Konfliktlösung oder Regelung dargestellt?

5.5.2 Fallstudie*

Reorganisation bei der XENA AG

Die XENA AG ist ein Unternehmen mit ca. 3000 Mitarbeitern, das Produkte für sehr unterschiedliche Kundengruppen herstellt und verkauft. Bisher wird das Unternehmen sehr zentralisiert geführt. In der Hauptverwaltung werden alle wichtigen Entscheidungen getroffen. Die vier Sparten sind an vier Standorten in Europa verteilt und können nur Entscheidungen auf operativer Ebene selbstständig treffen. Die Steuerung und Kontrolle erfolgt insbesondere über ein detailliertes Berichtssystem mit genauen finanziellen Vorgaben und ständiger Überprüfung der Finanzen. Bei außerplanmäßigen Ausgaben ist der Vorstandsbereich Finanzen und Rechnungswesen zu konsultieren und die Genehmigung einzuholen, ansonsten darf die Ausgabe nicht getätigt werden.

Nach Jahren ständigen Wachstums haben sich in den letzten Jahren zunehmend Probleme mit dem schnellen und flexiblen Eingehen auf die Wünsche der sehr unterschiedlichen Kundengruppen ergeben, da alle Entscheidungen von der Hauptverwaltung zu treffen sind.

---

* Es handelt sich um einen fiktiven Fall.

Der Vorstandsvorsitzende und Hauptaktionär hat sich jetzt entschlossen, das Unternehmen zu dezentralisieren und den Sparten eine größere Entscheidungsautonomie und Verantwortung zu geben. Ein wesentliches Element der Dezentralisierung betrifft auch die Finanzen und das Rechnungswesen. Jede der Sparten erhält eine eigene Abteilung Finanzen und Rechnungswesen. Die Mitarbeiter dieser Abteilungen sind dem jeweiligen Spartenverantwortlichen unterstellt. Die allgemeine fachliche Führung der Abteilungen für Rechnungswesen und Finanzen verbleibt beim Vorstand Finanzen und Rechnungswesen, der zuständig ist für eine einheitliche Vorgehensweise bei den Finanzen und beim Rechnungswesen, für die Unternehmensplanung und die Berichterstattung. Im Rahmen der generellen Vorgaben der Unternehmensplanung erhalten die Spartenverantwortlichen Entscheidungsgewalt über ihr Finanzbudget.

Nachdem der Vorstand Finanzen und Rechnungswesen über diese geplanten Änderungen informiert worden ist, schlägt er dem Vorstandsvorsitzenden eine Reihe von Änderungen der Rolle des Bereichs Finanzen und Rechnungswesen vor, damit die gewünschten Ziele der Reorganisation besser erreicht werden können. Wesentliches Ziel seines Änderungsvorschlages ist es, zu einer konstruktiveren und kooperativeren Zusammenarbeit zwischen dem Bereich Finanzen und Rechnungswesen und den entsprechenden Abteilungen in den Sparten zu ermutigen und diese Zusammenarbeit zu intensivieren. In der Vergangenheit hatte der Zentralbereich Finanzen und Rechnungswesen in den Sparten eine ineffiziente Nutzung der Ressourcen festgestellt und dafür die Sparten verantwortlich gemacht. Der Finanzvorstand möchte diese Praxis des Suchens und Feststellen von Fehlern, nachdem sie gemacht worden sind, durch eine mehr problemlösungsorientierte Vorgehensweise ersetzen. Experten und Spezialisten des zentralen Bereichs Finanzen und Rechnungswesen sollen ihren Kollegen in den Sparten helfen, frühzeitig Probleme zu erkennen und rechtzeitig Lösungsmöglichkeiten zu entwickeln.

1. Was war bisher die Machtgrundlage des Vorstands Finanzen und Rechnungswesen?

2. Wie groß schätzen Sie die Macht des Vorstandes Finanzen und Rechnungswesen vor der Reorganisation in Bezug auf die Spartenverantwortlichen ein?

3. Inwieweit erfolgt durch die Reorganisation eine Veränderung der Macht zwischen dem Vorstand Finanzen und Rechnungswesen und den Spartenverantwortlichen?

4. Aus welchen Gründen akzeptiert der Vorstand Finanzen und Rechnungswesen vermutlich diese Änderungen?

5. Auf welcher Machtgrundlage scheint der Vorstand Finanzen und Rechnungswesen nach der Reorganisation seine Macht aufbauen zu wollen?

6. Mithilfe welcher politischen Verhaltensweisen versucht er, seine Machtposition im Rahmen der Reorganisation zu halten bzw. sicherzustellen, dass sie nicht verringert wird?

5.6 Vertiefende Literaturhinweise

Glasl, F. (1997): Konfliktmanagement. Ein Handbuch für Führungskräfte, Beraterinnen und Berater. 7. Aufl. Bern und Stuttgart

Mahlmann, R. (2000): Konflikte managen: Psychologische Grundlagen, Modelle und Fallstudien. Weinheim und Basel

Neuberger, O. (2002): Führen und führen lassen: Ansätze, Ergebnisse und Kritik der Führungsforschung. 6. völlig neu bearb. und erw. Auflage. Stuttgart

Nienhüser, W. (2003): Macht. In: Albert, M. (Hrsg.): Organizational Behaviour – Verhalten in Organisationen. Stuttgart, S. 139 – 172

Pfeffer, J. (1981): Power in Organizations. Cambridge (Mass.)

Weidlich, E. S. (2000): So managen Sie Ihren Chef. Geschickte Planung, Diplomatie, Erfolgreiche Strategien. Niedernhausen / TS

Wunderer, R. (2003): Führung des Chefs. In: von Rosenstiel, L. / Regnet, E. / Domsch, M. (Hrsg.): Führung von Mitarbeitern. 5. Aufl. Stuttgart, S. 293 – 314

6 Führen von Arbeitsgruppen

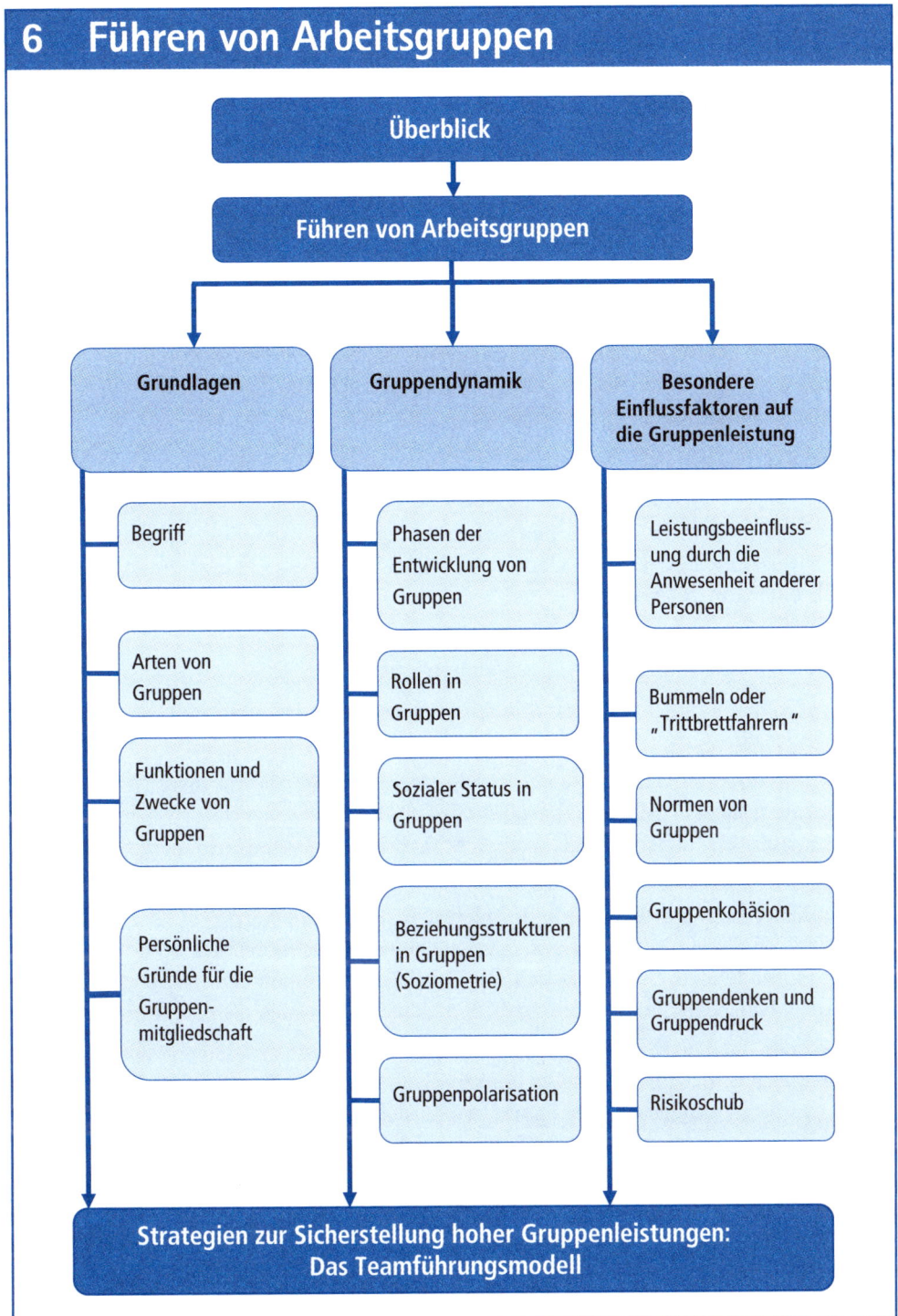

Abb. 6.1 Übersicht über das Kapitel 6 „Führen von Arbeitsgruppen"

6.1 Grundlagen

Durch Arbeitsgruppen können Produktivität, Flexibilität und Kreativität in Unternehmen wesentlich verbessert werden. In zunehmendem Maße werden deshalb in Unternehmen Aufgaben nicht mehr Einzelpersonen, sondern Arbeitsgruppen, Projektgruppen oder Teams übertragen.

Die Leistung einer Gruppe ist jedoch nicht immer besser als die Summe der Leistungen von einer gleich großen Anzahl von Einzelpersonen. Auch in Wirtschaftsorganisationen kann man derartige Phänomene feststellen. Die Arbeitsleistung von Gruppen kann z.B. schlechter sein, weil bei der Gruppenarbeit bestimmte Phänomene auftreten, die die Leistung der Gruppen beeinträchtigen.

6.1.1 Begriff

Wenn man eine Reihe von Personen sieht, die vor der Kasse eines Supermarktes oder an einer Bushaltestelle warten, dann wird man diese Ansammlung im Allgemeinen nicht als eine Gruppe ansehen.

Anders ist dies bei einer Mannschaft, z.B. im Sport, die zusammen trainiert und beim Wettkampf eng zusammenarbeitet, um zu gewinnen.

In beiden Fällen handelt es sich um mehrere Personen. Aber nicht jede Mehrzahl von Personen ist eine Gruppe.

Die Sportmannschaft hat ein gemeinsames Ziel: Sie will als Mannschaft gewinnen. Die Personen, die an der Bushaltestelle oder an der Supermarktkasse warten, haben kein gemeinsames Interesse. Sie wollen schnellstmöglich als Einzelperson befördert oder bedient werden.

Die Mitglieder einer Sportmannschaft fühlen sich als zusammengehörig („Wir-Gefühl"). Das Foul gegen einen Mitspieler z.B. wird als ein Foul gegenüber der gesamten Mannschaft empfunden. Es entwickelt sich ein Gefühl der Gruppenidentität: Die Mitglieder der Gruppe identifizieren sich mit der Gruppe; sie nehmen sich als eine Einheit wahr.

Die Personen in den Warteschlangen sind nur kurze Zeit zusammen, während eine Sportmannschaft oft über Jahre zusammen trainiert, Wettkämpfe bestreitet und sich manchmal auch außerhalb des Sports trifft, weil man gern zusammen ist. In einer Mannschaft lassen sich auch in der Regel unterschiedliche Rollen feststellen. Manche Mitspieler haben z.B. mehr zu sagen als andere. Ihre Anweisungen werden von anderen beachtet, obwohl sie möglicherweise offiziell keinen höheren Rang als ihre Mitspieler haben.

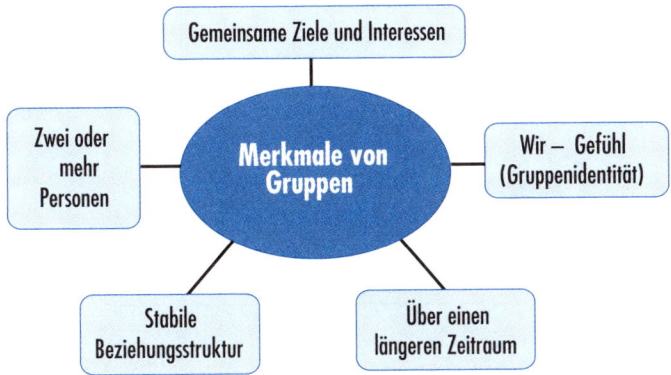

Abb. 6.2 Merkmale von Gruppen

Damit sind die wesentlichen Merkmale von Gruppen oder Teams bestimmt.

> **Gruppen** sind
>
> 1. zwei oder mehr Personen, die untereinander in Beziehung stehen,
> 2. die gemeinsame Ziele und Interessen haben,
> 3. die sich als eine Gruppe („Wir-Gefühl") empfinden,
> 4. die untereinander eine stabile Beziehungsstruktur haben und
> 5. die über einen längeren Zeitraum zusammen sind (Weinert 2004, S. 393).

Die Personen in der Warteschlange an einer Bushaltestelle sind in der Regel deshalb keine Gruppe, weil sie kein gemeinsames Ziel haben. Es hat zwar jeder in der Warteschlange das Interesse, dass der Bus bald kommt und er schnell sein Ziel erreicht. Da es dem Einzelnen gleichgültig ist, ob auch der andere sein Ziel erreicht, haben sie zwar alle das gleiche Ziel, es handelt sich aber nicht um ein gemeinsames Ziel. Anders wäre es z.B. bei einer Freundesgruppe, die gemeinsam einen Ausflug machen will. Dann haben alle das Interesse, gemeinsam dahinzukommen.

Darüber hinaus sind die Personen in der Warteschlange (hoffentlich) nicht über eine längere Zeitspanne zusammen, fühlen sich auch nicht als zusammengehörig und weisen keine stabile Beziehungsstruktur untereinander auf.

Diese Merkmale können in unterschiedlichem Ausmaß ausgeprägt sein. So kann es bei Gruppen durchaus zu Zweifeln kommen, was das gemeinsame Ziel ist und ob alle sich dafür genügend stark engagieren. Insbesondere in Krisen, wenn es darum geht, für das gemeinsame Ziel auf eigene Bedürfnisse und Wünsche zu verzichten, kann es sich herausstellen, dass für einige Gruppenmitglieder das gemeinsame Ziel doch nicht so wichtig ist, wie es vorher den Anschein hatte. Auch das „Wir-Gefühl" unterliegt durchaus Schwankungen. Im konkreten Fall kann schwierig sein, zu entscheiden, ob es sich bei einer Mehrheit von Personen um eine Gruppe handelt oder auch nicht.

6.1.2 Arten von Gruppen

Gruppen lassen sich unter anderem nach dem Formalisierungsgrad ihrer Bildung, nach der Gruppengröße und nach der Intensität des Zusammengehörigkeitsgefühls unterscheiden.

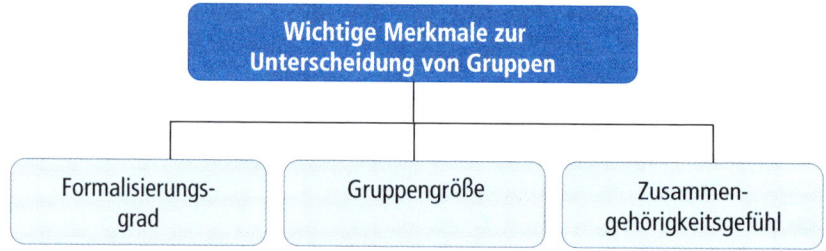

Abb. 6.3 Merkmale zur Unterscheidung von Gruppen

Formalisierungsgrad: Formale und informale Gruppen (Greenberg/Baron 2003, S. 275)

Formale Gruppen werden von übergeordneten Stellen bewusst geplant und eingerichtet, um bestimmte Ziele zu erreichen. Durch die formale Vorgabe der übergeordneten Instanz wird bestimmt, wer in diese Gruppe gehört und welche Ziele diese Gruppe aus der Sicht der übergeordneten Instanz zu erfüllen hat.

> *Beispiele für formale Gruppen in Unternehmen sind Abteilungen oder auch Projektteams.*

Man spricht auch hier von Gruppen, obwohl es sich häufig nicht um Gruppen nach der obigen Begriffsbestimmung handelt. Eine Zusammenfassung von Mitarbeitern, z.B. in einer Abteilung, hat unter Umständen kein „Wir-Gefühl", und es kann auch sein, dass sie kein gemeinsames Ziel haben, dass es sie nicht kümmert, wenn andere nicht die Ziele erreichen.

Häufig entwickeln sich aus formalen Gruppen aufgrund der Zusammenarbeit auch informale Gruppen, die alle oder nur einen Teil der formalen Gruppe umfassen. Eine mögliche Erklärung für die Bildung von informalen Gruppen auf der Basis von formalen Gruppen bieten die Soziale Identitätstheorie und die Theorie der minimalen Gruppe (Mayrhofer, W./Strunk, G./Meyer, M. 2003). Da eine differenzierte und abgesicherte Beurteilung anderer Personen in der Regel nicht möglich ist, neigen nach der Sozialen Identitätstheorie Menschen dazu, sich und andere in relativ unscharfe Kategorien oder „Schubladen" einzuordnen, sie zu stereotypisieren. Diese Kategorien können sehr „oberflächlich" sein, zugleich werden diese Kategorien auch als gut oder schlecht bewertet. Eine Kategorie kann z.B. sein, ob andere derselben Kategorie angehören wie man selbst. Nach der Theorie der minimalen Gruppe reichen minimale Gemeinsamkeiten oder Unterschiede aus, um z.T. weitreichende Beurteilungen und Diskriminierungen auszulösen. In vielen Experimenten konnte gezeigt werden, dass geringe und durchaus oberflächliche Unterschiede ausreichten, um diskriminierende Einschätzungen und Verhaltensweisen hervorzurufen.

Der Begriff „Gruppe" wird in der obigen Zusammenfassung in Anführungszeichen gesetzt, weil es sich keineswegs um Gruppen im Sinne der Gruppendefinition in diesem Kapitel handeln muss. Es reichen bereits geringe Merkmale der Gemeinsamkeit bzw. des Unterschieds, um diese Effekte zu bewirken, wie z.B. „wohnt auf dem gleichen Stockwerk". So ist auch nachvollziehbar, dass die Zugehörigkeit zu einer Organisationseinheit (z.B. Abteilung), Effekte im Sinne der minimalen Gruppentheorie erzeugen kann und dadurch beitragen kann, dass sich tatsächlich Gruppen nach der Gruppendefinition bilden.

Informale Gruppen bilden sich auf natürliche Art und Weise und nicht gesteuert durch die Unternehmensführung, weil bestimmte Personen gleiche Interessen haben, z.B. Interesse am gleichen Sport oder als Freundschaftsgruppen, die sich auch außerhalb der Arbeit treffen.

Gruppengröße: Klein- oder Großgruppen

Bei Gruppengrößen bis zu ca. 15 Personen spricht man von Kleingruppen, ansonsten handelt es sich um Großgruppen.

Zusammengehörigkeitsgefühl: Arbeitsgruppen oder Teams

Gruppen mit einem besonders ausgeprägten Zusammengehörigkeitsgefühl werden häufig als Teams bezeichnet. In diesem Buch werden die Begriffe „Gruppe" und „Team" synonym verwendet.

Virtuelle Arbeitsgruppen

Insbesondere die Globalisierung der Wirtschaft und die Weiterentwicklung der Medien elektronischer Kommunikation haben dazu geführt, dass immer mehr Unternehmen so genannte virtuelle Arbeitsgruppen eingeführt haben. Als virtuelle Arbeitsgruppen bezeichnet man Gruppen, bei denen die Gruppenmitglieder ihre Arbeit üblicherweise an unterschiedlichen, meistens sehr weit von einander entfernten Orten verrichten (Yukl 2010, S. 361). Die Kommunikation zwischen den Gruppenmitgliedern untereinander sowie mit dem Leiter der Gruppe erfolgt vor allem mithilfe elektronischer Kommunikationsmedien, wie Email, SMS, mobilen Telefonen („Handys"), Videokonferenzen usw.

Virtuelle Arbeitsgruppen stellen zusätzliche, spezifische Führungsherausforderungen für die Leiter derartiger Gruppen dar. Aufgrund der Entfernungen ist es schwierig, die Leistung der Mitarbeiter zu überwachen, sie zu beeinflussen, wechselseitiges Vertrauen und Identifikation mit der Gruppe zu entwickeln. Grundsätzlich gelten für die Führung von virtuellen Arbeitsgruppen die gleichen Regeln und Empfehlungen wie für traditionelle Gruppen. Allerdings gibt es vielfältige Vermutungen über spezifische Realisierungen dieser Regeln und Empfehlungen bei virtuellen Arbeitsgruppen. Dazu gibt es jedoch noch nicht viel empirische Untersuchungen (Yukl 2010, S. 370 f.).

6.1.3 Funktionen und Zwecke von Arbeitsgruppen

Im Einzelnen führen Wirtschaftsorganisationen aus einer Vielzahl von Gründen die Arbeit in Gruppen ein (Weiner 2004, S. 392):

- Immer mehr Aufgaben sind so komplex, dass sie nicht von einer Person allein erbracht werden können.

- Ein augenfälliger Vorteil von Gruppenentscheidungen ist, dass man mehr Wissen, Erfahrungen und Perspektiven zur Verfügung hat als bei einer einzelnen Person.

- Es kann somit bei Gruppen zu einer Zusammenfassung von sich ergänzenden Fähigkeiten, Qualifikationen und Fertigkeiten kommen. Die Zusammenarbeit in einer Gruppe kann durch eine wechselseitige Anregung zu neuen Einsichten und Ideen einen „Schneeballeffekt" zur Folge haben. Dies führt häufig zu einem als „Synergieeffekt" von Gruppen bezeichneten Vorteil.

- In einer Gruppe kann man auch arbeitsteilig vorgehen. Dann kann jeder die Potenziale einbringen, bei denen er am besten ist, während man bei Einzelarbeit häufig auch Arbeiten zu übernehmen hat, die einem nicht liegen, für die man nicht geeignet ist.

- Teamarbeit sichert Akzeptanz bei der Umsetzung: Wenn bei einer Gruppenentscheidung alle Betroffenen oder ihre Vertreter beteiligt sind, dann besteht eine größere Chance, dass die Gruppenentscheidung von allen akzeptiert und bei der Realisierung mitgetragen wird. Durch die Beteiligung bei der Entscheidungsfindung können alle die Beweggründe für die Entscheidung nachvollziehen und es ist auch ihre Entscheidung.

- Um sich schneller und effektiver an veränderte Bedingungen anpassen zu können: Mit Hilfe von Gruppen kann häufig eine schnellere Anpassung an sich verändernde Märkte und Technologien erfolgen als bei einer Vielzahl isolierter Einzelpersonen.

- Zur Förderung der Motivation und Identifikation mit der Wirtschaftsorganisation, da in der Regel Menschen nicht gerne völlig alleine arbeiten.

Gruppenarbeit hat jedoch nicht nur Vorteile. Es gibt eine Reihe von schwerwiegenden Nachteilen (Weiner 2004, S. 412):

- Gruppenentscheidungen erfordern in der Regel mehr Zeit als Einzelentscheidungen. Dies wird vielfach sogar als Zeitverschwendung empfunden.

- Wenn die Gruppenentscheidungen nicht einvernehmlich getroffen werden, dann kann es zu erheblichen Konflikten in der Gruppe und zwischen ihren einzelnen Mitgliedern kommen.

- Gruppenentscheidungen können auch ineffektiv sein, weil einzelne Gruppenmitglieder sich zu sehr vom dominanten Gruppenführer oder Gruppenmitglied beeinflussen oder manipulieren lassen oder so genannte „Ja-Sager" sind und damit keine offene und konstruktive Diskussion stattfindet.

- Ein weiterer Nachteil von Gruppenentscheidungen ist, dass keiner klar verantwortlich ist; jeder kann sich hinter der Gruppenentscheidung „verstecken": *Nicht ich habe die Entscheidung getroffen, sondern es war die Gruppe".*

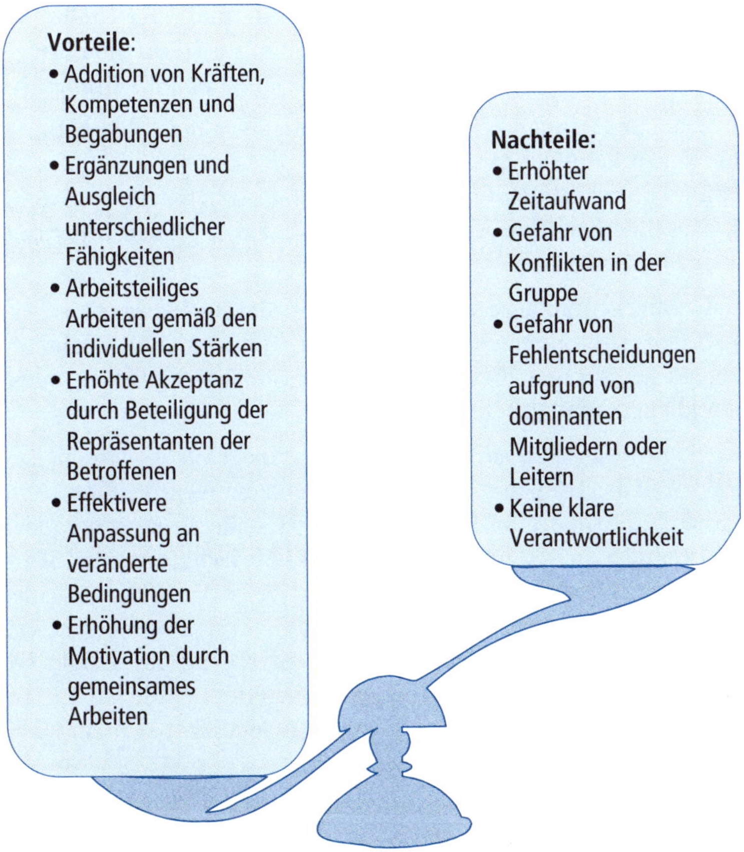

Vorteile:
- Addition von Kräften, Kompetenzen und Begabungen
- Ergänzungen und Ausgleich unterschiedlicher Fähigkeiten
- Arbeitsteiliges Arbeiten gemäß den individuellen Stärken
- Erhöhte Akzeptanz durch Beteiligung der Repräsentanten der Betroffenen
- Effektivere Anpassung an veränderte Bedingungen
- Erhöhung der Motivation durch gemeinsames Arbeiten

Nachteile:
- Erhöhter Zeitaufwand
- Gefahr von Konflikten in der Gruppe
- Gefahr von Fehlentscheidungen aufgrund von dominanten Mitgliedern oder Leitern
- Keine klare Verantwortlichkeit

Abb. 6.4 Vor- und Nachteile von Gruppenarbeit

6.1.4 Persönliche Gründe für die Mitgliedschaft in Gruppen

Gruppenarbeit funktioniert und wird auch eingesetzt, weil die Menschen soziale Wesen sind und ein starkes Bedürfnis haben, mit anderen zusammen zu sein, mit anderen zu-sammenzuarbeiten.

Die Zugehörigkeit zu einer Gruppe kann extern, z. B. durch das Unternehmen, bestimmt werden. Bei informalen Gruppen entscheidet die Person selbst, ob sie Mitglied einer Gruppe werden will. Sie wird dies dann tun, wenn sie in der Gruppenmitgliedschaft ein gutes Mittel sieht, um ihre Bedürfnisse zu befriedigen.

Häufig kann man folgende persönliche Gründe für die Gruppenmitgliedschaft feststel-len (Greenberg/Baron 2003, S. 275ff.), die auch auf das Zugehörigkeitsgefühl bei for-malen Gruppen zutreffen können, obwohl die Zugehörigkeit zu formalen Gruppen in der Regel durch Vorgesetzte bestimmt wird:

- Um gemeinsame Ziele zu erreichen oder gemeinsame Interessen ausüben zu kön-nen, z. B. Fußball oder Schach spielen.

- Um sich sicherer zu fühlen: Gruppen können aufgrund ihrer Größe Sicherheit gegenüber Feinden oder Gegnern bieten, die der Einzelne nicht allein erreichen kann. Das Gruppenmitglied kann Unterstützung und Hilfe durch die Gruppe erhalten.

- Um das soziale Bedürfnis nach Kontakt zu anderen zu befriedigen: Durch die Gruppenzugehörigkeit kann der Mitarbeiter Gefühle der Zugehörigkeit, des Kontakts mit Gleichgesinnten und das Bedürfnis nach Geselligkeit befriedigen. Aufgrund des engen Kontakts innerhalb von Gruppen kommt auch in großen Organisationen kein Gefühl von Anonymität auf.

- Um soziale Anerkennung zu erlangen: Durch die Zugehörigkeit zu einer Gruppe kann der Mitarbeiter einen bestimmten Status erhalten und auch innerhalb der Gruppe einen bestimmten Status erlangen und damit das Gefühl entwickeln, bedeutsam und anerkannt zu sein.

Die Bereitschaft zur Mitgliedschaft und das Engagement für die Gruppenziele hängen davon ab, inwieweit das Gruppenmitglied das Gefühl, die Wahrnehmung hat, dass seine Interessen und Bedürfnisse befriedigt werden, dass die Gruppenmitgliedschaft sich „lohnt". Dabei werden Nutzen und Kosten der Mitgliedschaft aus der Sicht des Gruppenmitglieds (subjektiv) gegenübergestellt. Wenn dieses Verhältnis aus der Sicht des Gruppenmitglieds nicht mehr befriedigend ist, dann wird es versuchen, mehr Nutzen aus der Gruppenmitgliedschaft „herauszuholen" oder einzufordern oder sein Engagement evtl. bis hin zur inneren Kündigung zu verringern oder die Gruppe zu verlassen. Wenngleich diese Prozesse bei informalen Gruppen deutlicher sichtbar sind, finden sie auch bei formalen Gruppen in Unternehmen statt.

Andererseits erwarten Gruppen, dass ihre Mitglieder ihren Beitrag zum Gelingen der Gruppenziele leisten. Wenn aus der Sicht von Gruppen der Beitrag des Einzelnen nicht das übertrifft, was die Gruppe für den Einzelnen leistet, dann wird die Gruppe oder einzelne Gruppenmitglieder sozialen Druck auf ihn ausüben. Falls sein Beitrag auch dann nicht als ausreichend wahrgenommen wird, kann es sein, dass die Gruppe ihn „verstößt".

6.2 Gruppendynamik

Innerhalb von Gruppen finden viele Prozesse und Phasen statt, die die Gruppenarbeit bestimmen und die dazu führen können, dass Menschen in Gruppen Dinge tun, die sie als Einzelpersonen nie tun würden.

> *Beispiel: Dies wird z. B. deutlich bei Festen, wenn Personen auf Tischen tanzen, weil dies viele oder gar alle tun und sie von den anderen „mitgerissen" werden: Wer würde das allein und unbeobachtet zu Hause tun?*

Im Rahmen der Entwicklung der Gruppen bilden sich auch bestimmte Strukturen aus. Dabei handelt es sich um bestimmte Rollen, die einzelne Gruppenmitglieder wahrnehmen und auch um Gruppen in der Gruppe.

Die Entwicklung und Veränderung dieser Rollen und Strukturen in Kleingruppen und ihre Auswirkungen auf das Verhalten der einzelnen Gruppenmitglieder wird auch als Gruppendynamik bezeichnet (Elsik 2003).

6.2.1 Phasen der Entwicklung von Gruppen

Bis hin zur Bildung einer Gruppe und auch danach durchlaufen Zusammenfassungen von Menschen verschiedene Entwicklungsstadien (Robbins 2001 S. 267 ff.). Für eine Führungskraft ist es von großer Bedeutung, diese Phasen oder Gruppenzustände zu erkennen und seinen Führungsstil danach auszurichten.

1. Phase: Zusammenfindung (Forming)

Die Gruppenmitglieder lernen sich kennen. Diese Phase ist gekennzeichnet durch den Versuch, sich zu orientieren und herauszufinden, um was für Personen es sich bei den anderen Mitgliedern handelt. Die meisten Personen halten sich dabei eher zurück und beobachten die anderen. Einige Mitglieder neigen dazu, „vorzupreschen" und die Gruppenarbeit zu steuern und zu leiten.

2. Phase: Auseinandersetzungen (Storming)

Es finden Macht- und Statuskämpfe statt, bei denen einige Mitglieder versuchen, eine Machtposition und eine besondere Stellung in der Gruppe (Status), wie z. B. die Gruppenführung, zu erlangen.

Gesprächsauszug aus einer Sitzung eines Planungskomitees, bestehend aus den Vertretern verschiedener Abteilungen gleichen Ranges

Meier: *Ich schlage vor, wir gehen die Planung Seite für Seite durch.* (Erster Statusanspruch auf Gruppenführung)

Müller (unterbricht): *Aber bitte Herr Meier, wir sind doch selbst in der Lage, die Planung zu überprüfen und Probleme festzustellen.* (Stellt seinen eigenen Status- und Führungsanspruch auf)

Schmidt: *Wenn Herr Meier die Planung rechtzeitig an uns verteilt hätte, dann hätten sie wir vorab prüfen können, und müssten nicht jetzt so die Zeit verschwenden.* (Unterstützt den Anspruch von Müller)

Lehmann: *Wenn, wenn, wenn. Was soll das? Die Planung konnte nicht vorher fertig gestellt werden und jetzt müssen wir das Beste daraus machen und wie von Herrn Meier vorgeschlagen, die Planung gemeinsam Schritt für Schritt durchgehen.* (Unterstützt den Führungsanspruch von Meier)

und so fort …

Abb. 6.5 Beispiel für das Ringen um Status

Nun kommt es häufig dazu, dass die Notwendigkeit und der Nutzen der Gruppe infrage gestellt werden. Dies kann dazu führen, dass die Gruppe daran zerbricht und sich auflöst.

3. Phase: Entwicklung von Normen (Norming)

Die Beziehungen der Gruppenmitglieder entwickeln sich weiter und es kommt insbesondere zur Herausbildung von Spielregeln (Normen) für das Gruppenleben. Es ist wichtig, dass die Führungskraft in dieser Phase auf Mitarbeiterbedürfnisse und Beziehungen in der Gruppe Rücksicht nimmt (mitarbeiterorientierter Führungsstil), damit sich ein großes Zusammengehörigkeitsgefühl entwickeln kann. Dieses Zusammengehörigkeitsgefühl wiederum kann dazu beitragen, dass die Gruppe sich mit der Führungskraft verbunden fühlt und hohe Leistungen erbringt.

Erst wenn die Phase 3: „Entwicklung von Strukturen" („Normierung") erfolgreich vollzogen ist, werden die Kriterien der Gruppendefinition erfüllt, erst dann kann man von Gruppen im Sinne der Gruppendefinition sprechen.

4. Phase: Leistung (Performing)

Die Mitglieder arbeiten intensiv und konzentriert am Gruppenauftrag. Wenn es der Führungskraft gelungen ist, eine Gruppe mit hohem Zusammengehörigkeitsgefühl und hoher Verbundenheit mit der Führungskraft und dem Unternehmen zu entwickeln, dann kann sie in dieser Phase verstärkt leistungsorientiert führen und somit eine hohe Gruppenleistung bewirken.

5. Phase: Abschließen und Beenden (Adjourning)

Nachdem das Ziel der Gruppe erreicht wurde, kann es zur Auflösung der Gruppe kommen oder die Gruppe entwickelt sich oder erhält neue Ziele und arbeitet weiter.

Es handelt sich bei diesen Phasen um Modellvorstellungen, die in der Realität zwar häufig, aber nicht immer in dieser Form und Abfolge vorzufinden sind. Nicht jede Gruppe durchläuft all diese Stadien. Es kann schon vorher zur Auflösung kommen. Es ist auch möglich, dass Gruppen bei der Phase der Gruppenarbeit Probleme erkennen und wieder „zurückfallen" in die Phase der Normenbildung. Manchmal kann es auch der Fall sein, dass in einer Gruppe mehrere dieser Phasen zugleich stattfinden. Deshalb erfolgt die grafische Darstellung dieser Phasen hier nicht als ein Stufen- oder Treppenmodell, sondern in Form sich überdeckender Ellipsen. Die gestrichelten Pfeile sollen andeuten, dass die Phasen nicht immer gemäß der Zahlenfolge stattfinden.

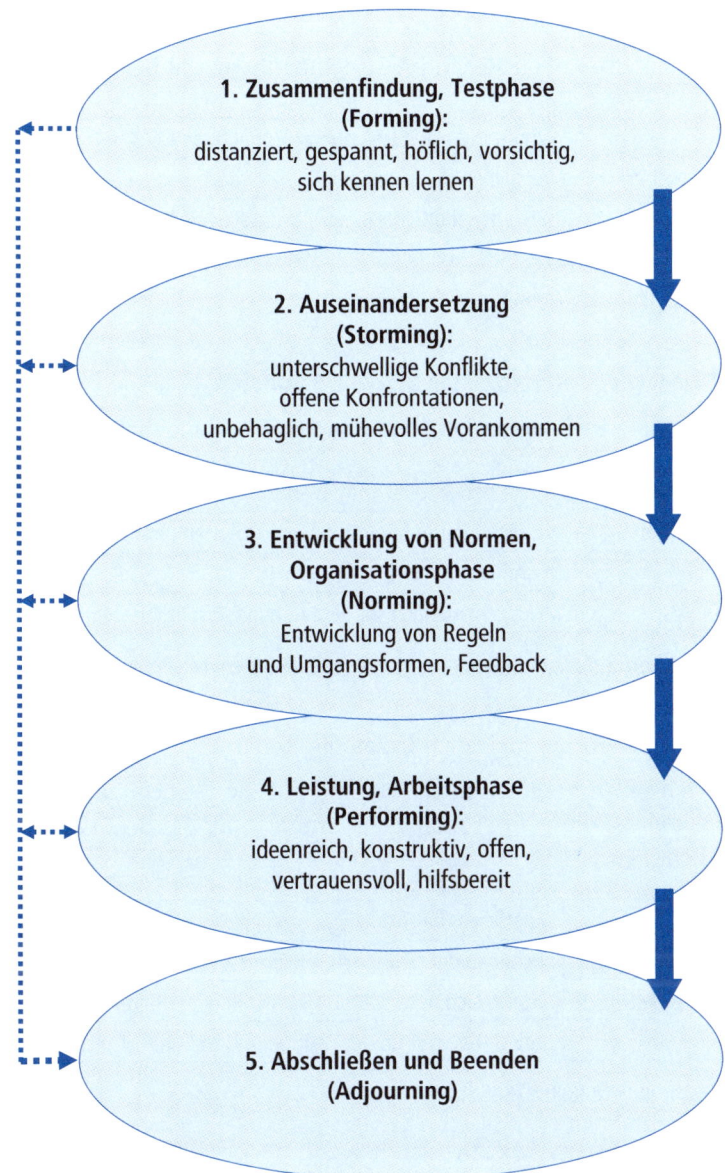

Abb. 6.6 Das 5-Phasen-Modell der Gruppenarbeit

6.2.2 Rollen in Gruppen

In Gruppen kann man feststellen, dass ihre Mitglieder bestimmte Rollen innehaben (Greenberg/Baron 2003, S. 279 f.). So kann man innerhalb von Gruppen Gruppenmitglieder finden, die sich vor allem um die Aufgabe der Gruppe oder das harmonische Zusammenleben in der Gruppe oder um ihre eigene Rolle in der Gruppe kümmern.

- Aufgabenorientierte Rollen

  Aufgabenorientierte Rollen stehen im Zusammenhang mit der Gruppenaufgabe.

Initiatoren ...	empfehlen neue Lösungen für Probleme der Gruppe
Informationssucher ...	versuchen die notwendigen Informationen und Fakten zu erhalten
Aktivatoren ...	bewegen die Gruppe zu Aktionen, wenn das Interesse an der Arbeit absinkt

Abb. 6.7 Beispiele für aufgabenorientierte Rollen

- Auf das Verhältnis untereinander bezogene Rollen

  Die Inhaber dieser Rolle versuchen, den Gruppenzusammenhalt zu fördern.

Harmonisierer ...	vermitteln bei Gruppenkonflikten
Kompromisssucher ...	passen die eigene Meinung an, um Gruppenharmonie zu erreichen
Ermutiger ...	loben und ermutigen andere
Zweckmäßige ...	entwickeln Vorschläge für eine reibungslosere Zusammenarbeit der Gruppe

Abb. 6.8 Auf das Verhältnis untereinander bezogene Rollen (Beispiele)

- Auf das einzelne Gruppenmitglied bezogene Rollen

  Diese auf sich selbst orientierten Rollen sind auf die Befriedigung der eigenen Bedürfnisse gerichtet, ohne die Aufgabe der Gruppe oder die Bedürfnisse der anderen
  zu berücksichtigen.

Blockierer ...	blockieren die Gruppe
Anerkennungssucher ...	suchen in der Gruppe Anerkennung für ihre Beiträge
Dominanzpersonen ...	sichern sich Autorität und Macht in der Gruppe
Distanzierer ...	halten Distanz von der Gruppe und isolieren sich selbst

Abb. 6.9 Selbstbezogene Rollen (Beispiele)

Zur erfolgreichen Führung von Arbeitsgruppen ist es wichtig zu erkennen, welche Rollen die einzelnen Mitglieder einnehmen und dies gezielt bei der Behandlung dieser
Mitarbeiter zu berücksichtigen.

*Beispiel: Durch die gezielte Ansprache oder die Zuweisung von Aufgaben, die
ihn besonders interessieren, kann die Führungskraft versuchen, den Distanzierer
in die Gruppenarbeit zu integrieren.*

Diese Rollen können eine Orientierung zur Interpretation des Verhaltens in Gruppen
geben. Sie sollten aber nur mit sehr viel Vorsicht verwendet werden, da sie zu voreiligen und einseitigen Charakterisierungen von Personen führen können.

6.2.3 Sozialer Status in Gruppen

Die Mitglieder einer Gruppe werden nicht alle als gleich angesehen. Sie haben einen unterschiedlichen Rang oder Status (Greenberg/Baron 2003, S. 281 ff.).

- **Sozialer Status** ist die relative soziale Position oder der Rang, der einer Gruppe oder Gruppenmitgliedern durch andere zugemessen wird. Sozialer Status entsteht „in den Augen der anderen".

- **Formaler Status** entsteht durch die hierarchischen Unterschiede. Er spiegelt sich auch häufig in Statussymbolen wider. Statussymbole erinnern die Gruppenmitglieder an ihre unterschiedlichen sozialen Rangplätze und reduzieren dadurch Unsicherheit (z. B. beim Militär).

- **Informaler Status** ergibt sich aufgrund von Kriterien, die nicht durch die Organisation vorgegeben werden. Dies kann z. B. durch besondere Erfahrungen, Fähigkeiten oder Expertenwissen von einzelnen Gruppenmitgliedern der Fall sein.

Je höher der Status einer Person ist, desto größer ist ihr Einfluss in der Gruppe.

Beispiel: Experimentelle Befunde zeigten, dass Vorschläge des Flugkapitäns eher angenommen wurden, als wenn der Kopilot einen Vorschlag macht. Die Kopiloten sind dem Piloten oder genauer dem Flugkapitän unterstellt. Es zeigte sich aus der Analyse der Gespräche im Cockpit nach Unfällen, dass Kopiloten, wenn sie gefährliche Situationen erkannten, den Piloten nur sehr vorsichtig und eher indirekt auf die Gefahr hinwiesen, während die Flugkapitäne dies umgekehrt sehr direkt taten. Einige Fluggesellschaften haben deshalb ein spezielles Kommunikationstraining durchgeführt mit dem Ziel, die statusgeprägte Vorsicht der Kopiloten, wenn sie den Piloten auf mögliche Gefahren hinweisen wollen, abzubauen.

Zur Bezeichnung der Rangordnung in Gruppen wird häufig auf das griechische Alphabet Bezug genommen.

- **Alpha** = Führer, Gewinner des Machtkampfs („Alpha-Tier")
- **Gamma** = Unterstützt Alpha
- **Gegen-Alpha** = unterlegener Gegner von Alpha beim Führungsanspruch
- **Beta** = Gefolgsmann von Gegenalpha
- **Omega** = unterlegener Außenseiter

Abb. 6.10 Bezeichnungen für die Rangordnung in einer Gruppe

Im Regelfall beeinflussen Personen, die in der Hierarchie höher gestellt sind, bereits durch ihre Anwesenheit den Entscheidungsprozess. Wenn die Anwesenheit dieser Personen nicht vermieden werden kann, dann sollten sie möglichst in der Diskussionsphase abwesend sein oder ihr statusgeprägter Einfluss durch den Einsatz bestimmter Techniken, wie der Metaplan- bzw. Moderatorentechnik verringert werden.

Bei der Metaplan- oder Moderatorentechnik werden die inhaltlichen Beiträge vom Vorschlagenden losgelöst, z. B. durch Kartenabfragen, erfasst. Auch bei der Bewertung von Vorschlägen kann dies erreicht werden, wenn z. B. die Bewertung von Vorschlägen an Pinnwänden mittels ausgeteilter Klebepunkte (Punktbewertung) vorgenommen wird und die Person mit hohem Status entweder keine Bewertung abgibt oder ihre Bewertung als letzte vornimmt.

6.2.4 Beziehungsstrukturen in Gruppen (Soziometrie)

Mithilfe der Soziometrie lässt sich ermitteln, wer bei wem beliebt oder unbeliebt ist und wer mit wem gern zusammenarbeitet oder auch nicht (Robbins 2001 S. 270 ff.).

Diese Informationen erhält man in der Regel mit Hilfe von Fragebögen. Typische Fragen zur Festellung von Beliebtheitsbeziehungen sind: *„Mit wem würden Sie in Ihrer Abteilung am liebsten zusammenarbeiten? Nennen Sie einige Kollegen, mit denen Sie auch gerne in Ihrer Freizeit zusammen wären oder zusammen sind."*

In einem Soziogramm werden dann die Antworten auf diese Fragen grafisch zusammengefasst, wie in dem folgenden Beispiel:

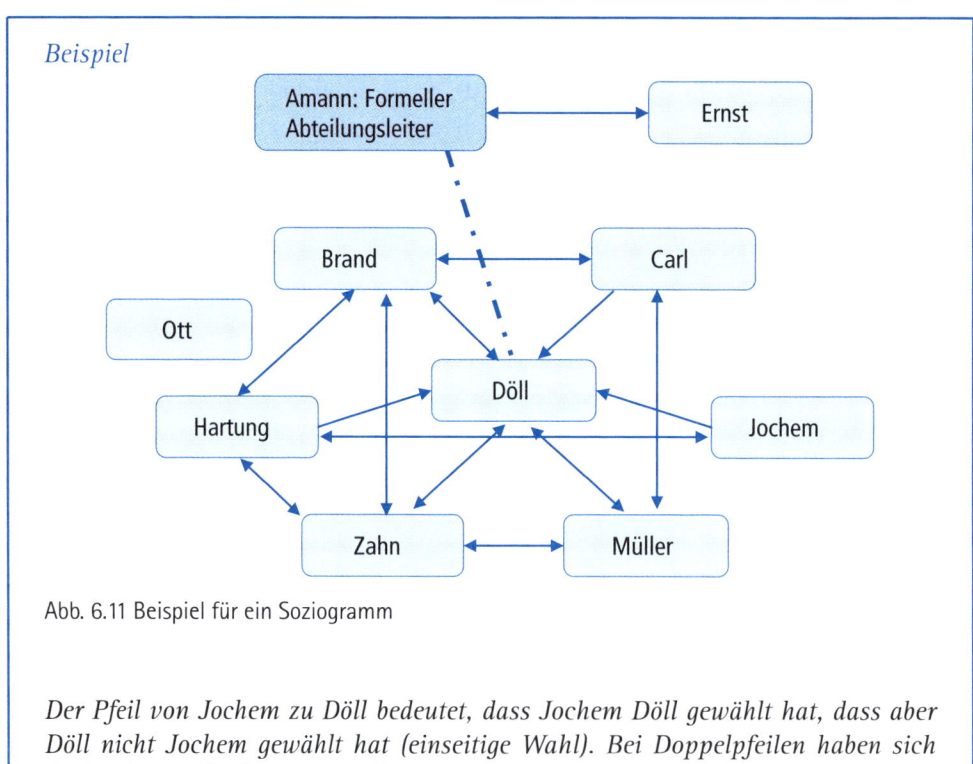

Abb. 6.11 Beispiel für ein Soziogramm

Der Pfeil von Jochem zu Döll bedeutet, dass Jochem Döll gewählt hat, dass aber Döll nicht Jochem gewählt hat (einseitige Wahl). Bei Doppelpfeilen haben sich die beiden wechselseitig gewählt. Aufgrund dieses Soziogramms ergeben sich folgende Strukturen:

*Ott hat niemanden gewählt und wurde von niemandem gewählt: Er ist der iso-
lierte Außenseiter und manchmal auch das schwarze Schaf der Gruppe. Auch
die Verankerung von Jochem in der Gruppe ist gering. Es besteht eine wechselseitige Beziehung zu Hartung und eine einseitige Beziehung zu Döll. Er ist eine
Randfigur der Gruppe.*

*Döll hat die meisten wechselseitigen Beziehungen in der Gruppe. Er ist der Star
der Gruppe, das beliebteste Gruppenmitglied. Es ist weiterhin anzunehmen, dass
er der informelle Meinungsführer ist. Die Gruppe um Döll bildet ein Cluster von
miteinander verbundenen Personen, eine Gruppe in der Gruppe (Clique).*

*Der formale Gruppenleiter Amann und Ernst bilden eine Paarbeziehung. Sie sind
aber vom Rest der Gruppe deutlich getrennt.*

*Problematisch ist, dass es keine Verbindungsglieder zwischen den Gruppenteilen
„Amann und Ernst", dem Cluster um Döll und dem Außenseiter Ott gibt. Für die
Arbeit in der Abteilung kann dies bedeuten, dass die Mitglieder des Clusters um
Döll ihr Verhalten abstimmen und sich häufig gleich verhalten. Amann, Ernst
und Ott laufen Gefahr, dass sie ihre Interessen nicht mehr durchsetzen können.
Für den Abteilungsleiter Amann ist die Beziehung zu Döll kritisch. Er muss ver-
suchen, Döll von seinen Plänen zu überzeugen.*

*Seine besondere Stellung trennt den Vorgesetzten vom Rest der Gruppe. Einerseits
kann er zur Gruppe dazugehören, andererseits wird er von vielen Prozessen ausgeschlossen werden. Manche Gespräche werden nicht in Anwesenheit des Vorgesetzten geführt werden bzw. sie werden anders ablaufen. Es bleibt immer eine schwierige Entscheidung eines Vorgesetzten, inwieweit er sich in die Gruppe integrieren
will, insbesondere bei der Übernahme der Führung einer neuen Gruppe. Aber auch
wenn ein Vorgesetzter ein großes Interesse hat, in die Gruppen integriert zu werden, entscheidet letztlich die Gruppe, inwieweit diese Integration erfolgt.*

6.2.5 Gruppenpolarisation

Eine besonders auffällige Gruppenstruktur ist die Aufspaltung der Gruppe in zwei Teilgruppen (Weinert 2004, S. 434 f.), die gegensätzliche Auffassungen vertreten und sich
kritisch oder sogar feindlich gegenüberstehen (Gruppenpolarisation).

In Untersuchungen zeigte sich, dass jemand, der anfänglich einer bestimmten Entschei-
dungsvariante zuneigte, diese Neigung im Verlauf der Gruppensitzung verstärkte.

*Beispiel: In den U.S.A. konnte man feststellen, dass Richter, die zu einer libe-
ralen Rechtsprechung neigen, zu noch liberaleren Entscheidungen tendierten,
wenn sie nicht als Einzelrichter, sondern als eine Teil-Gruppe liberaler Richter zu
urteilen hatten.*

Eine mögliche Ursache für Gruppenpolarisation scheint der Wunsch zu sein, einen
positiven Eindruck auf andere Mitglieder der gleichen Teilgruppen zu machen. Dieser
Wunsch führt dazu, die anfängliche Tendenz zu verstärken.

Eine weitere mögliche Ursache könnte sein, dass während der Gruppendiskussion Informationen mitgeteilt werden, die einzelne Gruppenmitglieder vorher nicht hatten. Da generell die Tendenz besteht, eher Informationen anzunehmen, die eine bestehende persönliche Einstellung bestärken, führen Gruppendiskussionen zu einer Verstärkung der vorher gegebenen Entscheidungstendenz. Wenn die Teilgruppe relativ homogen, einheitlich in Bezug auf eine bestimmte Entscheidung ist, dann wird diese Entscheidungstendenz verstärkt.

6.3   Besondere Einflussfaktoren auf die Gruppenleistung

Wie bereits angeführt, finden in Gruppen besondere Prozesse statt, die die Leistung der Gruppe erheblich beeinflussen können.

Abb. 6.12 Besondere Einflussfaktoren auf die Gruppenleistung

6.3.1 Leistungsbeeinflussung durch die Anwesenheit anderer Personen

Aufgrund vieler Untersuchungen konnte man feststellen, dass die Anwesenheit Anderer einen Einfluss auf die Leistung hat, und zwar sowohl in positiver als auch in negativer Hinsicht (Greenberg/Baron 2003, S. 285 ff.). Dies kann bewirkt werden:

• durch ihre pure Anwesenheit,

• durch die Angst vor der Bewertung/Beurteilung/Verurteilung durch die anderen (Angst vor Gesichtsverlust),

• durch die Aufmerksamkeitsaufspaltung zwischen der Konzentration auf die Aufgabe und der Ablenkung durch die „Zuschauer".

Wenn Personen unter hoher Anspannung stehen, dann neigen sie dazu, das Verhalten zu zeigen, das sie am besten beherrschen. Dies bedeutet, wenn man seine Sache gut beherrscht, führt die Anwesenheit anderer zu einer Leistungssteigerung; anderenfalls zu einer schlechteren Leistung. In diesem Fall sollte man weniger selbstbewusste Personen nicht zur Durchführung von Aufgaben bewegen, die sie nicht so gut beherrschen. Wenn sie neue Techniken lernen sollen, dann sollte man ihnen die Gelegenheit geben, dies unbeobachtet zu tun.

Bei Problemstellungen, bei denen es auf die Kreativität ankommt, produziert eine gleich große Anzahl von Einzelpersonen oft mehr kreative und auch kreativere Lösungen als eine Gruppe mit entsprechender Gruppengröße. Vermutlich führt die Angst, von einer Gruppe als „Spinner" oder Ähnliches angesehen zu werden dazu, dass sich die Gruppenmitglieder mit dem Äußern kreativer und ungewöhnlicher Vorschläge zurückhalten.

Durch die Technik des „Brainstormings" will man diese Angst vermeiden oder möglichst stark reduzieren. Brainstorming ist eine Technik zur Förderung der Kreativität, bei der folgende Regeln gelten:

- Jeder soll seine Ideen frei äußern und möglichst viele Vorschläge einbringen.
- Es ist keine verbale und auch keine nonverbale Kritik (z.B. Grimassen ziehen) erlaubt.
- Die Vorschläge der anderen sollen als Anregung für eigene Vorschläge genutzt werden.

6.3.2 „Bummeln und Trittbrettfahren"

Bummeln ist die Tendenz von Gruppenmitgliedern bei einer Gruppenaufgabe, bei der die Leistung der Gruppe sich aus der Addition der Einzelleistungen ergibt (z.B. Seilziehen oder das Tragen schwerer Gewichte), sich um so weniger anzustrengen, je größer die Gruppe ist.

> **„Whose job is it?**
>
> There is a story about four people named **Everybody, Somebody, Anybody,** and **Nobody.**
>
> This was an important job to be done and **Everybody** was asked to do it. **Everybody** was sure **Somebody** would do it.
>
> **Anybody** could have done it, but **Nobody** did it. **Somebody** got angry about that, because it was **Everybody's** job.
>
> **Everybody** thought **Anybody** could do it but **Nobody** realized that **Everybody** wouldn't do it.
>
> It ended up that **Everybody** blamed **Somebody** when **Nobody** did what **Anybody** could have done."
>
> (Haug, Christoph V.: Erfolgreich im Team. 3. Aufl. München 2003, Vorwort)

Abb. 6.13 „Whose job is it?"

Ursachen von Bummeln und Trittbrettfahren

- Vielfach wird Bummeln in Arbeitsgruppen mit der Möglichkeit des Trittbrettfahrens erklärt. Wenn mehrere an einer Aufgabe arbeiten, kann man eigene besondere Anstrengungen vermeiden und von der Arbeit der anderen profitieren. Dies wird sicherlich auch häufig vorkommen. Bevor man jedoch Faulheit oder besondere Raffinesse zur Erklärung dieses Verhaltens heranzieht, sollte man auch weitere mögliche Ursachen in Betracht ziehen.

- Eine weitere mögliche Erklärung für dieses Phänomen ist, dass der Druck auf die Gesamtgruppe von den Gruppenmitgliedern gedanklich gleichmäßig auf die einzelnen Mitglieder verteilt wird (Greenberg/Baron 2003, S. 287 ff.). Eine spezifischere Erklärung dürfte jedoch sein, dass sich die Gruppenmitglieder um so weniger für das Arbeitsergebnis verantwortlich fühlen, je größer die Gruppe ist. Da dann der Einzelne seinen Beitrag als nicht so notwendig und nicht so wichtig empfindet.

- Außerdem könnte es sein, dass die Rollen und Aufgaben im Team nicht genau geregelt sind. Dann glaubt jeder, insbesondere in Bezug auf nicht so beliebte Aufgaben wie z.B. Geschirrspülen in einer Wohngemeinschaft: *„Irgendjemand wird es (hoffentlich) machen."* Aber keiner fühlt sich richtig verantwortlich.

Handlungsempfehlungen zur Vermeidung von Bummeln und Trittbrettfahren

Aufgrund dieser Erklärungen für die Ursachen bietet sich eine Reihe von Maßnahmen zum Vermeiden des Bummelns und des Trittbrettfahrens an (Greenberg/Baron 2003, S. 289 ff.):

- Teamziele und Funktionen des Teams klar darlegen und Commitment der einzelnen Mitglieder zum Ziel sicherstellen und einholen.
- Teamgröße begrenzen.
- Aufgaben und Rollen genau definieren: Wer ist zuständig für Tagesordnung, Moderation oder Protokollierung?
- Aktivitätenpläne mit klarer Terminierung und Verantwortung erstellen.
- Arbeitsleistung zuordenbar machen.
- Arbeit möglichst interessant gestalten.
- Verdeutlichen, dass der Beitrag jedes Einzelnen wichtig ist, indem man z. B. demonstriert, welche Auswirkungen Fehler oder Nachlässigkeiten haben können.
- Individuen für ihren Beitrag zur Gruppenleistung belohnen, z.B. durch einen Gruppenbonus.
- Bei wichtigen Entscheidungen auf Einstimmigkeit achten oder von jedem einzelnen seine Entscheidung individuell abfragen.

Abb. 6.14 Maßnahmen zur Vermeidung des Trittbrettfahrens und des Bummelns

6.3.3 Gruppennormen

Gruppennormen sind Vorstellungen darüber, was jemand in einer bestimmten Situation tun darf bzw. lassen soll. Diese Normen werden von den Mitgliedern einer Gruppe als allgemeingültige Standards angesehen und deren Nichteinhaltung kann zu Sanktionen (sozialer Druck) führen (Greenberg/Baron 2003, S. 280 f.). Sie sind von allen Gruppenmitgliedern geteilte Erwartungen, wie die Gruppenmitglieder denken und handeln sollen.

Es sind Verhaltensrichtlinien für ihre Mitglieder.

Beispiele für häufig festzustellende Normen in Arbeitsgruppen sind:

- *Kein „Streber" sein, d.h. keine im Vergleich zu den anderen Gruppenmitgliedern übermäßig hohe Arbeitsleistung zu erbringen, und damit all die anderen „schlecht aussehen" lassen.*

- *Allerdings sollte man auch nicht eine überaus schlechte Leistung im Vergleich zu den anderen erbringen.*

- *Nicht „petzen": Dem Vorgesetzten nichts sagen, das anderen Gruppenmitgliedern Schwierigkeiten bereiten könnte.*

- *Sich nicht zu „amtlich, offiziell oder distanziert" verhalten.*

Beziehungsnormen:
Wer spricht mit wem? Wer spricht am meisten? Wer wird übergangen? Wer wird geschützt?

Kommunikationsnormen:
Werden Wut, Freude usw. geäußert? Gibt es Tabuthemen? Wie sachlich, rational muss argumentiert werden?

Bedürfnisnormen:
Darf man Wünsche, Bedürfnisse äußern? Darf man Wunsch nach Einfluss oder Beachtung äußern?

Belohnungs- und Sanktionsnormen:
Wie wird welches Verhalten bestraft oder belohnt?

Abb. 6.15 Arten von Normen in Gruppen (Beispiele)

Gruppennormen sind in der Regel nicht schriftlich fixiert. In vielen Fällen handelt es sich um derartig subtile Handlungs- und Denkrichtlinien, dass vielen Gruppenmitgliedern nicht bewusst ist, dass es diese Normen gibt.

Normenkonformität drückt aus, inwieweit sich die Gruppenmitglieder an die Normen halten (Robbins 2001, S. 281 f.).

Normen und Normenkonformität sind für die Stabilität und das Funktionieren von Gruppen unerlässlich:

- Sie steuern auf vielfältige Art und Weise das Verhalten der Mitarbeiter, indem sie z. B. die Loyalität zum Unternehmen beeinflussen oder festlegen, wann man zu spät zur Arbeit kommen darf und wann nicht.

- Normen heben die Gruppe von anderen Personenmehrheiten ab und verdeutlichen, wer Gruppenmitglied ist und wer nicht.

- Sie helfen dem einzelnen Gruppenmitglied bei der Orientierung seines Verhaltens in der Gruppe.

- Sie geben dem Verhalten eine gewisse Beständigkeit und machen das Verhalten für alle Gruppenmitglieder kalkulierbarer.

Als Verhaltensrichtlinien beeinflussen sie in hohem Maße die Gruppenleistung. Die Normen der Arbeitsgruppen müssen nicht identisch sein mit den Normen, die die Unternehmensführung für diese Arbeitsgruppen als richtig ansieht. Sie können durchaus im Widerspruch zu den Normenvorstellungen der Unternehmensleitung stehen.

6.3.3.1 Entwicklung von Gruppennormen

Gruppennormen werden oft nicht von außen vorgegeben, sondern sie entstehen aus dem Zusammenwirken der Gruppen. Einige Situationen haben einen besonderen Stellenwert für die Entwicklung von Normen (Baron/Greenberg 1990, S. 271):

- Präzedenzfälle

  Präzedenzfälle sind Situationen, bei denen ein bestimmtes Verhalten erstmalig als legitim, als „in Ordnung" angesehen wird und auf das man sich später dann beruft bzw. dann später als Norm akzeptiert. Häufig entstehen Normen bereits bei den ersten Sitzungen. Hier werden häufig erste Verhaltensregelungen entwickelt.

  Beispiel: Bei Lehrveranstaltungen oder Gruppensitzungen kann man häufig feststellen, dass die Sitzordnung, die sich in der ersten Sitzung vielfach durch Zufall ergeben hat, bei allen späteren Terminen beibehalten wird.

- Übertragung aus anderen Situationen

  Normen werden oft aus anderen Situationen übertragen.

  Beispiel: Verhaltensregeln aus dem Berufsleben für die Führung von Sitzungen werden auch bei Sitzungen des Sportvereins angewendet.

- Festlegung durch bestimmte Personen

  Normen werden häufig durch besonders wichtige Mitglieder oder Führer der Gruppe festgelegt.

- Kritische Ereignisse

  Eine weitere Quelle der Entstehung von Gruppennormen sind besonders wichtige Ereignisse für die Gruppe, so genannte kritische Ereignisse.

Beispiel: Durch Gespräche mit Journalisten werden interne Angelegenheiten öffentlich und führen zu einem negativen Image der Gruppe in der Öffentlichkeit. Um dies zu verhindern wird festgelegt, dass nur bestimmte, autorisierte Personen das Recht haben, mit Journalisten zu sprechen.

6.3.3.2 Stufen der Übernahme von Gruppennormen (Normenkonformität)

Gruppenmitglieder können sich in der Art und Weise sowie in der Intensität ihrer Konformität mit den Gruppennormen unterscheiden:

- Bei der Konformität durch Einwilligung (Compliance) stimmen die Normvorstellungen des Individuums nur partiell mit den Gruppennormen überein. Das Gruppenmitglied beachtet die Gruppennormen trotzdem aufgrund des von ihm wahrgenommenen Gruppendrucks, um in der Gruppe anerkannt zu werden oder weil normenkonträres Verhalten als zu riskant und aufwendig angesehen wird.

- Konformität durch Anerkennung (Identifikation) beschreibt den Prozess der Übernahme von Zielen und Normen der Gruppe. Dabei identifiziert sich ein Gruppenmitglied weitgehend mit den Zielen und Normen der Gruppe; es ist sich aber dennoch des Unterschieds zwischen persönlichen Zielen und Gruppenzielen bewusst.

- Konformität durch Internalisierung ergibt sich, wenn das Gruppenmitglied eine völlige Konformität seiner Normen mit den Gruppennormen fühlt. Wenn Gruppenmitglieder die Normen der Gruppe als ihre eigenen Normen übernommen haben (Internalisierung), dann halten sie sich besonders eng an diese Normen.

6.3.3.3 Einflussfaktoren auf die Normenkonformität

Inwieweit ein Gruppenmitglied die Gruppennormen akzeptiert und beachtet, hängt von verschiedenen Einflussfaktoren ab.

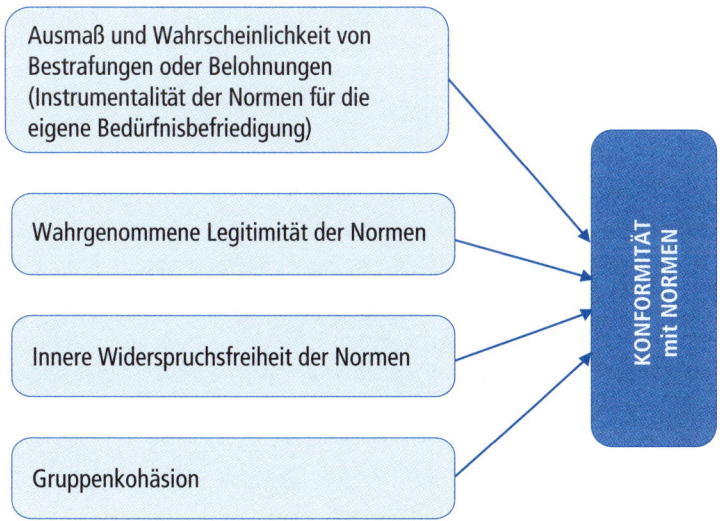

Abb. 6.16 Einflussfaktoren auf die Konformität mit Gruppennormen

Ausmaß und Wahrscheinlichkeit von Bestrafungen oder Belohnungen (Instrumentalität der Normen für die eigene Bedürfnisbefriedigung)

Die Einhaltung von Normen wird über „Belohnungen" und „Bestrafungen" durch die Gruppe und ihre Mitglieder forciert (sozialer Druck).

Beispiel: Diese Bestrafungen können sehr subtil sein, wenn z. B. durch „kritische" Blicke verdeutlicht wird, dass bestimmte Verhaltensweisen nicht willkommen sind. Bei einer Gruppe wurde der Stuhl desjenigen, der immer zu spät kommt, vor die Tür gestellt. Er konnte dann nicht mehr einfach ohne großes Aufsehen zu spät kommen und sich hinsetzen. Die Bestrafungen können auch sehr drastisch ausfallen, wenn Mitarbeiter Schläge angedroht bekommen und evtl. sogar erhalten, weil sie durch besonders hohe Leistungen andere Gruppenmitglieder schlecht aussehen lassen. Gruppen können auch „Belohnungen" vermitteln, wie Anerkennung.

Der Entzug von Belohnungen kann auch eine Bestrafung sein. Im Einzelfall kann es sogar zum Mobbing von einzelnen Gruppenmitgliedern durch mehrere andere Gruppenmitglieder kommen.

Wenn die Einhaltung der Normen als Belohnung empfunden oder belohnt wird, dann werden dadurch Bedürfnisse befriedigt. Durch Belohnungen oder Bestrafungen durch die Gruppe ergibt sich eine geringere Streuung des Verhaltens im Vergleich zu isolierten Einzelpersonen.

Wahrgenommene Legitimität der Normen

Werden Normen als nicht legitim angesehen, dann fällt es den Gruppenmitgliedern schwer, sich an die Normen zu halten.

Beispiel: Um Kosten zu sparen, wird von einem Mitglied einer Gruppe verlangt, Abwasser in den nahe gelegenen Fluss entsorgen, obwohl dies den von dem Mitglied als legitim angesehenen Umweltgesetzen widerspricht.

Innere Widerspruchsfreiheit der Normen

Wenn die Normen einer Gruppe widersprüchlich sind, dann fällt es schwer, sich normenkonform zu verhalten, da man, wenn man sich an die eine Norm hält, gegen eine andere verstößt.

Beispiel: Ein Schulungsleiter soll durch die Prüfungen einen hohen Qualitätsstandard der Absolventen sicherstellen, zugleich soll aber möglichst jeder der Teilnehmer, der die hohen Gebühren bezahlt hat, die Prüfung bestehen. Ein Beispiel für widersprüchliche Normen ist auch die Aufforderung „Sei spontan!"

Gruppenkohäsion

Wenn in der Gruppe ein großes Zusammengehörigkeitsgefühl (Gruppenkohäsion) vorhanden ist, dann sind die Gruppenmitglieder auch eher bereit, sich an die Gruppennormen zu halten.

Gruppen und Organisationen versuchen in der Regel, eine möglichst weitgehende Identifikation mit den Gruppennormen und die Internalisierung der Gruppennormen bei ihren Gruppenmitgliedern sicherzustellen. Neben Praktiken der Auswahl von Gruppenmitgliedern und Formen der Belohnung oder Bestrafung spielen dabei auch Visionen, Gruppen- oder Unternehmenskultur und charismatischer Führungsstil eine große Rolle.

6.3.4 Gruppenkohäsion

Gruppenkohäsion ist das Ausmaß, in dem Gruppenmitglieder die Zusammengehörigkeit der Gruppe empfinden. Die Kohäsion gibt an, wie stabil eine Gruppe ist, wie stark sie einem Druck von außen auf die Gruppe widerstehen kann und auch wie attraktiv die Mitgliedschaft für ihre Mitglieder bzw. für potenzielle Mitglieder ist.

6.3.4.1 Einflussfaktoren auf die Gruppenkohäsion

Die Gruppenkohäsion hängt von mehreren Faktoren ab (Greenberg/Baron 2003, S. 283f.).

Abb. 6.17 Einflussfaktoren auf die Gruppenkohäsion

Die Art der Aufnahme

Folgende Möglichkeiten der Aufnahme in eine Gruppe gibt es:

- Ernennung von außen.
- Auswahl durch die Gruppe selbst.
- Freiwillige Teilnahme.
- Zwangsläufige Mitgliedschaft durch Vertrag oder Tätigkeit.

Wenn es sich um eine freiwillige Teilnahme oder um die Auswahl durch die Gruppe selbst handelt, dann ist eine höhere Gruppenkohäsion zu erwarten als bei einer zwangsläufigen Mitgliedschaft oder bei einer Ernennung von außen durch Dritte.

Schwierigkeit der Aufnahme in die Gruppe

Je schwieriger es ist, Mitglied einer Gruppe zu werden, desto größer ist die Gruppenkohäsion. Manche Gruppen nutzen diesen Effekt aus und fordern von interessierten Bewerbern besondere Leistungen, bevor sie „als wertvoll" genug angesehen werden, Mitglied oder volles Mitglied dieser Gruppe zu werden (Auswahl durch die Gruppe erst nach erfolgter „Aufnahmeprüfung").

> *Beispiel: Bei Studentenverbindungen müssen z.B. neue Mitglieder sich erst eine bestimmte Zeit bewähren und dabei einige Leistungen für die Gemeinschaft erbringen, bevor sie als gleichwertige Mitglieder aufgenommen werden.*

Gefahren und Druck von außen („Feinde")

Ein weiterer Faktor sind Gefahren oder Druck aus der Umwelt der Gruppen oder ein gemeinsamer Feind oder Konkurrent. In diesem Fall werden häufig interne Streitigkeiten vergessen und die Energie gebündelt, um den gemeinsamen Feind bekämpfen zu können.

> *Beispiel: Während es beim Training einer Fußballmannschaft manchmal zu Gegensätzen zwischen Abwehr und Angriff kommt, wird beim Spiel gegen einen Gegner eng zusammengearbeitet.*

Gemeinsam verbrachte Zeit

Die Gruppenkohäsion ist – bis zu einer gruppenspezifischen Obergrenze – tendenziell umso größer, je mehr Zeit die Gruppenmitglieder miteinander verbringen.

Häufigkeit der Interaktion

Die Gruppenkohäsion ist auch umso größer, je häufiger die Gruppenmitglieder miteinander sprechen und agieren können. Da dies in kleineren Gruppen eher als in großen Gruppen der Fall ist, ist die Kohäsion in kleineren Gruppen tendenziell größer.

Erfolg der Gruppe

Ein besonders wichtiger Faktor ist auch der Erfolg. Je größer und je häufiger eine Gruppe Erfolg hat, desto größer ist die Kohäsion.

6.3.4.2 Wirkungen hoher Gruppenkohäsion

In Bezug auf die Zufriedenheit ist die Frage nach den Auswirkungen der Gruppenkohäsion leicht zu beantworten: Die Zufriedenheit in der Gruppe ist umso höher, je höher die Gruppenkohäsion ist.

Schwieriger ist die Antwort in Bezug auf die Leistung. Ein hohes Zusammengehörig-keitsgefühl von Arbeitsgruppen kann im Hinblick auf die Erreichung der Unterneh-mensziele positive wie auch negative Auswirkungen haben.

Zunächst bewirkt hohe Gruppenkohäsion, dass die Gruppenmitglieder sich freuen, Mit-glied der Gruppe zu sein. Sie sind auch eher bereit, an den Aktivitäten der Gruppe teil-zuhaben, die Gruppenziele und die Gruppennormen zu akzeptieren und fehlen seltener bei der Arbeit. Dies führt dazu, dass bei hoher Gruppenkohäsion die Leistungen der einzelnen Gruppenmitglieder weniger streuen als bei niedriger Gruppenkohäsion.

Ob dies für das Unternehmen positiv oder negativ ist, hängt davon ab, ob die Grup-penziele im Einklang mit den Unternehmenszielen stehen und die Mitarbeiter die Füh-rungskraft akzeptieren oder nicht (Weinert 2004, S. 406 ff.). Wenn Gruppenziele und Unternehmensziele übereinstimmen, die Mitarbeiter die Führungskraft akzeptieren und das Management die Gruppe unterstützt, dann führt hohe Gruppenkohäsion zu erhöhter Produktivität. Falls jedoch Gruppen- und Unternehmensziele einander wider-sprechen, bewirkt eine hohe Gruppenkohäsion, dass die Gruppenmitglieder unter dem „Schutzmantel" der Gruppe eher bereit sind, passiven oder sogar aktiven Widerstand gegenüber Ansprüchen des Managements zu leisten. Dies kann sogar bis zur offenen Arbeitsverweigerung oder gar bis zur Sabotage führen.

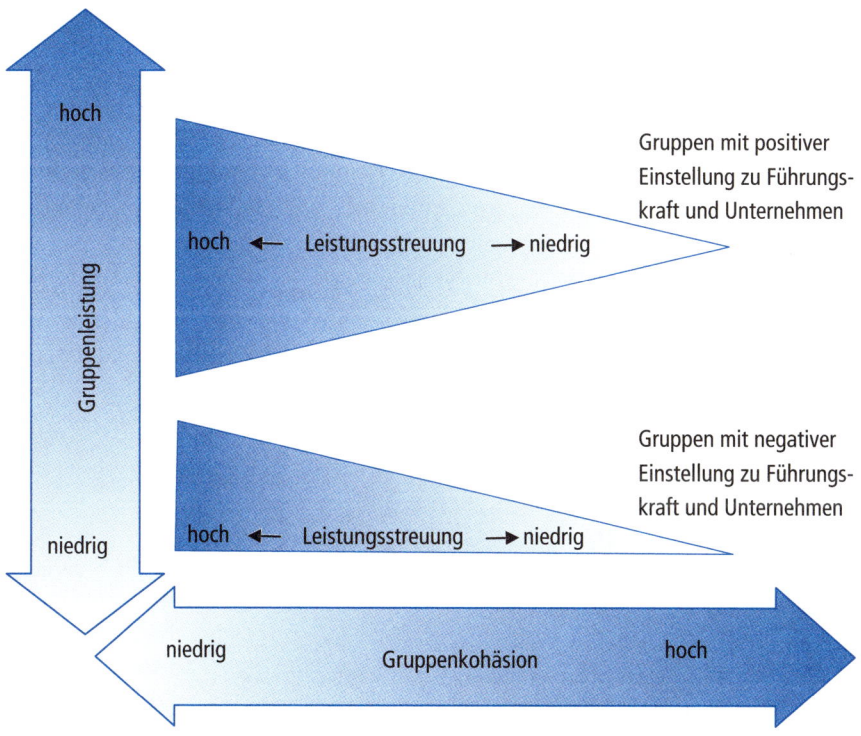

Abb. 6.18 Einfluss hoher bzw. niedriger Gruppenkohäsion auf die Gruppenleistung in Abhängigkeit zur Einstellung zur Führungskraft und zum Unternehmen

6.3.5 Gruppendenken und Gruppendruck

Gruppendenken ist die Tendenz von Mitgliedern von Gruppen, sich so sehr dem Gruppendruck zu unterwerfen, dass sie nicht mehr kritisch denken und die möglicherweise korrigierenden Informationen von Außenstehenden ignorieren. Damit verbunden ist auch, dass bei hohem Zusammengehörigkeitsgefühl von Gruppen Mitglieder mit abweichender Meinung einem hohen Gruppendruck ausgesetzt werden.

Häufig wird die Einführung von Gruppenarbeit als ein sozialer Forstschritt dargestellt, wenn dabei wie bei den sogenannten teil-autonomen Gruppen wichtige Führungs- und Managementfunktionen auf die Gruppe und somit auf die Betroffenen übergehen. Es ist aber keineswegs sichergestellt, dass sich dadurch der Freiheitsgrad von einzelnen Gruppenmitgliedern erhöht. Ganz im Gegenteil: Gruppen können auf einzelne Gruppenmitglieder einen weitaus größeren Druck und Kontrolle ausüben, als es der Vorgesetzte könnte, da er nur beschränkt alle Mitarbeiter zugleich kontrollieren und steuern kann.

Wenn es zu Gruppendenken kommt, dann kann dies dazu führen, dass Gruppen sehr riskante und sehr falsche Entscheidungen treffen (Weinert 2004, S. 430 f.). Durch Gruppendenken verringern sich sowohl die Fähigkeiten zum Erkennen und zu Lösen von Problemen als auch die moralische Urteilsfähigkeit von Gruppenmitgliedern. Die Kritikfähigkeit innerhalb der Gruppe verringert sich und die Einschätzung von Personen und Gruppen außerhalb der Gruppe wird negativer (Robbins 2001, S. 292 ff.).

Die Gefahren des Gruppendenkens können auch bei einer Gruppenpolarisation auftreten. Bei einer Gruppenpolarisation spaltet sich die Gruppe in zwei Teilgruppen auf, bei denen jeweils die Gefahr besteht, dass es zu einem (Teil-)Gruppendenken kommt. Diese Entwicklung kann dazu führen, dass die Gruppe auseinanderbricht und dass die dominierende Teilgruppe in ihrem Gruppendenken bestärkt wird und sehr einseitige Entscheidungen trifft.

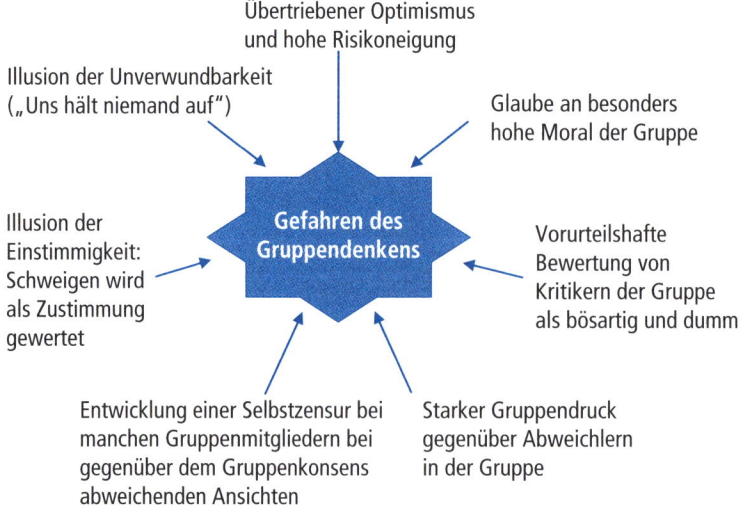

Abb. 6.19 Gefahren des Gruppendenkens

Aufgrund dieser Gefahren sollte man sehr sensibel sein, wenn man Entwicklungen zum Gruppendenken wahrnimmt. Zur Vermeidung von Gruppendenken gibt es einige hilfreiche Vorgehensweisen (Weinert 2004, S. 432).

Vorgehensweisen zur Vermeidung von Fehlentscheidungen aufgrund des Gruppendenkens

Eine sehr geeignete Methode zur Vermeidung von Gruppendenken ist die nominale Gruppentechnik. Bei der nominalen Gruppentechnik kommen 5 – 7 Personen zusammen und erhalten eine Erläuterung des Problems. Dann schreibt jeder individuell und unbeobachtet seinen Vorschlag für eine Problemlösung auf. Anschließend stellt jeder seinen Vorschlag dar, der zugleich vom Gruppenleiter auf einer Wandtafel oder Ähnlichem notiert wird. Im nächsten Schritt wird jeder Vorschlag von jedem Gruppenmitglied diskutiert, Unklarheiten geklärt und bewertet. Nachdem alle Vorschläge behandelt worden sind, wird jeder Vorschlag in geheimer Abstimmung eingestuft und der insgesamt am besten eingestufte Vorschlag ist dann der Vorschlag der Gruppe. Diese Technik heißt „nominal", weil es sich nur dem Namen nach um eine Gruppe handelt und nicht in allen Aspekten. Durch moderne Telekommunikationsmethoden kann diese Technik auch angewendet werden, wenn die Teilnehmer räumlich getrennt sind.

Der Vorteil ist, dass bei dieser Technik der Druck durch wichtige Gruppenmitglieder verringert werden kann, die Gefahr von Gruppendenken und Gruppenreduzierung geringer ist als bei üblichen Gruppensitzungen und dass sie nur wenig Zeit bis zur Findung eines Lösungsvorschlags in Anspruch nimmt. Sie ist jedoch nur für überschaubare und nicht für komplexe Probleme geeignet. Weiterhin ist die Akzeptanz des gefundenen Vorschlags durch alle Gruppenmitglieder in der Regel geringer als bei den üblichen Gruppensitzungen.

Folgende weitere Vorgehensweisen sind ebenfalls geeignet, den Gefahren des Gruppendenkens entgegenzuwirken:

- Offenes und kritisches Nachfragen und Nachforschen fördern (z. B. ein Gruppenmitglied spielt die Rolle des „Avocado Diabolo").
- Entscheidung auf der Grundlage der Ergebnisse der Gruppenarbeit von zwei Subgruppen treffen.
- Kurzschlussentscheidungen vermeiden: Aufgrund des Gruppendenkens kann es zu voreiligen Entscheidungen kommen, die alle als die perfekte Entscheidung ansehen.
- Zweites Meeting durchführen, bei dem die Gruppenmitglieder ihre Zweifel äußern sollen.
- Vorstellungen des Gruppenleiters nicht zu Beginn und nicht dominant einbringen.

6.3.6 Risikoschub

Nahezu alle Entscheidungen in der Praxis werden unter Risiko getroffen, d. h., man kann sich nicht sicher sein, ob die gewünschten Ergebnisse eintreffen. Aufgrund der genannten Vorteile von Gruppen sollte man vermuten, dass Gruppen zu weniger riskanten Entscheidungen und eher zu „Mittelwegen" tendieren, weil sich risikofreudige und risikovermeidende Tendenzen der einzelnen Gruppenmitglieder gegenseitig aufheben.

Aufgrund früherer Untersuchungen wurde vermutet, dass es bei Gruppenentscheidungen unter Risiko zu riskanteren Entscheidungen kommen kann, als wenn Einzelpersonen entscheiden (Weinert 2004, S. 433 f.). Dieses Phänomen wird als „Risikoschub" bezeichnet. Neuere Untersuchungen zeigen jedoch, dass bei Gruppenentscheidungen aber auch eine Tendenz zu vorsichtigeren Entscheidungen feststellbar ist (Wegge 2004, S. 79). Es scheint, dass bei Gruppenentscheidungen oft die Entscheidungen ausgeprägter werden, die bereits vorher in der Gruppe vorherrschten.

Zur Erklärung des Risikoschubs zu riskanteren Entscheidungen sind verschiedene Ansätze entwickelt worden:

- Verteilung von Verantwortung: Wenn es schief läuft, verteilt sich die Verantwortung auf alle Gruppenmitglieder und nicht auf eines allein.

- Vermeintlich höheres Informationsniveau: Durch die Diskussion meinen die Gruppenmitglieder besser Bescheid zu wissen und trauen sich dann riskantere Entscheidungen zu.

- Risikobereite Gruppenmitglieder: Besonders risikobereite Gruppenmitglieder beeinflussen die anderen Mitglieder der Gruppe, weil sie als risikobereitere Personen oft leichter und engagierter ihre Vorstellungen äußern als vorsichtigere Personen, die sich auch beim Äußern ihrer Vorstellungen zurückhalten.

- Risikofreudigkeit als kultureller Wert: Wenn Risikofreude als kultureller Wert hochgeschätzt wird, möchte man vor anderem diesem Wert nahe kommen.

Folgende Maßnahmen können beitragen, den Risikoschub zu kontrollieren:

- Vor riskanten Entscheidungen eine Pause einlegen (umgangssprachlich „nochmals überschlafen").

- Geheime Abstimmung: Durch die geheime Abstimmung fällt es den vorsichtigeren Personen leichter, ihre Skepsis auszudrücken, als wenn sie dies öffentlich tun müssen. Es kommt nicht selten vor, dass man aufgrund der Diskussion meinen könnte, dass es eine klare Mehrheit für die riskante Lösung gibt. Die geheime Abstimmung ergibt jedoch oft das Gegenteil.

- Bei kleineren Teams ist die Verantwortung nicht so verteilt. Deshalb kann es sehr sinnvoll sein, bei riskanten Entscheidungssituationen mit kleinen Teams zu arbeiten.

Angesichts all dieser besonderen Gefahren und Phänomene der Gruppenarbeit wird deutlich, dass an die Führung von Gruppen besondere Anforderungen zu stellen sind. Mit dem nachfolgenden Modell wird ein Bezugsrahmen vorgestellt, der dazu beitragen soll, effektiv Gruppen führen zu können.

6.4 Strategien zur Sicherstellung guter Gruppenleistungen: Das Teamführungsmodell

Mithilfe des Teamführungsmodells werden die Variablen zur Beeinflussung von Gruppen durch die Führungskraft dargestellt und wichtige Zusammenhänge aufgezeigt (Kellner 1999 und Kogler Hill 2004). Obwohl das Teamführungsmodell von einem Gruppenleiter ausgeht, kann es auch für autonome Gruppen als ein Bezugsrahmen genutzt werden, um systematisch die eigene Arbeit zu analysieren und Ansätze zur Verbesserung ihrer Arbeit zu erkennen.

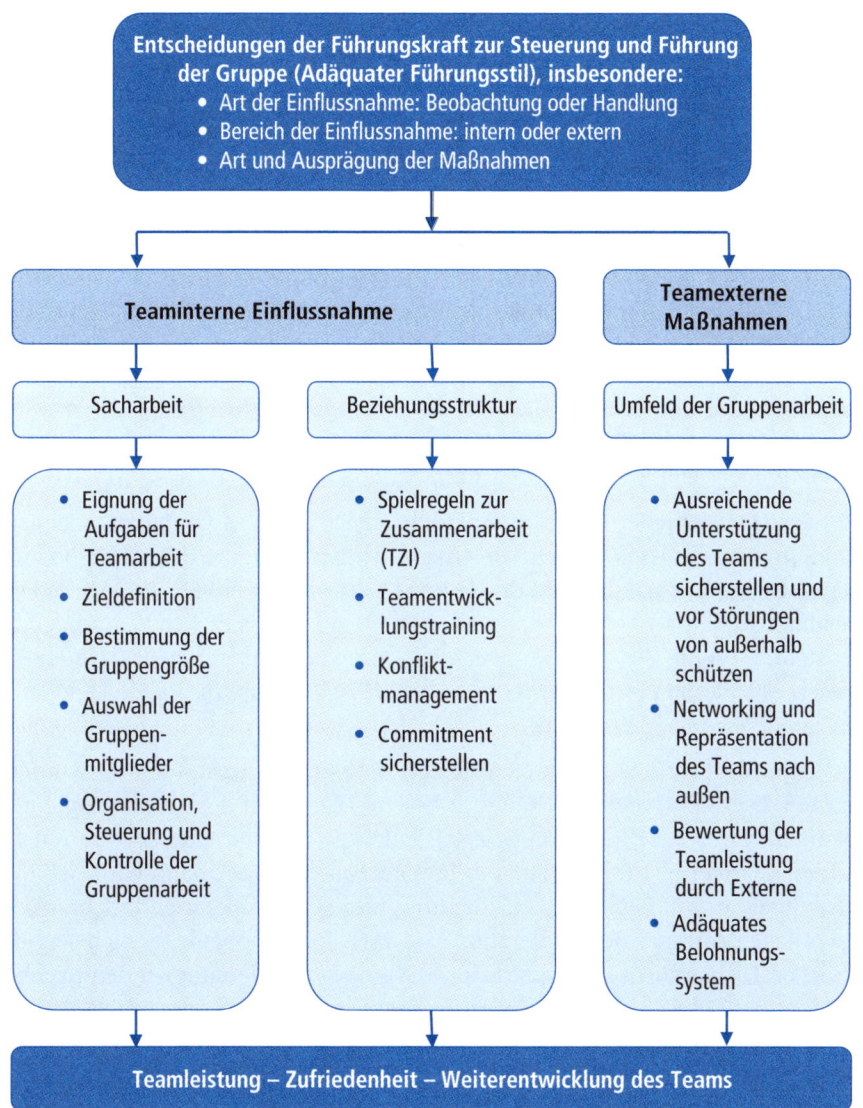

Abb. 6.20 Das Teamführungsmodell

6.4.1 Entscheidungen der Führungskraft zur Steuerung und Führung der Gruppe

Zunächst muss die Führungskraft entscheiden, in welcher Weise sie grundsätzlich das Gruppenverhalten beeinflussen will:

1. Ist es sinnvoll die Prozesse, die in der Gruppe ablaufen und deren Ergebnisse nur zu beobachten oder soll die Führungskraft gezielt eingreifen?

   Beispiel (Birkenbihl 2005, S. 145): In der zweiten Phase der Gruppenarbeit geht es auch darum, die Rangordnung in der Gruppe zu klären, damit später die Sacharbeit weitgehend ohne Störung durch Rangordnungskämpfe durchgeführt werden kann. Im Regelfall sollte die Führungskraft diese Auseinandersetzungen als normale Entwicklung in einem Team akzeptieren und wissen, dass es dazu einiger Zeit braucht. Um zu vermeiden, dass durch die Rangordnungskämpfe wichtige Entscheidungen im Zusammenhang mit dem Gruppenauftrag beeinträchtigt werden, kann es in dieser Phase u. U. sinnvoll sein, eine Gelegenheit zur Klärung dieser Rangordnungen zu geben. Die Führungskraft gibt der Gruppe eine „strategische Verfahrensfrage" zur Entscheidung, die keine große Bedeutung im Hinblick auf das Gruppenziel hat, und hält sich aus dieser Entscheidungsfindung heraus. Nun kann anhand dieser Frage die Rangordnungsauseinandersetzung stattfinden und die Rangordnung sich herausbilden, ohne dass die Gruppenaufgabe davon tangiert ist. Derartige taktische Verfahrensfragen könnten z. B. die Fragen sein, an welchem Ort das nächste Meeting stattfinden soll, wie man den Urlaubszeitpunkt der Teammitglieder koordinieren will oder in welches Restaurant man nach dem Meeting gehen soll.

2. Falls der Gruppenleiter es als erforderlich ansieht, in das Gruppengeschehen einzugreifen, muss er entscheiden, ob diese Einflussnahme in der Gruppe (internal) oder in Bezug auf das Umfeld der Gruppe (external) erfolgen soll. Um diese Entscheidung treffen zu können, kann es sinnvoll sein, dass er sich z. B. folgende Fragen stellt: „Erhält die Gruppe genügend Unterstützung durch das Unternehmen? Handelt es sich um einen Konflikt zwischen den Gruppenmitgliedern? Sind die Ziele genügend klar und verstanden?"

3. Der Gruppenführer muss auch entscheiden, welche Maßnahmen jeweils angemessen sind. Diese Entscheidung hängt in hohem Maße von der Zielsetzung der Gruppenarbeit und der Art der Gruppe ab. Handelt es sich um eine Gruppe mit hohem Autonomiegrad (teilautonome und selbststeuernde Gruppe), dann wird sich die Einflussnahme auf die Beobachtung, Beratung und evtl. Moderation beschränken. Das wesentliche Merkmal der Moderation ist, dass der Gruppenleiter sich aus der inhaltlichen Diskussion heraushält. Er darf seine eigene Meinung zu den Sachthemen nicht äußern, auch nicht durch Signale der nonverbalen Kommunikation. Da dies Führungskräften häufig nicht möglich ist, werden oft externe Moderatoren eingesetzt.

4. Bei diesen Entscheidungen geht es auch darum, den angemessenen Führungsstil zu finden. Nach den Ausführungen in Kapitel 2 „Theorien der Führung und des Führungserfolgs" sind dabei, die Mitarbeiter und die Aufgabensituation zu beachten.

Mit Fragen der Führung von Gruppen befasst sich insbesondere die Leader-Member-Exchange-Theorie (LMX-Theorie) von Graen (Wegge, S. 167 – 170). Nach dieser Theorie werden nicht alle Gruppenmitglieder in gleicher Weise vom Gruppenführer geführt. Zu einige Gruppenmitglieder entwickelt der Vorgesetzte eine positive Beziehung, die geprägt ist von gegenseitigem Respekt, Wertschätzung und Vertrauen. Diese Gruppenmitglieder bilden die In-Gruppe oder auch Kerngruppe im Gegensatz zur Out-Gruppe. Mitglieder der In-Gruppe werden z.B. bevorzugt behandelt, erhalten mehr und früher wichtige Informationen, werden mit wichtigen Aufgaben betreut und ihre Karriere wird gefördert. Dafür zeigen sie größeren Arbeitseinsatz, erbringen eher Goodwill-Beiträge und verhalten sich gegenüber dem Vorgesetzten loyaler. Durch empirische Untersuchungen konnte belegt werden, dass es diese unterschiedliche Beziehungsstrukturen zwischen Vorgesetzten und Mitarbeitern gibt. Es konnte weiterhin aufgezeigt werden, dass je mehr gute Beziehungen der Vorgesetzte zu Mitgliedern der In-Gruppe hat, desto größer waren die Leistung, die Arbeitszufriedenheit und die Bindung zur Organisation bzw. zum Unternehmen. Rollenkonflikte und Fluktuation dagegen nahmen ab (Wegge S. 168 f.).

Dies zeigt auch, dass das Führungsverhalten des Vorgesetzten und seine Beziehungen zu den Gruppenmitgliedern erhebliche Auswirkungen auf die Gruppenleistung haben (Kogler Hill 2010, S. 255). Effektive Gruppenführer zeichnen sich insbesondere dadurch aus (Kogler Hill 2010, S. 255 f.), dass sie

- dafür Sorge tragen, dass die Gruppe auf die Zielerreichung fokussiert ist und bleibt,
- ein kooperatives Arbeitsklima entwickeln und erhalten,
- wechselseitiges Zutrauen und Vertrauen zwischen den Gruppenmitgliedern aufbauen,
- ihre fachlichen Fähigkeiten demonstrieren,
- klare Prioritäten setzen und
- die Leistungserbringung professionell managen.

6.4.2 Teaminterne sachbezogene Maßnahmen

Dies sind Maßnahmen, die sich auf die Gruppenaufgabe, das Ziel der Gruppe, ihre Größe und die Auswahl der Mitglieder beziehen sowie auf das aufgabenbezogene Management der Gruppe.

6.4.2.1 Eignung der Gruppenarbeit für Teamarbeit

Gruppen- und Teamarbeit ist heute so verbreitet, dass oft nicht geprüft wird, ob für eine bestimmte Aufgabe Gruppenarbeit überhaupt geeignet ist.

Allgemein kann man Gruppenarbeit empfehlen bei (Baron/Greenberg 1990, S. 284 ff. und Riekehof 1999, S. 395):

- **Additiven Aufgaben:** Die Arbeitsleistungen der einzelnen Gruppenmitglieder addieren sich zur Gesamtleistung der Gruppe.

  Beispiel: Mehrere Personen mähen einen Rasen oder fegen Schnee von der Straße.

  Die Leistung einer Gruppe ist größer als die Leistung des besten Gruppenmitglieds. Teamarbeit ermöglicht somit die Addition von Kräften und den Fehler- oder Wissensausgleich. Wenn die Arbeitsaufgabe das Leistungsvermögen einer Person übersteigt, dann müssen die Kräfte mehrerer Personen gebündelt werden. Dies kann der Fall sein beim Heben schwerer Lasten oder wenn es auf ein breit gefächertes Wissen ankommt und mehrere Spezialisten aus unterschiedlichen Fachgebieten zusammenarbeiten müssen. Grundsätzlich ist Gruppenarbeit dann geeignet, wenn es darum geht, die Fähigkeiten von vielen Personen zusammenzufassen und auch die wechselseitige geistige Befruchtung und Anregung bei der Problemlösung zu nutzen.

- **Schätzaufgaben oder kompensatorischen Aufgaben:**

  Beispiel: Eine Gruppe soll die Temperatur in einem Raum schätzen. Die Abweichungen nach oben und nach unten kompensieren sich dann.

  Bei diesem Aufgabentyp sind keine eindeutigen Verfahren vorgegeben. Es kommt auf die Zusammenführung des Wissens und der Erfahrung mehrerer Personen an. Die Leistung der Gruppe ergibt sich als Durchschnitt der Leistungen der Gruppenmitglieder. Bei kompensatorischen Aufgaben haben Gruppen häufig bessere Leistungen als Einzelpersonen.

- **Alternativen Entscheidungsaufgaben (disjunktive Aufgaben):** Bei disjunktiven Aufgaben ist eine von mehreren Alternativen zu wählen. Es gibt keinen Kompromiss (mehr oder weniger), sondern nur ein „entweder oder".

  Beispiel: Weggabelung, bei der man entscheiden muss, ob man links oder rechts geht.

  Gruppen haben tendenziell bessere Leistungen, wenn die korrekte Lösung von der Gruppe akzeptiert wird.

- **Konjunktiven Aufgaben:** Bei konjunktiven Aufgaben wird die Gruppenleistung durch die Leistung des schwächsten Gruppenmitglieds mitbestimmt.

  Beispiel: Seilschaft oder „eine Kette ist nicht stärker als ihr schwächstes Glied". Trotzdem: Eine Seilschaft kann durch gegenseitige Unterstützung manchmal steilere Berge erklimmen als viele Einzelpersonen allein, sofern das schwächste Glied nicht zu schwach ist.

  Es geht darum, welcher Effekt stärker ist: die Leistungseinschränkung durch das schwächste Glied oder der Leistungsvorteil durch die gegenseitige Hilfestellung.

- Komplexen Problemen:

  Beispiel: Bei der Entwicklung neuer Produkte handelt es sich um komplexe und unklare Problemstellungen. Deshalb sind Produktentwicklungsteams häufig heterogen und interdisziplinär zusammengesetzt.

  Bei komplexen, unklaren Problemen kann eine Gruppe in der Regel bessere Entscheidungen finden, wenn die Gruppe heterogen zusammengesetzt ist, d.h. aus Experten aus verschiedenen Wissensgebieten, und wenn die Gruppenmitglieder komplementäre Fähigkeiten und Qualifikationen aufweisen. Es ist aber auch dann erforderlich, dass alle ihre Ideen frei äußern können und die guten Ideen von der Gruppe akzeptiert werden.

- Einfach strukturierten Problemen:

  Beispiel: Je mehr Personen beteiligt sind, umso größer ist die Wahrscheinlichkeit, dass eine Person die richtige Lösung kennt. Deswegen gibt es bei einem bekannten Quiz im Fernsehen die sogenannte Publikumsfrage, bei der sehr oft das Publikum die richtige Antwort findet.

  Auch bei einfachen Problemen sind Gruppen dann besser als Einzelpersonen, wenn jemand in der Gruppe die richtige Antwort weiß und diese Antwort von der Gruppe auch akzeptiert wird.

- **Ist es für die Güte der Entscheidung wichtig, dass sie von möglichst vielen akzeptiert wird?** In diesem Fall ist Gruppenarbeit sinnvoll, wenn man alle Betroffenen oder, falls das zu viele wären, Vertreter aller betroffenen Gruppierungen in die Gruppe aufnimmt, die die Entscheidung vorzubereiten oder zu treffen hat.

Dagegen sollte Gruppenarbeit nicht angewendet werden (Baron/Greenberg 1990, S. 284ff. und Riekehof 1999, S. 395):

- **Wenn nur wenig Zeit zur Verfügung steht und bei Notfällen:** Ein offenkundiger Nachteil von Gruppenentscheidungen ist, dass sie sehr zeitaufwendig sind, dass man sie vielfach sogar als Zeitverschwendung empfindet. Wenn eine Aufgabe schnell erledigt werden soll oder wenn im Notfall schnell entschieden werden muss, dann ist Einzelarbeit oder Einzelentscheidung sinnvoll.

- **Bei sorgfältiger Detailarbeit:** Hier ist oft Einzelarbeit besser, da die Ablenkung durch die Anwesenheit anderer unterbleibt.

- **Bei schriftlich konzeptionellen Aufgaben,** z.B. der Erstellung des Entwurfs einer Werbebroschüre.

- **Bei Planungsaufgaben, die ein hohes Maß an Genauigkeit und Abstimmung von verschiedenen Aspekten erfordern.**

- **Bei kreativen Aufgabenstellungen,** wenn nicht sichergestellt werden kann, dass die Gruppe kreative Lösungen zulässt. Dann sollte man eher Individuen damit beauftragen.

6.4.2.2 Klare Definition des Zieles und des Auftrages

Im Vergleich zur Festsetzung von Zielen für Einzelpersonen kommen bei Gruppen zusätzliche Phänomene zum Tragen. Oftmals interpretieren die Gruppenmitglieder die Ziele unterschiedlich oder es sind ihnen die Ziele der Gruppenarbeit nicht hinreichend klar. Eine wichtige Voraussetzung für erfolgreiche Gruppenarbeit ist, dass insbesondere bei Gruppenarbeit die Gruppenziele klar spezifiziert (Mitchell/Thompson/George-Falvy 2000, S. 219 f.) und ausreichend kommuniziert werden. Weiterhin sollte auch überprüft werden, ob die Kommunikation erfolgreich war: *„Gesendete Kommunikation ist nicht gleich empfangener Kommunikation."* Aber nur die empfangene Kommunikation wirkt auf das Handeln, Denken und Fühlen.

> *Beispiel: Bei Servicegruppen der Rank Xerox in Kanada hatte man ein umfangreiches Programm durchgeführt, um die Gruppenmitglieder über die Ziele ihrer Gruppe zu informieren. Es wurden unterschiedliche Kommunikationskanäle genutzt: Videobänder, Newsletter, Besprechung mit allen Gruppen und Besprechungen innerhalb der Gruppen, Informationsblätter in den Gehaltsabrechnungen, Schulungsveranstaltungen und Gespräche mit einzelnen Gruppenmitgliedern. Bei einer Umfrage einige Monate später über die Ziele und Zwecke der Gruppenarbeit konnten trotz dieser immensen Kommunikationsmaßnahmen nur 50 % der Mitarbeiter annähernd richtige Antworten geben.*

In weitaus höherem Ausmaß als bei der Zielbestimmung für Individuen ist die Anzahl der Ziele für eine Gruppe zu beschränken und darauf zu achten, dass diese Ziele in sich widerspruchsfrei sind. Bei mehreren Zielen für die Gruppe kann es sehr schnell zu unterschiedlichen Auffassungen darüber kommen, welche Ziele größere Priorität haben. Deshalb ist zunächst die Anzahl von Zielen einer Gruppe zu beschränken: Viele Ziele für eine Gruppe führen dazu, dass es kein Gruppenziel mehr gibt.

Herausfordernde Ziele können die Attraktivität einer Gruppe erhöhen und die Gruppenkohäsion verstärken.

Es ist auch nicht immer sichergestellt, dass die Gruppenziele mit den Zielen aller einzelnen Gruppenmitglieder übereinstimmen.

> *Beispiel: Ein Außendienstmitarbeiter hat gute Beziehungen zu einem wichtigen Kunden. Er möchte diese Beziehungen exklusiv pflegen, da damit auch seine Stellung (Machtposition) im Unternehmen gestärkt wird. Die Gruppe und insbesondere der Gruppenleiter hat das Ziel sicherzustellen, dass wichtige Kunden sich intensiv dem Unternehmen und nicht einzelnen Mitarbeitern verbunden fühlen. Er möchte deshalb selbst mit dem Kunden verhandeln und wünscht, dass der Außendienstmitarbeiter dies einleitet.*

Dies zeigt sich häufig erst in kritischen Situationen, wenn es darum geht, zur Erreichung der Gruppenziele auf eigene Bedürfnisse zu verzichten. Eine wichtige Aufgabe der Gruppenleitung ist es deshalb, die Akzeptanz der Gruppenziele durch die Gruppenmitglieder sicherzustellen.

6.4.2.3 Bestimmung der richtigen Gruppengröße

Wenn eine Gruppe viele Mitglieder hat, dann kann sie eher eine umfangreiche Aufgabe bewältigen als eine kleine Gruppe. Andererseits erhöht sich bei einer großen Gruppe der Aufwand für die Koordination der Arbeit und für das Treffen von Entscheidungen in der Gruppe und auch die Gefahr, dass die Gruppe sich in Teilgruppen aufspaltet. Die Bestimmung der Gruppengröße ist somit ein Balanceakt zwischen diesen beiden Aspekten.

In vielen Untersuchungen hat sich gezeigt, dass eine Gruppengröße von ca. 5 plus oder minus 1 oder 2 Personen eine optimale Anzahl von Gruppenmitgliedern im Hinblick auf eine optimale Leistung bei relativ geringer Wahrscheinlichkeit des Trittbrettfahrens darstellt (Robbins 2001, S. 284 ff.). Wenn es allerdings das Ziel der Gruppe ist, möglichst viel unterschiedlichen Input von außerhalb in die Gruppenarbeit zu erhalten, dann kann auch eine größere Mitgliederanzahl von 12 oder mehr Mitgliedern sinnvoll sein. Zur Vermeidung von Pattsituationen ist es weiterhin angebracht, eine ungerade Anzahl von Gruppenmitgliedern zu wählen.

6.4.2.4 Auswahl der Gruppenmitglieder

Nicht jeder Mitarbeiter ist für die Arbeit in Gruppen geeignet. Eine erste Voraussetzung ist, dass der Mitarbeiter dazu bereit ist, in einer Gruppe zu arbeiten. Weiterhin muss der Mitarbeiter „teamfähig" sein, d.h., er muss z.B. auf andere eingehen können, er muss angemessen kommunizieren können.

In einer Gruppe kann man auch arbeitsteilig vorgehen, sodass jeder die Fähigkeiten einbringen kann, bei denen er am besten ist. Bei komplexen, unklaren Problemen kann eine Gruppe in der Regel bessere Entscheidungen finden, wenn die Gruppe heterogen zusammengesetzt ist. Dies kann erfolgen durch Experten aus verschiedenen Wissensgebieten, durch Gruppenmitglieder mit komplementären, sich ergänzenden Fähigkeiten und Qualifikationen oder auch durch Gruppenmitglieder, die unterschiedliche biografische Merkmale haben (Alter, Geschlecht, Berufserfahrung usw.). Es ist aber auch dann erforderlich, dass alle ihre Ideen frei äußern können und die guten Ideen von der Gruppe akzeptiert werden.

Auch Mitarbeiter, die in Bezug auf die Sachaufgabe der Gruppe nicht so leistungsfähig sind, können wichtige Funktionen für den Prozess der Gruppenarbeit übernehmen. Neben der fachlichen Qualifikation ist es auch wichtig, dass im Team bestimmte Rollen wahrgenommen werden. Dabei kann ein Teammitglied durchaus mehrere Rollen wahrnehmen.

6.4.2.5 Organisation, Steuerung und Kontrolle der Gruppenarbeit

Damit eine Gruppe gut arbeiten kann, sind die organisatorischen Voraussetzungen zu schaffen:

- Planung der Gruppenarbeit,
- Verteilung der Aufgaben,
- Klärung von Aufgabenfeldern und Rollen,

- Koordination der Arbeit der einzelnen Gruppenmitglieder und

- Controlling der Gruppenarbeit.

Dazu gehört auch ein Informationssystem, das möglichst zeitnah über die Gruppenleistung Auskunft gibt. Die Gruppenführung oder die Gruppe selbst müssen Standards
(„Standards of Excellence") für Leistung festlegen und überprüfen. Diese Leistungsstandards müssen so festgelegt sein, dass die Gruppenmitglieder durch sie motiviert
werden, sehr hohen Leistungen zu erbringen. Ursachen für unzureichende Leistungen
sind festzustellen und die entsprechenden Maßnahmen sind einzuleiten, wie z.B. Schulungen. Falls ein Gruppenmitglied nicht willens oder trotz angemessener Unterstützung
nicht in der Lage ist, mit ausreichenden Leistungen zum Gruppenziel beizutragen, dann
kann es erforderlich sein, dass das Gruppenmitglied die Gruppe verlässt.

Es ist aber auch wichtig, dass sich das Team insgesamt Zeit nimmt, über seinen Leistungsstand nachzudenken und zu überlegen, wie man diesen verbessern kann. Gerade
Teams mit schlechter Leistung sind dazu oftmals nicht bereit, weil sie vermeintlich
dazu keine Zeit haben. Dies führt aber dazu, dass sie ihre Leistung nicht verbessern
können und damit immer schlechter werden und noch weniger Zeit haben. Manchmal
führt dieser Prozess zur Hyperaktivität: Hyperaktivität bei Gruppen drückt sich darin
aus, dass zu schnell nach Lösungen gesucht wird und dabei ein Vorschlag nach dem
anderen in einer Art von Verzweiflung abgehakt wird, ohne ihn genau zu prüfen. Häufig wird dann aus Zeitmangel irgendeine Lösung akzeptiert. Besser ist es, die einzelnen
Vorschläge angemessen durchzuarbeiten und zu prüfen, ob man in der Lage ist, die
einzelnen Vorschläge zu realisieren.

6.4.3 Teaminterne Maßnahmen im Hinblick auf die Beziehungsstruktur

Für den Erfolg einer Gruppe auch im Hinblick auf die Sacharbeit sind die Stimmung
und die Zufriedenheit mit der Gruppenarbeit insgesamt sowie die Beziehungen und Gefühle der Gruppenmitglieder zueinander von entscheidender Bedeutung. Es ist deshalb
wichtig, die Zufriedenheit in der Gruppe zu beobachten, z.B. durch Analyse der nonverbalen Kommunikation oder durch explizites Abfragen der Gemütslage.

> *Beispiel: Mithilfe eines so genannten „Stimmungsbarometers" kann man versu-
> chen, die Stimmung in der Gruppe zu erfassen. Als Stimmungsbarometer fun-
> giert ein Plakat, auf dem eine Art von Skala dargestellt wird, und die Grup-
> penmitglieder können darauf durch Ankleben von Punkten oder Ankreuzen ihre
> derzeitige Stimmungslage kundtun.*

Das Stimmungsbarometer oder eigentlich besser Stimmungsthermometer kann ähnlich
wie ein Thermometer in der Medizin als ein Instrument zur Feststellung von Symp-
tomen genutzt werden. Falls Abweichungen vom Normwert vorhanden sind, gilt es zu
diagnostizieren, zu analysieren, was die Ursachen sind, und dann zu entscheiden, ob
und was man unternehmen will. Analog zur Messung der Körpertemperatur bedeutet
allerdings eine hohe Zufriedenheit mit der Gruppenarbeit nicht unbedingt, dass die
Gruppenarbeit effektiv stattfindet.

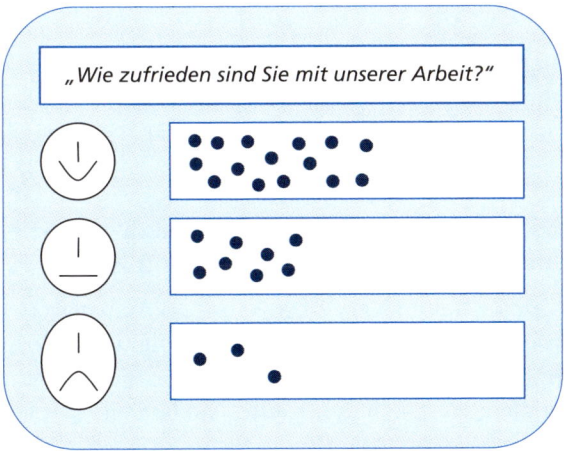

Abb. 6.21 Beispiel für ein „Stimmungsbarometer – oder -thermometer"

6.4.3.1 Einflussnahmen in den einzelnen Phasen der Gruppenarbeit

Je nachdem, in welcher Phase der Gruppenarbeit sich die Gruppe befindet, sind in der Regel bestimmte Maßnahmen empfehlenswert.

1. Phase: Zusammenfindung (Forming)

In dieser Phase gilt es für den Teamleiter, die richtige Balance zu finden, den Mitgliedern einerseits Zeit und Raum zu geben, sich zusammenzufinden und andererseits den Prozess voranzubringen.

2. Phase: Auseinandersetzungen (Storming)

Beim Storming kommt es häufig dazu, dass die Notwendigkeit und der Nutzen der Gruppe infrage gestellt werden. Dies kann dazu führen, dass die Gruppe daran zerbricht und sich auflöst. Um dies zu verhindern, kann es u.U. sinnvoll sein, eine möglicherweise manipulative Maßnahme anzuwenden: Die Führungskraft gibt der Gruppe eine Frage zur Entscheidung, die keine große Bedeutung im Hinblick auf das Gruppenziel hat (strategische Verfahrensfrage) und hält sich aus dieser Entscheidungsfindung heraus. Nun können anhand dieser Frage die Rangordnungsauseinandersetzungen stattfinden und die Rangordnung sich herausbilden, ohne dass die Gruppenaufgabe davon tangiert ist (Birkenbihl 2005, S. 145).

3. Phase: Entwicklung von Normen (Norming)

Es ist wichtig, dass die Führungskraft in der Phase des Normings auf Mitarbeiterbedürfnisse und Beziehungen in der Gruppe Rücksicht nimmt (mitarbeiterorientierter Führungsstil), damit sich ein großes Zusammengehörigkeitsgefühl entwickeln kann. Dieses Zusammengehörigkeitsgefühl wiederum kann dazu beitragen, dass die Gruppe sich mit der Führungskraft verbunden fühlt und hohe Leistungen erbringt.

4. Phase: Leistung

Wenn es der Führungskraft gelungen ist, eine Gruppe mit hohem Zusammengehörig-keitsgefühl und hoher Verbundenheit mit der Führungskraft und dem Unternehmen zu entwickeln, dann kann sie in dieser Phase verstärkt leistungsorientiert führen und somit eine hohe Gruppenleistung bewirken.

6.4.3.2 Entwicklung eines kooperativen und konstruktiven Arbeitsklimas und Spiel-regeln für die Gruppenarbeit: Die Themenzentrierte Interaktion (TZI)

Die Fähigkeit der Gruppenmitglieder, effektiv und vertrauensvoll zusammenzuarbei-ten, ist besonders wichtig für eine gute Gruppenleistung (Kogler Hill 2010, S. 254). In einem kooperativen Arbeitsklima in der Gruppe fühlen sich die Gruppenmitglieder si-cher, können offen miteinander kommunizieren, sind bereit, sich gegenseitig zu helfen und zu unterstützen.

Die „Spielregeln" der Themenzentrierten Interaktion können helfen, konstruktiv die Zusammenarbeit zu verbessern (Birker/Birker 2001, S. 18 ff.).

Bei der Themenzentrierten Interaktion wird versucht, Bedürfnisse des Einzelnen und der Gruppe sowie das Ziel oder Thema der Gruppe angemessen zu berücksichtigen und auszubalancieren.

Abb. 6.22 Wichtige Elemente der Themenzentrierten Interaktion

Regel	Erläuterung
Hier und Jetzt:	Es geht um die Bearbeitung der Probleme hier und jetzt: Hinweise, dass es z. B. früher besser war oder die Hoffnung, dass man in Zukunft vielleicht bessere Möglichkeiten hat, helfen nicht weiter. Sie führen nur dazu, dass man aus der Verantwortung für das Hier und Jetzt flüchtet.
Jeder ist sein eigener Chairman:	Jeder soll selbst seine eigenen Wünsche vortragen. Niemand soll sich „anmaßen", für Andere zu sprechen (*„Ich weiß, was Herr X sagen will…"*) und deren Wünsche vorzutragen, da damit die Anderen „entmündigt" werden.
Jeder muss seine Wünsche aussprechen:	Wenn jemand etwas will, dann soll er es sagen und nicht durch Körpersprache seine Wünsche mehr oder weniger klar signalisieren und anderen die Verantwortung geben, dass sie seine Körpersprache richtig deuten.
Störungen haben Vorrang:	Wenn ein Gruppenmitglied verärgert, enttäuscht, zurückgesetzt oder sonst in seiner Befindlichkeit gestört ist, dann hat die Bearbeitung dieser Störung Vorrang vor der weiteren Bearbeitung des Sachthemas. Nur wenn alle Gruppenmitglieder „bei der Sache" und nicht in ihrer Befindlichkeit gestört sind, können sie sich voll auf das Sachthema konzentrieren und gute Beiträge leisten.
Ich-Aussagen und kein Verstecken eigener Meinung hinter Man- oder Wir-Aussagen:	Die Gruppenmitglieder stellen klar, dass es sich um ihre Meinung handelt, zu der sie stehen. Sie verstecken sich nicht hinter „Man-Aussagen", für die niemand verantwortlich gemacht werden kann, wie *„Das kann man so nicht machen!"* Bei „Wir-Aussagen" wird häufig der Eindruck erweckt, dass es sich um eine Mehrzahl von Personen handelt, wie *„Wir sollten mal eine Pause machen!"* Da jeder aber nur für sich sprechen soll, kann jeder nur seine Wünsche vortragen.

Abb. 6.23 Auswahl wichtiger Regeln der TZI

6.4.3.3 Teamentwicklungstraining

Eine gute Teamarbeit sicherzustellen ist nicht leicht. Deshalb wurden auch spezielle Trainingsformen entwickelt, um die Kompetenz zur Teamarbeit zu fördern (siehe Abbildung 6.24).

Idealerweise sollten alle Gruppenmitglieder und nur diese an diesem Training teilnehmen. Das Training kann auch anhand von konkreten Ereignissen aus Gruppenarbeiten erfolgen, vielleicht sogar anhand von Geschehnissen in dieser Gruppe. Die erste Trainingsmaßnahme soll auch bereits durchgeführt werden, bevor es zu Problemen in der Gruppenarbeit kommt. Sie kann bereits zu Beginn der Bildung der Gruppe erfolgen und dazu dienen, Regeln der Zusammenarbeit zu formulieren.

6.4.3.4 Konfliktmanagement

Es kann bei der Gruppenarbeit immer wieder zu Konflikten zwischen Gruppenmitgliedern kommen. Zwar sollten auch die Gruppenmitglieder trainiert sein, Konflikte selbst zu managen; es kann aber trotzdem notwendig sein, dass die Gruppenleitung in die Handhabung des Konfliktes mit eingreift.

**Beispiel zur Gestaltung von Trainingsmaßnahmen
zur Entwicklung von Teams**

Ziele, Nutzen:	• Aufzeigen, was beim Aufbau von Teams zu beachten ist. • Kenntnisse über gruppendynamische Prozesse und Konflikte sollen Energieverluste vermeiden. • Entwicklung von Hochleistungsteams, Verbesserung der teaminternen Kommunikation, z.B. durch Erlernen von aktivem Zuhören oder der Fragetechnik oder den generellen Gesetzmäßigkeiten der Kommunikation. • Klärung der Beziehungen zwischen den Gruppenmitgliedern und wie man diese Beziehungen verbessern kann. • Training in Techniken effizienter Gruppenarbeit, z.B. Moderatoren -oder Metaplantechnik.
Inhalte:	• Erarbeiten gemeinsamer Zielsetzungen. • Gemeinsame Verbesserung der Prozesse und Strukturen im Team. • Nutzung der Potenziale der Teammitglieder und Integration der Stärken. • Koordinieren der persönlichen und sachlichen Aspekte zur Steigerung der Teameffizienz.
Methoden:	Wissensinput, Arbeitsaufgaben, Rollenspiele, Simulations-übungen (z.B. Bau einer Brücke aus vorgefertigten Teilen oder Finden des richtigen Weges auf einem Teppich mit Schach-brettmuster), Arbeit an konkreten Themen der Gruppe sowie Transfer auf den Aufgabenbereich der Gruppe, Diskussionen, Erfahrungsaustausch.

Abb. 6.24 Beispiel zur Gestaltung von Trainingsmaßnahmen zur Entwicklung von Teams

6.4.3.5 Commitment sicherstellen

Eine wichtige Aufgabe der Gruppenleitung ist es, sicherzustellen, dass die Gruppenmitglieder sich mit ihrer Aufgabe identifizieren und eng zusammenarbeiten. Unter Umständen kann ein charismatischer oder transformationaler, visionärer Führungsstil dabei sehr hilfreich sein. Insbesondere wenn Erfolge ausbleiben, muss die Führungskraft die Arbeitsmoral stärken. Hilfreich kann es sein, an frühere Erfolge zu erinnern. Es kann auch erforderlich sein, auf die Bedürfnisse einzelner Gruppenmitglieder einzugehen und ihnen Unterstützung zu geben oder auch, ihnen etwas zuzutrauen.

6.4.4 Teamexterne Maßnahmen im Umfeld der Gruppenarbeit

Arbeitsgruppen existieren nicht völlig isoliert von ihrer Umwelt, sondern sie sind Teil eines Systems, einer Unternehmung, zu dessen Erfolg sie beitragen sollen. Zugleich kann das Umfeld der Gruppenarbeit den Prozess und das Ergebnis der Gruppenarbeit in hohem Maße beeinflussen.

6.4.4.1 Ausreichende Unterstützung und Schutz vor Störungen von außerhalb

Zunächst ist sicherzustellen, dass die Unternehmung die Gruppe ausreichend unterstützt und ihr die Personen, die sachlichen und finanziellen Mittel zur Verfügung stellt, die die Gruppe für ihre Arbeit braucht. Weiterhin ist es wichtig, dass die Arbeit des Teams von den übergeordneten Instanzen wahrgenommen und anerkannt wird. Für eine effiziente Gruppenarbeit kann es auch sinnvoll sein, den Handlungs- und Entscheidungsspielraum zu erweitern und damit zu verhindern, dass von außerhalb in die Gruppenarbeit „hineinregiert" wird.

6.4.4.2 Networking und Repräsentation des Teams nach außen

Für den Erfolg der Gruppenarbeit ist es in der Regel erforderlich, gute Beziehungen zu wichtigen Bezugsgruppen aufzubauen und diese zu pflegen.

Dazu gehört es auch, das Team im Unternehmen oder in der Öffentlichkeit zu repräsentieren und über die Arbeit und die Erfolge des Teams zu berichten.

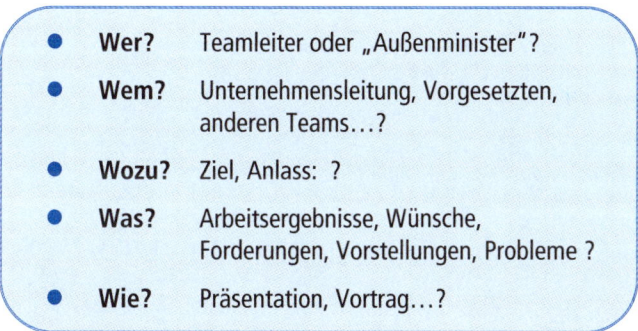

- **Wer?**   Teamleiter oder „Außenminister"?
- **Wem?**   Unternehmensleitung, Vorgesetzten, anderen Teams…?
- **Wozu?**   Ziel, Anlass: ?
- **Was?**   Arbeitsergebnisse, Wünsche, Forderungen, Vorstellungen, Probleme ?
- **Wie?**   Präsentation, Vortrag…?

Abb. 6.25 Entscheidungsfragen zur Repräsentation des Teams und seiner Arbeit

6.4.4.3 Bewertung der Teamleistung durch Externe

In der Regel hat ein Team Leistungen für andere zu erbringen. Es ist deshalb für das Team wichtig zu wissen, nach welchen Kriterien und Regeln und wie gut oder schlecht die eigene Leistung durch andere eingeschätzt wird.

6.4.4.4 Adäquates Entlohnungssystem

Eine gleiche Leistungsentlohnung für alle Gruppenmitglieder nach der Leistung der Gruppe insgesamt ist insbesondere dann angebracht, wenn die Gruppenmitglieder bei der Erfüllung ihrer Aufgaben sehr aufeinander angewiesen sind und wenn sie zusammen den Erfolg oder Misserfolg teilen müssen. Dies ist z.B. typisch für Mannschaftssportarten *(„Man gewinnt und verliert zusammen")*. Dieser variable Leistungsanteil für die gesamte Gruppe sollte ausreichend groß sein, um zu besonderen Leistungen zu motivieren. Er sollte im Regelfall neben der Entlohnung für herausragende Leistungen auch Verbesserungen des Arbeitsprozesses honorieren.

Vielfach werden auch bei Gruppenarbeit die Gruppenmitglieder nach ihren individuellen Leistungen, häufig gemessen anhand der Leistungseinschätzung durch die Gruppenleitung, entlohnt. Dieses Vorgehen kann zu erheblichen Spannungen in der Gruppe führen. Eine Alternative dazu könnten u.U. qualifikationsorientierte Entlohnungssysteme darstellen (Greenberg/Baron 2003, S. 305 f.).

Beispiel: Um Gruppenmitglieder zu motivieren, möglichst viele Kompetenzen zu erwerben und in die Gruppenarbeit einzubringen, entlohnen einige Unternehmen in den USA die Gruppenmitglieder nicht nach ihren individuellen Leistungen, sondern nach ihren Kompetenzen. Diese qualifikationsorientierten Entlohnungssysteme (skill-based pay) umfassen in einigen Fällen nicht nur Fach-, sondern auch soziale Kompetenzen.

6.5 Zusammenfassung

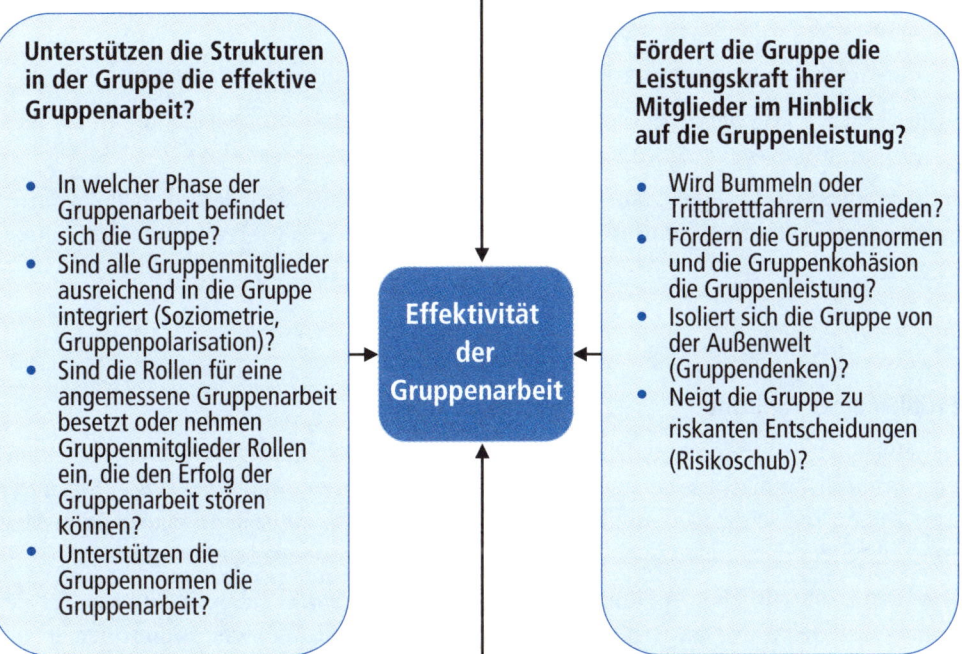

Was sind die Ziele und Zwecke der Gruppe?
- Handelt es sich überhaupt um eine Gruppe (Gruppendefinition)? Gemeinsame Ziele? Wir-Gefühl? ...
- Welche Art von Gruppe?
- Warum sind die Personen Mitglied der Gruppe?

Unterstützen die Strukturen in der Gruppe die effektive Gruppenarbeit?
- In welcher Phase der Gruppenarbeit befindet sich die Gruppe?
- Sind alle Gruppenmitglieder ausreichend in die Gruppe integriert (Soziometrie, Gruppenpolarisation)?
- Sind die Rollen für eine angemessene Gruppenarbeit besetzt oder nehmen Gruppenmitglieder Rollen ein, die den Erfolg der Gruppenarbeit stören können?
- Unterstützen die Gruppennormen die Gruppenarbeit?

Effektivität der Gruppenarbeit

Fördert die Gruppe die Leistungskraft ihrer Mitglieder im Hinblick auf die Gruppenleistung?
- Wird Bummeln oder Trittbrettfahrern vermieden?
- Fördern die Gruppennormen und die Gruppenkohäsion die Gruppenleistung?
- Isoliert sich die Gruppe von der Außenwelt (Gruppendenken)?
- Neigt die Gruppe zu riskanten Entscheidungen (Risikoschub)?

Erfolgt eine angemessen Gruppenführung?
- Ist die Aufgabe der Gruppe für Gruppenarbeit geeignet und sind die Ziele allen klar?
- Wird die Gruppe angemessen vom Unternehmen unterstützt?
- Passen die Gruppengröße und die Zusammensetzung der Gruppenmitglieder?
- Wird ein angemessener Führungsstil praktiziert?

Abb. 6.26 Zusammenfassung des Kapitels 6 „Führen von Arbeitsgruppen"

6.6 Aufgaben

6.6.1 Wiederholungs- und Diskussionsfragen:

1. In Bezug auf Fußballmannschaften gibt es die Behauptung: *„11 Stars sind noch keine Mannschaft.“* Warum könnte dies der Fall sein?

2. Ein weiteres Phänomen aus dem Sport: Häufig spielen Mannschaften, die einen Spieler z. B. durch Platzverweis verloren haben, engagierter als zuvor. Womit könnte man diese Beobachtung erklären?

3. Für welche Aufgabentypen ist Gruppenarbeit nicht geeignet und warum?

4. Sollten Unternehmen grundsätzlich das Zusammengehörigkeitsgefühl in Arbeitsgruppen fördern?

5. Warum sollte bei der Zusammenstellung eines Teams Wert darauf gelegt werden, dass im Team bestimmte Rollen durch die Mitglieder des Teams wahrgenommen werden können?

6.6.2 Fallstudie*

Probleme bei TonKunst

In seiner neuen Stellung als Direktor für Unternehmensplanung der TonKunst GmbH, einem mittelständischen Hersteller von Porzellanwaren, verbrachte Joachim Müller einen großen Teil seiner Zeit und Energie mit dem Versuch, mit seinem neuen Team Meetings durchzuführen, ohne dass die Spannung im Raum unerträglich wurde.

Die Firma, die seit jeher in Familienbesitz war, stellte sowohl Teller und Tassen für den gehobenen Bedarf als auch Bierkrüge, Aschenbecher und ähnliche Waren her. In den letzten 18 Monaten stagnierten die Verkaufszahlen. Unternehmen aus Osteuropa waren mit Massenproduktionen und Billigangeboten in die Nische der TonKunst GmbH eingedrungen.

Johann Dreyer, Inhaber und geschäftsführender Gesellschafter, informierte Joachim Müller, dass es mit deren billigen Produktionsmöglichkeiten nur eine Frage der Zeit sein würde, bis er die Firma schließen oder nach Osteuropa verlagern müsse. *„Sie haben nun die Verantwortung als neuer strategischer Direktor“*, sagte er an dessen erstem Tag zu Müller, *„Sie werden ein Team unserer besten Leute zusammenstellen und einen umfassenden Plan für unsere strategische Ausrichtung in den nächsten sechs Monaten erstellen.“*

Als Mitglied dieses Teams legte Dreyer ihm den Leiter des Rechnungswesens, Herbert Schmidt, nah: *„Herr Schmidt ist der beste Kopf bei TonKunst.“*

---

*   Es handelt sich um einen fiktiven Fall.

Müller stellte sofort eine Liste der Leiter der Abteilungen Produktion, Rechnungswesen, Design und Vertrieb zusammen und legte einen Termin für ein erstes Treffen fest. Da er wusste, dass die Manager der TonKunst GmbH nicht an Teamarbeit gewöhnt waren, rechnete er mit einigen Schwierigkeiten bei der Teamarbeit. Er war aber überzeugt, dass mit gutem Willen all diese Schwierigkeiten zu meistern wären.

Um die Arbeit voranzutreiben, hatte Müller für jedes Meeting eine Tagesordnung zusammengestellt. Während die anderen drei Abteilungsleiter bereit waren, auf der Basis dieser Tagesordnung zu arbeiten, fand Schmidt immer einen Weg, um den Prozess zu stören. Schmidts negatives, skeptisches Denken, das er bei jeder Gelegenheit zur Schau stellte, stoppte jede Diskussion entweder sofort oder ließ sie sich im Kreis drehen. Schmidt wurde binnen kurzer Zeit in dieser Rolle gefürchtet. Trotzdem bewiesen seine pessimistischen Aussagen auch noch ein unglaublich großes Maß an Wissen über Wettbewerber oder Kostenstrukturen.

Das dritte Treffen, letzte Woche, endete im Chaos. Heribert Taubmann, der Leiter der Produktion, hatte Vorschläge zur Einsparung von Kosten präsentiert, und zuerst sah es so aus, als käme die Gruppe gut voran. Als Taubmann begann, die Resultate im Detail zu erläutern, unterbrach Schmidt die Diskussion mit einem lauten Gähnen. *„Lasst uns doch einfach alles verändern, einschließlich unserer Pforte"*, warf er ein. Diese Bemerkung brachte Taubmann schnell zum Verstummen. Ein paar Minuten später entschuldigte er sich, sagte, er hätte noch ein anderes Meeting. Bald darauf entschuldigten sich auch die anderen und gingen.

Kein Wunder, dass Müller wegen des vierten Meetings besorgt war. Zehn Minuten vergingen mit Small Talk und Müller sah, als er von Gesicht zu Gesicht blickte, seine eigene Frustration in den Mienen der anderen. Ebenfalls entdeckte er einen Hauch von Mutlosigkeit – genau das, was er gehofft hatte, zu vermeiden. Als er beginnen wollte, betrat Schmidt lächelnd den Raum. *„Entschuldigung, Leute"* sagte er leichthin und hielt eine Tasse Kaffee in die Höhe, als wäre sie als Erklärung genug für seine Verspätung.

„Herr Schmidt, schön, dass Sie da sind", begann Müller, *„weil ich dachte, wir sollten heute damit anfangen, über die Gruppe selbst zu sprechen…"*. Schmidt schnitt Müller mit einem kurzen, sarkastischen Lachen das Wort ab: *„Oh je, ich wusste, dass das passieren würde. Jetzt fehlt nur noch eine Schulung in Themenzentrierter Interaktion!"*

Bevor Müller noch etwas sagen konnte, stand Heribert Taubmann auf, ging hinüber zu Schmidt und stellte sich ihm gegenüber, sodass er ihm in die Augen sah. *„Das alles kümmert Sie überhaupt nicht, oder?"* begann er, seine Stimme war so aggressiv, dass jeder im Raum erstarrte.

Jeder, außer Schmidt: *„Hey, ganz ruhig – es kümmert mich sehr viel"* antwortete er. *„Ich glaube bloß nicht, dass die Veränderung so gemacht werden sollte. Eine brillante Idee kommt niemals von einem Team. Brillante Ideen kommen stets von brillanten Individuen, die dann andere in der Organisation inspirieren, sie umzusetzen."* *„Das ist ganz großer Mist"* schrie Taubmann zurück, *„Sie wollen nur alle Lorbeeren für den Erfolg allein kassieren."* *„Das ist absurd"*, lachte Schmidt, *„ich versuche nicht, irgendjemanden* *hier in der Firma zu beeindrucken. Ich habe das nicht nötig. Ich will, dass diese Firma erfolgreich ist, genau wie Sie, aber ich bin überzeugt davon, das Gruppen sinnlos sind. Übereinstimmung heißt Mittelmäßigkeit. Tut mir leid, aber das heißt es.*"

„Aber Sie haben nicht einmal versucht, mit uns zu einer Übereinstimmung zu kommen", unterbrach Michaela May, Leiterin des Designs, *„es ist so, als würde es Sie überhaupt nicht kümmern, was wir alle zu sagen haben. Wir können nicht allein an einer Lösung arbeiten – wir müssen einander verstehen. Sehen Sie das nicht?*"

Im Raum war es still, als Schmidt nichtssagend mit den Schultern zuckte. Er starrte auf den Tisch, mit leerem Gesichtsausdruck.

Es war Müller, der dann die Stille durchbrach. *„Herr Schmidt, dies ist ein Team. Sie sind ein Teil davon*" sagte er, während er erfolglos versuchte, Blickkontakt mit dem Angesprochenen herzustellen, *„vielleicht sollten wir noch einmal von vorne anfangen…*"

Aufgaben und Fragen:

1. Handelt es sich bei diesem formalen Projektteam auch um eine Gruppe im Sinne der Gruppendefinition?

2. In welcher Phase der Gruppenbildung befindet sich dieses „Problemlösungsteam"?

3. Welche Gruppenrolle nimmt Schmidt ein?

4. Was ist Gruppenkohäsion und warum ist sie in der Gruppe so gering?

5. Analysieren Sie die Situation in dieser Projektgruppe anhand des Teamführungsmodells und zeigen Sie auf, wo Ihrer Meinung nach die Probleme begründet sind.

Beantworten und begründen Sie bitte diese Fragen aus der Sicht eines neutralen Beobachters.

6.7 Vertiefende Literaturhinweise

Kogler Hill, S. E. (2004): Team Leadership. In: Northouse, P. G.: Leadership. Theory and Practice. 3. Aufl. Thousand Oaks und London, S. 203 – 234

Mayrhofer, W. / Strunk, G. / Meyer, M. (2003): Gruppenidentität. In: Martin, Albert (Hrsg.): Organizational Behaviour – Verhalten in Organisationen. Stuttgart, S. 197 209

Baron, R. A. / Greenberg, J. (1990): BEHAVIOR IN ORGANIZATIONS: Understanding and Managing the Human Side of Work. 3. Aufl Boston usw.

Weinert, A. B. (2004): Arbeits- und Organisationspsychologie. 5. vollständig überarbeitete Auflage. Weinheim und Basel

7 Führungskompetenzen

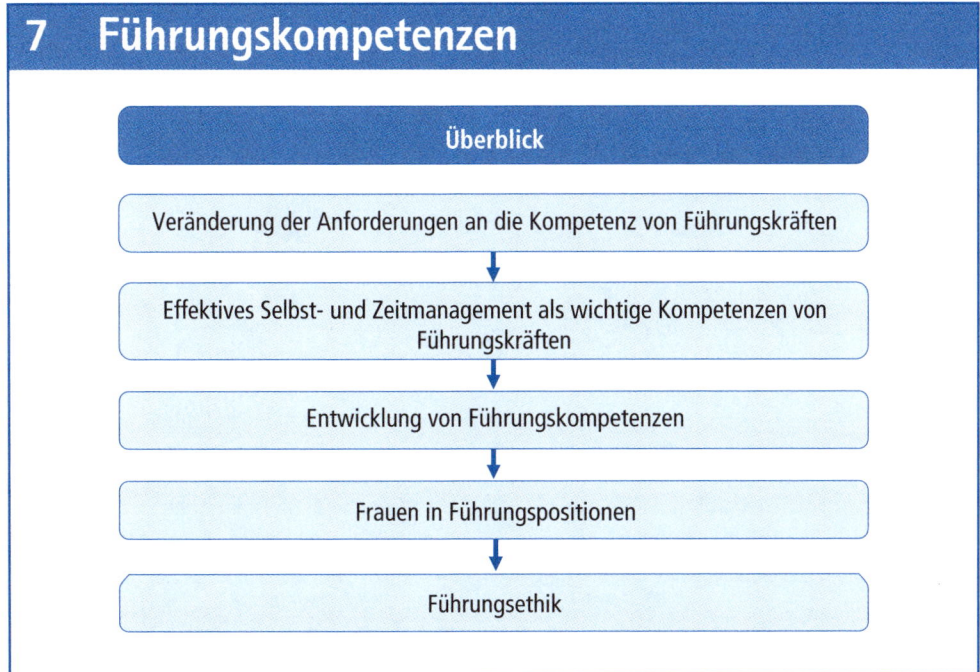

Abb. 7.1 Übersicht über das Kapitel

7.1 Veränderung der Anforderungen an die Kompetenz von Führungskräften

Zur Bewältigung vielfältiger Herausforderungen aufgrund der Veränderungen der Rahmenbedingungen des Wirtschaftens, wie Globalisierung der Weltwirtschaft oder permanente Entwicklung neuer Technologien, haben Unternehmen eine Reihe von Strategien entwickelt. Gemeinsames Merkmal all dieser Strategien ist, dass sie höhere Anforderungen an die Führungskräfte und die Mitarbeiter stellen.

Für die Führungskräfte bedeutet dies, dass zusätzlich weitere Kompetenzen gefordert werden. Diese neuen Anforderungen unterscheiden sich sehr deutlich von den bisherigen Anforderungen. Die folgende Darstellung soll diese umwälzende Erweiterung an die Kompetenzen von Führungskräften verdeutlichen.

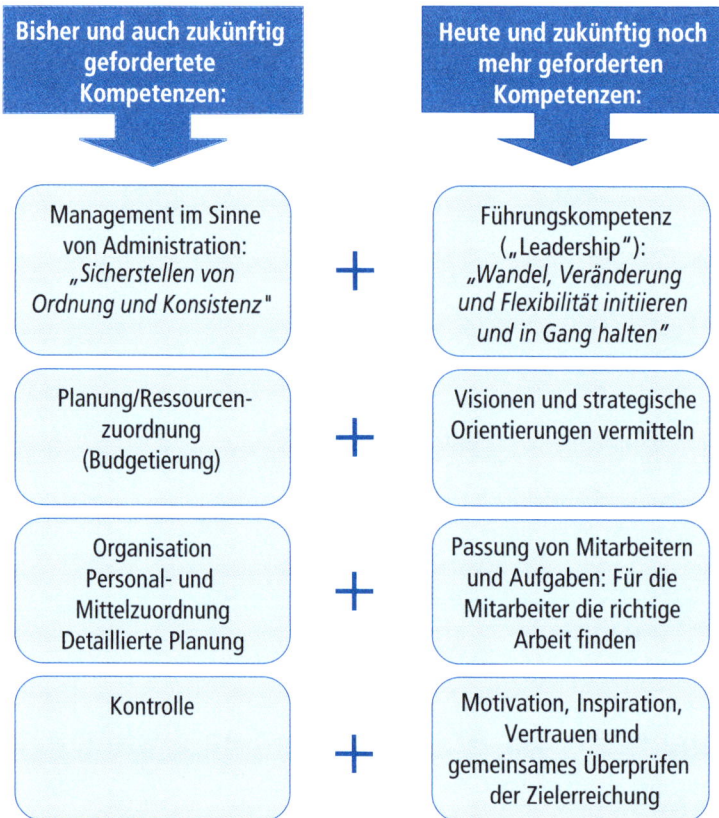

Abb. 7.2: Wandel der Anforderungen an Führungskräfte

Aus dieser Gegenüberstellung wird deutlich, dass sich diese Anforderungen durchaus widersprechen können, wie z. B. „Sicherstellung von Ordnung und Konsistenz" und andererseits „Wandel, Veränderungen und Flexibilität initiieren und in Gang halten". Die Führungskraft muss deshalb immer wieder abwägen, was in einer Situation sinnvoll ist oder nicht.

Insbesondere die Bereitschaft der Mitarbeiter, Goodwillbeiträge zu leisten, wird immer mehr zu einem zentralen Erfolgsfaktor für Unternehmen wie auch für den Führungserfolg der Führungskräfte. Nur wer seine eigenen Gefühle ebenso wie die anderer Menschen versteht, ist in der Lage, seine Mitarbeiter so zu steuern, dass die Unternehmensziele erreicht werden.

Deshalb ist emotionale Intelligenz für eine langfristig erfolgreiche Mitarbeiterführung unverzichtbar.

In Abhängigkeit von der Führungsebene verändert sich tendenziell auch die Bedeutung des Fachwissens und Fachkönnens, der Mitarbeiterführung und der erforderlichen konzeptionellen Fähigkeiten im Hinblick auf strategische und langfristige Planungen und Entscheidungen.

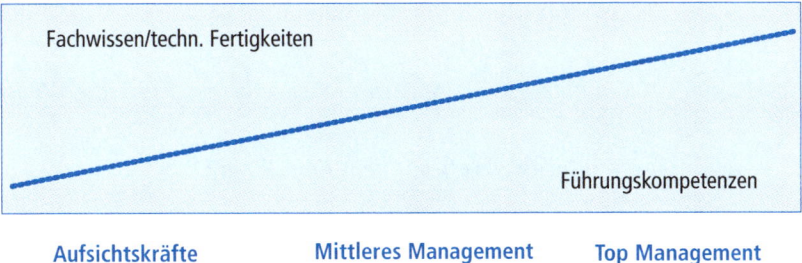

Abb. 7.3 Relative Bedeutung von Kompetenzen in Abhängigkeit von der Führungsebene
(idealisierte Darstellung)

7.2 Effektives Selbst- und Zeitmanagement als wichtige Kompetenz von Führungskräften

Da die Anforderungen an Führungskräfte immer höher werden, ist es unerlässlich, dass die Führungskräfte effektiv mit ihren Energien und Kräften umgehen, dass sie ein optimales Selbst- und Zeitmanagement praktizieren.

7.2.1 Grundlegende Prinzipien des Selbstmanagements

Zielsetzung des Selbstmanagements ist das bewusste, selbstbestimmte Gestalten des eigenen Lebens oder anders ausgedrückt, die Führung der eigenen Person (vgl. Linneweh/Hofmann 2003).

In Anlehnung an den Managementprozess können dabei folgende Teilschritte unterschieden werden:

- Zielfestlegung und Problemanalyse (Standortbestimmung),
- Planung und Entwicklung von Strategien,
- Realisierung der Strategien, Durchführung organisationaler Maßnahmen und Sicherstellung von beabsichtigten Veränderungen,
- Kontrolle.

Zielfestlegung und Problemanalyse (Standortbestimmung)

Zunächst muss sich die Führungskraft klar werden, was sie wirklich will, was ihr besonders wertvoll ist und in welchen Bereichen sie Prioritäten setzen will.

Dabei dürfen nicht nur berufliche Ziele festgelegt werden, sondern Ziele für alle Bereiche, die für die Person wichtig sind. Dies sind in der Regel neben dem Beruf die körperliche und seelische Gesundheit, Familie, Freunde und Hobbys. Insbesondere für Führungskräfte, die keine festgelegte Arbeitszeit haben und die sich auch gedanklich in ihrer Freizeit mit beruflichen Problemen beschäftigen, ist es wichtig, Berufs- und Privatsphäre in ein ausgewogenes Verhältnis zu setzen („Work–Life–Balance").

Im nächsten Schritt gilt es, eine Standortbestimmung und Problemanalyse durchzuführen:

- *„Inwieweit sind in den einzelnen Bereichen die Ziele erreicht und die Wünsche und Bedürfnisse befriedigt?"*
- *„Wie zufrieden ist die Führungskraft mit dem Erreichten?"*
- *„Woran liegt es, wenn die Ziele nicht erreicht worden sind?"*

Planung und Entwicklung von Strategien

Aufbauend auf die Zielfestlegung und Standortbestimmung sind anschließend Strategien zu entwickeln, um diese Ziele zu erreichen:

- *„Welche Schritte sind notwendig?"*
- *„Was sollte zuerst vorgenommen werden?"*
- *„Welche Veränderungen sind erforderlich?"*

Realisierung der Strategien, Durchführung organisationaler Maßnahmen und Sicherstellung von beabsichtigten Veränderungen

Die dauerhafte Umsetzung der geplanten Veränderungen gehört vermutlich zum schwierigsten Teil des gesamten Prozesses. Gewohnheiten, die sich seit Jahren eingefahren haben, lassen sich nicht leicht ändern. Insbesondere wenn sich andere Personen auf diese Gewohnheiten eingestellt haben, ist dieser Veränderungsprozess zusätzlich erschwert. Es gilt dabei auch, mit Rückschlägen und Misserfolgen konstruktiv umzugehen und nicht zu schnell aufzugeben. Erst, wenn die Veränderungen zu Gewohnheiten geworden sind, sind die Grundlagen für nachhaltigen Erfolg gelegt.

7.2.2 Grundlegende Prinzipien des Zeitmanagements

Während das Selbstmanagement eher strategischen Charakter hat, handelt es sich beim Zeitmanagement um taktische, operative Maßnahmen. Ausgehend vom Selbstmanagement gilt es, die einzelnen Zeitblöcke sinnvoll zu nutzen.

Dies ist einerseits für Führungskräfte besonders wichtig und andererseits wiederum besonders schwierig, da sich der Arbeitsalltag von Führungskräften in der Regel als sehr vielfältig und unstetig darstellt.

Aufgrund des Zeitmanagements lassen sich folgende Empfehlungen geben:

Empfehlungen für ein effektives Zeitmanagement für Führungskräfte

Eines der wichtigsten Prinzipien des Selbst- und Zeitmanagements ist die Prioritätensetzung (Covey u. a. 2000, S. 27 ff.): Alle Aufgaben sind im Hinblick auf Wichtigkeit und Dringlichkeit zu bewerten. Zielsetzung muss es sein, den Zeitanteil für wichtige, aber nicht dringende Aufgaben ausreichend hoch zu bemessen. Dies wird oft durch die „Dringlichkeitssucht" verhindert, bei der Dringlichkeit der Wichtigkeit vorgezogen wird. Dazu wird es in der Regel erforderlich sein, den Zeitanteil für nicht wichtige, aber dringende Aufgaben durch Störungsmanagement, Delegation und die Fähigkeit, „Nein zu sagen" zu reduzieren. Durch eine bessere Wahrnehmung der wichtigen, aber nicht dringenden Aufgaben wird aufgrund besserer Vorarbeit und Planung manche Krise und damit manche Dringlichkeit vermeidbar.

Weitere wichtige Prinzipien des Zeitmanagements sind:

- Den Tag nicht völlig verplanen.
- Die persönliche Leistungskurve berücksichtigen.
- Zeitblöcke schaffen.
- Konsequente Zeitplanung.

7.3 Entwicklung von Führungskompetenzen

Einige Führungskräfte behaupten, dass man Führungskompetenz nicht erlernen kann, sondern dass sie „angeboren" sein muss. Zwar gibt es Anzeichen dafür, dass bestimmte Persönlichkeitseigenschaften in einem gewissen Umfang vererbt werden können, diese mehr grundsätzlich vorhandenen Persönlichkeitsmerkmale reichen jedoch als Führungskompetenz nicht aus. Es ist weiterhin zu beachten, dass – ähnlich wie bei musikalischen oder sportlichen Begabungen – die Begabung in der Regel nicht ausreicht, um als Meister seines Faches zu zählen. Sondern es ist meistens auch erforderlich, seine Begabung durch Üben, Lernen und Praxis zur Reife zu bringen. Das Gleiche gilt auch für die Begabung, andere Menschen beeinflussen und führen zu können. Dabei gibt es auch keinen Fixpunkt, von dem ab man sagen könnte, dass man Führungskompetenz *erworben* hat. Es handelt sich um einen fortwährenden Prozess der Entwicklung (Hughes / Ginnett / Curphy 1996, S. 3 ff.).

Grundsätzlich kann man die Möglichkeiten der Entwicklung von Führungskompetenz danach unterscheiden, inwieweit sie mehr grundsätzlicher und theoretischer Natur sind oder eher spezifisch und auf praktischen Erfahrungen beruhen (vgl. Hughes / Ginnett / Curphy 1996, S. 30 ff.). Beide Aspekte sind wichtig. Die auf Theorien aufbauenden Möglichkeiten zeigen die mehr grundsätzlichen Aspekte und systematischen Zusammenhänge auf. Die mehr auf praktischen Erfahrungen basierenden Möglichkeiten geben mehr Hinweise, wie man sich konkret verhalten soll und sie vermitteln auch mehr persönliche Erfahrungen und Betroffenheiten.

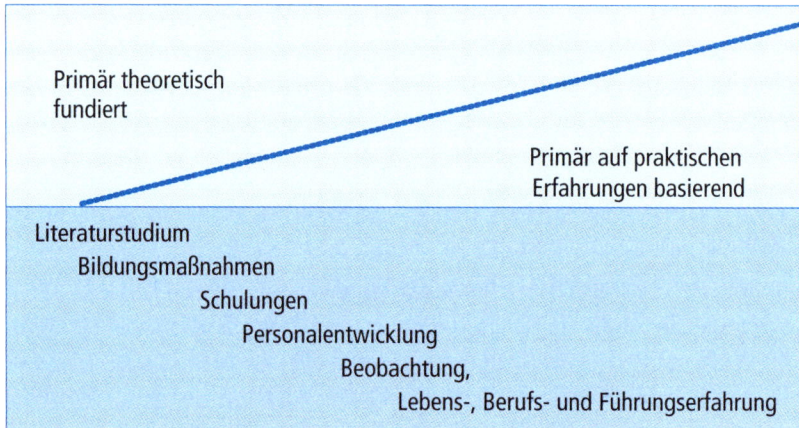

Abb. 7.4 Kontinuum der Möglichkeiten der Entwicklung von Führungskompetenz

- **Bücher oder andere schriftliche Unterlagen (Literaturstudium)** sind sehr gut geeignete Medien, um Zusammenhänge zu vermitteln und Erklärungen für bestimmte Sachverhalte und Vorgänge zu geben. Sie helfen, bestimmte Verhaltensweisen besser und bewusster auszuführen und damit auch besser aus Misserfolgen lernen zu können.

- Bei **Schul-, Berufs- und Hochschulbildung** denkt man sicherlich zuerst an die Entwicklung der Fachkompetenzen. Vom Bildungssystem sollen und werden jedoch auch Kompetenzen vermittelt, die oben unter dem Oberbegriff persönliche, soziale und führungsbezogene Kompetenzen zusammengefasst werden.

Literatur und Bildungsmaßnahmen können nicht das eigene **praktische Üben und Erfahren** ersetzen, selbst wenn mit Übungsfragen und Fallstudien erste Vorbereitungen für das eigene Erfahren und Erleben gegeben werden.

- **Führungsbezogene Schulungen und Seminare** können helfen, dass man besser auf die Führungsaufgaben vorbereitet ist, indem neben dem Vermitteln von Erklärungszusammenhängen unter Anleitung und systematischer Beobachtung Übungen zum Führungsverhalten durchgeführt werden können.

- Im Rahmen einer **systematischen Personalentwicklung** werden Führungsnachwuchskräften und Führungskräften neben Schulungen und Trainings („Training off the Job") auch gezielt Positionen angeboten, die ihnen helfen sollen, ihre Führungsfähigkeiten weiterzuentwickeln.

- Eine besondere Bedeutung für die Entwicklung von Führungskräften hat in den letzten Jahren das Coaching erlangt (vgl. Kapitel 3). **Coaching** ist die sehr individuelle Beratung mit dem Ziel, dass die Führungskraft ihre Rolle effektiver wahrnimmt und ihre Ziele erreicht. Es ist nicht Aufgabe des Coaches, die Probleme der Führungskraft, die sich durch das Coaching weiterentwickeln will, zu lösen, sondern ihr neue Wege zu eröffnen, damit sie ihre Probleme in Zukunft selbst lösen kann.

- Manchmal bewusst, häufig unbewusst erfolgt Lernen durch Beobachtung. Dies trifft auch für den Erwerb von Führungskompetenz zu.

All die oben beschriebenen Möglichkeiten des Erwerbs von Führungskompetenz sind hilfreich. Letztlich kann jedoch die Entwicklung der Führungskompetenzen nur bei der Wahrnehmung von Führungsaufgaben selbst erfolgen und bei der regelmäßigen gedanklichen Verarbeitung dieser Erfahrungen.

7.4 Frauen in Führungspositionen

Obwohl der Anteil von Frauen in Führungspositionen sich in den letzten Jahren deutlich erhöht hat, liegt er noch immer weit unter ihrem Anteil an der arbeitenden Bevölkerung.

Als Barrieren für einen erhöhten Anteil von Frauen in Führungspositionen wurden identifiziert (Indvik 2004, Yukl 2010 und Neuberger 2002, S. 764 ff.):

- Vorurteile, veraltete Vorstellungen über die Rollen von Frauen und Männern und von Führungskräften,

- die Bevorzugung von Männern als Führungskräfte durch das Top Management,

- geringere Unterstützung des Aufstiegs von Frauen in Unternehmen,

- begrenzter oder gar kein Zugang zu sozialen und informalen Netzwerken, die den Aufstieg erleichtern,

- die geringere Bereitschaft von Frauen mit ihren Vorgesetzten über Aufstiegschancen zu sprechen und Verhandlungen darüber zu führen und

- mehr Rollenkonflikte beim Ausgleich von privaten und beruflichen Anforderungen.

Während früher der geringere Anteil von Frauen in Führungspositionen damit gerechtfertigt wurde, dass Frauen nicht so für Führungspositionen geeignet seien wie Männer, kann diese Behauptung heute nicht mehr aufrecht gehalten werden:

Bei der zusammenfassenden Analyse (Metaanalyse) einer Vielzahl von empirischen Untersuchungen lassen sich keine einheitlichen Ergebnisse zum Führungsverhalten und Führungserfolg von Frauen im Vergleich zu Männern feststellen. Nach manchen zusammenfassenden Studien gibt es keine klaren Hinweise für bedeutsame Unterschiede beim Führungsverhalten von Männern und Frauen und ihren Führungsfähigkeiten (Yukl 2010, S. 468). Bei anderen Zusammenfassungen von empirischen Untersuchungen konnte man dagegen in manchen Führungssituationen Unterschiede beim Führungsverhalten und in den Führungsfähigkeiten von Männern und Frauen feststellen (Yukl 2010, S. 468):

- Nach anglo-amerikanischen Untersuchungen (Indvik 2004) scheinen tendenziell Frauen partizipativer und weniger autoritär oder direktiv als Männer zu führen.

- Frauen führten eher transformal als Männer, zeigten mehr individuelle Unterstützung und Anerkennung und bemühten sich auch mehr als Männer, die Fähigkeiten und das Selbstwertgefühl ihre Mitarbeiter zu entwickeln (Yukl 2010, S. 468).

- Beim transaktionalen Führungsverhalten belohnten Frauen ihre Mitarbeiter situationsangepasst konsequenter, während Männer ihren Mitarbeitern mehr Freiräume lassen („Management by Exception") (Yukl 2010, S. 468).

- Bei einer großen Untersuchung in deutschen und schweizerischen Unternehmen (Wunderer 2003) hingegen wurden männliche und weibliche Führungskräfte von ihren Mitarbeitern insgesamt gleich eingeschätzt.

- Auch in Bezug auf den Führungserfolg konnte man bei einer Zusammenfassung von mehreren Untersuchungen keine generellen Unterschiede bezüglich des Führungserfolges von Männern im Vergleich zu Frauen feststellen (Yukl 2010, S. 468).

- Bei Führungspositionen, die hohe fachliche Anforderungen stellten, waren Männer erfolgreicher als Frauen, während Frauen in Führungspositionen erfolgreicher waren, die hohe soziale Kompetenzen verlangten.

Bei der Interpretation dieser Untersuchungen sind jedoch einige Beschränkungen zu beachten (Yukl 2010, S. 469 f.):

- Unterschiede zwischen Männern und Frauen können zwar statistisch signifikant sein, sie sind aber praktisch nicht relevant, wenn das Führungsverhalten und die Führungserfolge innerhalb der Gruppe der Männer und der Gruppe der Frauen sehr unterschiedlich sind.

- Wenn mehr Frauen als Männer in Führungsposition sind, die eher ein mitarbeiterorientiertes Führungsverhalten erfordern, und die Frauen dieses Verhalten auch zeigen, dann kann dies dazu führen, dass Frauen ein mitarbeiterorientiertes Führungsverhalten zugesprochen wird. Dies kann auch dann erfolgen, wenn dieses Verhalten aufgrund der Position und den Rollenerwartungen an den Inhaber der Position unabhängig vom Geschlecht des Inhabers der Position bedingt ist. Die gleiche Zuschreibung kann sich auch ergeben, wenn Männer Positionen einnehmen, bei denen ein leistungsorientiertes Führungsverhalten erwartet wird. Man müsste deshalb bei den Untersuchungen auch Art der Führungsposition, Führungshierarchie, Branche etc. berücksichtigen und kontrollieren, bevor man unterschiedliches Führungsverhalten als geschlechtsbedingt interpretiert.

- Das Führungsverhalten und der Führungserfolg werden bei vielen Untersuchungen durch Befragung von z.B. Untergebenen oder Vorgesetzten bestimmt. Deren Wahrnehmung und Beurteilung des Führungsverhaltens und des Führungserfolges können jedoch auch durch geschlechtspezifisch geprägte Erwartungen an das Verhalten von männlichen oder weiblichen Führungskräften geprägt sein. Dies wäre z.B. der Fall, wenn eine weibliche Führungskraft mitarbeiterorientiert führt, und dies darauf zurückgeführt wird, dass sie eine Frau ist, während mitarbeiterorientiertes Führungsverhalten von Männern als durch ihre Persönlichkeit oder durch die Situation bedingt wahrgenommen und interpretiert wird. Es handelt sich dabei auch um Attributionen, um Zuschreibungen oder Deutungen.

- Da Unterschiede im Führungsverhalten und Führungserfolg von Männern und Frauen sehr hohe Aufmerksamkeit in der Öffentlichkeit haben, kann es sein, dass vor allem Untersuchungen veröffentlicht werden, die derartige Unterschiede belegen. Insbesondere dann, wenn mehrere Untersuchungen, z.B. in Form von Metaanalysen, zusammengefasst werden, kann dies zu irreführenden Ergebnissen führen.

Wenn Unternehmen in höherem Maße das Potenzial weiblicher Führungskräfte nutzen wollen, dann müssen sie ihre Anstrengungen verstärken, Mitarbeiterinnen mit Führungspotenzial zu identifizieren, sie zu fördern und zu unterstützen. Zugleich müssen die Unternehmen dazu beitragen, Vorurteile gegenüber Frauen als Führungskräften abzubauen. Dazu besteht inzwischen auch ein gesetzlicher Auftrag nach dem Allgemeinen Gleichheitsgesetz (AGG).

Aufgrund der Analyse (Indvik 2004) des Erfolgswegs von Frauen in hohen Führungspositionen kann man Frauen, die Führungspositionen anstreben, empfehlen, Netzwerke innerhalb und außerhalb des Unternehmens zu entwickeln und zu nutzen. Als persönliche Kompetenzen haben sich für Frauen Anpassungsfähigkeit, Durchsetzungsvermögen und Initiative als wichtig erwiesen, wenngleich es sicherlich schwierig sein kann, das situationsangepasste, richtige Verhältnis von Anpassungsfähigkeit und Durchsetzungsvermögen zu finden.

7.5   Führungsethik

Die Ethik als eine Teildisziplin der Philosophie befasst sich mit den Normen oder Grundsätzen für das richtige, das moralisch einwandfreie Verhalten: *„Wie sollen wir uns verhalten?"* (Neuberger 2002 S. 731 ff.)

7.5.1 Formen der Ethik

Bei der Ethik lassen sich zwei grundsätzliche Fragestellungen unterscheiden:

1. Prozessuale Ethik:

   „Wie sind die Normen oder Grundsätze ethisch richtigen Verhaltens zu finden bzw. zu begründen?"

   Analog zum Erkenntnisproblem in der Wissenschafts- oder Erkenntnistheorie stellt sich bei der prozessualen Ethik das Problem der Findung und Begründung von Normen. Als Alternativen lassen sich feststellen (Albert 1975):

- Findung der Normen auf der Basis eines freien und allgemeinen Diskurses aller Beteiligten (konstruktivistische Ethikbegründung)
- Setzen grundlegender und allgemeiner ethischer Normen (Dezisionismus)
- Ethische Aussagen werden verstanden wie Hypothesen und im kritischen Vergleich untereinander geprüft (kritischer Rationalismus).

2. Inhaltsethik:

„Nach welchen ethischen Grundsätzen oder Normen sollen wir uns verhalten?"

Bei der Inhaltsethik werden bestimmte einzuhaltende Richtlinien aufgestellt, z. B. Gerechtigkeit. Wichtige Themen der Führungsethik sind die Fragen des Umgangs mit der Macht von Führungskräften gegenüber ihren Mitarbeitern (Northouse 2004, S. 310 ff.).

Grundlegende und weit anerkannte Prinzipien ethischer Mitarbeiterführung

- Respektvoller Umgang mit den Mitarbeitern
- Faires und gerechtes Führungsverhalten
- Ehrlichkeit
- Berücksichtigung der Bedürfnisse und Ziele aller Beteiligten bei der Entwicklung gemeinsamer Ziele
- Ethische Führer tragen zum Wohle anderer und des Unternehmens bei

Abb. 7.5 Prinzipien ethischer Führung

7.5.2 Authentische Führung (Authentic Leadership) und andere normativ-ethische Führungstheorien

Aufsehenerregende Skandale des Verhaltens von Führungskräften haben in den letzten Jahren zu einer verstärkten Beschäftigung mit Fragen des ethischen Verhaltens von Führungskräften und zur Entwicklung ethisch bezogener Führungstheorien geführt. Der bekannteste Ansatz dieser ethischen Führungstheorien ist die authentische Führung.

Darstellung des Konzeptes der authentischen Führung

Nach dem Konzept der authentischen Führung (authentic Leadership) haben authentische Führungskräfte folgende Merkmale und Verhaltensweisen (Yukl 2010, S. 345 oder Northouse 2010, S. 205 – 221):

- Ihr Verhalten steht im Einklang mit ihren Wertvorstellungen, insbesondere auch mit den Wertvorstellungen, zu denen sie sich in der Öffentlichkeit bekennen (Authentizität). Ihre Handlungen werden durch ihre Wertvorstellungen bestimmt und nicht durch den Wunsch oder die Absicht, beliebt zu sein oder die Führungsposition zu erhalten oder zu halten. Sie sind auch nicht bereit, Rollenerwartungen gerecht zu werden, die sich nicht mit ihren Wertvorstellungen vereinbaren lassen, selbst wenn der Druck zur Erfüllung dieser Rollenerwartungen sehr hoch ist.

- Sie haben im Allgemeinen als positiv eingeschätzte Wertvorstellungen, wie Vertrauenswürdigkeit, Uneigennützigkeit, Freundlichkeit und Optimismus.

- Diese Wertvorstellungen sind fest in ihrer Persönlichkeit „verankert" und nicht oberflächlich angepasste Übernahmen vorherrschender Normen und Werte.

- Sie wurden nicht Führungskräfte, weil sie Macht und Status anstreben, sondern weil sie in der Übernahme von Führungsverantwortung eine gute Möglichkeit sahen, ihre oben beschriebenen Werte zu realisieren.

- Aufgrund dieser Authentizität können sie eine besondere Form der Beziehung zu ihren Mitarbeitern aufbauen, die geprägt ist von gegenseitigem Vertrauen, Offenheit, Entwicklung zu wertvollen gemeinsamen Zielen. Das Wohlergehen ihrer Mitarbeiter und deren persönliche und berufliche Weiterentwicklung sind für authentische Führungskräfte sehr bedeutsame Kriterien ihres Handelns.

- Im Hinblick auf das Führungsverhalten unterscheiden sich die verschiedenen Konzeptionen authentischer Führung. Für manche Autoren bedeutet authentische Führung, dass Mitarbeiter mehr Entscheidungsbefugnisse erhalten, dass authentische Führungskräfte ihre Mitarbeiter zu mehr Selbstbestimmung und Autonomie weiterentwickeln und dass sie somit vor allem partizipativ und auch transformal führen. Andere Autoren sehen es aber als durchaus mit dem Konzept der authentischen Führung vereinbart an, dass authentische Führungskräfte ihre Mitarbeiter autoritär oder partizipativ oder mit einem anderen Führungsstil führen.

Nach dem Konzept der authentischen Führung können authentische Führungskräfte aufgrund ihrer positiven Werte und ihrer Vertrauenswürdigkeit Wertvorstellungen und Verhalten ihrer Mitarbeiter in hohem Maße beeinflussen. Diese Führungskräfte können das Commitment zu den Unternehmenszielen erhöhen und das Vertrauen der Mitarbeiter in ihre Fähigkeit, anspruchsvolle Unternehmensziele und Visionen zu erreichen, bestärken.

Bewertung des Konzeptes der authentischen Führung

Das Konzept der authentischen Führung befindet sich noch in der Entwicklung. Es gibt auch nicht viele empirische Untersuchungen dieses Konzeptes. Dies ist auch darin begründet, dass eine empirische Überprüfung dieses Konzeptes sehr schwierig ist (Yukl 2010, S. 346 f.), da z. B. bereits der Begriff „Authentizität" für Messzwecke nicht genügend klar definiert ist. So müsste man nach der Theorie klar zwischen authentischen und nicht-authentischen Führungskräften unterscheiden („Entweder-oder"), in der Unternehmenspraxis dürfte man aber wohl eher Führungskräfte finden, die „mehr oder weniger" authentisch sind.

Angesichts der Konzeption von authentischer Führung ist es schwer vorstellbar, diese Theorie – wie die meisten anderen Führungstheorien – mithilfe standardisierter Fragebögen zu überprüfen. Der Einsatz qualitativer Forschungsmethoden, wie langfristig angelegte, intensive Fallstudien oder die Analyse bedeutsamer biografischer Ereignisse von Führungskräften, dürfte zur Überprüfung dieser Theorie angemessener sein. Bei diesen Forschungsmethoden kann es jedoch schwer sein, diese Ergebnisse zu verallgemeinern.

Ein weiteres Problem ist auch, dass nach dieser Theorie bestimmte Werte als gut und andere als nicht gut festgelegt werden. Eine möglicherweise problematische Folgerung aus dieser Festlegung von guten und schlechten Werten und von authentischen und

nicht – authentischen Führungskräften könnte auch sein, dass authentische Führungskräfte als gute Menschen und andere nicht-authentische Führungskräfte als schlechte
Menschen angesehen werden.

Zu fragen ist, wer hat das Recht, diese Festlegungen vorzunehmen.

7.6 Zusammenfassung

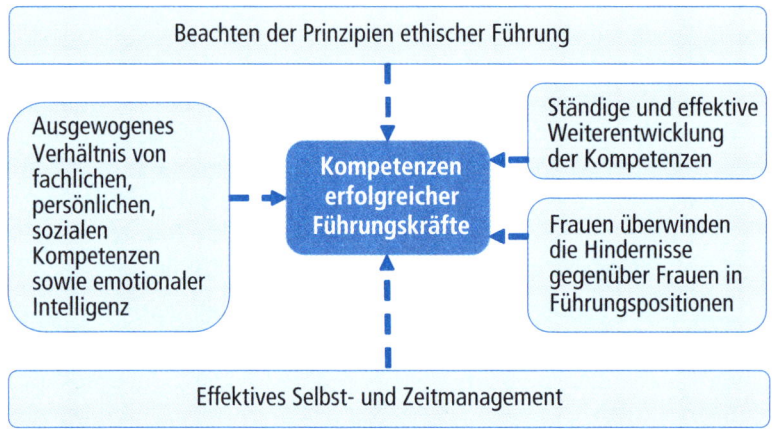

Abb. 7.6 Zusammenfassung des Kapitels „Führungskompetenzen"

7.7 Aufgaben

7.7.1 Wiederholungs- und Diskussionsfragen

1. Der bekannte Führungsforscher Bennis und in seiner Nachfolge viele andere Führungsforscher unterscheiden sehr streng zwischen Manager und Führungskraft. Ein
   Beispiel ist die folgende Gegenüberstellung:

   → Managers administer, Leaders innovate

   → Managers maintain, leaders develop

   → Managers control, leaders inspire

   → Managers say how and when, leaders ask what and why.

   Welche Übereinstimmungen und Unterschiede können Sie beim Vergleich dieser
   Gegenüberstellung mit der Darstellung des Wandels der Anforderungen an Führungskräfte in diesem Buch feststellen und wie bewerten Sie dies?

2. Stellen Sie dar, inwieweit sich der Führungsstil von weiblichen und von männlichen
   Führungskräften unterscheidet.

7.7.2 Fallstudie*

Herr Hein ist Leiter des Rechnungswesens eines mittelständischen Unternehmens. Er gilt im Unternehmen als außergewöhnlich genau und als Experte in allen Fragen des Rechnungswesens. Die Arbeitsergebnisse der Abteilung Rechnungswesen bei Routineaufgaben sind sehr genau und richtig. Neuerungen oder Verbesserungen im Arbeitsablauf lassen sich allerdings in dieser Abteilung weitaus seltener feststellen als in anderen Abteilungen. Wenn kurzfristig neuartige Auswertungen gefordert werden, hat die Abteilung Rechnungswesen erhebliche Schwierigkeiten, schnell und flexibel zu reagieren.

Die Anweisungen von Herrn Hein an seine Mitarbeiter sind klar und durchdacht. Die Arbeit seiner Mitarbeiter kontrolliert Herr Hein oft und sehr genau. Er legt viel Wert auf eine genaue Planung und deren Einhaltung. Den Mitarbeitern gibt er sehr detaillierte Ziele vor. Zu seinen Mitarbeitern verhält es sich sehr korrekt. Private Kontakte mit den Mitarbeitern lehnt er ab, da er befürchtet, dadurch nicht mehr neutral zu sein. Es ist sein Bestreben, all seine Mitarbeiter korrekt und gleichzubehandeln. Seine Kommunikation im Unternehmen beschränkt sich auf dienstliche Aspekte. In Überlegungen zu Veränderungen bezieht er die Mitarbeiter nicht mit ein.

Die Abteilung von Herrn Hein besteht aus zehn Mitarbeitern. Fünf dieser Mitarbeiter sind schon seit mehr als acht Jahren Mitarbeiter von Herrn Hein in dieser Abteilung. Bei den anderen fünf Arbeitsstellen ist eine sehr hohe Fluktuation festzustellen. Keiner dieser Mitarbeiter bleibt länger als ein Jahr in der Abteilung. Die Personalabteilung beobachtet dies mit Unbehagen. Es handelt sich dabei oft um junge Hochschulabsolventen, die in dieser Abteilung mit den Grundlagen der kaufmännischen Steuerung des Unternehmens vertraut gemacht werden sollen, damit sie später selbst verantwortungsvolle Positionen im Unternehmen einnehmen können.

Da das Unternehmen in Osteuropa ein anderes Unternehmen übernommen hatte, war es erforderlich, dass Herr Hein für ein Jahr in dieses Unternehmen in Osteuropa geht, um dort das Rechnungswesen nach den gleichen Grundsätzen wie in Deutschland aufzubauen.

Von den langjährigen Mitarbeitern von Herrn Hein war keiner geeignet, vorübergehend die Abteilungsleitung zu übernehmen. Diese wurde dann kommissarisch von der Leiterin des Controllings, Frau Kallmer, übernommen. Frau Kallmer führt ihre Mitarbeiter und somit auch die Mitarbeiter des Rechnungswesens völlig anders. Sie unterhält sich sehr intensiv mit ihnen und versucht festzustellen, welche Wünsche und Motive die Mitarbeiter haben, welche Aufgaben sie besonders interessieren. Dabei interessieren sie – ohne aufdringlich zu werden – auch private Aspekte, wie die familiäre Situation oder Hobbys. Dann fragt sie, welche Verbesserungsvorschläge die Mitarbeiter haben und was ihrer Meinung nach in der nächsten Zeit zu erledigen wäre. Zusammen mit den Mitarbeitern vereinbart sie Ziele und auch die Art und Weise der Kontrolle. Dabei lässt sie den Mitarbeitern einen größeren Handlungsspielraum und traut ihnen auch zu,

---

*   Es handelt sich um einen fiktiven Fall.

dass sie mit diesem Spielraum vertrauensvoll umgehen. Bei Abweichungen vom Ziel versucht sie, gemeinsam mit den Mitarbeitern die Ursachen festzustellen und die erforderlichen Korrekturen einzuleiten. Sie zeigt den Mitarbeitern auch die Bedeutung eines gut funktionierenden Rechnungswesens zur Erreichung der Unternehmensziele.

Während bei den langjährigen Mitarbeitern der Abteilung Verunsicherungen festzustellen sind, sind die Hochschulabsolventen sehr engagiert bei der Arbeit und entwickeln Neuerungen und Verbesserungen der Arbeitsabläufe. Kurzfristig erforderliche Auswertungen, die nicht routinemäßig erstellbar sind, werden von ihnen sehr schnell durchgeführt, ohne dass darunter die alltäglichen Arbeiten vernachlässigt würden.

Aufgaben und Fragen:

1. Welche Kompetenzen sehen Sie bei dem (bisherigen) Abteilungsleiter und der Vertreterin dieses Abteilungsleiters?

2. Vergleichen und bewerten Sie bitte den Führungserfolg dieser beiden Führungskräfte.

3. Welche Methoden zur Verbesserung seiner Führungskompetenz würden Sie Herrn Hein empfehlen? Erläutern und begründen Sie bitte Ihre Entscheidung.

7.8   Vertiefende Literaturhinweise

Albert, H. A. (1975): Traktat über kritische Vernunft. 3. erweiterte Aufl. Tübingen

Indvik, J. (2004): Women and Leadership. In: Northouse, Peter G.: Leadership, Theory and Practice. 3rd Edition. Thousand Oaks – London 2004, S. 270–273

Linneweh, K./Hofmann L. M. (2003): Persönlichkeitsmanagement. In: von Rosenstiel, L./Regnet, E./Domsch, M. (Hrsg.) (2003): Führung von Mitarbeitern. 5. überarbeitete Aufl. Stuttgart, S. 99–109

Northouse, P. G. (2004): Leadership. Theory and Practice. 3rd Edition. Thousand Oaks – London

Wunderer, R. (2003): Führung des Chefs. In: von Rosenstiel, L./Regnet, E./Domsch, M. (Hrsg.) (2003): Führung von Mitarbeitern. 5. Aufl. Stuttgart, S. 293–314

Absentismus

Absentismus ist die Abwesenheit von der Arbeit aus persönlichen oder motivationalen Gründen, die umgangssprachlich als „blau machen" bezeichnet werden.

Abweichendes Verhalten

Als abweichendes Verhalten bezeichnet man Verhaltensweisen, bei denen absichtlich gegen Normen und Regeln der Gemeinschaft oder des Unternehmens verstoßen wird und die negative Auswirkungen für die Gemeinschaft oder das Unternehmen haben.

Anweisung oder Einzelauftrag

Anweisungen oder auch Einzelaufträge sind Führungsinstrumente, bei denen dem Mitarbeiter häufig sehr detailliert gesagt wird, was er wie zu tun und gelegentlich auch zu unterlassen hat.

Arbeitszufriedenheit

Arbeitszufriedenheit ist die Einstellung zur Arbeit. Sie gibt an, welche Gefühle, Einschätzungen, Überzeugungen und Verhaltensabsichten Mitarbeiter bezüglich ihrer Arbeit haben.

Attributionstheorie der Führung

Diese Führungstheorie beschreibt, von welchen Bedingungen es abhängt, ob eine Führungskraft gute bzw. schlechte Leistungen von Mitarbeiter auf mangelnde Motivation oder Fähigkeiten der Mitarbeiter oder aber auf die Umstände der Arbeit, wie mangelhafte Werkzeugen ungenügende Informationen, mangelnde Unterstützung durch andere, zurückführt.

Authentische Führung

Authentische Führung ist ein Ansatz zur Beschreibung eines ethisch orientiertem Führungsverhalten.

Autonomer Führungsstil

Dieser Führungsstil drückt aus, inwieweit Führungskräfte in ihrem Führungsverhalten als autonom, unabhängig und individualistisch wahrgenommen werden.

Bewertende Rückmeldungen

Bewertende Rückmeldungen sind Mitteilungen des Unternehmens – in der Regel durch den unmittelbaren Vorgesetzten – an den Mitarbeiter über die in den Soll-Ist-Vergleichen (Kontrollen) festgestellten Befunde.

Bossing

Wenn Mobbing vom Vorgesetzten, vom Boss, initiiert oder wohlwollend geduldet wird, dann wird dies als „Bossing" bezeichnet.

Brainstorming

Brainstorming ist eine Technik zur Förderung der Kreativität, bei der jeder seine Ideen frei äußern soll, bei der keine verbale und auch keine nonverbale Kritik (z. B. Stirn runzeln) erlaubt ist und bei der die Vorschläge der anderen als Anregung für eigene Vorschläge genutzt werden sollen.

Coaching

In Anlehnung an die Funktion eines persönlichen Coaches im Leistungsport handelt sich dabei in der Wirtschaft um eine sehr intensive, persönliche und auf die spezifischen Bedürfnisse des Mitarbeiters und des Unternehmens abgestimmte Beratung mit dem Ziel, das Leistungsvermögen des Mitarbeiters zu entwickeln und zu verbessern.

Commitment mit dem Unternehmen

sich dem Unternehmen zugehörig und mit dem Unternehmen verbunden zu fühlen

Counselling

Unter „Counselling" versteht man die Führungsaufgabe von Vorgesetzten, ihre Mitarbeiter sowohl persönlich als auch fachlich zu beraten.

Delegation

Bei der Delegation wird dem Mitarbeiter langfristig ein Aufgabenbereich oder für eine bestimmte Zeit ein Projekt und die dazu erforderlichen Kompetenzen (Rechte) übertragen. Damit erhält er zugleich auch die Verantwortung für dieses Aufgabengebiet oder Projekt. Der große Unterschied zur Einzelanweisung liegt in der grundsätzlichen Übertragung der Aufgaben und in der Übertragung der dazu erforderlichen Kompetenzen. Damit verbunden ist eine größere Verantwortlichkeit und Selbstständigkeit bei der Aufgabenerledigung. Werden dem Mitarbeiter nicht alle erforderlichen Kompetenzen übertragen, dann wird dies als Scheindelegation bezeichnet. Wenn der Mitarbeiter immer wieder beim Vorgesetzten rückfragt und um dessen Entscheidung bittet, obwohl er ausreichende Kompetenzen hat, dann handelt es sich um eine Rückdelegation.

Eigenschaftstheorie der Führung

Nach der Eigenschaftstheorie der Führung ist der Führungserfolg abhängig von Persönlichkeitseigenschaften der Führungskraft. Führungskräfte haben bestimmte Eigenschaften, die sie von anderen unterscheiden und die ihren Führungserfolg sicherstellen. Es handelt sich dabei um stabile Persönlichkeitseigenschaften, die den Führungserfolg auch zu anderen Zeiten und auch bei anderen Gruppen und Situationen ermöglichen.

Emotionale Intelligenz

Damit bezeichnet man die Fähigkeit, „intelligent" mit den eigenen Emotionen und denen anderer Personen umgehen zu können.

Emotionen

Emotionen oder Gefühle sind Empfindungen, die sich auf der qualitativen Dimension „angenehm oder unangenehm" sowie auf der quantitativen Dimension Stärke oder Intensität der Gefühle und auf der Aktivitätsdimension (handlungsauslösend oder nicht) beschreiben lassen.

Empathie

Empathie (Einfühlungsvermögen) bedeutet zu wissen und zu fühlen, was andere fühlen und mitfühlen zu können.

Ethik

Die Ethik als eine Teildisziplin der Philosophie befasst sich mit den Normen oder Grundsätzen für das richtige, das moralische einwandfreie Verhalten.

Fehlzeiten

Fehlzeiten sind die Zeiten, in denen der Mitarbeiter wegen Krankheit, Unfall, Kur, Mutterschaft und aus persönlichen Gründen, deren Ursachen im privaten Bereich oder in der Unzufriedenheit mit der Arbeit zu finden sind, nicht seiner Arbeitspflicht nachkommt bzw. nachkommen kann.

Formale Gruppen

Formale Gruppen werden von übergeordneten Stellen bewusst geplant und eingerichtet, um bestimmte Ziele zu erreichen.

Führungsgrundsätze, Führungsrichtlinien oder Leitlinien zur Führung und Zusammenarbeit

Damit werden die vom Unternehmen schriftlich festgelegten grundsätzlichen Regelungen der Zusammenarbeit zwischen Vorgesetzten und ihren Mitarbeitern bezeichnet.

Führungskraft

Als „Führungskraft" oder „Führungsperson" werden hier Personen bezeichnet, die aufgrund der Entscheidung des Unternehmens das Recht haben, den Mitarbeitern in ihrem Verantwortungsbereich Weisungen zu geben (legitime oder formale Führer).

Führungsmodelle

In Führungsmodellen werden die verschiedenen Instrumente der Führung beschrieben, ganzheitlich aufeinander aufgebaut und miteinander verbunden, z.B. der Zusammenhang von Delegation und Kontrolle. Durch die Führungsmodelle in Unternehmen wird vorgegeben (normiert), wie die Führungskraft diese Instrumente anzuwenden hat.

Führungsstile

beschreiben die vorherrschende Art und Weise des Führungsverhaltens einer Führungskraft. Führungskräfte mit aufgaben- oder leistungsorientiertem Führungsstil sind z.B. primär daran interessiert, dass die Arbeit erfolgreich und effizient erledigt wird, während Führungskräfte mit mitarbeiterorientiertem Führungsstil auf die persönlichen Belange ihrer Mitarbeiter Rücksicht nehmen.

Gesichtswahrender Führungsstil (Self Protective Leadership)

Führungskräfte mit diesem Führungsstil sind in Bezug auf sich selbst und auf ihre Gruppenmitglieder sicherheitsorientiert. Sie achten darauf, dass ihr Gesicht, ihr Ansehen gewahrt wird.

Gleichheits- oder Gerechtigkeitstheorien (Equitytheorien)

Diese Theorien beschreiben die Wahrnehmung von Gerechtigkeit in sozialen Tauschsituationen und die Auswirkungen wahrgenommener Gerechtigkeit bzw. Ungerechtigkeit auf das Verhalten, insbesondere die Motivation.

Goodwillbeiträge

sind Leistungsbeiträge der Mitarbeiter, die über die unmittelbaren Pflichtbeiträge der Mitarbeiter hinaus in einem weiteren Begriffsverständnis von Leistung zu beachten sind. Sie werden auch als Extra-Rollenverhalten, als Organizational Citizenship Behaviour (OCB) oder als Contextual Performance bezeichnet. Goodwillbeiträge sind Leistungsbeiträge, die der Mitarbeiter freiwillig erbringen oder aber auch ohne Gefahr der Bestrafung zurückhalten kann, weil sie kein Bestandteil der arbeitsvertraglich geschuldeten Leistungspflicht sind oder weil ihre Zurückhaltung ihm nicht als Pflichtverletzung nachgewiesen oder vorgeworfen werden kann.

Gruppen

Gruppen sind zwei oder mehr Personen, die längerfristig untereinander in einer stabilen Beziehungsstruktur stehen, die gemeinsame Ziele und Interessen haben und sich auch als eine Gemeinschaft, als eine Gruppe fühlen („Wir-Gefühl").

Gruppendenken

Gruppendenken ist die Tendenz von Mitgliedern von Gruppen, sich so sehr dem Gruppendruck zu unterwerfen, dass sie nicht mehr kritisch denken und die möglicherweise korrigierenden Informationen insbesondere von Außenstehenden ignorieren.

Gruppendynamik

Gruppendynamik ist die Entwicklung und Veränderung von Rollen in der Gruppe und den Beziehungen zwischen den Gruppenmitgliedern.

Gruppenkohäsion

Die Gruppenkohäsion gibt an, wie sehr sich die Gruppenmitglieder als zusammengehörig empfinden.

Gruppennormen

Gruppennormen sind Regeln über das richtige Verhalten und Denken, die von den Mitgliedern einer Gruppe allgemein als gültige Standards angesehen werden.

Gruppenpolarisation

Gruppenpolarisation ist die Aufspaltung der Gruppe in zwei Teilgruppen, die gegensätzliche Auffassungen vertreten und sich kritisch oder sogar feindlich gegenüberstehen.

Identifikation mit dem Unternehmen

Als Identifikation mit dem Unternehmen bezeichnet man die Bereitschaft, sich als Teil des Unternehmens zu fühlen, und dessen Ziele als eigene Ziele zu übernehmen.

Impression Management (Selbstdarstellung)

Impression Management ist der Versuch einer Person, einen besonders positiven Eindruck bei anderen Personen zu erzeugen.

Informale Gruppen

Informale Gruppen bilden sich auf natürliche Art und Weise und nicht gesteuert durch die Unternehmensführung, weil bestimmte Personen gleiche Interessen haben, z. B. Interesse am gleichen Sport.

Inhaltsethik

Gegenstand der Inhaltsethik sind die ethischen Grundsätze oder Normen, nach denen wir unser Verhalten ausrichten sollen.

Innere Kündigung

Bei der inneren Kündigung verbleibt der Mitarbeiter im Unternehmen, er verringert jedoch sein Engagement, seine Leistungsbereitschaft soweit als möglich.

Interrollenkonflikt

Ein Interrollenkonflikt kann sich ergeben, wenn eine Person verschiedene Rollen wahrzunehmen hat und sich aus den Erwartungen an die verschiedenen Rollen einer Person Widersprüche ergeben.

Intersenderrollenkonflikt

Von verschiedenen Rollensendern ausgehende Erwartungen widersprechen sich.

Intrarollenkonflikt

Als Intrarollenkonflikt bezeichnet man Konflikte, die sich aus einer Rolle ergeben, wenn an diese eine Rolle widersprüchliche Erwartungen gestellt werden.

Intrasenderkonflikt

Der gleiche Rollensender sendet widersprüchliche Erwartungen an den Positionsinhaber.

Intrinsische und extrinsische Motivation

Die Form der Motivbefriedigung, die aus der Tätigkeit heraus kommt, nennt man intrinsische Motivation. Demgegenüber wird die Motivation, die durch Andere erfolgt, wie Entlohnung, Aufstieg, sicherer Arbeitsplatz, als extrinsische Motivation bezeichnet.

Job Involvement

Der Begriff Job Involvement erfasst, inwieweit sich eine Person mit ihrer Arbeit identifiziert und welche Bedeutung ihre Arbeit und ihre Leistungen bei der Arbeit für das Selbstwertgefühl der Person haben.

Kommunikation

Kommunikation ist der Prozess des Austauschens und des Verstehens von Meinungen, Bedeutungen, Ideen und Vorstellungen sowie Gefühlen zwischen mindestens zwei Personen.

komplementäre Transaktion

Beide Seiten akzeptieren die Bewusstseinszustände, in denen sie der Andere anspricht.

Konflikt

Konflikt[5] ist ein Prozess, bei dem zumindest eine Partei die subjektive Wahrnehmung hat, dass eine andere Partei ihre Interessen oder etwas anderes, was ihr wertvoll oder wichtig ist, wesentlich beeinträchtigt oder beeinträchtigen könnte.

Kontrolle oder Kontrollieren

Die Führungsfunktion „Kontrollieren" dient dazu, die Ist-Leistung des Mitarbeiters mit der vorgegebenen oder vereinbarten Soll-Leistung zu vergleichen, um feststellen zu können, inwieweit die betrieblichen Ziele erreicht werden und um gegebenenfalls Maßnahmen zur Zielerreichung rechtzeitig einleiten zu können.

---

5 Abgeleitet wird der Begriff „Konflikt" aus dem lateinischen conflictus „Zusammenstoß, Kampf oder auch das Zusammenschlagen".

Laterale Führung

Einflussnahme von Mitarbeitern auf andere Mitarbeiter ohne dafür die Weisungsbefugniss zu haben, wird als laterale Führung bezeichnet.

Leader-Member-Exchange-Theorie (LMX-Theorie)

Nach dieser Theorie werden nicht alle Gruppenmitglieder in gleicher Weise vom Gruppenführer geführt. Zu einige Gruppenmitglieder entwickelt der Vorgesetzte eine positive Beziehung, die geprägt ist von gegenseitigem Respekt, Wertschätzung und Vertrauen. Diese Gruppenmitglieder bilden die In-Gruppe oder auch Kerngruppe im Gegensatz zur Out-Gruppe.

Leistungs- oder Personalbeurteilung

Die Leistungs- oder Personalbeurteilung ist ein formalisiertes Verfahren der Beurteilung der in der Vergangenheit gezeigten Leistungen und Verhaltensweisen der Mitarbeiter in der Regel durch den unmittelbaren Vorgesetzten.

Machiavellismus[6]

Mit Machiavellismus bezeichnet man eine Persönlichkeitseigenschaft, die sich direkt auf politisches Verhalten bezieht. Personen, die diese Eigenschaft in hohem Maße aufweisen, sind sehr davon überzeugt, dass es richtig ist, andere zum Zwecke der eigenen Zielerreichung auszunutzen.

Macht

Macht ist die Fähigkeit oder das Potenzial einer Person A, das Verhalten einer Person B auch gegen deren Willen so zu beeinflussen, dass es dem Willen von A entspricht.

Management-by-Konzepte

Bei den Management-by-Konzepten handelt es sich um Empfehlungen zur Führung von Mitarbeitern, wie das Management by Objectives (MbO) oder das Management by Delegation (MbD). Im Zentrum des Führungsverhaltens soll die jeweils im Namen enthaltene Führungstechnik stehen, d. h., die Führungskraft soll beim Management durch Delegation vor allem auf eine möglichst weitgehende Delegation der Aufgaben und Kompetenzen achten.

Managementfunktionen

Zielsetzung, Planung, Organisation und Realisation sowie Kontrolle sind die klassischen Funktionen des Managements.

---

6   Nach dem italienischen Autor Niccolò Macchiavelli (1469–1527), der sich in seiner Schrift „Il Principe" (Der Fürst) mit solchen Fragen beschäftigte.

Metakommunikation

Als Metakommunikation bezeichnet man die Kommunikation über die Kommunikation.

Mikropolitik

Als Mikropolitik oder politisches Handeln in Unternehmen werden all die Handlungen in Unternehmen verstanden, die darauf abzielen, Machtpotenziale aufzubauen und einzusetzen, um eigene Interessen gegenüber den Interessen anderer durchzusetzen, um den eigenen Handlungsspielraum zu erweitern und sich fremder Kontrolle und Abhängigkeit zu entziehen.

Mitarbeiterbesprechungen

Während Mitarbeitergespräche in der Regel zwischen einem Vorgesetzten und einem Mitarbeiter stattfinden, sind Mitarbeiterbesprechungen Besprechungen des Vorgesetzten mit mehreren Mitarbeitern in formalisierter Form mit z.B. Einladung, Tagesordnung, Protokoll.

Mitarbeitergespräch

Das Mitarbeitergespräch ist ein sehr wichtiges Instrument einer wirkungsvollen Mitarbeiterführung. Es handelt sich dabei um besondere Formen der Kommunikation zwischen Führungskraft und Mitarbeiter, die über die alltägliche Kommunikation hinausgehen.

Mitteilungsgerechtigkeit oder „Interactional Justice"

Die Mitteilungsgerechtigkeit bezieht sich auf die Art und Weise, wie dem Mitarbeiter Belohnungen oder auch Nicht-Belohnungen mitgeteilt werden.

Mobbing

Mobbing findet statt, wenn eine Gruppe von Mitarbeitern einen Kollegen, das Opfer, ignoriert, bloßstellt oder verspottet, den Kollegen systematisch ausgegrenzt und nicht in die Arbeitsgruppe einbezieht oder versucht, seine Persönlichkeit und seine Privatsphäre zu verletzen.

Moderation

Bei der Moderation soll der Gruppenleiter sich aus der inhaltlichen Diskussion heraushalten. Er leitet die Diskussion im Wesentlichen durch Fragen und Zusammenfassen oder Gegenüberstellen der Aussagen der Gruppenmitglieder

Moderator, Vermittler oder Mediator

Der Moderator, Vermittler oder Mediator versucht den Betroffenen zu helfen, dass sie selbst eine Konfliktlösung finden.

Motive, Bedürfnisse und Motivation

Motive und Bedürfnisse stellen generelle Beweggründe für das Verhalten dar. Wenn diese Motive aktiviert sind, wenn eine Absicht, ein Drang entstanden ist, sich in einer bestimmten Art und Weise zu verhalten, um diese Motive zu befriedigen, dann spricht man von Motivation.

New Leadership

Unter dem Begriff „New Leadership" werden Theorien der Führung zusammengefasst, bei denen in stärkerem Maße als bei den „klassischen" Führungstheorien emotionale Aspekte beachtet werden. Neu an diesen Führungstheorien ist nicht, dass sie auf völlig neuen Ideen beruhen, sondern dass sie in den letzten Jahren aufgrund der vielfältigen Veränderungsprozesse besondere Beachtung gefunden haben.

Nichtkomplementäre (gekreuzte) Transaktionen

Sie entstehen, wenn der Gesprächspartner aus einem anderen als dem angesprochenen Ich-Zustand reagiert. Dies bedeutet, dass der reagierende Gesprächspartner nicht akzeptiert, aus welchem Ich-Zustand der Andere ihn in einem bestimmten Ich-Zustand anspricht.

Nonverbale Kommunikation

Die nonverbale Kommunikation bezieht sich auf das Übertragen von Nachrichten ohne den Gebrauch von Worten. Sie umfasst nicht nur symbolisches nichtverbales Verhalten, sondern auch die Gegenstände, Ereignisse und die räumlichen sowie zeitlichen Variablen, die von kommunikativer Bedeutung sind.

Normenkonformität

Normenkonformität ist das Ausmaß, in dem sich Personen an die Normen der Gesellschaft oder Gruppe oder anderer Institutionen halten.

Personal- oder Mitarbeiterführung

Personal- oder Mitarbeiterführung ist der Interaktionsprozess in einem Unternehmen, bei dem eine Führungskraft das Handeln, Denken und Fühlen der Mitarbeiter in ihrem Verantwortungsbereich (Arbeitsgruppe, Abteilung usw.) im Hinblick auf die gemeinsame Erreichung von Unternehmenszielen bzw. die für den Verantwortungsbereich damit zusammenhängenden Ziele zu beeinflussen und zu steuern versucht.

Persönlichkeits- oder Bewusstseinszustände oder auch Ich-Zustände

In der Transaktionsanalyse unterscheidet man folgende Persönlichkeits- oder Bewusstseinszustände oder auch Ich-Zustände, die unser Denken, Fühlen oder Handeln beeinflussen: Eltern-Ich, Erwachsenen-Ich und Kindheits-Ich.

Person-Rollen-Konflikt

Der Person-Rollen-Konflikt tritt auf, wenn die Erwartungen an eine Rolle nicht vereinbar sind mit den persönlichen Wünschen, Werten oder Fähigkeiten des Inhabers der Position.

Pflichtbeiträge

Pflichtbeiträge sind diejenigen Leistungsbeiträge, die der Mitarbeiter aufgrund des Arbeitsvertrages schuldet und deren Erfüllung bzw. Nichterfüllung kontrolliert bzw. mit einem vernünftigen Aufwand kontrolliert werden kann. Diese Pflichtbeiträge werden auch als Taskperformance oder Rollenverhalten bezeichnet.

Potenzialanalyse oder Potenzialeinschätzung

Zielsetzung der Potenzialanalyse ist es, Aussagen oder genauer Prognosen über zukünftige Leistungen und Einsatzmöglichkeiten von Mitarbeitern bei anderen Aufgaben, die in der Regel weitergehende Kompetenzen fordern, zu machen.

Prozesstheorien der Motivation

Prozesstheorien dienen dazu zu beschreiben oder zu erklären, wie Motive angeregt werden und Verhaltensabsichten entstehen oder anders ausgedrückt, wie der Prozess der Motivation abläuft.

Prozessuale Ethik

Die prozessuale Ethik befasst sich mit der Frage, wie die Normen oder Grundsätze ethisch richtigen Verhaltens zu finden bzw. zu begründen sind.

Psychologischer Vertrag

Neben den Pflichten und Rechten des „juristischen" Arbeitsvertrages wird beim Abschluss eines Arbeitsvertrages auch – manchmal bewusst, häufig aber unbewusst – ein psychologischer Vertrag geschlossen, der die nicht normierten wechselseitigen Erwartungen und Hoffnungen beinhaltet.

Risikoschub

Als Risikoschub wird das Phänomen bezeichnet, dass es bei Gruppenentscheidungen unter Risiko häufig zu riskanteren Entscheidungen kommt als wenn Einzelpersonen entscheiden.

Rollentheorie der Führung

Erwartungen, die an den Inhaber einer Position von anderen gerichtet werden, sind Gegenstand der Rollentheorie. Sie beschäftigt sich mit der Beschreibung und Analyse der Auswirkungen einer sozialen Situation auf das Verhalten des Inhabers einer Position. Ihre Anwendung auf Führungspositionen ist die Rollentheorie der Führung.

Rollenüberladung

Eine Rollenüberladung ist gegeben, wenn die Erwartungen zwar untereinander und auch mit dem Wertesystem des Rolleninhabers vereinbar (kompatibel) sind, diese Erwartungen aber quantitativ von einer Person gar nicht erfüllbar sind.

Schiedsrichter oder Schiedsgericht

Ein Schiedsrichter oder auch ein Schiedsgericht hat die Macht, über den Konflikt zu entscheiden.

Schlichter

Der Schlichter wirkt als ausgleichende, beruhigende Kraft auf informaler Basis zwischen den Parteien und versucht die Eskalation des Konflikts zu vermeiden, indem er mittels seiner guten persönlichen Beziehungen (oder seiner Neutralität) zwischen den Parteien einen Ausgleich anstrebt.

Selbstmanagement

Selbstmanagement ist das bewusste, selbstbestimmte Gestalten des eigenen Lebens.

Selbststeuerung oder Self Monitoring

Als „Selbststeuerung oder Self Monitoring" wird die Eigenschaft von Personen bezeichnet, sich in verschiedenen Situationen gleich oder aber unterschiedlich zu verhalten und anzupassen. So gibt es Personen, die sich in hohem Maße in verschiedenen Situationen gleich verhalten, während es andere Personen gibt, die ihr Verhalten in beträchtlichem Ausmaß nach der Situation ausrichten und deshalb nicht diese Konsistenz des Verhaltens aufweisen.

Selbstvertrauen (hoher Locus of Internal Control) und Selbstwirksamkeit

Im Selbstvertrauen drückt sich das Gefühl von Personen aus, dass ihre Fähigkeiten und Fertigkeiten sie in die Lage versetzen, alle oder fast alle Probleme bewältigen zu können.

Hohe Selbstwirksamkeit (Self-Efficacy) als eine ähnliche Eigenschaft wie Selbstvertrauen drückt sich darin aus, dass Personen davon überzeugt sind, dass sie grundsätzlich in der Lage sind, vielfältige und unterschiedliche Aufgaben zu bewältigen und nicht nur bestimmte Aufgaben, die sie gelernt haben.

Situationstheorien der Führung

Situationstheorien der Führung gehen davon aus, dass die Effizienz der Führung nicht nur von der Persönlichkeit und dem Verhalten der Führungskraft, sondern auch von der Führungssituation abhängt. Grundannahme ist, dass es keinen für alle Führungssituationen identischen Führungsstil mit hohem Führungserfolg gibt, sondern dass für jede Führungssituation ein spezifischer Führungsstil erforderlich ist.

Soziale Kompetenz

Die Fähigkeit, effektiv mit anderen Personen umgehen oder interagieren zu können.

Sozialer Status

Sozialer Status ist die relative soziale Position oder der Rang, der einer Gruppe oder Gruppenmitgliedern durch andere zugemessen wird. Der formale Status entsteht durch die hierarchischen Unterschiede, während sich der informale Status auf Grund von Kriterien ergibt, die nicht durch die Organisation vorgegeben werden. Dies kann z. B. durch besondere Erfahrungen, Fähigkeiten oder Expertenwissen von einzelnen Gruppenmitgliedern der Fall sein.

Soziogramm

Das Soziogramm ist die grafische Veranschaulichung von Beziehungen in einer Gruppe.

Soziometrie

Die Soziometrie ist ein Messverfahren zur Ermittlung von Beziehungen, z. B. Beliebtheitsbeziehungen, in Gruppen.

TALK-Modell der Kommunikation

Das Wort TALK dient als Gedächtnisstütze für die vier Seiten einer Nachricht, der Tatsachenaussage oder auch Sachinformation, dem Ausdrucks- oder Selbstoffenbarungsaspekt, dem Lenkungs- oder Appellaspekt und dem Kontakt- oder Beziehungsaspekt.

Team

Der Begriff wird häufig als Synonym für Gruppe verwendet. Manchmal werden damit auch Gruppen mit einem besonders ausgeprägten Wir-Gefühl bezeichnet.

Themenzentrierte Interaktion

Bei der Themenzentrierten Interaktion wird versucht, durch die Beachtung von bestimmten Regeln Bedürfnisse des Einzelnen und der Gruppe sowie das Ziel oder Thema der Gruppe angemessen zu berücksichtigen und auszubalancieren.

Theorie der kognitiven Dissonanz

Die Theorie der kognitiven Dissonanz beschreibt, wie Menschen mit widersprüchlichen Wahrnehmungen umgehen.

Transaktion

Wenn zwei Menschen sich durch Worte oder Körpersignale ansprechen, dann handelt es sich nach der Transaktionsanalyse um eine Transaktion.

Transaktionsanalyse

Die Transaktionsanalyse nach Berne ist eine auf der Basis der Psychoanalyse von Freud entwickelte Verbindung von Kommunikations- und Persönlichkeitstheorie, mit deren Hilfe die Ursache von Problemen in der Kommunikation und im Zusammenleben mit Anderen untersucht, Ursachen für diese Probleme entdeckt und Lösungsansätze entwickelt werden sollen.

Unerwünschte Verhaltensweisen

Unerwünschte Verhaltensweisen sind Verhaltensweisen, die zulässig sind, die aber negative Konsequenzen für den Erfolg des Unternehmens haben, wie z.B. wenn gute Mitarbeiter kündigen.

Unternehmenskultur

Als Unternehmenskultur bezeichnet man spezifische Denkmuster, Wertvorstellungen, Einstellungen und Verhaltensweisen, die den Mitarbeitern eines Unternehmens gemeinsam sind, die von ihnen geteilt werden.

Unternehmerisches Mitarbeiterverhalten

Unternehmerisches Mitarbeiterverhalten drückt sich darin aus, dass die Mitarbeiter selbstständig Erfolgschancen in ihrem Arbeitsbereich wahrnehmen, auf eigene Verantwortung tätig werden und Initiative ergreifen, um Chancen für das Unternehmen zu nutzen.

Verbale Kommunikation

Bei der verbalen Kommunikation handelt es sich um den Austausch von Mitteilungen oder Bedeutungen mittels Worten in geschriebener oder gesprochener Form.

Verdeckte oder Duplex-Transaktionen

Bei verdeckten oder Duplex-Transaktionen unterscheidet sich das, was gesagt wird von dem, was tatsächlich gemeint ist.

Verfahrensgerechtigkeit

Bei der Verfahrensgerechtigkeit geht es darum, ob das Verfahren, das zur Verteilung von Belohnungen führt, als gerecht empfunden wird.

Verhaltenstheorie der Führung oder Führungsstilforschung

Die Verhaltenstheorien der Führung basieren auf der Annahme, dass der Führungserfolg vom Führungsstil, vom Führungsverhalten der Führung abhängt. Situative Bedingungen wie Arbeitssituation oder Merkmale der Mitarbeiter werden nicht berücksichtigt.

Verteilungsgerechtigkeit

Die Verteilungsgerechtigkeit bezieht sich auf das Ergebnis einer Verteilung.

Zeitmanagement

Während das Selbstmanagement eher strategischen Charakter hat, handelt es sich beim Zeitmanagement um taktische, operative Maßnahmen. Ausgehend vom Selbstmanagement gilt es, die einzelnen Zeitblöcke sinnvoll zu nutzen.

Zielvorgabe und Zielvereinbarung

Bei der Zielvorgabe legt der Vorgesetzte die Ziele für den Mitarbeiter fest, ohne den Mitarbeiter bei der Bestimmung der Ziele zu beteiligen. Bei einer Zielvereinbarung besprechen Vorgesetzter und Mitarbeiter die Ziele und versuchen gemeinsam, die Ziele zu bestimmen.

9 Lösungsvorschläge

9.1 Lösungsvorschläge zu Kapitel 1: Ziele der Personalführung und Prozess der Mitarbeitermotivation

Lösungsvorschläge zu den Wiederholungs- und Diskussionsfragen

ad 1) Es handelt sich um einen Prozess, weil Führung nie abgeschlossen oder beendet ist. Führung muss immer wieder neu erbracht werden. Ein weiterer Aspekt des Prozessgedankens ist, dass die Wirkung des Führungsverhaltens von heute dadurch beeinflusst wird, wie die Führungskraft in der Vergangenheit geführt hat: Das Führungsverhalten von heute wirkt über den Tag hinaus.

ad 2) Manipulation ist eine Einflussnahme, die versteckt erfolgt. Bei Manipulation geht es darum, den Anderen durch Täuschung im Hinblick auf eigene, egoistische Ziele zu beeinflussen, indem diese Einflussnahme und ihre Zielsetzung in versteckter Form erfolgen, sodass der Andere sich dessen nicht bewusst ist. Auch bei Führung handelt es sich um eine Einflussnahme. Sie sollte aber nicht manipulativ sein, sondern offen und im Hinblick auf die gemeinsame Zielsetzung beitragen, die Ziele des Unternehmens und des Mitarbeiters zu erreichen.

ad 3) Der Lebensversicherungsmathematiker kann zwar eine wichtige Funktion für den Unternehmenserfolg haben und deshalb auch Leitender Angestellter sein, wenn ihm allerdings keine Mitarbeiter direkt unterstellt sind, dann handelt es sich bei ihm nicht um eine Führungskraft.

ad 4)

- *„Früh- und rechtzeitige Einladung zu Besprechungen durch den direkten Vorgesetzten:"*

  Wenn dies nicht erfolgt, wird man der Führungskraft nicht vorwerfen können, dass sie ihre Pflicht nicht erfüllt. Wenn sie es aber tut, dann können sich die Mitarbeiter besser darauf vorbereiten.

- *„Weitergabe einer Störungsmeldung aus einem Bereich, der nicht in den Verantwortungsbereich des Mitarbeiters fällt."*

  Zunächst ist es nicht seine unmittelbare Aufgabe. Allerdings ist der Mitarbeiter aufgrund des Arbeitsvertrages verpflichtet, Schäden von seinem Arbeitgeber abzuwenden. Es handelt sich somit um eine arbeitsvertragliche, generelle Pflicht. Fraglich ist jedoch, ob es dem Mitarbeiter als Pflichtverletzung nachgewiesen werden kann. Wenn dies nicht der Fall ist, dann handelt es sich um einen Goodwillbeitrag.

- *„Gewissenhafte und motivierte Übernahme der Vertretung eines Kollegen, der auf einer Schulung ist."*

  Auch dabei kann es sich um eine arbeitsvertragliche Pflicht handeln. Es wird aber dem Mitarbeiter häufig kaum nachweisbar sein, wenn er diese Aufgaben nicht so sorgfältig macht. In diesem Fall handelt es auch hierbei dann um einen Goodwillbeitrag.

Lösungsvorschläge zur Fallstudie

ad 1) Einen hohen, zentralen Stellenwert nimmt für Fischer das Motiv „Anerkennung und Wertschätzung" ein. Weitere schwächere Indizien könnten auf folgende Motive hinweisen: Sein fachliches Interesse könnte als Hinweis gewertet werden, dass er auch durch das Motiv „Neugierde, Wissbegierde" geprägt ist. Da er kooperativ und hilfsbereit war, könnte dies als ein Anzeichen für das Motiv „soziale Kontakte und Zugehörigkeit" gewertet werden. Ob er leistungsmotiviert ist oder nicht, ist nicht klar ersichtlich. Zwar erbringt er als Steuerreferent hohe Leistungen, dies kann aber auch der Fall sein, weil er eine Stelle mit hoher Anerkennung und Wertschätzung erreichen will.

ad 2) Nach der Erwartungswerttheorie ist Motivation zur Durchführung einer Handlung („Wollen") eine Funktion von Motivausprägung × Anreizwirkung × Erfolgswahrscheinlichkeit der Handlung. Fischer war sich sehr sicher, dass nur er Leiter der Steuerabteilung werden kann (hohe Erfolgwahrscheinlichkeit). Er sieht auch die Stellung des Abteilungsleiters und Prokuristen „Steuern" als gut geeignet (hohe Anreizwirkung), das für ihn so wichtige Motiv „Anerkennung und Wertschätzung" (Motivausprägung) befriedigen zu können. Damit weisen alle drei Variablen einen hohen Wert auf. Fischer war außerordentlich hoch motiviert, diese Stelle zu erhalten.

ad 3) Fischer führt seinen Misserfolg auf die falsche Einschätzung der Bedeutung akademischer Qualifikation, die er nicht aufzuweisen hat, durch seinen Vorgesetzten zurück. Dies könnte nach dem Modell der Kausalattribuierung von Erfolg und Misserfolg vordergründig als „mangelnde Fähigkeiten" interpretiert werden. Da Fischer selbst aber davon ausgeht, dass er sehr wohl ausreichende Fähigkeiten hat, trifft diese Zuordnung nicht zu. Er scheint statt dessen der Ansicht zu sein, dass man von ihm – in diesem Alter – Unmögliches verlangt, nämlich plötzlich den Nachweis einer akademischen Ausbildung. Er sieht es als eine willkürliche, zu schwere Anforderung bzw. Aufgabe an, zu verlangen, dass der Leiter der Steuerabteilung studiert haben muss. Dies könnte dann als eine „zu schwere Aufgabe" interpretiert werden. Diese Zuschreibung nach dem Typ misserfolgsängstlicher Personen führt nicht zu einer erhöhten Anstrengung und verstärktem Willen, es nach dem Misserfolg noch mal mit „noch mehr Anstrengung" zu versuchen.

ad 4) Fischer fühlt sich sehr ungerecht behandelt, sowohl hinsichtlich der Verteilungs- als auch der Mitteilungsgerechtigkeit. Fischer vergleicht sich mit dem neuen Abteilungsleiter Nordermann. Während er Fischer als Input langjährige Erfahrung, Einsatz und Loyalität eingebracht hat, hat Nordermann nur sein Studium und überschaubare Berufserfahrung als Input aufzuweisen. Trotzdem hat Nordermann den größeren Ertrag oder Outcome erhalten, nämlich die höhere Stellung als Abteilungsleiter „Steuern" und er, Fischer, nur die Gruppenleitung „Betriebliche Altersversorgung". Damit ist nach der Wahrnehmung von Fischer sein Input/Outcome-Verhältnis weitaus schlechter als das von Nordermann. Ebenfalls war die Art und Weise der Mitteilung sehr fragwürdig und unsensibel insbesondere gegenüber einem Mitarbeiter, der sich viele Jahre derartig engagiert und erfolgreich eingesetzt hatte.

ad 5) Während Fischer früher nicht nur seine Pflichtbeiträge, sondern in hohem Maße auch Goodwillbeiträge erbrachte, reduziert sich nun seine Arbeitsleistung auf die Pflichtbeiträge. Fischer zeigt typische Symptome innerer Kündigung, wie geringeres Engagement, weniger Einwände und konstruktive Vorschläge. Er geht sogar andeutungsweise so weit, seine Kollegen gegenüber dem Unternehmen negativ zu beeinflussen. Sein Commitment zum Unternehmen ist nicht mehr gegeben. Aufgrund seines Alters sieht Fischer keine Chance, das Unternehmen zu verlassen. Er versucht nun die von ihm wahrgenommene Ungerechtigkeit zu reduzieren, indem er sein Commitment zum Unternehmen aufgibt und indem er seinen Arbeitseinsatz verringert. Diese Reaktion ist zwar nicht zwangsläufig, aber aufgrund der dargestellten Gegebenheiten durchaus wahrscheinlich.

9.2 Lösungsvorschläge zu Kapitel 2: Theorien der Führung und des Führungserfolges

Lösungsvorschläge zu den Wiederholungs- und Diskussionsfragen

ad 1) Die Eigenschaftstheorie zeigte die Bedeutung von Eigenschaften der Persönlichkeit der Führungskraft für den Führungserfolg auf. Es wurde aufgrund dieses Ansatzes eine Vielzahl von Persönlichkeitseigenschaften entdeckt, die hilfreich für den Führungserfolg sind. Allerdings sind diese Eigenschaften nicht nur bei Führungskräften zu finden und manche Führungskräfte haben viele der Eigenschaften nicht, die generell als wichtig für den Führungserfolg herausgefunden worden waren. Insgesamt hat sich der grundlegende Ansatz der Eigenschaftstheorie, nur die Eigenschaften der Führungskraft als Einflussfaktor auf den Führungserfolg anzusehen und von Aspekten der Situation und Merkmalen der Mitarbeiter zu abstrahieren, als zu eng erwiesen.

ad 2) Als grundlegende Dimensionen des Führungsverhaltens wurden bei der Führungsstilforschung die drei Dimensionen Mitarbeiterorientierung, Leistungs- oder Aufgabenorientierung und Partizipationsgrad entdeckt.

ad 3) Bei beiden Ansätzen wird die Rolle und Vorgehensweise von Führungskräften bei grundlegenden Veränderungsprozessen hervorgehoben und aufgezeigt. Während jedoch die charismatische Führung auf die Person des Führenden und dessen Ziele konzentriert ist, geht es bei der transformativen Führung vor allem darum, Ziele der Gemeinschaft zu erreichen. Bei der charismatischen Führung steht die Führungskraft im Mittelpunkt. Sie wird bewundert und manchmal sogar verehrt. Die Identifikation erfolgt mit der Führungskraft und nicht wie bei der transformativen Führung mit dem Unternehmen. Aufgrund dieser Aspekte ist die Gefahr groß, dass bei der charismatischen Führung die Geführten unselbstständig und von der Führungskraft abhängig werden. Bei der transformativen Führung wird demgegenüber versucht, die Mitarbeiter zu größerer Kompetenz und Selbstständigkeit zu entwickeln, indem z.B. ihr Aufgabengebiet erweitert wird und sie auch mehr Macht und Entscheidungsrechte erhalten.

ad 4) Nach der Eigenschaftstheorie der Führung haben Führungskräfte mit bestimmten Eigenschaften Führungserfolg, unabhängig von der Situation und den Mitarbeitern. Dies dürfte bei charismatischen Führungskräften nicht immer der Fall sein. So dürfte Charisma, die „Ausstrahlung einer Person auf andere", z. B. kulturell geprägt sein. Es ist zu vermuten, dass z. B. viele Politiker, die in ihrer Wirkung in ihrem Land als charismatisch einzuschätzen sind, mit großer Wahrscheinlichkeit in anderen Kulturkreisen keine Resonanz finden würden, wie z. B. der Ägypter Nasser oder der Kubaner Fidel Castro in Finnland. Es scheint auch, dass charismatische Führungspersönlichkeiten vor allem in Krisenzeiten und Zeiten hohen Wandels Führungserfolg haben. Da der Führungserfolg von charismatischen Führungskräften somit vermutlich auch abhängt von der kulturellen Herkunft ihrer Mitarbeiter und der besonderen Führungssituation, ist sie keine Bestätigung der Eigenschaftstheorie der Führung.

ad 5) Emotionale Intelligenz ist die Fähigkeit, „intelligent" mit den eigenen Emotionen (Gefühlen) und denen anderer Personen umgehen zu können. Für alle Führungsstile, die im Zusammenhang mit der emotionalen Intelligenz untersucht worden sind, muss die Führungskraft bestimmte Elemente emotionaler Intelligenz aufweisen, damit sie erfolgreich diese Führungsstile praktizieren kann. Je nach Führungsstil kann es sich um unterschiedliche Aspekte emotionaler Intelligenz handeln, wie z. B. Selbstvertrauen bei autoritärem Führungsstil und Empathie beim mitarbeiterorientierten Führungsstil.

Lösungsvorschläge zur Fallstudie

ad 1) Die Eigenschaftstheorie ist bei Herrn Strom anwendbar: hohe internale Kontrolle: Herr Strom hat ein hohes, aber keineswegs überhebliches Vertrauen in seine Fähigkeit, auch schwierige Probleme lösen zu können. Sein aufmunternder Spruch ist: *„Wo es ein Problem gibt, gibt es auch eine Lösung!"* Dieses Vertrauen hat Herr Strom auch gegenüber den Fähigkeiten seiner Mitarbeiter. Ähnlich auch bei Frau Liebig.

Rollentheorie: Es gibt eine Vielzahl von Aspekten mit Bezug zur Rollentheorie in diesem Fall, wie z. B. die folgenden: Erwartungen an die Führungskraft sind z. T. explizit genannt, z. T. indirekt als Kritik am Verhalten von Führungskräften. Die Mitarbeiter in der Wartung erwarten von ihrem Abteilungsleiter, dass er ihnen vertraut, ihnen einen großen Spielraum bei der Erledigung ihrer Aufgaben lässt, wie Herr Strom. In seiner Wahrnehmung der Erwartungen an ihn geht der Nachfolger von Herrn Strom, Herr Strebig, davon aus, dass er mit den konfliktären Erwartungen von Herrn Oberleitner und den Wartungsmitarbeitern zu rechnen hat. Es handelt sich um einen Konflikt, der in der Rolle der Führungskraft begründet ist (Intrarollenkonflikt: Unterschiedliche Erwartungen an eine Führungskraft vonseiten ihres Vorgesetzten und ihrer Mitarbeiter). Weitere Erwartungen an die Führungskraft kann man aus der positiven Wertung von Frau Liebig ableiten, dass die Mitarbeiter an ihr die Mischung schätzen von fürsorglichem Elternteil, Leistung betonendem Coach und Experten für Produktionsprozesse. Die Erwartung, dass Führungskräfte auch auf die Bedürfnisse ihrer Mitarbeiter Rücksicht nehmen sollen, wird indirekt in Form der Kritik an Gnau bestätigt: *„In den Pausen beklagen sich die Mitarbeiter in dieser Schicht oft über die Monotonie ihrer Arbeit und dass Herr Gnau kein Verständnis für ihre belastende Arbeitssituation hat."*

ad 2)

Abteilung	Aufgabenstruktur	Mitarbeiterstruktur	Empfohlenes Führungsverhalten gemäß Weg-Ziel-Theorie	Praktiziertes Führungsverhalten
Schicht 1 Gnau	Genau bestimmt (Fließband) sehr genau strukturiert, keine Handlungsspielräume.	Keine direkten Angaben	Unterstützend, auf keinen Fall direktiv	Direktiv → dies erklärt die geringere Leistung und Zufriedenheit im Vergleich zu Frau Liebig
Schicht 2 Liebig	Wie Schicht 1	Keine direkten Angaben	Mitarbeiterorientiert	Mitarbeiterorientiert
Wartung	Komplex, wenig strukturiert, viele Handlungsspielräume	Sehr erfahren, hohe internale Selbstkontrolle	Partizipativ, auf keinen Fall direktiv	Strom: partizipativ Streng: Direktiv → aufgrund der Weg-Ziel-Theorie sind beim Führungsstil von Herrn Streng erhebliche Probleme mit den Mitarbeitern und ein Rückgang der Leistung und Zufriedenheit zu erwarten.

9.3   Lösungsvorschläge zu Kapitel 3: Führungskommunikation

Lösungsvorschläge zu den Wiederholungs- und Diskussionsfragen

ad 1) Bei Selbstgesprächen handelt es sich nicht um Kommunikation, da als Kommunikation in diesem Buch der Prozess des Austauschens und des Verstehens von Meinungen, Bedeutungen, Ideen und Vorstellungen sowie Gefühlen zwischen mindestens zwei Personen verstanden wird.

ad 2) Da beim autoritären Führungsstil den Mitarbeitern z.T. detailliert gesagt wird, was sie zu tun haben und da bei diesem Führungsstil dann auch häufig eher kritisiert als anerkannt wird, wird bei diesem Führungsstil häufig aus dem kritischen Eltern-Ich kommuniziert.

ad 3) Die Tatsachenaussage ist, dass der Vorgesetzte die schnelle Fertigstellung des Prospekts wünscht. Durch die Wortwahl drückt er aus, dass er keine Geduld mehr hat, länger auf die Fertigstellung zu warten, dass er verärgert ist, dass der Prospekt noch nicht fertig ist (Ausdruck, Selbstoffenbarung). Er teilt dem Mitarbeiter mit, dass er schnellstens den Prospekt erstellen soll (Lenkung). Er schätzt auch den Mitarbeiter als nicht sehr leistungsfähig und schnell arbeitend ein (Kontakt- oder Beziehungsaspekt).

ad 4) Frauen überprüfen in Gesprächen eher als Männer, ob die Beziehung intakt ist, während Männer Wert auf Unabhängigkeit und Status legen. Sie überprüfen deshalb bei Gesprächen häufiger als Frauen, ob der Status zwischen den Gesprächspartnern ihren Vorstellungen entspricht. Im Regelfall stellen Männer seltener als Frauen Fragen, denn ihrer Ansicht nach beweist das Stellen von Fragen Unwissenheit und mangelnde Kompetenz. Frauen hingegen sehen Fragen als Ausdruck von Interesse, Anteilnahme und Neugier in Bezug auf die andere Person.

Ad 5) Bei Führungsgesprächen handelt es sich um eine besondere Form der Kommunikation zwischen Führungskraft und Mitarbeiter, die über die alltägliche Kommunikation hinausgeht. Sie weisen folgende Merkmale auf:

- Es handelt sich in der Regel um besonders wichtige Anlässe und Themen, z. B. die Vereinbarung von Jahreszielen.
- Sie sind häufig institutionalisiert und formalisiert.
- Sie finden üblicherweise zwischen dem direkten Vorgesetzten und dem Mitarbeiter statt.
- Mitarbeitergespräche sind im Regelfall auch sogenannte Vieraugengespräche.

Lösungsvorschläge zur Fallstudie

ad 1) Auf der Sachebene wird darüber gesprochen, dass die Präsentation formal korrekt ausgearbeitet und durchgeführt wird. Auf der Beziehungsebene geht es um die Gefühle der Beteiligten. Herr Sorge hat Angst, dass Herr Baum durch eine nicht ausgewogene Darstellung die Geschäftsleitung verärgert und dass dies auf ihn zurückfällt. Herr Baum sieht sich durch den Auftrag direkt von einem Geschäftsführer unter Umgehung seines direkten Vorgesetzten gestärkt und aufgewertet. Er möchte sich deshalb von Herrn Baum nicht in seine Präsentation hineinreden lassen. Herr Sorge möchte weiterhin Kontrolle über Herrn Baum ausüben; Herr Baum wiederum möchte sich der Kontrolle durch Herrn Sorge entziehen.

ad 2) Die Transaktion (3) erfolgt aus dem kritischen, kontrollierendem Eltern-Ich. Bei der Antwort (4) ist trotz des „Ja" Widerstand zu erkennen. Herr Baum drückt deutlich aus, dass er nicht will, dass Sorge sich seine Ausarbeitung anschaut *(„wenn Sie Wert darauf legen")* und er verweist darauf, dass der Auftrag der Geschäftsleitung ausdrücklich dahin geht, dass Wert auf neue Ideen gelegt wird und dass er seine Ansichten offen und frei äußern soll. Im Auftrag, der direkt von der Geschäftsleitung kommt, ist außerdem nicht vorgesehen, dass er seine Präsentation mit Sorge abzusprechen habe. Baum argumentiert in Bezug auf Normen und Vorstellungen der Geschäftsleitung und weist damit in gewisser Weise seinen Vorgesetzten zurecht. Bei dieser Auffassung handelt es sich um eine Transaktion von Baum aus dem kritischen Eltern-Ich an das angepasste Kindheits-Ich von Sorge, der sich den Wünschen und Vorgaben der übergeordneten Instanz beugen soll. Unter Umständen könnte man auch die Reaktion von Baum als eine Reaktion aus dem rebellischen Kindheits-Ich deuten, wenn man in der Aussage vor allem die Durchsetzung des eigenen Willens als wesentliches Element ansieht.
In jedem Fall handelt es sich um eine nichtkomplementäre Transaktion.

ad 3) Sachaussage: Er weiß, wie wichtig die Beachtung der Formalien ist. Selbstoffenbarung: Ich fühle mich dazu in der Lage. Ich bin kein unfähiger Mitarbeiter, der dazu ihre Hilfe braucht. Lenkung: Versuchen Sie bitte nicht, mir in meinen Vortrag hineinzureden. Kontakt oder Beziehungsaspekt: Distanz.

ad 4) Bei dieser Form der Lenkung wird mit sogenannten Man-Botschaften gesteuert. Eine authentischere Lenkung wäre, wenn Sorge mit einer Ich-Botschaft seine Befürchtungen ausdrücken und zugleich auch selbstverantwortlich argumentieren würde.

9.4   Lösungsvorschläge für Kapitel 4: Führungsfunktionen und Führungsinstrumente

Lösungsvorschläge zu den Wiederholungs- und Diskussionsfragen

ad 1) Wichtig ist es, den Mitarbeitern zu vermitteln, dass Kontrollen nicht primär ein Instrument zur Fehlersuche, sondern vor allem ein Instrument zum Feststellen und zum Fördern von guten Leistungen darstellen (Sinn von Kontrollen) und ihnen zu verdeutlichen, dass sie ein normaler Bestandteil des Arbeitslebens und nicht als Ausdruck persönlichen Misstrauens wahrzunehmen sind. Im Einzelnen sind dabei folgende Maßnahmen durchzuführen:

- Die Kontrollen und die Art ihrer Durchführung sollten vorher erläutert und begründet werden.

- Es sollten nur die wirklich wichtigen, notwendigen Kontrollen und diese dann konsequent durchgeführt werden.

- Die Kontrollen sollten aus einer sachlichen Grundhaltung durchgeführt werden.

- Die Kontrollen sollten unabhängig von der Person des Mitarbeiters gleich durchgeführt werden. Abweichungen vom Gleichbehandlungsgrundsatz sollten nur in begründeten Fällen, wie Einarbeitung oder bei besonderer Fehlerhäufigkeit erfolgen.

- Nur in besonderen Fällen, wie z.B. kriminellen Handlungen, kann es sinnvoll sein, die Kontrolle in Abwesenheit der kontrollierten Person durchzuführen. Ansonsten sollten Kontrollen grundsätzlich nur in Anwesenheit der kontrollierten Person erfolgen.

ad 2) Bestätigungen drücken aus, dass die Leistungen des Mitarbeiters den Soll-Vorstellungen entsprechen. Dem Mitarbeiter wird durch Bestätigungen mitgeteilt, dass er auf dem richtigen Weg ist. Bei einer normalen, ordentlichen Leistung ist die Bestätigung die angemessene Reaktion. Wenn allerdings Mitarbeiter eine herausragende Leistung erbracht haben, dann sollten ihnen Anerkennung und Lob ausgesprochen werden. Die Führungskraft sollte nicht den Menschen, sondern das Verhalten, die Leistung anerkennen. Maßstab für Anerkennung und Lob ist die individuelle Leistungsfähigkeit des jeweiligen Mitarbeiters. Es sollte sehr schnell, wenngleich nicht unüberlegt bestätigt oder gelobt werden. Das Lob sollte nicht dazu missbraucht werden, um z.B. jemandem eine unangenehme Aufgabe zu übertragen. Es ist auch wichtig, das Lob von anderen, z.B. nächsthöherem Vorgesetzten oder Kunden, an die Mitarbeiter weiterzugeben.

ad 3) Bei der Darstellung des Prozessmodells der Mitarbeitermotivation wurde erläutert, dass die Deutung und Interpretation der Ursachen von Erfolg oder Misserfolg von Handlungen in hohem Maße die Motivation bestimmt, diese Handlung wieder auszuführen. Diese Deutung vollbringt zunächst der Mitarbeiter selbst. Durch die bewertende Rückmeldung des Vorgesetzten erhält er aber auch die Deutung seines Erfolges oder Misserfolges aus der Sicht seines Vorgesetzten und damit indirekt des Unternehmens. Durch die bewertenden Rückmeldungen kann der Vorgesetzte Einfluss nehmen, welche Ursachen der Mitarbeiter für den Erfolg oder Misserfolg verantwortlich macht. Um eine möglichst hohe Motivation der Mitarbeiter sicherzustellen, sollte der Vorgesetzte den Mitarbeiter unterstützen, dass er den Erfolg oder Misserfolg auf Faktoren zurückführt, die der Mitarbeiter beeinflussen kann.

ad 4)

Funktion	Führungsinstrumente
Mitarbeiter steuern	z. B. Zielvorgabe, Zielvereinbarung, Anweisung, Einzelaufträge, Beratungsgespräche, Mitarbeitergespräche oder Meetings.
Mitarbeiter kontrollieren	Selbstkontrolle, Fremdkontrolle, Kontrolle durch Personen, Kontrolle durch technische Einrichtungen, Stichprobenkontrolle oder fallweise Kontrolle, fortlaufende oder permanente Kontrolle, Ergebniskontrolle: Ablauf- oder Verfahrenskontrolle.
Bewertende Rückmeldungen geben	Gespräche oder schriftliche Mitteilungen zur Bestätigung, zum Loben und zur Anerkennung des Verhaltens sowie Kritik- und Korrekturgespräche.

ad 5) Im Zentrum des Führungsverhaltens soll beim Management by Delegation die Führungskraft vor allem auf eine möglichst weitgehende Delegation der Aufgaben und Kompetenzen achten. Wenn Delegation als Führungsinstrument verstanden wird, ist Delegation eines von vielen Instrumenten, das je nach Eignung eingesetzt werden sollte.

Lösungsvorschläge zur Fallstudie

ad 1) Bei einer Delegation ist zunächst zu prüfen, ob *die Aufgabe delegierbar* ist: Diese Aufgabe weist einige Merkmale auf, die sie als nicht delegierbar für Nichtführungskräfte macht: Es ist eine Aufgabe von hoher Tragweite und mit hohem Risikoanteil, es handelt sich um einen außergewöhnlichen Sonderfall sowie um eine akute, eilige Aufgabe, die keine Zeit für Erklärungen zulässt sowie um eine streng vertrauliche Angelegenheit. Dies zeigt, dass es sich um eine nicht einfach delegierbare Aufgabe handelt. Als Führungskraft wäre Herr Müller grundsätzlich geeignet. Es muss aber geprüft werden, ob die Führungskraft die dazu erforderlichen Erfahrungen und Kompetenzen aufweist.

Zweitens ist zu prüfen: *Ist der Mitarbeiter grundsätzlich für die Aufgabe geeignet? Passt die Delegation zur Weiterentwicklung des Mitarbeiters, zu seinen Stärken und Interessen? Lässt sein Aufgabenumfang die Delegation weiterer Aufgaben zu? Falls nicht, ist es sinnvoll, sein Aufgabengebiet zu ändern, damit er die neuen Aufgaben übernehmen kann?* All diese Fragen sind zu verneinen. Herr Müller ist aufgrund seiner Persönlichkeit nicht zur Übernahme solcher Aufgaben geeignet und es ist auch nicht wahrscheinlich, dass man ihn dazu entwickeln kann, vor allem nicht in so kurzer Zeit. Selbst wenn Herr Müller zur Übernahme dieser Aufgabe geeignet wäre, werden von Herrn Schmidt weitere Fehler gemacht: *Es unterbleibt sowohl eine vernünftige Einweisung als auch eine angesichts des Kenntnisstandes von Müller angemessene Unterstützung, Beratung und Kontrolle.* Zusammenfassend: Es erfolgt eine völlig falsche Delegation.

ad 2) Die Art und Weise der Kontrolle sollte vorher abgesprochen werden. Eine heimliche Kontrolle ist nur in außergewöhnlichen Situationen, z.B. bei Verdacht auf kriminelle Handlungen, sinnvoll. Dies ist hier nicht gegeben. Die Vorgehensweise von Herrn Schmidt ist deshalb nicht angemessen.

9.5   Lösungsvorschläge für Kapitel 5: Macht, Politik und Konfliktmanagement

Lösungsvorschläge zu den Wiederholungs- und Diskussionsfragen

Ad 1) Macht ist die Fähigkeit oder das Potenzial einer Person A, das Verhalten einer Person B auch gegen deren Willen so zu beeinflussen, dass es dem Willen von A entspricht. Sowohl Macht als auch Führung sind Formen des sozialen Einflusses, der Änderung des Verhaltens von Personen und Gruppen durch andere Personen. Während bei Führung eine gewisse Übereinstimmung der Ziele von A und B gegeben sein muss, ist dies bei Macht nicht erforderlich, da aufgrund von Macht die Beeinflussung auch gegen den Willen des anderen erfolgen kann. Weiterhin erfolgt Führung durch aktive Einflussnahme von oben nach unten. Macht als ein Potenzial, das auch dann wirkt, wenn es nicht ausgeübt wird, kann auch von unten nach oben gegeben sein.

Ad 2) Als Mikropolitik werden all die Verhaltensweisen in Unternehmen bezeichnet, die darauf abzielen, eigene Machtpotenziale zu sichern, zu erweitern oder einzusetzen, um eigenen Interessen gegenüber den Interessen anderer oder sogar des Unternehmens insgesamt durchzusetzen.

Ad 3) Mikropolitik ist mitbegründet in dem Ehrgeiz und dem Streben nach Macht und Einfluss, die wiederum wesentliche motivationale Quellen für die menschliche Entwicklung sowie die Gestaltung der Umwelt durch den Menschen darstellen. Da wertvolle Ressourcen immer knapp sind, sind Auseinandersetzungen über die Verteilung der Ressourcen und damit auch über Benachteiligungen und Bevorzugungen unvermeidlich. Nur wenn die Menschen in Organisationen keine Interessen, Motive und Wünsche hätten und wenn es eindeutige, klare und völlig objektive Entscheidungsregeln nach dem Modell des Homo oeconomicus gäbe, dann gäbe es keine Konflikte über die Verteilung der Ressourcen. Es gäbe dann allerdings auch keine Motivation zur Arbeit und zum Verbleib bzw. zum Beitritt in das Unternehmen.

Ad 4) Zwang heißt, mit erheblichem Einsatz Entscheidungen gegen den Willen einer anderen Person durchsetzen. Für die andere Person ist dies eine erhebliche Belastung, die Einfluss haben kann auf ihre Bereitschaft, im Unternehmen zu verbleiben, sich mit dem Unternehmen verbunden zu fühlen und Goodwillbeiträge zu erbringen.

Ad 5) Führung von unten wird durch den Begriff der Führung in diesem Buch nicht mit abgedeckt, da in Kapitel 1 Führung wie folgt definiert ist: *„Personal- oder Mitarbeiterführung ist der Interaktionsprozess in einem Unternehmen, bei dem eine Führungskraft das Handeln, Denken und Fühlen der Mitarbeiter in ihrem Verantwortungsbereich (Arbeitsgruppe, Abteilung usw.) im Hinblick auf die gemeinsame Erreichung von Unternehmenszielen bzw. die für den Verantwortungsbereich damit zusammenhängenden Ziele zu beeinflussen und zu steuern versucht."* Es wird somit ausdrücklich nur die Führung von oben in dieser Definition berücksichtigt. Der Vorteil dabei ist, dass bei Aussagen über Führung nicht auch jedes Mal beachtet werden muss, ob diese Aussage auch für die Führung von unten zutrifft.

ad 6) Personen mit individualistischer Konflikteinstellung suchen solche Konfliktlösungen, die den eigenen Gewinn maximieren oder, falls dies nicht möglich ist, den eigenen Verlust in Grenzen halten. Personen mit sozialer Einstellung fühlen sich bei ihrem Verhalten in Konflikten Normen wie „Fairness" und „Gerechtigkeit' verpflichtet und erwarten von ihren Kontrahenten eine entsprechende Orientierung. Personen mit kooperativer Orientierung streben bevorzugt Lösungen an, bei denen die Bedürfnisse aller am Konflikt Beteiligten möglichst gut berücksichtigt werden. Bei Personen mit wettbewerbsorientierter (kompetitiver) Konflikteinstellung handelt es sich um Personen, die um jeden Preis Recht behalten und gewinnen wollen, unabhängig von den damit verbundenen Konsequenzen. Personen mit einer solchen Einstellung sehen in der anderen Partei einen Gegner, gegen den sie sich durchsetzen wollen. Das kann bedeuten, dass sogar eine ungünstige Lösung oder ein Verlust in Kauf genommen wird, wenn der Schaden des Gegners noch größer ist.

Personen mit Harmonie suchender Konflikteinstellung versuchen, Streit und Auseinandersetzungen zu vermeiden.

Diese Konflikteinstellungen haben Einfluss auf den Konfliktverlauf und auf das Konfliktergebnis. Die Ausprägungen und möglichen Lösungen von Konflikten hängen in hohem Maße von den Überlegungen, den Deutungen der beiden Parteien bezüglich des Konflikts ab, die wiederum durch deren grundsätzliche Einstellung zu Konflikten mitbestimmt wird: Es sind in erster Linie diese verschiedenen Einstellungen, die im Konfliktfall darüber entscheiden, ob die Auseinandersetzung konstruktiv oder destruktiv geführt wird, ob der Konflikt eskaliert oder auch nicht. Bei einer sozialen oder kooperativen Einstellung z.B. werden Informationen offen ausgetauscht. Lösungen werden zweiseitig in Gesprächen mit der Gegenpartei gesucht. Die Streitfrage wird ausdiskutiert. Man versucht zu überzeugen und man ist bestrebt, ein Vertrauensverhältnis herzustellen.

ad 7) Bei systematischem Vorgehen kann man dabei von den verschiedenen Konfliktursachen und den verschiedenen Formen von Konflikten ausgehen und versuchen, das daraus ersichtliche Potenzial für Konflikte zu begrenzen.

ad 8) Der Schlichter wirkt als ausgleichende, beruhigende Kraft auf informaler Basis zwischen den Parteien und versucht die Eskalation des Konflikts zu vermeiden, indem er mittels seiner guten persönlichen Beziehungen zwischen den Parteien einen Ausgleich anstrebt. Ein Schiedsrichter oder auch ein Schiedsgericht hat die Macht, über den Konflikt zu entscheiden. Der Moderator, Vermittler oder Mediator versucht den Betroffenen zu helfen, dass sie selbst eine Konfliktlösung finden.

Lösungsvorschläge zur Fallstudie

ad 1) Aufgrund seiner Position hat der Vorstand Finanzen und Rechnungswesen das Recht, außerplanmäßige Ausgaben zu genehmigen. Aufgrund des damit verbundenen Spielraums kann er damit die Spartenverantwortlichen beeinflussen, indem er ihre Wünsche wohlwollend (Belohnungsmacht) oder nicht wohlwollend (Bestrafungsmacht) prüft. Er hat auch Macht aufgrund der Steuerung und Kontrolle der finanziellen Vorgänge (Berichtswesen, Informationskontrolle). Über die Gestaltung und Auswertung des Berichtswesens bestimmt er wesentlich über die internen Regeln, nach denen Erfolg oder Misserfolg festgestellt wird (Definitionsmacht). Dies führt dazu, dass er sehr genaue und umfassende Informationen hat und dass er diese Informationen auswerten und vergleichen kann (Expertenwissen). Er kann diese Ergebnisse deuten und bewerten (Deutungsmacht) bzw. bestimmte Spartenergebnisse als besser oder schlechter erscheinen lassen. Dies zeigt sich z.B. auch in dem Hinweis, dass in den Sparten vielfach eine „ineffiziente Nutzung der Ressourcen" festgestellt werden konnte.

Da davon auszugehen ist, dass dies Auswirkungen auf die Karriere und Entlohnung der Spartenverantwortlichen hat (indirekte Belohnungsmacht), kann er auch dadurch Macht über die Spartenverantwortlichen ausüben.

ad 2) Er hat mit diesen Machtgrundlagen eine außerordentliche hohe Macht über die Spartenverantwortlichen.

Abhängigkeit aufgrund der Genehmigungskompetenz über zusätzliche finanzielle Mittel: Sie sind von ihm abhängig in Bezug auf zusätzliche finanzielle Mittel. Dies kann für den Erfolg einer Sparte ausschlaggebend sein (wertvolle Ressource für die Spartenverantwortlichen). Nach dem Text scheint es, dass nur er diese zusätzlichen Ausgaben genehmigen darf. Damit gibt es für die Spartenverantwortlichen keine alternative Beschaffungsquelle (Knappheit und Unersetzbarkeit).

Abhängigkeit aufgrund des Berichtswesens: Die Bewertung der Spartenergebnisse durch den Vorstand Finanzen und Rechnungswesen ist für die Karriere und Entlohnung der Spartenverantwortlichen sicherlich sehr wichtig. Es gibt auch kein alternatives Berichtswesen. Weiterhin scheint der Vorstand Finanzen und Rechnungswesen sich nicht zu scheuen, auf Fehler aufmerksam zu machen. D.h. die Wahrscheinlichkeit, dass er seine Ressourcen (Informationsmacht, Expertenmacht, Deutungsmacht) einsetzt, scheint recht groß zu sein.

Es ist daher insgesamt von einer hohen Abhängigkeit und somit hoher Macht des Vorstands Finanzen und Rechnungswesens über die Spartenverantwortlichen auszugehen.

ad 3) Dadurch, dass die Entscheidungsgewalt über das Finanzbudget der Sparten durch den Vorstand Finanzen und Rechnungswesen entfällt, fällt auch die Machtgrundlage „Genehmigung zusätzlicher Mittel" weg.

Auch im Hinblick auf das Berichtswesen verringert sich die Abhängigkeit der Spartenverantwortlichen, da diese Verantwortlichkeit bezogen auf ihre Sparte ihnen zugewiesen wird. Es ist ebenfalls sehr wichtig, dass die Mitarbeiter, die dies durchführen sollen,
ihnen unterstellt werden. Der Vorstand Finanzen und Rechnungswesen ist dann nur
noch zuständig für die Festlegung der einheitlichen, allgemeinen Vorgehensweise, für
fachliche Fragen und für die Unternehmensplanung. Es verringert sich somit die Abhängigkeit der Spartenverantwortlichen vom Vorstand in hohem Maße.

ad 4) Die Entscheidung wird von seinem Vorgesetzten getroffen, dem Vorstandsvorsitzenden, der anscheinend die legitime Macht hat, derartige Entscheidungen zu treffen. Da der Vorstandsvorsitzende auch zugleich Mehrheitsaktionär ist, ist er nicht oder
nur sehr wenig von den (anderen) Aktionären abhängig. Der Vorstand Finanzen und
Rechnungswesen kann deshalb nicht versuchen, über die Aktionäre Druck auf den
Vorstandsvorsitzenden auszuüben. Da auch die Karriere des Vorstandes Finanzen und
Rechnungswesen vom Vorstandsvorsitzenden wesentlich abhängt, hat dieser Beloh-
nungs- und Bestrafungsmacht.

ad 5) Er schlägt vor, die Expertise seiner Mitarbeiter bereits ganz früh in den Entscheidungsprozess in den Sparten einzubinden und nicht nur nachträglich Befunde festzustellen. Damit stärkt er seine Informationsgrundlagen und kann damit auf subtilere Art
und Weise wieder mehr Macht ausüben.

ad 6) Gegenüber Vorgesetzten versuchen Mitarbeiter (hier der Vorstand Finanzen und
Rechnungswesen) über rational-logisches Argumentieren Einfluss zu nehmen. Unter
Bezug auf sein Expertenwissen begründet er sein Anliegen damit, dass dadurch die
Ziele der Reorganisation besser erreicht werden können. Diese Begründung erfolgt ver-
mutlich nicht aufgrund seiner eigenen tatsächlichen Motive (Verschleierung der Ab-
sichten), sondern mit den Zielen des Unternehmens bzw. des Vorstandsvorsitzenden
(Bezug auf legitime Grundlage).

9.6   Lösungsvorschläge zu Kapitel 6: Führung von Arbeitsgruppen

Lösungsvorschläge zu den Wiederholungs- und Diskussionsfragen

ad 1) Es besteht die Gefahr, dass jeder der Stars vor allem für seinen persönlichen
Erfolg spielt und damit das gemeinsame Ziel gefährdet wird. Weiterhin kann es dazu
kommen, dass bestimmte wichtige Aufgaben, z. B. das Stören des gegnerischen Spiels,
vernachlässigt werden, weil dies sehr anstrengend sein kann und auch nicht sehr auffällig ist, d. h. wichtige, aber unauffällige Aufgaben werden vernachlässigt.

ad 2) Dieser Sachverhalt lässt sich mithilfe des Phänomens des Trittbrettfahrens erläutern, und zwar bei beiden Mannschaften. Bei der Mannschaft mit mehr Spielern wird
gedanklich die geringere Arbeit verteilt und jeder meint, er muss sich jetzt nicht mehr
so anstrengen. Bei der Mannschaft mit weniger Spielern weiß jetzt jeder, dass man ei-

nen Spieler weniger als der Gegner hat und dass es jetzt wichtig ist, dass sich jeder sehr anstrengt und sich nicht darauf verlässt, dass der Mitspieler sich für einen anstrengt. In einem gewissen Sinn die Umkehrung des Effektes des Trittbrettfahrens.

ad 3) Gruppenarbeit ist grundsätzlich sinnvoll, wenn sie zu einer Addition der Kräfte, Energien und Kompetenzen führt und wenn die daraus resultierenden positiven Effekte größer sind als die mit Gruppenarbeit verbundenen negativen Aspekte, wie erhöhter Zeitbedarf oder leistungsfeindliche Prozesse bei der Gruppenarbeit. Einzelarbeit ist dann sinnvoll, wenn wenig Zeit zur Verfügung steht und bei Notfällen, da es ein offenkundiger Nachteil von Gruppenarbeit ist, dass sie sehr zeitaufwendig ist. Bei sorgfältiger Detailarbeit, bei Planungsaufgaben, die ein hohes Maß an Genauigkeit und Abstimmung von verschiedenen Aspekten erfordern und bei schriftlich konzeptionellen Aufgaben ist oft Einzelarbeit besser, da die Ablenkung durch die Anwesenheit anderer unterbleibt. Auch bei kreativen Aufgabenstellungen kann die Einzelarbeit effektiver sein, wenn nicht sichergestellt werden kann, dass die Gruppe kreative Lösungen zulässt.

ad 4) Eine hohe Kohäsion ist nur dann im Sinne der Unternehmensziele leistungsfördernd, wenn die Gruppenziele mit den Unternehmenszielen übereinstimmen. Wenn dies der Fall ist, dann ist es sinnvoll, die Kohäsion zu fördern.

ad 5) Es hat sich gezeigt, dass Teams effektiver sind, wenn bestimmte Rollen im Team wahrgenommen werden. So braucht ein Team jemanden, der die Initiative ergreift. Bestünde ein Team jedoch nur aus Personen, die sehr schnell initiativ werden, dann fehlt das Gegengewicht, nämlich Personen, die über den Sinn und Nutzen von Maßnahmen nachdenken, bevor sie diese durchführen. Dies gilt auch für weitere Rollen, wie innovativ sein oder das Bestehende pflegen und nicht ohne Not aufgeben.

Lösungsvorschläge zur Fallstudie

ad 1) Nein, denn es sind noch keine gemeinsamen Ziele erkennbar.

ad 2) Diese Gruppe befindet sich in der Phase 2, Auseinandersetzung (Storming): Konflikte, offene Konfrontationen, unbehaglich, mühevolles Vorankommen.

ad 3) Schmidt nimmt folgende Gruppenrolle ein: Er distanziert sich von der Gruppenarbeit (Distanzierer). Weiterhin blockiert er die Gruppenarbeit (Blockierer) und dominiert sie zugleich auch (Dominanzperson).

ad 4) Die Gruppenkohäsion gibt an, wie sehr sich die Gruppenmitglieder als zusammengehörig empfinden. Die Gruppenkohäsion ist so gering, weil ein Mitglied der Gruppe, Schmidt, durch Ernennung von außen in die Gruppe aufgenommen worden ist, der gegen Gruppenarbeit ist. Weiterhin hat die Gruppe bisher nur Misserfolge, und sie ist auch noch nicht oft und nicht sehr lange zusammen gewesen.

ad 5) Die Probleme des Teams sind vor allem intern begründet. Die Eignung der Aufgaben für Teamarbeit ist gegeben. Die Zieldefinition ist möglicherweise noch nicht präzise genug. Auch die Gruppengröße ist für die Aufgabe gut geeignet. Das wesentliche Problem ist, dass das Commitment für die Gruppenarbeit nicht gegeben ist, weil ein Gruppenmitglied die Gruppenarbeit ablehnt. Hier wurde ein Fehler bereits bei der Auswahl der Gruppenmitglieder gemacht, da diese bestimmt wurden, ohne dass man deren Eignung und Bereitschaft für Gruppenarbeit geprüft hat. Es gibt auch in der Gruppe keine anerkannten Spielregeln zur Zusammenarbeit und es wurde auch kein oder kein ausreichendes Teamentwicklungstraining durchgeführt. Auch die Fähigkeit, Konflikte zu managen, scheint in der Gruppe nicht weit entwickelt zu sein. Obwohl er bereits Erfahrung mit Gruppenarbeit hat, gelingt es dem Gruppenleiter nicht, eine effektive Organisation, Steuerung und Kontrolle der Gruppenarbeit durchzuführen. So entgleitet ihm zunehmend die Führung der Gruppe.

Inwieweit durch das Umfeld die Gruppenarbeit genügend unterstützt wird, kann nicht festgestellt werden, da dazu Informationen fehlen. Die Vorgabe des Unternehmens-leiters, dass Schmidt unbedingt in die Gruppe gehört, hat für den Gruppenleiter eine schwierige Situation geschaffen. Er hätte als verantwortlicher Experte sich nicht die Verantwortung für die Auswahl der Gruppenmitglieder nehmen lassen dürfen und den Vorschlag des Unternehmensleiters als einen Vorschlag behandeln und selbst prüfen sollen, ob Schmidt und auch die anderen für die Gruppenarbeit geeignet sind und auch bereit sind, sich dafür zu engagieren.

9.7   Lösungsvorschläge zu Kapitel 7: „Führungskompetenzen"

Lösungsvorschläge zu den Wiederholungs- und Diskussionsfragen

ad 1) In einer gewissen Vereinfachung spiegelt sich in dieser Gegenüberstellung der Wandel der Anforderungen an die Kompetenzen von Führungskräften wider, die früher mehr aufgrund ihrer fachlichen und methodischen Fähigkeiten ausgewählt wurden und die heute und vermutlich zukünftig noch mehr als Führer ihre Mitarbeiter zur Unter-nehmenszielerreichung beeinflussen und motivieren sollen. Dies drückt sich insbeson-dere beim Vergleich der aktuellen und zukünftigen mit den bereits in der Vergangen-heit geforderten Kompetenzen aus.

Bisher primär gefordert:

Fachwissen, wie z.B. Fachgebiets- und Branchenkenntnisse, technische und/oder be-triebswirtschaftliche Kenntnisse oder andere Fachkenntnisse.

Methodenkompetenz, wie z.B. Problemlösungskompetenzen, Planungs- und Entschei-dungstechniken, mathematische und statistische Verfahren.

Zusätzlich aktuell und zukünftig gefordert:

Persönliche Kompetenzen, wie Selbstkenntnis, Wahrnehmung und Beherrschung der eigenen Emotionen,

Soziale Kompetenzen, wie verbale und nonverbale Kommunikationsfähigkeit, ein-schließlich der Fähigkeit zuhören zu können, Gefühle anderer erkennen (Empathie).

Führungskompetenzen im engeren Sinne, wie strategisches und visionäres Denken, Zielorientiertheit, Motivation zu führen, Fähigkeit, andere zu motivieren.

ad 2) Es gibt inzwischen eine Vielzahl von Untersuchungen und Zusammenfassungen von Untersuchungen, sogenannte Metaanalysen. Trotzdem kann man keine klare Tendenz feststellen. Nach anglo-amerikanischen Untersuchungen scheinen tendenziell Frauen partizipativer und weniger autoritär oder direktiv als Männer zu führen. Bei einer großen Untersuchung in deutschen und schweizerischen Unternehmen wurde das Führungsverhalten männlicher und weiblicher Führungskräfte von ihren Mitarbeitern insgesamt als gleich eingeschätzt.

Lösungsvorschläge zur Fallstudie

ad 1) Herr Hein: Fachwissen, wie Fachgebiets- und Branchenkenntnisse; Methodenkompetenz, wie Planungs- und Entscheidungstechniken, systemisches Denken; persönliche Kompetenzen, wie Vertrauen in die eigene Leistungsfähigkeit, Leistungswille und Leistungsstärke, Ausdauer und Durchsetzungsvermögen, Belastbarkeit, Stressresistenz, Beherrschung der eigenen Emotionen

Frau Kallmer: Fachwissen, wie Fachgebiets- und Branchenkenntnisse; direkte Hinweise, dass Frau Kallmer über Methodenkompetenzen verfügt, sind aus dem Text nicht zu entnehmen, aber vermutlich auch bei ihr gegeben, da dies Voraussetzungen für ihre Position und auch für den Führungsstil sind. Zu den anderen Kompetenzen findet sich eine Reihe von Hinweisen in der Fallstudie: Persönliche Kompetenzen, wie Vertrauen in die eigene Leistungsfähigkeit, Leistungswille und Leistungsstärke, Fähigkeit, auch mit unklaren Situationen umgehen zu können (Ambiguitätstoleranz); soziale Kompetenzen, wie verbale und nonverbale Kommunikationsfähigkeit, einschließlich der Fähigkeit zuhören zu können, Gefühle anderer erkennen (Empathie), Aufgeschlossenheit, Führungskompetenzen im engeren Sinne, wie Zielorientiertheit, Motivation zu führen, Fähigkeit andere zu motivieren, Moderationskompetenz

ad 2) Herr Hein hatte große Erfolge bei der Leistung seiner Mitarbeiter, bei den Pflichtbeiträgen. Problematisch sind die Ergebnisse seiner Führung bei den Goodwillbeiträgen, bei der Fähigkeit, schnell auf ungeplante Anforderungen reagieren zu können, bei Entwicklung der Selbstständigkeit und Initiative seiner Mitarbeiter und der Entwicklung von Führungsnachwuchskräften (kein Stellvertreter!).

Genau dies sind die Stärken von Frau Kallmer, deren Führungsstil besser den Anforderungen an eine Führungskraft in Zeiten rapider Veränderungen entspricht. Dass bei den langjährigen Mitarbeitern Verunsicherungen festzustellen sind, spricht nicht gegen diese Einschätzung. Damit ist kurzfristig in einer solchen Situation zu rechnen. Aufgrund der sozialen Fähigkeiten und der Führungskompetenzen von Frau Kallmer besteht eine große Chance, dass es ihr auch gelingt, dieses Führungsproblem konstruktiv zu lösen.

Während Frau Kallmer nach der Unterscheidung von Bennis dem Leader entspricht, ist Herr Hein als Manager zu charakterisieren.

ad 3) Es empfehlen sich für Herrn Hein Methoden mit einem hohen Praxisbezug, wie Führungskräfteschulungen, Maßnahmen der Personalentwicklung und Beobachtung, Lernen anhand von Vorbildern. Sehr sinnvoll dürfte bei einer langjährigen Führungskraft das Coaching durch einen externen Coach sein, da es darum geht, Veränderungsbereitschaft zu erreichen und gezielt langjährige Verhaltensweisen individuell zu verändern. Die Übernahme der Führungsfunktion in Osteuropa könnte ein guter Anlass sein, um ein Coaching durchzuführen. Angesichts seines Kompetenzprofils ist Herr Hein nicht geeignet, Führungsaufgaben im Ausland wahrzunehmen. Es ist mit Problemen zu rechnen und diese Situation könnte geeignet sein, Herrn Hein zu einem Coaching zu ermuntern.

10 Literaturverzeichnis

Albert, H. (1975): Traktat über kritische Vernunft. 3. erweiterte Aufl. Tübingen

Armstrong, M. (1993): How to be an even better manager. 3. Aufl. London

Baron, R. A. / Greenberg, J. (1990): Behavior in Organizations: Understanding and Managing the Human Side of Work. 3. Aufl. Boston usw.

Bartscher-Finzer, S. / Martin, A. (2003): Psychologischer Vertrag und Sozialisation. In: Martin, A. (Hrsg.): Organizational Behaviour – Verhalten in Organisationen. Stuttgart, S. 53–76

Bass, B. M. / Bass, R. (2008): The Bass Handbook of Leadership. Theory, Research, and Managerial Applications. 4. Aufl. New York usw.

Berkel, K. (1995): Konflikttraining. 4. Aufl. Heidelberg

Berne, E. (1984): Spiele der Erwachsenen. Psychologie der menschlichen Beziehungen. Reinbek bei Hamburg

Birkenbihl, V. F. (2005): Birkenbihl on Management. Irren ist menschlich – managen auch. Berlin

Bourne, L. E. / Ekstrand, B. R. (2001): Einführung in die Psychologie (Titel der Originalausgabe: Ist Principles and Meanings). 3. Aufl. Eschborn bei Frankfurt am Main

Bruggemann, A. / Groskurth, P. / Ulich, E. (1975): Arbeitszufriedenheit. Bern

Buckingham, M. / Coffmann, C. (2005): Erfolgreiche Führung gegen alle Regeln. Wie Sie wertvolle Mitarbeiter gewinnen, halten und fördern. (Titel der amerikanischen Originalausgabe: First Break all the Rules) 3. Aufl. Frankfurt

Chhokar,J.S. / Brodtbeck, F.C. / House, R.J. (Eds.) (2008): Culture and Leadership Across the World: The GLOBE Book of In-Depth Studies of 25 Societies. Mahwah, New Jersey und London

Covey, S. R. / Merrill, A. R. / Merril, R. R. (2000): Der Weg zum Wesentlichen: Zeitmanagement der vierten Generation (Titel der Originalausgabe: First Things First) Frankfurt / New York

Ekman, P. / Friesen, W. V. (1975): Unmasking the Face. Prentice Hall – Englewood Cliffs / New Jersey

Elsik, W. (2003): Gruppendynamik. In: Martin, A. (Hrsg.): Organizational Behaviour – Verhalten in Organisationen. Stuttgart, S. 173–195

Fairhurst,G.T. / Sarr, R.A. (1996): Durch Sprache führen: Du kannst Deinen Chef nicht ändern. Du kannst Deine Kollegen nicht ändern, aber Du kannst so sprechen, daß sie Dir folgen. (Titel der englischsprachigen Originalausgabe: The Art of Framing) Düsseldorf-München

Fehlau, G. E. (2002): Konflikte im Beruf: Erkennen, lösen, vorbeugen. 2. Aufl. Planegg bei München

Festinger, L. (1957): A Theory of Cognitive Dissonance. Stanford University Press

Franken, S. (2004): Verhaltensorientierte Führung. Individuen – Gruppen – Organisationen. Wiesbaden

Glasl, F. (1997): Konfliktmanagement. Ein Handbuch für Führungskräfte, Beraterinnen und Berater. 7. Aufl. Bern und Stuttgart

Goldfuss, J. W. (2000): Endlich Chef. Was nun? Was Sie in der neuen Position wissen müssen. Frankfurt – New York

Goleman, D. (1995): Emotional Intelligence. New York usw.

Goleman, D. (1999): Working with Emotional Intelligence. Bantam Export Edition. New York usw.

Goleman, D./Boyatzis, R./McKee, A. (2003): Emotionale Führung (Titel der amerikanischen Originalausgabe: Primal Leadership. Realizing the Power of Emotional Intelligence) ohne Ortsangabe

Greenberg, J./Baron, R. A. (2003): Behavior in Organizations. 8. Aufl. Upper Saddle River, New Jersey

Greenberg, J./Lind, A. (2000): The Persuit of Organizational Justice: From Conceptualization to Implication to Application. In: Cooper, C.L./Locke, E.A. (Eds.) (2000): Industrial and Organizational Psychology: Linking Theory with Practice. Malden, Mass. S. 72–108

Hall, E. T. (1981): Beyond Culture. New York 2. Aufl.

Harris, T. A./Harris, A. B. (1998): Ich bin o.k. Du bist o.k. Einmal o.k. immer o.k. (Titel der Originalausgaben: "I'M OK – YOU'R OK: A PRACTICAL GUIDE TO TRANSACTIONAL ANA-LYSIS" sowie "STAYING OK") Sonderausgabe Reinbek bei Hamburg

Haug, C. V. (2003): Erfolgreich im Team. 3. Aufl. München

Heckhausen, H. (1980): Motivation und Handeln: Lehrbuch der Motivationspsychologie. Berlin

Hellriegel, D./Slocum, Jr., J. W./Woodman, R. W. (1989): Organizational Behavior. 5. Aufl. St. Paul und andere

Herzberg, F. (1974): Work and the Nature of Man. London – Granada

Hofstätter, P. R. (1968): Gruppendynamik. Kritik der Massenpsychologie. Reinbek bei Hamburg

Homans, G. C. (1960): Theorie der sozialen Gruppe. Köln Opladen

House, R.J./Hanges, P.J./Javidan, M./Dorfman, P.W./Gupta, V. (Eds.) (2004): Culture, Leadership, and Organizations: The GLOBE Study of 62 Societies. Thousand Oaks, London und New Delhi

Hughes, R. L./Ginnett, R. C./Curphy, G. J. (1996): Leadership. Enhancing the Lessons of Experience. 2. Aufl. Chicago usw.

Indvik, J. (2004): Women and Leadership. In: Northouse, P. G.: Leadership, Theory and Practice. 3rd Edition. Thousand Oaks – London 2004, S. 270–273

Jäger, R. (2004): Kompetent führen in Zeiten des Wandels. Führungsinstrumente für die tägliche Praxis. Weinheim und Basel

Judge,T.A./Church, A.H. (2000): Job Satisfaction: Research and Practice. In: Cooper, C.L./Locke, E. A. (Eds.) (2000): Industrial and Organizational Psychology: Linking Theory with Practice. Malden, Mass. S. 166-198

Kellner, H. (1999): Konflikte verstehen, verhindern, lösen: Konfliktmanagement für Führungskräfte. München – Wien

Kieser, A. (2009): Einarbeitung neuer Mitarbeiter. In: von Rosenstiel, L./Regnet, E./Domsch, M.E. (2009): Führung von Mitarbeitern. Handbuch für erfolgreiches Personalmanagement. 6. überarbeitete Aufl. Stuttgart, S. 148–157

Klutmann, B. (2004): Führung: Theorie und Praxis. Hamburg

Kogler Hill, S. E. (2004): Team Leadership. In: Northhouse, P. G.: Leadership. Theory and Practice. 3. Aufl. Thousand Oaks und London, S. 203–234

Kogler Hill (2010): Team Leadership. In: Northouse, P.G.: Leadership. Theory and Practice. 5. Aufl. Los Angelos u. a.

Kotter, J./Heskett, J. (1993): Die ungeschriebenen Gesetze der Sieger, Erfolgfaktor Firmenkultur (Titel der Originalausgabe: Corporate Culture and Performance). Düsseldorf – Wien – New York – Moskau

Latham,G./Latham, S. (2000): Overlooking Theory and Research in Perfomance Appraisal at One´s Peril: Much Done, More to Do. In: Cooper, C.L./Locke, E.A. (Eds.) (2000): Industrial and Organizational Psychology: Linking Theory with Practice. Malden, Mass. S. 199–215

Laufer, H. (2005): 99 Tipps für den erfolgreichen Führungsalltag. Führungsbewusstsein, Führungsverhalten, Führungsmaßnahmen. Berlin

Leuzinger, A./Luterbacher, T. (2000): Mitarbeiterführung im Krankenhaus: Spital, Klinik und Heim. 3. unveränd. Aufl. Bern usw.

Lieber, B. (1995): Personalimage: Explorative Studien zum Image und zur Attraktivität von Unternehmen als Arbeitgeber. München und Mering

Lieber, B. (2008): Führungsgrundsätze und Zielvereinbarungen. In: Schneider, H.J./Klaus, H. (Hrsg.): Mensch und Arbeit. Handbuch für Studium und Praxis. 11. Aufl. Düsseldorf, S. 259–278

Linneweh, K./Hofmann L. M. (2003): Persönlichkeitsmanagement. In: von Rosenstiel, Lutz/Regnet, Erika/Domsch, Michel (Hrsg.): Führung von Mitarbeitern. 5. überarbeitete Aufl. Stuttgart, S. 99–109

Luthans, F./Hodgetts, R. M./Rosenkrantz, S. A. (1988): Real Managers. Cambridge (Mass.)

Mahlmann, R. (2000): Konflikte managen: Psychologische Grundlagen, Modelle und Fallstudien. Weinheim und Basel

Martin, A. (2003a): Arbeitszufriedenheit. In: Martin, A. (Hrsg.) (2003): Organizational Behaviour – Verhalten in Organisationen. Stuttgart, S. 11–34

Martin, A. (2003b): Vertrauen. In: Martin, A. (Hrsg.) (2003): Organizational Behaviour – Verhalten in Organisationen. Stuttgart, S.115–137

Martin, A. (Hrsg.) (2003): Organizational Behaviour – Verhalten in Organisationen. Stuttgart

Maslow, A. H. (1970): Motivation and Personality. 2. Aufl. New York

Matiaske, W./Weller, I. (2003): Extra – Rollenverhalten. In: Martin, A. (Hrsg.) (2003): Organizational Behaviour – Verhalten in Organisationen. Stuttgart, S. 11–34

Mayrhofer, W./Strunk, G./Meyer, M. (2003): Gruppenidentität. In: Martin, A. (Hrsg.) (2003): Organizational Behaviour – Verhalten in Organisationen. S. 197. Stuttgart

Mentzel, W./Gotzfeld, S./Dürr, C. (2001): Mitarbeitergespräche. Mitarbeiter motivieren, richtig beurteilen und effektiv einsetzen. Freiburg – Berlin – München 3. Aufl.

Mintzberg, H. (1973): The Nature of Managerial Work. New York

Mitchell, T.R./Thompson, K.R./George-Falvy, J. (2000): Goal Setting: Theory and Practice. In: Cooper, C.L./Locke, E.A. (Eds.) (2000): Industrial and Organizational Psychology: Linking Theory with Practice. Malden, Mass. S. 216–249

Motamedi, S. (1999): Konfliktmanagement: Vom Konfliktvermeider zum Konfliktmanager: Grundlagen – Techniken – Lösungswege. Offenbach

Mutatoff, A./Riekehof, R. (1999): Die sieben Seiten des perfekten Managers. Mit Kernkompetenzen richtig führen. Landsberg/Lech

Nerdinger, F. W. (2003).: Motivation von Mitarbeitern. Göttingen – Bern – Toronto – Seattle 2003

Neubauer, W./Rosemann, B. (2006): Führung, Macht und Vertrauen in Organisationen. Stuttgart

Neuberger, O. (1974): Theorien der Arbeitszufriedenheit Stuttgart u. a.

Neuberger, O. (1990) : Führen und geführt werden. 3. völlig überarbeitete Auflage von „Führung". Stuttgart

Neuberger, O. (1991): Miteinander arbeiten – miteinander reden! Vom Gespräch in unserer Arbeitswelt. München

Neuberger, O. (1993): Gruppenprozesse erkennen und gestalten. In: Besser führen. Problemfeld 5: München

Neuberger, O. (2002): Führen und führen lassen: Ansätze, Ergebnisse und Kritik der Führungsforschung. 6. völlig neu bearb. und erw. Auflage. Stuttgart

Nienhüser, W. (2003): Macht. In: Albert, M. (Hrsg.) (2003): Organizational Behaviour – Verhalten in Organisationen. Stuttgart, S. 139 – 172

Northouse, P. G. (2004): Leadership. Theory and Practice. 3rd Edition. Thousand Oaks – London

Northouse, P.G. (2010): Leadership. Theory and Practice. 5. Aufl. Los Angelos u. a.

Pfeffer, J. (1981): Power in Organizations. Cambridge (Mass.)

Regnet, E. (2003): Der Weg in die Zukunft – Anforderungen an die Führungskraft. In: von Rosenstiel, L. / Regnet, E. / Domsch, M. (Hrsg.) (2003): Führung von Mitarbeitern. 5. überarbeitete Aufl. Stuttgart, S. 51 – 66

Richter, M. (1999): Personalführung. Grundlagen und betriebliche Praxis. 4. Aufl. Stuttgart

Riekehof, R. (1999): Kapitel 7: Teams entwickeln. In: Mutafoff, A. / Riekehof, R.: Die sieben Seiten des perfekten Managers. Mit Kernkompetenzen richtig führen. Landsberg / Lech S. 377 – 442

Robbins, S. P. (2001): Organisation der Unternehmung. (Titel der Originalausgabe: Organizational Behavior: Concepts, Controversies, Application, 9th Edition 2001). 9. Aufl. München

Rüttinger, B. (1993): Konflikte als Chance; Konfliktmanagement. In: Besser führen. Problemfeld 2: München

Schein, E. H. (1985): Organizational culture and Leadership – A Dynamic View. San Francisco

Schulz von Thun, F. / Ruppel, J. / Stratmann, R. (2005): Miteinander reden: Kommunikationspsychologie für Führungskräfte. 4. Aufl. Reinbek bei Hamburg

Sprenger, R. K. (1995): Das Prinzip Selbstverantwortung. Wege zur Motivation. Frankfurt – New York

Stübinger, M. / Lieber, B. / Reiners-Kröncke, W. (2002): Sozialmanagement 4: Personalmanagement. Köln – Wien

Tannen, D. (1991): Du kannst mich einfach nicht verstehen. Warum Männer und Frauen aneinander vorbeireden. Hamburg (Ernst Kabel Verlag)

von Rosenstiel, L. (2003): Entwicklung und Training von Führungskräften. In: von Rosenstiel, L. / Regnet, E. / Domsch, M. (Hrsg.) (2003): Führung von Mitarbeitern. 5. überarbeitete Aufl. Stuttgart, S.67 – 83

von Rosenstiel, L. (2009): Grundlagen der Führung. In: von Rosenstiel, L. / Regnet, E. / Domsch, M. (Hrsg.) (2009): Führung von Mitarbeitern. ü. überarbeitete Aufl. Stuttgart, S.3 – 27

Urban, F. Y. (2007): Emotionen und Führung. Theoretische Grundlagen, empirische Befunde und praktische Konsequenzen. WiesbadenVroom, V. H. (1964): Work and Motivation. New York – London – Sydney

Walter,H. (1998): Handbuch Führung. Der Werkzeugkasten für Vorgesetzte. Symptome – Ursachen – Problemlösungen. Frankfurt / NewYork

Watzlawick, P. / Beavin, J. H. / Jackson, D. D. (2000): Menschliche Kommunikation. Formen, Störungen, Paradoxien. 10. Aufl. Bern

Wegge, J. (2004): Führung von Arbeitsgruppen. Göttingen-Bern-Toronto-Seattle

Weibler, J. (2003): Führung der Mitarbeiter durch den nächsthöheren Vorgesetzten. In: von Rosenstiel, L. / Regnet, E. / Domsch, M. (Hrsg.) (2003): Führung von Mitarbeitern. 5. überarbeitete Aufl. Stuttgart, S. 315 – 328

Weidlich, E. S. (2000): So managen Sie Ihren Chef. Geschickte Planung, Diplomatie, Erfolgreiche Strategien. Niedernhausen / TS

Weiner, B. (1976): Theorien der Motivation (Titel der Originalausgabe: Theories of Motivations: from Mechanism to Cognition). Stuttgart

Weinert, A. B. (2004): Arbeits- und Organisationspsychologie. 5. vollständig überarbeitete Auflage. Weinheim und Basel

Wunderer, R. (2003): Führung des Chefs. In: von Rosenstiel, L. / Regnet, E. / Domsch, M. (Hrsg.) (2003): Führung von Mitarbeitern. 5. Aufl. Stuttgart, S. 293 – 314

Yukl, G. (2010): Leadership in Organizations. Upper Sadl River usw.

Stichwortverzeichnis

Verfahren und Methoden

Claudia Fantapié Altobelli,
Sascha Hoffmann
Grundlagen der Marktforschung
1. Aufl. 2011, 384 Seiten, 145 Abb.
ISBN 978-3-8252-3466-9
ca. € (D) 29,90 / € (A) 30,80 / SFr 41,90

Das Buch ist eine kompakte Einführung in die Markt- und Sozialforschung. Sämtliche Verfahren sowie die wichtigsten Methoden und Anwendungsgebiete der Marktforschungspraxis werden durch anschauliche Beispiele erläutert.

Lernziele und Wiederholungsfragen bieten den Studierenden eine optimale Vorbereitung auf ihre Prüfungen.

Claudia Fantapié Altobelli ist Professorin für Betriebswirtschaftslehre, insbesondere Marketing an der Helmut Schmidt Universität in Hamburg. Sascha Hoffmann ist dort Lehrbeauftragter.

Das Buch richtet sich neben Studierenden und Dozenten der Wirtschaftswissenschaften auch an Praktiker.

UVK:Weiterlesen
bei UTB

Grundwissen der Ökonomik BWL
Herausgegeben von Franz X. Bea und Marcell Schweitzer

Bea/Göbel
Organisation
4. A. 2010, UTB 2077

Bea/Helm/Schweitzer
BWL-Lexikon
2009, UTB 8395

Bea/Schweitzer
Allgemeine BWL
Band 1: Grundfragen
10. A. 2009, UTB 1081

Band 2: Führung
10. A. 2011, UTB 1082

Band 3: Leistungsprozess
9. A. 2006, UTB 1083

Bea/Haas
Strategisches
Management
5. A. 2009, UTB 1458

Bea/Scheurer/Hesselmann
Projektmanagement
2. A. 2011, UTB 2388

Büschgen/Börner
Bankbetriebslehre
4. A. 2003, UTB 917

Drukarczyk
Finanzierung
10. A. 2008, UTB 1229

Friedl
Controlling
2002, UTB 2117

Friedl
Kostenmanagement
2009, UTB 2706

Göbel
Neue
Institutionenökonomik
2002, UTB 2235

Göbel
Unternehmensethik
2. A. 2010, UTB 2797

Hansen/Neumann
Wirtschaftsinformatik 1
Grundlagen und
Anwendungen
10. A. 2009, UTB 2669

Hansen/Neumann
Wirtschaftsinformatik 2
Informationstechnik
9. A. 2005, UTB 2670

Hansen/Neumann
Arbeitsbuch
Wirtschaftsinformatik
7. A. 2007, UTB 1281

Heinhold
Kosten- und
Erfolgsrechnung
5. A. 2010, UTB 1974

Helm
Marketing
8. A. 2009, UTB 919

Helm/Gierl
Marketing Arbeitsbuch
4. A. 2005, UTB 1801

Heyd
Internationale
Rechnungslegung
2003, UTB 2451

Klimecki/Gmür
Personalmanagement
3. A. 2005, UTB 2025

Kuhnle
Bilanzen
2004, UTB 2119

Kuß/Tomczak
Käuferverhalten
4. A. 2007, UTB 1604

Pechtl
Preispolitik
2005, UTB 2643

Perlitz
Internationales
Management
6. A. 2011, UTB 1560

Schünemann
Wirtschaftsprivatrecht
6. A. 2011, UTB 1584

Schwarz/Gebicke
Wörterbuch Wirtschaft für
Studium und Praxis
Dt.-Russ./Russ.-Dt.
2004, UTB 2624

Schweiger/Schrattenecker
Werbung
7. A. 2009, UTB 1370

Spremann/Gantenbein
Kapitalmärkte
2005, UTB 2517

Troßmann/Werkmeister
Arbeitsbuch Investition
2001, UTB 2205

Klicken + Blättern

Leseproben und Inhaltsverzeichnisse unter

www.uvk.de
Erhältlich auch in Ihrer Buchhandlung.

UVK
Lucius

UVK:Weiterlesen
bei UTB

UVK
Lucius